多孔建材热湿物性参数

Hygrothermal Properties Parameters of Porous Building Materials

杨　雯　◎著

中国建筑工业出版社

图书在版编目（CIP）数据

多孔建材热湿物性参数 = Hygrothermal Properties Parameters of Porous Building Materials / 杨雯著. 北京：中国建筑工业出版社, 2025. 3. -- ISBN 978-7-112-30960-3

Ⅰ. TU5

中国国家版本馆 CIP 数据核字第 2025A847X7 号

本书系统介绍了作者团队研究取得的多孔建材热湿物性参数及其应用成果。本书从多孔建材热湿物性参数的取值方法和现行的测试标准出发，通过对常见建材的典型热湿物性参数进行精准测定，明确了传统建材热湿物性参数表征方法；探究了试件尺寸及环境温湿度等影响因素对参数测试值的影响，构建了多孔建材热物性参数测试新方法；并在研发新型多孔建材的基础上应用提出的新测试方法探究了各参数老化机制；最终通过数值模拟等多种方式探究了建材热湿物性参数表征方法的重新构建对建筑围护结构传热传湿、建筑能耗的影响程度，量化了热湿物性参数精准测定对正确选取与使用材料的重要性，并为多孔建筑材料在复杂环境中的长期使用提供科学依据。

责任编辑：刘颖超　柏铭泽　刘瑞霞

责任校对：张　颖

多孔建材热湿物性参数

Hygrothermal Properties Parameters of Porous Building Materials

杨　雯　著

*

中国建筑工业出版社出版、发行（北京海淀三里河路 9 号）

各地新华书店、建筑书店经销

国排高科（北京）人工智能科技有限公司制版

建工社（河北）印刷有限公司印刷

*

开本：787 毫米 × 1092 毫米　1/16　印张：16　字数：375 千字

2025 年 5 月第一版　　2025 年 5 月第一次印刷

定价：**68.00** 元

ISBN 978-7-112-30960-3

（44699）

如有内容及印装质量问题，请与本社读者服务中心联系

电话：（010）58337283　　QQ：2885381756

（地址：北京海淀三里河路 9 号中国建筑工业出版社 604 室　邮政编码：100037）

序

PREFACE

建筑行业的节能低碳发展，不仅依赖于能源系统的有效管理与高效利用，更离不开对建筑材料性能的精准把握与合理利用。随着全球节能减排和绿色建筑理念的逐步推广，建筑热工设计的核心任务之一便是如何精确表征和优化多孔建筑材料的热物性。这些材料因其独特的微观结构和优异的热湿调节能力，已成为提高建筑节能效率、优化室内环境质量的重要组成部分。因此，如何科学、准确地测定多孔建材在不同环境工况下的热湿物性参数，成为建筑节能设计中的重要课题。

多孔建材的热湿性能直接影响建筑围护结构的热传导、热储存、湿度调节等多方面功能。在建筑能效优化的过程中，材料的热湿物性作为基础参数，对建筑整体的能耗、舒适性以及环境适应性起着决定性作用。而由于多孔材料具有较为复杂的物理结构，其热湿物性表征的难度较大，现有研究和测试方法尚无法完全满足实际应用的需求。为了有效推动多孔建筑材料在节能建筑中的合理应用，迫切需要建立一套科学、准确、可操作的参数获取体系。

本书正是在这一背景下应运而生，作者通过多年的理论积累与实验实践，系统地更新了多孔建材热湿物性参数的表征方法，提出了一系列测试方法和数据处理体系，并深入探讨了试件尺寸、环境温湿度等因素对测试结果的影响。这些成果，不仅为我国建筑节能领域提供了科学的技术支撑，也为多孔建材的广泛应用奠定了坚实的基础。作为多孔建材热湿物性表征研究的长期关注者，我深知这一研究领域的重要性和复杂性。作者从基础理论出发，结合大量试验数据，精确阐述了多孔建材的热湿特性，并通过数值模拟等手段探索了新型建材的老化机制和热湿性能的变化规律，这不仅为多孔建材的选择与应用提供了理论依据，也为节能建筑设计提供了切实可行的技术路线。

杨雯副教授是我国建筑热工与节能领域的新秀，《多孔建材热湿物性参数》是其多年学术研究和积累的结晶。自其研究生阶段开始，作者即开展对建筑保温材料导热系数的取值方法研究，参与国家自然科学基金项目的研究工作。进入博士后研究阶段，作为项目负责人，主持完成了中国博士后科学基金面上项目《热湿作用下建筑绝热材料导热系数的影响机理与确定方法》及绿色建筑全国重点实验室自主研究课题基金《建筑绝热材料导热系数测试方法的测量重复性及再现性研究》的研究。出站后作为负责人，先后主持在研国家自然科学基金青年项目《含多相态湿组分多孔材料导热性能表征研究》及陕西自然科学基础研究计划项目《多孔建筑材料特征热湿物性参数尺寸效应研究》的研究工作。所取得的研究成果主要体现在导热系数的取值方法、导热系数测试的重复性再现性、特征热湿物性参数尺寸效应等多方面。作为反映作者多年研究成果的总结，本书将为建筑学界、工程技术人员以及相关政策制定者提供了系统而科学的技术支撑，帮助他们在建筑设计阶段合理选取材料，从而实现建筑能效的最大化。无论是在传统建筑节能设计还是在新型绿色建筑项目中，书中的研究成果都将发挥重要作用。

作为杨雯副教授的硕博导师及博士后合作导师，从她研究生阶段起，我便目睹了她在建筑热工与节能领域的坚持与追求。作为一名年轻学者，她的成长和进步是我深感欣慰的事情。值此《多孔建材热湿物性参数》一书出版之际，谨向作者致以最诚挚的祝贺，并期待这本书能够在建筑热工与节能领域产生深远的影响。

刘加平

2025 年 4 月 8 日

前 言

FOREWORD

表征复杂多孔建材微观结构及热湿性能，更新建材热湿物性参数获取原理与方法，构建符合我国国情且全面深入的建材热物性参数序列，是建筑热工设计及节能计算的基础性紧迫任务，是实现建筑行业精细化节能、低碳发展的根本所在。

多孔建材热物性表征是建筑热工基础与精细化节能研究领域的经典问题。自 20 世纪 80 年代起，热工学、传热传质学、工程热力学家，中国科学院院士王补宣带领以虞维平等为代表的科研团队就相关课题进行了长期的探索，为我国多孔介质热湿迁移理论与应用技术的发展作出了开创性的贡献。在此基础上，众多科研人员通过几十年的研究探索热湿耦合作用下含湿多孔建材热物性参数的理论及试验取值方法问题。然而，现有研究仍存在一些问题，比如现存多孔建材热物性表征数据多为在苏联研究成果基础上的补充，数据陈旧、参数类型不完整，且应用场景受限等，定量描述此状态下多孔建材热湿性能并构建相应的取值方法体系等相关问题仍未解决。

本书旨在系统性地更新和完善我国多孔建材热湿物性参数获取的原理与方法，填补当前数据不足与表征不精确的空白，并为我国建筑行业提供科学的参数支撑。书中不仅总结了热湿物性表征的理论基础，还结合大量试验数据，提出了一系列新的测试方法和数据处理体系，特别是针对试件尺寸、环境温湿度等因素对参数测试的影响进行了深入探讨。本书的研究为建筑行业的精细化节能、低碳发展提供了可行的技术路线，并为未来的新型建材研发及应用提供了参考依据。本书第 1、2 章从多孔建材热湿物性参数的取值方法和现行的测试标准出发，为系统地测定热湿物性参数提供了科学方法；第 3、4 章通过对常见建材的典型热湿物性参数进行精准测定，明确了传统建材热湿物性参数表征方法；第 5 章探究试件尺寸及环境温湿度等影响因素对参数测试值的影响，剖析不同数据处理方法的适应性，构建了多孔建材热物性参数测试新方法及体系；第 6 章在研发新型多孔建材的基础上应用提出的新测试方法探究了各参数老化机制，为读者提供了新型建材热湿物性参数表征思路；第 7 章则通过数值模拟、理论计算等多种方式探究了建材热湿物性参数表征方法的重新构建对建筑围护结构传热传湿、建筑能耗的影响程度，量化了热湿物性参数精准测定对正确选取与使用材料的重要性，并为多孔建筑材料在复杂环境中的长期使用提供科学依据。

本书相关研究得到国家自然科学基金青年项目：含多相态湿组分多孔建材导热性能表征研究（编号：52308114）及国家自然科学基金重点项目：广义建筑热工设计原理与方法

研究（编号：52338004）的资助支持。

十分感谢我的硕博导师刘加平院士、博士副导师王莹莹教授，是他们的辛勤栽培和谆谆教诲使我能够完成本稿。时至今日，两位老师对待治学的严谨，对待生活的豁达时时刻刻都在激励着我。同时，本书中大量的试验测试、分析计算、数值模拟均是课题组历届研究生们的研究课题，对张冠杰、文均、周成彦、史子涵、李朝明的辛苦努力表示感谢。此外，本著作成果相关试验研究大多是在绿色建筑全国重点实验室中完成，在此对这些科研项目和试验机构致以最诚挚的感谢。

由于著者水平有限，书中难免存在不妥之处，恳请广大读者批评指正。

目 录

CONTENTS

第1章
绪　论

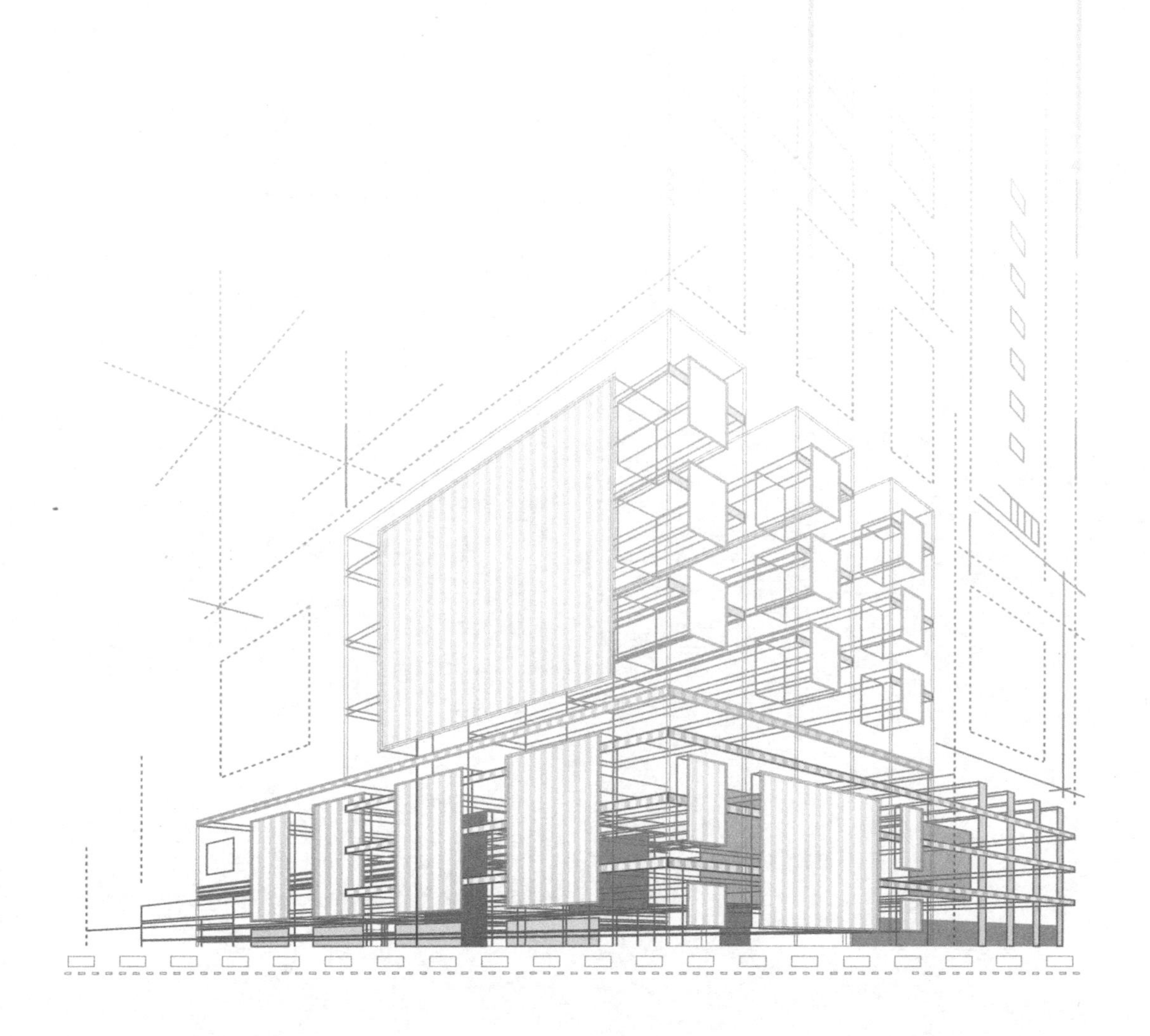

更新建材热物性获取原理与方法，制定符合我国国情的建材热物性参数测定体系并建立数据库，是建筑热工设计及节能计算的基础性紧迫任务，是实现建筑行业精细化节能、低碳发展的根本所在。本书通过对现行测试标准的深入分析，开展了多种多孔建材热湿物性参数的测定，探究了测试方法的重复性误差、再现性误差以及试件尺寸对测定值的影响规律，从而优化并更新了传统及新型多孔建材热湿物性参数的表征方法与体系，在此基础上进一步探究了多孔建材热湿性能老化机制，结合模拟软件和数值计算量化了建材热湿物性参数表征方法的重新构建对围护结构传热传湿的影响程度，从而提升学术界对这一领域的重视。同时，研究结果将直接应用于建筑实践，为设计师、工程师和材料科学家提供更精确的数据和方法。本书内容为基础科学，辐射专业种类多，相比已有图书，本书更注重实用性和应用性，从而为读者提供全面的、可靠的测试信息。当前建筑领域的图书市场对于多孔建材热湿物性参数测定的专著尚不完善。本书结合理论实践、涵盖最新研究成果，在一定程度上填补了多孔建材热湿物性参数领域的空白，为建筑、暖通、材料等领域的专业人士、研究者和学生提供了全面的研究和实践指南，为建材选择和构造设计提供更科学的依据。

1.1　多孔建材分类

多孔建筑材料是指内部含有大量孔隙（孔隙率通常达到一定数值，如大于15%等），孔隙可开放或封闭，大小范围从纳米级微孔到毫米级大孔，涵盖无机（如加气混凝土、多孔陶瓷、泡沫玻璃）和有机（如泡沫塑料、聚苯乙烯泡沫板）等多种类型，通过化学发泡法、物理发泡法、添加造孔剂法等制备方法形成，在建筑领域发挥保温、隔热、吸声、防潮等特定功能的建筑材料。这类材料具有良好的隔热特性，可有效降低建筑物内外的热量传递，减少能源消耗。其次，多孔建材通常比较轻质，既便于运输及施工操作，又可减轻建筑物自重。除此之外，多孔建材还具有一定的吸声降噪作用，可改善室内的声环境。

根据材料内部微观结构特征，具备绝热性能的多孔建材可划分为孔隙结构规则且仅存在闭孔结构的泡沫类有机多孔建材、孔径为同一数量级且以闭孔结构为主的发泡类多孔建材、纤维骨架且以连通孔隙为主的纤维类多孔建材。

1.1.1　泡沫类多孔建材

多孔建材中的孔隙结构启发了泡沫类多孔建材的发展。泡沫类有机多孔材料是一种内部孔隙结构规则且仅存在闭孔结构的有机材料。闭孔结构意味着每个孔隙都是独立的，里面的气体被封闭在其中，热量难以通过气体对流的方式传递，因此具有良好的绝热性能。常见的泡沫类多孔建材有聚苯乙烯泡沫板（EPS）、挤塑聚苯乙烯泡沫（XPS）、聚氨酯泡沫（PU）和酚醛泡沫（PF）等。

1. 聚苯乙烯泡沫板（EPS）

对于仅需要轻质保温且对承载能力要求不高的部位可以采用聚苯乙烯泡沫板，简称聚苯板。它是由聚苯乙烯珠粒经加热预发泡处理后，在模具中加热成型从而制得的具有闭孔结构的泡沫塑料。其具有优异的保温性能且重量较轻、抗压强度较高、防水性能良好，但易燃、防火性能较差。可应用于外墙外保温系统、屋面保温和冷库等低温环境的保温中。

2. 聚氨酯泡沫（PU）

聚氨酯泡沫属于一种高分子聚合物，它是由异氰酸酯和多元醇发生反应而生成的带有闭孔结构的泡沫塑料。其保温性能优异、粘结性强、重量相对较轻、抗压强度较高且防水性能出色，但同样存在易燃的问题、价格相对较高和施工要求严格。常应用于外墙保温和屋顶防水保温一体化中。

3. 酚醛泡沫（PF）

酚醛泡沫主要是由酚醛树脂制成。在发泡过程中，加入发泡剂等助剂，使内部形成含有大量闭孔的泡沫结构，这些闭孔相互独立，内部充满气体。酚醛泡沫是优良的绝热材料，且具有出色的防火性能、较好的耐化学腐蚀性和一定的吸声性。可应用于外墙、屋顶和通风管道等的保温中，是较为理想的保温材料。

1.1.2 发泡类多孔建材

发泡类多孔建材与泡沫类多孔建材有一定的相似性，但泡沫类多孔建材表示为仅存在闭孔结构的有机类多孔材料，其内部孔隙结构分布均匀；而发泡类多孔建材表示为非有机类材料根据发泡工艺形成的含有开孔或闭孔结构且分布不太均匀的多孔材料。常见的发泡类多孔建材有发泡水泥、加气混凝土和泡沫玻璃等。

1. 发泡水泥

发泡水泥是一种新型的建筑材料，它是在水泥浆体的基础上，通过物理或化学发泡的方式引入大量气泡而形成的。物理发泡是通过机械搅拌将空气等气体混入水泥浆体中，这种方式水泥气孔大小和分布较均匀，质量相对稳定；化学发泡则是依靠发泡剂在水泥浆体中发生化学反应产生气体，操作相对简单，但对发泡剂的性能和用量要求比较严格。发泡水泥具有轻质的特性，且绝热性能良好、隔声效果较好、耐火性能优越等。可应用于建筑保温隔热和建筑材料的填充中。

2. 加气混凝土

为了满足建筑对保温、轻质等方面的需求开发了加气混凝土。加气混凝土是以硅质材料（如砂、粉煤灰以及含硅尾矿等）和钙质材料（像石灰、水泥）为主要原料，掺入发气剂（铝粉），经过配料、搅拌、浇筑、预养、切割、蒸压、养护等工艺流程制成的轻质多孔硅酸盐制品。其质量较轻、保温隔热性能优良、耐火性能较好，并具有一定的可加工性。不过也存在一些不足之处，比如强度相对较低，特别是抗压强度，而且容易产生裂缝。通常应用于非承重的填充墙、隔墙以及高层建筑的外墙、内隔墙中。

3. 泡沫玻璃

在对保温和防火性能要求都很高的建筑物中，泡沫玻璃是理想的外墙保温材料。泡沫玻璃是以碎玻璃为主要原料，添加发泡剂（如碳酸钙、碳等）和其他辅助材料，在高温熔化状态下，发泡剂分解产生气体使玻璃液发泡，然后经过冷却定型等工艺制成的多孔材料。其保温隔热性能优异、防火性能极佳、化学稳定性好、吸声性能良好和抗压强度较高。可应用于建筑的外墙、屋面保温，地下管道的保温、保护，以及建筑装饰等。

1.1.3　纤维类多孔建材

多孔建筑材料的结构稳定性和强度的需求促进了纤维材料的应用，纤维可以增强材料的力学性能和抗裂性能。纤维类多孔建材通常是由纤维材料借助特殊工艺处理进而形成的具有多孔结构的材料。此类材料拥有出色的保温隔热性能且防火性能良好，还能够降低室内外的噪声。纤维类建筑多孔材料可应用于建筑隔声和防火隔离带中。常见的纤维类多孔建材包括岩棉、玻璃棉和矿渣棉等。

1. 岩棉

岩棉是以天然岩石，如玄武岩、辉绿岩等作为主要原料，通过高温熔融、纤维化而制成的无机纤维。它具有卓越的保温性能、出色的防火性能、良好的隔声性能和较高的化学稳定性，但施工过程中可能会对工人身体健康造成一定影响。其应用极为广泛，可应用于外墙外保温系统、屋面保温、工业设备和管道保温中。

2. 玻璃棉

玻璃棉是把玻璃原料在高温熔炉中熔融后，通过离心或喷吹等工艺制成的纤维状材料。它的性能与岩棉相似，但相对更柔软，便于施工。具有优异的保温隔热性能、良好的吸声降噪性能、较高的防火性能和较强的化学稳定性，然而玻璃棉纤维可能会对皮肤和呼吸道形成刺激，并且长期暴露在空气中还有一定程度的吸湿作用。玻璃棉可应用于建筑墙体和屋面的保温中。

3. 矿渣棉

矿渣棉是以工业矿渣，如高炉渣、钢渣等作为主要原料，经过高温熔化后，采用高速离心或喷吹等方式制成的纤维状材料。其保温性能良好、防火性能佳且成本相对较低，但质量和性能可能会因原料的差异而有所波动。矿渣棉主要应用于建筑外墙保温和工业厂房的保温隔热中。

1.2　多孔建材典型热湿物性参数

要深入理解和评估在实际应用中的多孔建材，就需要关注其热湿物性特征。多孔建材的典型热湿物性参数主要包括热物性参数（导热系数、蓄热系数、比热容等）和湿物性参数（蒸汽渗透系数、毛细饱和含湿量及吸水系数、真空饱和含湿量等），这些参数为材料的固有属性，受材料的微观结构、含水率、环境温度等因素的影响，参数测试值受材料尺寸、测试设备、测试人员操作等因素的影响。

热湿物性具体反映了多孔材料在不同温度和湿度条件下与热量和湿气相互作用的规律和特点。如孔隙的大小、形状、分布以及孔隙率等结构特征，决定了热量在材料内部传导的效率和湿气扩散的速率。通过研究多孔建材的热湿物性，我们能够准确预测其在不同环境中的保温隔热效果、防潮除湿能力，从而为合理选择和优化多孔建材的应用提供科学依据，以建造更加节能、舒适和耐久的建筑。接下来将介绍热湿物性参数的定义及单位，具体的测试方法将在后续章节中介绍。

1.2.1 热物性参数

多孔建材的热物性参数指的是用于描述多孔建筑材料在热传递过程中所表现出的物理性质（即多孔材料固有的一些宏观性质）的一系列定量指标。这些参数能够反映多孔建材吸收、储存、传导和散发热量的能力，如导热系数、蓄热系数、比热容、热扩散系数等。通过对这些参数的研究和测定，可以评估多孔建筑材料在建筑节能、室内热环境调节、防火隔热等方面的性能和效果，为建筑设计、材料选择和工程应用提供重要的依据和参考。

1. 导热系数

在物质的热传递性能研究时，和热量在物质中传递的难易程度有关的是导热系数。即在稳定传热条件下，1m 厚的材料，两侧表面的温差为 1 度（K，℃），在 1s 内，通过 $1m^2$ 面积传递的热量，称为导热系数，单位为 W/(m · K)。导热系数是体现多孔建筑材料导热性能的关键热物性参数。

对于多孔建筑材料而言，存在许多因素影响着导热系数的大小，如材料的孔隙率，孔隙率越高，导热系数越低。而且材料的湿度也会对导热系数有一定的影响，当材料的吸湿或含湿量增加时，导热系数也会明显增加，这是因为液态水的导热系数远远高于空气的导热系数。另外，材料的成分、结构、温度等也会对导热系数有一定的影响。常见的导热系数测定方法包括稳态法（如防护热板法、热流计法）和非稳态法（如热线源法、瞬态平面热源法、激光闪射法）等。

2. 蓄热系数

随着对热传递过程的深入研究，不仅要考虑热量的传导，还要考虑物质储存热量的能力，即要考虑蓄热系数。蓄热系数是指当某一足够厚的匀质材料一侧受到谐波热作用时，通过表面的热流波幅与表面温度波幅的比值。蓄热系数的单位是 W/(m^2 · K)，体现了单位面积、单位温度变化下热量传递的速率。

对于多孔建筑材料来说，同样有许多因素影响着蓄热系数，比如材料的比热容越大，其蓄热能力越强，蓄热系数也就相应较大；孔隙率也对蓄热系数有一定的影响，孔隙率高会导致蓄热系数下降；另外，材料的密度、湿度、热扩散系数等也会在不同程度上影响蓄热系数的大小。在建筑设计中，选择适当蓄热系数的多孔建材，有助于调节室内的温度波动，提高室内热环境的稳定性和舒适度，同时对于降低建筑能耗也有重要意义。

3. 比热容

在探讨物质吸收或放出热量与温度变化的关系时，较为重要的参数就是比热容。比热容是指单位质量的某种物质，温度升高（或降低）1℃所吸收（或放出）的热量。比热容的单位是 J/(kg · ℃)。其计算公式为：

$$C = \frac{Q}{m\Delta T} \tag{1.1}$$

式中：C——比热容［J/(kg · K)］；

Q——吸收或释放的热量（J）；

m——物质的质量（kg）；

ΔT——温度变化（K）。

对于多孔建材而言，比热容的值取决于材料组成成分和微观结构。一般来说，材料中含有的水分、无机矿物质等成分的比热容会对整体比热容产生影响。比热容是反映材料储热能力的参数之一。比热容较大的多孔建筑材料，在吸收或释放相同热量时，其温度变化相对较小，这对于维持建筑内部温度的稳定具有一定作用。在实际应用中，准确测定多孔建筑材料的比热容对于进行热工计算、分析建筑的热性能以及优化建筑节能设计等方面极为重要。

4. 热扩散系数

进一步研究热量在物质内部传播的速度时，热扩散系数便较为关键。其又称热扩散率，是表征物体在加热或冷却过程中，热量传递快慢的一个物理量。热扩散系数的单位是 m^2/s。对于多孔建筑材料，热扩散系数主要取决于材料的导热系数、比热容和密度。其计算公式为：

$$\alpha = \frac{\lambda}{\rho C} \tag{1.2}$$

式中：λ——导热系数［W/(m · K)］；

ρ——密度（kg/m^3）；

C——比热容［J/(kg · K)］。

热扩散系数越大，材料内部的温度响应就越快，热量传递也越快；反之，热扩散系数越小，热量传递越慢。在建筑领域，了解多孔建筑材料的热扩散系数对于分析建筑物在不同气候条件下的热性能、预测室内温度变化以及优化建筑节能设计等方面具有重要意义。热扩散系数的测试方法有激光闪射法、热线法。

1.2.2　湿物性参数

湿物性参数主要反映材料与水分相关的特性，如平衡吸湿曲线、毛细饱和含湿量及吸水系数、真空饱和含湿量等。在多孔建筑材料的湿物性参数中，有的是用于描述水分子的特性，有的是用于描述水蒸气的特性。根据湿分存在状态的不同，可以将湿物理性质分为用以描述蒸汽的性质和描述液态水的性质。比如，毛细吸水性主要是描述水分子在材料孔隙中的毛细作用下的吸收情况。这些不同的湿物性参数能够帮助我们更加全面、深入地了解多孔建筑材料与水分相关的性能。

1. 平衡吸湿曲线

在研究材料与水分的关系时，会对材料在不同环境湿度下的吸湿和放湿情况有所研究，于是引入了平衡吸湿曲线。平衡吸湿曲线也称为水分吸附等温线（MSI），它是在恒定温度条件下，将物质的水分含量（通常用每单位干物质质量中水的质量来表示）对其水分活度进行绘图而形成的曲线。平衡吸湿曲线能够体现物质在不同湿度环境中的吸湿特性。对于多孔建筑材料或其他物质，在绘制平衡吸湿曲线时，首先需要求出物质在不同湿度下的（平衡）吸湿量，接着以吸湿量对相对湿度进行作图。大多数物质的平衡吸湿曲线呈 S 形，在平衡吸湿曲线中，存在一个临界相对湿度（CRH）。CRH 是属于水溶性物质的固有特性，是衡量其吸湿性大小的关键指标。物质的 CRH 越小，说明其越容易吸湿；反之，则说明物质不易吸湿。

2. 毛细饱和含湿量及吸水系数

当考虑材料内部孔隙结构对水分的容纳和传输的影响时，孔隙中的毛细作用会使材料在特定条件下达到一种饱和含湿状态。而毛细饱和含湿量是指材料通过毛细作用吸水所能达到的最大含湿量，其单位通常是 kg/m^3，表示单位体积材料中所含水分的质量。它表达了材料在毛细作用下能够容纳水分的能力限度。吸水系数则是用于描述在毛细吸水试验中，试件吸水的快慢程度。通过毛细吸水试验可以测定材料的吸水系数。吸水系数的单位是 $kg/(m^2 \cdot s^{0.5})$，其计算公式为[1]：

$$A_{\text{cap}} = \frac{\Delta m_{\text{moisture}}}{A\sqrt{t}} \tag{1.3}$$

式中：A——试件与水接触的底面积（m^2）；

t——时间（s）；

$\Delta m_{\text{moisture}}$——时间$t$内试件吸收的水分质量（kg）。

不同多孔建材的毛细饱和含湿量及吸水系数有所差异，这些参数的具体数值通常需要通过试验测得。常见的测定方法包括毛细吸水试验、真空饱和试验等。同时，材料的孔隙结构、孔径分布、表面特性等因素都会对毛细饱和含湿量及吸水系数产生影响。

3. 真空饱和含湿量

为了更全面地了解材料吸水的极限情况，引入了真空饱和含湿量的概念。当材料处于毛细状态时，其含湿量称为毛细饱和含湿量。但此时材料中的孔隙并未完全被液态水占据，仍存在一定量的空气。若材料所有开孔中的空气都被排出，开孔被液态水完全占据，则此时材料的含湿量称为真空饱和含湿量（w_{vac}，单位为 kg/m^3），因此真空饱和含湿量是材料的最大含湿量。对于长期与液态水接触的建筑材料和建筑构件来说，含湿量可能会达到或接近此极限值。要想确定真空饱和含湿量，得考虑多个因素，如真空度（压力）、温度以及材料的性质等。在建筑材料的研究中，了解材料的真空饱和含湿量有助于评估其防潮性能等。不同材料的真空饱和含湿量会有所差异，这些参数的具体数值通常需要通过试验测定。在测定时需要严格把控试验条件，以保障结果的准确性和可靠性。常见的测定方法包括真空饱和试验等。

1.3 多孔建材热湿物性参数取值方法

1.3.1 理论计算

对于多孔介质和多孔建筑材料热湿物性参数理论计算的推进进程是较为漫长的。1856 年达西（Darcy）提出达西定律，虽然该定律仅限于土壤、岩石中水的流动测量，但是预示着这一时期关于多孔材料理论探索的发展。从 1921 年开始研究多孔介质的干燥过程理论、

1931 年测量了多孔陶瓷材料传热系数的热线源法、1938 年后洛比西（Loebisi）推导的多孔介质有效热传导模型、1957 年菲利普（Phillip）和德夫里（Devries）体积平均方程的首次应用和 1975 年曼德勃罗（Mandelbrot）提出的分形理论等都是对于多孔介质的热湿传递进行的探索[2]。

除了分形理论的不断演进之外，还有王志国等基于 REV（表征单元）建立的“三箱”模型和马永亭等采用欧姆定律模型推导的多孔介质等效导热系数等[3]。但是到如今关于多孔建材的热湿物性参数理论推导仍然较少，更多的是关于多孔建材的传热传湿分析（以试验分析为主）、多孔建材热湿耦合理论分析，关于具体参数的理论研究更多的是与导热系数、有效热导率等有关的。

对于非导热系数的其他多孔建材热湿物性参数，也可以借鉴前人总结出的理论模型、其他材料或其他多孔介质参数的理论研究成果进行理论计算的探索。如在得出等效热导率或有效热导率的基础上进一步计算出蓄热系数，以及体积加权平均的方法是否可应用于多孔建材蓄热系数的求解、基于热传导方程的数值计算模型解出多孔建材热扩散系数的可行性。对于多孔建材湿物性参数来讲也是同理。

在多孔建材中关于导热系数的理论计算有很多，导热系数的决定因素较为复杂，不仅取决于材料本身的组分及多孔介质孔隙相关参数，还取决于材料内部结构特征。基于简单结构的物理模型包括五种：串联模型、并联模型、Maxwell−Eucken 模型（两种表达形式）、EMT 模型。

忽略材料内部的对流和辐射，只考虑气固两相传导，利奇（A. G. Leach）提出的串联、并联模型假设多孔材料内热流与其物理结构上各组分层保持平行或垂直，将材料的导热系数与组成材料多相成分的导热系数及密度联系起来，串、并联计算模型如式(1.4)、式(1.5)所示[4]：

$$k_e = \frac{1}{(1-\upsilon_2)/k_1 + \upsilon_2/k_2} \tag{1.4}$$

$$k_e = k_1(1-\upsilon_2) + k_2\upsilon_2 \tag{1.5}$$

式中：　k——导热系数［W/(m · K)］；

υ——体积分数；

下标e、1、2——分别表示两组分材料系统、组分 1 和 2。

麦克斯韦（Maxwell）建立了可以应用于宏观均匀性及各向同性多相材料有效磁导率、介电常数、电导率、导热系数和扩散系数推导的变分原理，假设分散相的球形粒子之间不相互接触且相互没有作用力，得到了基本球形粒子复合材料的导热系数计算模型[5]，根据构成连续相的组分不同，Maxwell-Eucken 模型可以分成两种表达式，如式(1.6)、式(1.7)所示：

$$k_e = k_1\frac{2k_1 + k_2 - 2(k_1 - k_2)\upsilon_2}{2k_1 + k_2 + (k_1 - k_2)\upsilon_2} \quad \text{（组分 1 为连续相，组分 2 为分散相）} \tag{1.6}$$

$$k_e = k_2\frac{2k_2 + k_1 - 2(k_2 - k_1)(1-\upsilon_2)}{2k_2 + k_1 + (k_2 - k_1)(1-\upsilon_2)} \quad \text{（组分 2 为连续相，组分 1 为分散相）} \tag{1.7}$$

EMT 模型中材料的两种组分随机分布，每一相之间既不连续也不分散，每一种组分是否能形成导热路径取决于组分的量，计算模型如式(1.8)所示：

$$(1-\upsilon_2)\frac{k_1-k_e}{k_1+2k_e}+\upsilon_2\frac{k_2-k_e}{k_2+2k_e}=0 \tag{1.8}$$

之后的大多数导热系数计算模型研究都是以这五种基本模型为基础进行改造及优化。龚伦伦提出了一种利用新型有效介质理论模拟多孔材料导热性的方法，将各相态、各组分视为小球体分散于假定的均匀模型中，用一个简单的方程统一了以上五种基本结构模型，且没有代入任何经验参数，计算模型如式(1.9)所示[6]：

$$(1-\varepsilon)\frac{k_s-k_e}{k_s+2k_m}+\varepsilon\frac{k_a-k_e}{k_a+2k_m}=0 \tag{1.9}$$

式中：　k——导热系数［W/(m · K)］；

ε——孔隙率；

下标e、a、s——分别表示两相材料系统、气体和固体。

当$k_m=k_e$时，式(1.9)即 EMT 模型；当$k_m=k_s$和k_a时，式(1.9)即 Maxwell-Eucken 模型；当$k_m=0$时，式(1.9)即串联模型；当$k_m=\infty$时，式(1.9)即并联模型。

徐锦财（Chin Tsau Hsu）考虑了球形层中球体间的有限区域接触，利用空间周期结构修正了两种多孔介质导热系数的 Zehner-Schhmder 计算模型，同时建立了一种针对海绵多孔介质的相位对称模型，在该介质中，每一个相位都是连续连通的，区域接触模型和相对称模型如式(1.10)、式(1.11)所示[7]：

$$\begin{aligned}\frac{k_e}{k_f}=&\left[1-\sqrt{(1-\phi)}\right]+\frac{\sqrt{(1-\phi)}}{\lambda}\left(1-\frac{1}{(1+\alpha B)^2}\right)+\\&\frac{2\sqrt{(1-\phi)}}{[1-\lambda B+(1-\lambda)\alpha B]}\left(\frac{(1-\lambda)(1+\alpha)B}{[1-\lambda B+(1-\lambda)\alpha B]^2}\times\right.\\&\left.\ln\frac{1+\alpha B}{(1+\alpha)B\lambda}-\frac{B+1+2\alpha B}{2(1+\alpha B)^2}-\frac{(B-1)}{[1-\lambda B+(1-\lambda)\alpha B](1+\alpha B)}\right)\end{aligned} \tag{1.10}$$

$$\begin{aligned}\frac{k_e}{k_f}=&\left[1-\sqrt{(1-\phi)}\right]+\frac{(1-\sqrt{\phi})}{\lambda}+\\&\left[\sqrt{(1-\phi)}+\sqrt{(\phi-1)}\right]\left(\frac{b(1-\lambda)}{(1-\lambda b)^2}\ln\frac{1}{\lambda b}-\frac{b-1}{1-\lambda b}\right)\end{aligned} \tag{1.11}$$

式中：k_e——饱和多孔介质的有效导热系数［W/(m · K)］；

k_f——液相导热系数［W/(m · K)］；

ϕ——孔隙率（%）；

λ——液固导热系数［W/(m · K)］；

α——变形因子，当$\alpha=0$时，式(1.10)可简化为初始 Zehner-Schhmder 计算模型；

b、B——形状系数。

魏高升采用单位元法提出了二氧化硅气凝胶气固耦合导热系数模型。张海峰假设相由一个个立方体组成，所有的立方体被随机地分散在空间中，建立了一种随机混合模型，用于预测多相系统的导热系数。王默兰针对微尺度随机多孔介质的有效导热系数进行了研究，提出了一种介观数值工具，为了解决复杂多相多孔几何结构的能量传输方程，引入了晶格玻耳兹曼算法，解决了不同相位间的共轭热传递问题，通过对边界条件的正确选择及已有的试验数据，初步验证了算法的有效性。

以上针对建筑保温材料导热过程的传统分析模型，大多使用欧式几何模拟所研究材料的结构模型。然而，建筑保温材料中均存在数量巨大、种类繁多的孔隙。这些孔隙随机分布，通过喉道相互连通，形成复杂的孔隙网络。对于如此复杂的微观孔隙系统，上述方法无法给予实际建筑保温材料内部微观结构准确的描述，无法准确地反映建筑保温材料内部传热作用。这些研究方法及结果具备一定的参考价值，但仍需改进。

近年来，分形理论常常被应用于建筑保温材料的研究，实际上是采用合适的方法或模型表征其结构特征，继而分析其导热等性质。分形几何理论创立于 20 世纪 70 年代中期。1967 年，曼德尔布罗特（B. B. Mandelbrot）首次创造性地提出了分形几何理论，标志着分形思想萌芽的出现。1975 年，曼德尔布罗特为其正式命名为“fractal”，中文译为“分形”。随后，曼德尔布罗特于 1977 年和 1982 年先后出版了两本分形理论的经典著作。

数学上的分形，如 Sierpinski 地毯、Menger 海绵以及 Koch 曲线等常用于模拟和表征多孔介质（建筑保温材料）复杂结构的特征。如 Sierpinski 地毯、Menger 海绵等分形结构用于模拟实际二维和三维复杂建筑保温材料的孔隙/颗粒大小分布的分形特性，Koch 曲线应用于颗粒粗糙表面建模及多孔介质中颗粒随机行走路径分析。

分形从非线性复杂系统入手，从未经简化和抽象的研究对象本身去认识其内在规律性，这是分形理论和传统几何的本质区别。分形几何突破了传统几何的局限性，认为分形物体的空间维数可以不是整数。分形物体的量度$M(L)$与测量的尺度L服从如下标度关系[8]：

$$M(L) \sim L^{D_f} \tag{1.12}$$

式中：D_f——分形维数；

$M(L)$——一个物体的质量、体积、面积或曲线的长度；

L——尺度。

方程(1.12)隐含着分形物体的自相似特性。然而，分形理论并非适用于所有的多孔介质，对此，郁伯铭给出了关于分形介质的判据[9]：

$$\left(\frac{\lambda_{min}}{\lambda_{max}}\right)^{D_f} \cong 0 \tag{1.13}$$

对于多孔介质而言，式中λ_{min}和λ_{max}分别为最小孔隙尺寸和最大孔隙尺寸。式(1.13)可以看作是多孔介质能否用分形理论进行分析的判据，在实际应用中，通常认为当多孔介质的$\lambda_{min}/\lambda_{max} < 10^{-2}$时，可以应用分形理论。

分形理论已有 50 年的发展历史，并在许多领域得到了广泛的应用。郁伯铭于 1994 年介绍了多孔介质孔隙界面的分形结构，描述了多孔介质中的输运特性及其试验与计算机模拟方法，且介绍了自相似多介质中输运特性的一种递推计算方法[10]；并于 2003 年对多孔介质输运性质的传统试验测量、解析分析和数值模拟计算研究进展作了扼要的评述，着重综述采用分形理论和方法研究多孔介质输运性质分析解的理论、方法和所取得的进展，指出采用分形理论和方法有可能解决其他尚未解决的有关多孔介质输运性质的若干课题和方向。

马永婷基于热电模拟技术和多孔介质的统计自相似性，应用 Sierpinski 地毯，提出了多孔介质有效导热系数的自相似性模型。该模型为孔隙率、面积比、组分导热系数比和接触热阻的函数。利用该模型得到了导热系数的递推算法，结果表明该算法非常简单。将该模型的预测结果与其他模型的预测结果进行了比较，并与已有的实测数据进行了比较，结果表明两者吻合较好。这证明了所提出的模型是有效的。而后，马永婷又在此基础上提出了三相/非饱和多孔介质有效导热系数的近似分形几何模型并验证，马永婷的模型仅适用于孔隙率为 0.3～0.5 且分形维数为 1.89 的多孔介质。

冯勇进采用和马永婷类似的方法建立了两相及三相（未饱和）多孔介质有效导热系数的自相似性模型，通过改变固体相尺寸使孔隙率范围在 0.14～0.60。建立了纳米流体有效热导率的分形模型。建立的模型为纳米颗粒导热系数、基础液体的导热系数、纳米颗粒尺寸、随机数、纳米颗粒体积份额和温度的函数。验证了提出模型的准确性[11]。

可以看出马永婷和冯勇进已经对孔隙质量分形进行了较为系统、详细的分析研究，因此，很多研究人员在应用已有孔隙质量分形有效导热系数的自相似性模型的基础上，开展试验研究新型材料的导热系数。如 Li 采用单边瞬态平面源（TPS）技术测量了多孔甲烷水合物的有效导热系数，并采用基于自相似性的多孔介质分形模型进行了数值模拟；范利武制备了三种密度分别为 415kg/m^3、520kg/m^3 和 630kg/m^3 的蒸压加气混凝土，利用瞬态平面源技术测定了含湿样品的有效导热系数。同时，利用两相及三相孔隙质量分形有效导热系数的自相似性模型预测了其导热系数并与实测值对比；曲明亮采用物理溶液浸渍法将导热系数极低的二氧化硅气凝胶掺入蒸压加气混凝土中，进一步提高了混凝土的保温性能。并使用孔隙质量分形有效导热系数模型预测了新试样的导热系数值并用试验验证了数据。

孔隙质量分形模型，可以模拟均匀固体介质（均匀是指黑色部分内部为单一材质）在不同尺度下的分布。白色部分为迭代区域，在某一阶段尺度，其孔隙尺寸相等，随着迭代次数增加，孔隙占比越来越小，直到最后，模型仅剩下固体，如图 1.1（a）所示。而固体质量分形，可以模拟均匀孔隙在不同尺度下的分布。黑色部分为迭代区域，在某一阶段尺度，其固体尺寸相等，随着迭代次数增加，固体占比越来越小，直到最后，模型仅剩余孔隙相，如图 1.1（b）所示。而在一定界限内，孔隙越多，材料导热系数越小，保温性能越好，因此，选择固体质量分形，更有利于分析如何获取特定的先进保温材料。

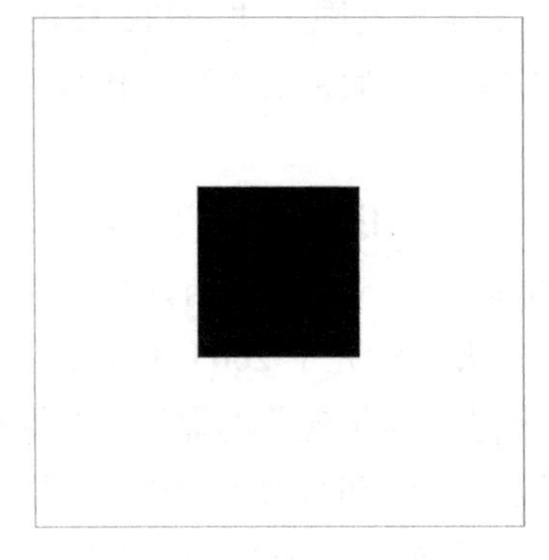
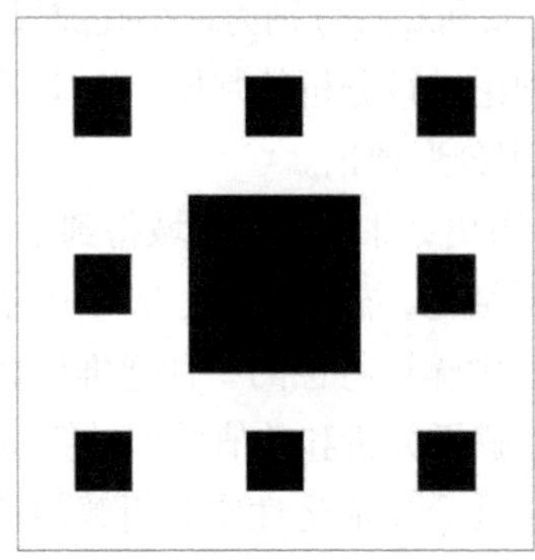
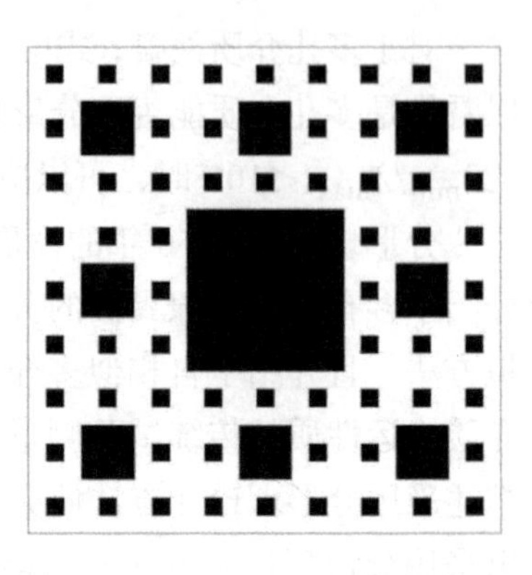

(a)

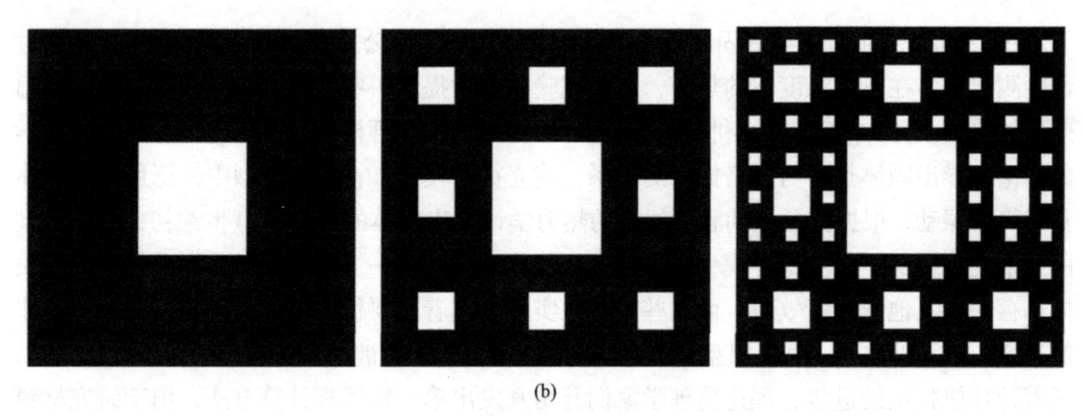

(b)

图 1.1 分形模型（黑色部分为固体，白色部分为孔隙）

（a）孔隙质量分形模型；（b）固体质量分形模型

邹明清等发现当 Sierpinski 地毯的固体质量分形模型的边长L_0等于 13 时，仅改变截断边长C和迭代次数i的值就可以模拟较大孔隙范围的多孔介质，对应了分形维数为 1.979、1.938、1.866 和 1.746 四种结构，推导了多孔介质的孔隙大小和渗透率的几率模型，但未涉及导热系数模型的推导[12]。

1.3.2 试验测试

由于现今建筑材料的高速发展与多元化，且不同材料的热湿性能差距较大，因此使用单一的度量方法对所有材料进行热湿物性参数测量会造成不同程度的误差。目前热湿物性参数的测定方法已发展了多种，它们有不同的适用领域、测量范围、精度、准确度和试样尺寸要求等，不同方法对同一样品的测量结果可能会有较大的差别，因此选择合适的测试方法至关重要。

目前导热系数的试验测试研究较为集中，在此基础上其他热湿物性参数的相关研究也得到了发展。

蓄热系数的试验测试是为了评估材料在周期热作用下储存和释放热量的能力，这对于建筑材料的热能管理尤为重要。蓄热系数测试方法的发展历程经历了从简单到复杂、从单一到多元、从低精度到高精度的演变过程。早期的蓄热系数测试主要采用稳态法，如平板法、热箱法等，这些方法是在稳定传热条件下测量的，操作简单，设备简易，但不适合导热系数较高的材料，且测量范围有限。随着技术的发展，热流计法开始被广泛应用于蓄热系数的测试。这种方法测量通过建筑构件的热量，利用热电偶测量温度，计算得出蓄热系数值。

瞬态法，又称非稳态法，如热线法、探针法等，提供了更高精度和更宽测量范围的可能性。这些方法通过测量材料在非稳态条件下的热响应来测定材料的导热系数和热扩散系数，并代入公式从而求出蓄热系数，适用于更广泛的材料和条件。随着对建筑材料热性能要求的提高，蓄热系数测试仪开始集成多种测量功能，如热导率、比热容等参数的测量，使得建筑材料的热性能评估更加全面。总体来看，蓄热系数测试方法的发展反映了对建筑材料热性能评估需求的不断增长，以及测试技术在精度、效率和多功能性方面的持续进步。

在19世纪中叶，最早的固体热容计算方法是基于经验公式和试验测量。物理学家通过试验测定物体在不同温度下的热容，并从试验数据中提取一些经验规律，以此计算其他温度下的热容。1899年，奥地利物理学家彼得·德拜提出德拜模型，他是基于经典统计力学的理论推导出固体热容与晶格振动的关系，建立德拜模型。在这个模型中，德拜假设晶体具有简谐振动，根据分子振动和谐振子的热力学计算出固体的热容。20世纪初，德拜模型的局限性被揭示。虽然德拜模型提供了固体热容计算的第一个理论框架，但它忽略了物质内部存在的其他非简谐效应，而这些效应在实际中起着重要作用。例如，晶体中存在的非简谐效应如谐波失谐、声子相互作用等，对固体热容的贡献被德拜模型忽略。20世纪中叶，随着计算机技术的进步，理论物理学家们开始开发出第一性原理计算方法，用于研究材料的热力学性质。这些计算方法基于量子力学理论，通过求解薛定谔方程描述晶体中电子和原子核的相互作用。第一性原理计算方法绕过了德拜模型的局限，可以考虑到更多的非简谐效应，从而更准确地计算固体的热容。20世纪末，分子动力学模拟是一种基于牛顿运动定律的计算方法，用于模拟原子或分子在固体内的运动。通过将固体的原子或分子建模为一个集合，我们可以计算出材料在不同温度下的热容。这种方法可以更直观地模拟和理解材料的热力学行为。

现代比热容的测试技术包括差示扫描量热法（DSC）、绝热法、脉冲加热法、比较法等。其中DSC法是目前用途最广泛也是测试精度最高的。DSC法是在程序控制温度下，测量试样与参照样品的功率差和热流量差与温度或者时间的关系的一种测试技术，是直接测量样品在程序控温下所发生的热量差值，因此普遍采用该方法来研究材料的比热容。

早期的热扩散系数测试主要采用稳态法，如平板法、热流计法等。这些方法在稳定传热条件下测量材料的热传导性能。由于其测试模型简单易于实现，尽管测量误差大，测试温度也不高，但在学习和了解热传递原理方面起到了重要作用。随着技术的发展，瞬态法开始被广泛应用于热扩散系数的测试。瞬态法包括热线法、探针法、激光法等，这些方法通过测量材料在非稳态条件下的热响应来确定其热扩散性能。激光闪光法是一种基于瞬态原理的测试方法，因其具有所用试样小、测试周期短等优点，在测量固体材料的热扩散率方面发挥了重要作用。这种方法通过使用激光作为热源，对试样进行瞬间加热，然后利用高速温度测量设备记录试样的温度响应，从而计算出热扩散系数。

等温吸湿曲线的测试初始阶段主要依赖于简单的经验公式和定性观察。这些方法缺乏精确性和可重复性，但为后续的研究提供了基础数据和初步理解。随着科学的发展，研究者开始使用饱和盐溶液来控制相对湿度，通过改变盐溶液的种类来获得不同的湿度环境。这种方法可以在恒温条件下实现对材料等温吸湿性能的测试，为后续的模型建立和数据拟合提供了试验基础。此外，静态称重法也是实验室的常用方法，通过测量材料在不同相对湿度下的平衡含湿量，然后对这些离散的数据点进行拟合，从而得到等温吸湿曲线。这种方法操作简单，但耗时较长，因为需要等待材料达到吸湿平衡。研究者们基于试验数据提出了多种等温吸湿曲线的理论模型，如Oswin、Henderson、Caurie、GAB、Peleg和HAM等经典模型。这些模型通过不同的数学表达式来描述材料的吸湿行为，为材料的吸湿性能提供了定量的预测方法。随着对多孔建筑材料吸湿性能的深入研究，新的拟合方程被提出以更准确地描述材料的等温吸湿曲线。这些新方程通过改进参数和模型结构，提高了拟合的准确性和适用性。

吸水系数、毛细饱和含湿量和液态水扩散系数是多孔建筑材料非常重要的湿物理性质参数，它们对于分析建筑围护结构的热湿传递过程、热工设计、室内热湿环境分析以及建筑能耗计算都具有重要意义。吸水系数测试方法包括简单的浸泡法，这种方法操作简单，但精度有限。随着国际标准《Hygrothermal performance of building materials and products-Determination of water absorption coefficient by partial immersion》ISO 15148: 2002 的发布，部分浸入法（局部浸湿法）被标准化，用于测定建筑材料的短期液体吸水系数，这种方法通过无温度梯度的部分浸泡来评估材料的吸水率，适用于抹灰或涂层等材料的测试。

毛细饱和含湿量的测试方法经历了从简单的整体浸泡法到更精确的单面浸泡法的发展。整体浸泡法将试件完全浸入液体中，操作简单，但可能高估了实际应用中的吸水情况。单面浸泡法（部分浸入法）更接近实际应用情况，能够更准确地模拟材料在实际使用中的吸水行为。

液态水扩散系数的测试方法也在不断发展。早期方法包括真空饱和试验，这种方法可以获得材料的真空饱和含湿量、开放孔隙率和表观密度等参数。随后，研究者们开发了更精确的测试方法，如 X 射线衰减法、标尺法等。近年来，研究者们提出了简化预测方法，通过材料的吸水系数和毛细含湿量来预测液态水扩散系数。

除了这些热湿物性参数的测试发展之外，导热是物质世界普遍存在的一个物理过程，人们对导热系数的认识和研究更是有着悠久的历史。导热系数的测定方法分为稳态法和瞬态法两大类。

1789 年，英根豪斯（Ingen-Hausz）首次建成了测试固体导热系数的稳态比较法试验装置。1851 年，福尔贝斯（Forbes）首次提出了测定导热系数的稳态绝对法。1898 年，皮尔斯（Peirce）和威尔森（Willson）首次提出了关于导热系数测试平板法的详细数学分析[13]。1899 年，Lees 首次利用双试样系统研究了压力对热导率的影响。1912 年，彭斯根（Poensgen）采用的环形热保护加热器成为现在有热保护的热板测试装置的原型。1970 年起，伴随着能源危机出现后能源科学技术迅速发展的迫切需要，人们对导热系数的测试和研究无论在广度或深度上都取得了重大进展。CINDAS 材料性能数据库（原 TPRC）陆续出版手册《Thermophysical Properties of Matter, The TPRC Data Series》[14]。哈恩（Hahn）建立数学模型确定了防护热板法计量和保护部分平均温度的计算方法[15]。特鲁萨特（Troussart）使用有限元法，建立了热电堆导线穿过防护热板法装置热板间隙时的热传导模型。海格（Hager）等提出在防护热板法装置（以下统称为 GHPA）中使用薄箔作为加热元件，可以使导热系数值达到±3%的精确度，且简单廉价的材料使装置非常适合用于产品开发和质量控制应用方面[16]。凯尔特纳（Keltner）和班布里奇（Bainbridge）分别确定了无限大矩形平板中心温度的数学表达式，并使用格林函数得到了解析解[17]。希利（Healy）使用 ANSYS 模拟现有的 GHPA 中加热器和冷却液管的布局，以确定是否会在试件表面产生均匀的温度，并提出了新的 GHPA。沙曼（J. Xamán）等提出了一个数学模型，以获得一个分析 GHPA 中心板和保护环内热传导的热微分方程解。克里斯蒂安（Christian）等提出了一个使用多重线性回归分析的新测试方法来预测两种不同样品的导热系数值。

目前在国内，GHPA 多被用于航天材料导热系数的测定，研究人员多选择使用热流计法测量建筑材料绝热材料的导热系数。热流计法是一种比较法，是用校正过的热流传感器测量通过样品的热流，得到的是导热系数绝对值。然而 GHPA 才是目前绝对法中测量建筑和绝热材料导热系数应用最广且精度最高的方法，由于试样两侧的温度是稳定的，GHPA 的工作方程也比瞬态法简单许多。GHPA 中“保护”两字意指使用保护装置尽可能地消除试件边缘的热损失，保证传热的一维性。GHPA 几何结构简单，允许样品接近相变的临界状态，缺点是获得每个数据点的时间较长。如表 1.1 所示，同样是测量建筑材料导热系数的稳态法，相比于 GHPA，热流法测试材料的导热系数范围和冷热板温度跨度均偏小，且误差大，故本书以 GHPA 作为干燥试件导热系数的主要测试方法展开研究。

热流法与防护热板法测试性能对比（以德国耐驰公司产品为例）　　表 1.1

测试方法	热流计法	防护热板法
型号	HFM435 系列	GHP456 系列
冷热板温度范围（℃）	四种型号分别为 0～40、0～100、−30～90 和−20～70	两种型号分别为−160～250/600
导热系数范围［W/(m · K)］	0.002～2	0～2
精确度	±4%	±2%

瞬态导热系数测试法包括热线源法、平面源法、激光闪射法等。1888 年，施莱尔马赫（Schleiermacher）首先在物理年鉴（Annalen der Physik）中提出瞬态热线法，1952 年，武越荣俊将瞬态热线法应用于固体食物导热系数的测量，他认为仪器加热丝和探头外部的温度下降对热导系数计算值影响不大[18]。1966 年，欧文（Owen）和克卢斯（Clews）对瞬态热线法进行了改进以减少由于介质与热线中存在间隙引起的误差。1984 年，武内正明（Take-Uchi M）等研究认为此间隙会造成温度升高速率减缓，但最终温度升高速率仍会达到该材料正确的对应的导热系数值，即热线与介质间的间隙仅延迟了升温时间，武内正明进一步讨论了如何加快测量时间的方法。豪平（Haupin）等为了扩大热线法的应用范围，确定不仅仅是热绝缘砖，还包括其他类型耐火材料的导热系数，提出导热系数高的材料需要使用更大的试样进行试验，武内正明进一步研究并定义了测定导热系数所需的最小试样尺寸[19]。在进行固体导热系数试验时，辐射传热是影响测量结果存在误差的原因之一，1980 年，齐藤昭夫（SAITO A.）等使用瞬态热线法测量固体材料导热系数时，对材料间弱辐射传热对测量结果的影响进行了说明并且提出了修正方法。为了更好地了解辐射贡献的影响，2006 年，科卡尔（Coquard R.）等开发了一种针对瞬态耦合传热的二维模拟技术，并使用热线法对低密度的多孔聚苯乙烯泡沫的导热系数进行了测量，试验结果分析表明，传统的瞬态热线法在理论上不适用于辐射热传递不可忽视的材料，例如低密度的建筑保温材料[20]。

20 世纪 90 年代，瑞典科学家古斯塔夫森（Gustafson）博士发明了瞬变平面热源法测试导热系数，原理是利用热阻性材料镍做成一个平面的探头，同时作为热源和温度传感器，通过了解测试过程中探头温度的变化即可反映样品的热传导性能。

萨利赫·阿吉兰（Saleh A. Al-Ajlan）利用瞬态平面源法测量了沙特阿拉伯当地制造商生产的几种常用保温材料在室温下的导热系数，以及在热气候条件可能达到的不同高温环境下，保温材料在实际应用时的导热系数。结果表明，在本研究考虑的温度和密度范围内，导热系数随温度的升高而升高，随密度的增加而降低。

弗朗西斯科·达历山德罗（Francesco D'Alessandro）等利用瞬态平面源法测量了五种建筑领域经常使用的保温材料：矿棉、聚氨酯泡沫、三聚氰胺泡沫、红麻和软木。在温度和相对湿度条件下的气候室中对样品进行了环境调节，用 Hotdisk 导热仪测定了样品的导热系数，以评估含水量如何影响这些建筑保温材料的性能。测试结果表明，随着含水量的增加，导热系数增大，对于所研究的材料，含水量和导热系数的关联方式是不同的。

黄华锟等利用瞬态平面源法测量了新型气凝胶建筑超保温材料的导热系数值，以亚热带湿润气候典型办公建筑为模型，建立全寿命周期评价模型，确定了该材料应用于墙体时的最佳厚度，并进一步对节能率、经济效益、温室气体排放等进行评价[21]。

1.3.3　智能预测

机器学习是一门多学科交叉专业，涵盖概率论、统计学、近似理论和复杂算法，使用计算机作为工具并致力于真实且实时的模拟人类学习方式，并将现有内容进行知识结构划分来有效提高学习效率。机器学习是不断发展的数据科学领域的重要组成部分。通过使用统计方法对算法进行训练，使其能够执行分类或预测。近年来，人工智能和机器学习的高速发展为导热系数试验带来了新的发展方向。例如，反向传播（Back Propagation，BP）神经网络算法是根据误差逆向传播训练多层前反馈神经网络的方法，通过输出层得到输出结果和期望值间接调整各层之间的权值，从而实现网络的优化；遗传算法（Genetic Algorithms，GA）是一种基于达尔文生物进化理论和孟德尔遗传变异理论的模拟生物在自然环境中遗传和进化过程而形成的全局搜索寻优算法，具有高效、并行、全局性的特点。相较于传统的BP 人工神经网络算法，对权值和阈值优化了的 GA-BP 神经网络算法是一种改进的反向传播人工神经网络算法，具有收敛速度快、预测精度高的显著优势；RBF 神经网络是一种单隐层前馈神经网络，适用于非线性系统建模。

人工神经网络是从人脑学习能力出发而建立的一种信息处理模型。近年来神经网络因其强大的非线性问题处理能力被广泛应用于工程领域。黄公胜等分别使用多元线性回归方法和人工神经网络对亚热带湿润地区的建筑冷负荷进行预测[22]，武国良、祖光鑫等基于MLR 和 LSTM 网络建立短期符合的预测模型，并通过试验计算来自中国西部的测试数据，验证该方法的有效性。叶永雪、马鸿雁等提出一种基于多元线性回归（MLR）与遗传算法（GA）优化小波神经网络（WNN）的建筑能耗预测模型，利用 Pearson 相关系数分析方法与多元线性回归对历史数据进行预处理，选取相关性强的因素用于 GA-WNN 模型的训练与测试，构成 MLR-GA-WNN 建筑能耗预测模型，该模型精度达到了 96.4%。何发祥、黄英以土体含水量、干密度和孔隙率 3 个独立参数作为输入变量建立 BP 网络模型，通过试验验证了土体各物性指标之间的非线性关系和隐含关系。与实测值相比，此方法测得的土体导热系数误差较小，测量精度高于线性回归方法，简单实用。李国玉、常斌等以冻土干密度和含水量为输入变量建立神经网络预测模型，来预测青藏高原高含水量冻土的导热系数[23]。结果表明，该方法所获得的导热系数的误差值为 3%～4.3%，与采用多元回归模型进行预测 10.9%～69%的误差绝对值相比具有良好的优越性。埃尔津（Erzin）等基于人工神经网络模型建立了预测土体导热系数的单个预测模型和广义预测模型，得出人工神经网络模型在预测土体导热系数方面的有效性。王红旗等基于 BP 神经网络以含水率、干密度以及龄期为输入量，石灰改良红黏土的导热系数为输出量，建立神经网络预测模型。结果表明：模型的整体误差小于 10%。关鹏等基于 RBF 神经网络，选取土体中固体、液体和气体的体积分数作为自变量，导热系数为因变量，利用 SPSS 软件进行非线性预测，预测结果与实测值的平均相对误差均小于 5%。杨文斌、陈眉雯利用 BP 网络具有高度非线性的特点，以木材含水率和密度作为输入参数，导热系数为输出参数，建立木材径向导热系数的 BP 网络模型，并采用规则化调整的方法提高模型的推广能力。结果表明，该模型可快速准确地预测不同类型木材的径向导热系数，其预测精度要高于理论数值，表明采用 BP 网络预测木材径向导热系数的方法是可行的。孙金金、朱彤等以墙体内外表面温差、外表面的热流密度、两侧环境温差、加热功率（或内表面热流密度）及墙体总厚度作为墙体传热系数辨识的关键输入变量，建立 BP 网络模型。结果表明，该模型测得的实际传热系数值与理论计算值的偏差小于 5%，满足工业设计要求。赵嵩颖等基于 BP 神经元网络理论，以石墨掺量、玄武岩纤维掺量、水胶比、玄武岩纤维长度作为输入参数，分别以混凝土抗压强度、导热系数作为模型的输出参数，建立能量桩桩基混凝土抗压强度和导热系数的预测模型[24]。研究结果表明，基于 BP 神经网络模型的预测与试验结果误差在 5%以内，预测精度较高，可以作为能量桩桩基混凝土配合比设计的参考。王才进基于人工神经网络（ANN）模型选取土体的干密度、饱和度、黏粒含量、粉粒含量和砂粒含量作为输入量，土体的导热系数作为输出量，建立土体的导热系数预测模型。结果表明，该方法均方根误差小于 0.2W/(m · K)，绝对平均误差小于 0.13W/(m · K)，方差比大于 90%，提出的预测模型精度显著高于传统经验关系模型。刘帅等基于 BP 人工神经网络选取温度以及毛竹的密度作为输入量，毛竹的导热系数作为输出量，建立毛竹的导热系数预测模型。结果表明，该模型具有很高的预测精度，能准确预测一定条件范围内毛竹的导热系数，从而节省了以往常规试验所花费的大量时间和资源。雷廷基于 BP 人工神经网络选取孔隙率、含水率、密度、温度和压力作为输入量，导热系数作为输出量，建立岩石的导热系数预测模型。结果表明，BP 神经网络模型具有较高的预测精度，相关系数可达 0.99382，满足工程精度要求[25]。

参考文献

[1] 杨雨桐. 预制 ECC 夹芯复合外挂墙板热湿耦合传递特性研究[D]. 徐州：中国矿业大学, 2021.

[2] LOEBISI A L. A theory of thermal conductivity of porous material[J]. Journal of the American Ceramic Society, 2014, 37(2): 97.

[3] 马永亭. 多孔介质热导率的分形几何模型研究[D]. 武汉: 华中科技大学, 2004.

[4] LEACH A G. The thermal conductivity of fomas: 1. Models for heat conduction. Journal of Physics D: Applied Physics, 1993, 26(5): 733－739.

[5] 马超. 多孔建筑材料内部湿分布及湿传递对导热系数影响研究[D]. 西安: 西安建筑科技大学, 2017.

[6] GONG L, WANG Y, CHENG X, et al. A novel effective medium theory for modelling the thermal conductivity of porous materials[J]. International Journal of Heat and Mass Transfer, 2014, 68: 295-298.

[7] HSU C T, CHENG P, WONG K W. Modified Zehner-Schlunder models for stagnant thermal conductivity of porous media[J]. International Journal of Heat and Mass Transfer, 1994, 37(17): 2751-2759.

[8] CANNON J W. The fractal geometry of nature. by Benoit B. Mandelbrot[J]. The American Mathematical Monthly, 1984, 91(9): 594-598.

[9] Yu B, Li J. Some fractal characters of porous media[J]. Fractals, 2001, 9(3): 365-372.

[10] 郁伯铭, 姚凯伦. 多孔介质中的分形与输运[J]. 物理, 1994(5): 281-284.

[11] FENG Y, YU B, ZOU M, et al. A generalized model for the effective thermal conductivity of porous media based on self-similarity[J]. Journal of Physics D: Applied Physics, 2004, 37(21): 3030.

[12] 邹明清. 分形理论的若干应用[D]. 武汉: 华中科技大学, 2007.

[13] FORBES J D. On the Progress of Experiments on the Conduction of Heat, Undertaken at the Meeting of the British Association at Edinburgh in 1850[C]//Britt. Assoc. Adv.Sci. Rept. Ann. Meeting. 1851, 21: 7-8.

[14] TOULOUKIAN Y S, POWELL R W, HO C Y, et al. Thermophysical properties of matter, the TPRC data series. Volume 10. Thermal diffusivity. Data book[R]. Purdue Univ., Lafayette, IN (USA). Thermophysical and Electronic Properties Information Center, 1974.

[15] HAHN M H. Robinson line-heat-source guarded hot plate apparatus[J]. Heat Transmission Measurements in Thermal Insulations, ASTM STP, 1974, 544: 167-192.

[16] HAGER Jr N E. Recent developments with the thin-heater thermal conductivity apparatus[J]. Journal of Thermal Insulation, 1985, 9(2): 111-122.

[17] KELTNER N, BAINBRIDGE B, BECK J. Rectangular heat source on a semi-infinite solid-an analysis for a thin film heat flux gage calibration[J]. Journal of Heat Transfer 110 (1988): 42－48.

[18] 武越栄俊, 井村定久, 平沢良男, 等. 非定常細線加熱比較法による固体の熱伝導率測定法[J]. 日本機械学会論文集 B 編, 1981, 47(419): 1307-1316.

[19] HAUPIN W E. Hot wire method for rapid determination of thermal conductivity[J]. American Ceramic Society Bulletin, 1960, 39(3): 139.

[20] COQUARD R, BAILLIS D, QUENARD D. Experimental and theoretical study of the hot-wire method applied to low-density thermal insulators[J]. International Journal of Heat and Mass Transfer, 2006, 49(23): 4511-4524.

[21] HUANG H, ZHOU Y, HUANG R, et al. Optimum insulation thicknesses and energy conservation of building thermal insulation materials in Chinese zone of humid subtropical climate[J]. Sustainable Cities and Society, 2020, 52: 101840.

[22] LI Z, HUANG G. Re-evaluation of building cooling load prediction models for use in humid subtropical

area[J]. Energy and Buildings, 2013, 62: 442-449.
[23] 李国玉, 常斌, 李宁. 用人工神经网络建立青藏高原高含水量冻土的导热系数预测模型[C]//中国土木工程学会第九届土力学及岩土工程学术会议论文集 (下册). 2003.
[24] 赵嵩颖, 王梦娜, 陈雷. 神经网络下能量桩桩基混凝土强度及导热预测[J]. 混凝土, 2023(7): 24-27.
[25] 雷廷, 贾军元, 田福金, 等. 基于BP神经网络预测岩石导热系数[J]. 世界地质, 2021, 40(1): 131-139.

第 2 章

多孔建材热湿物性测试现行标准

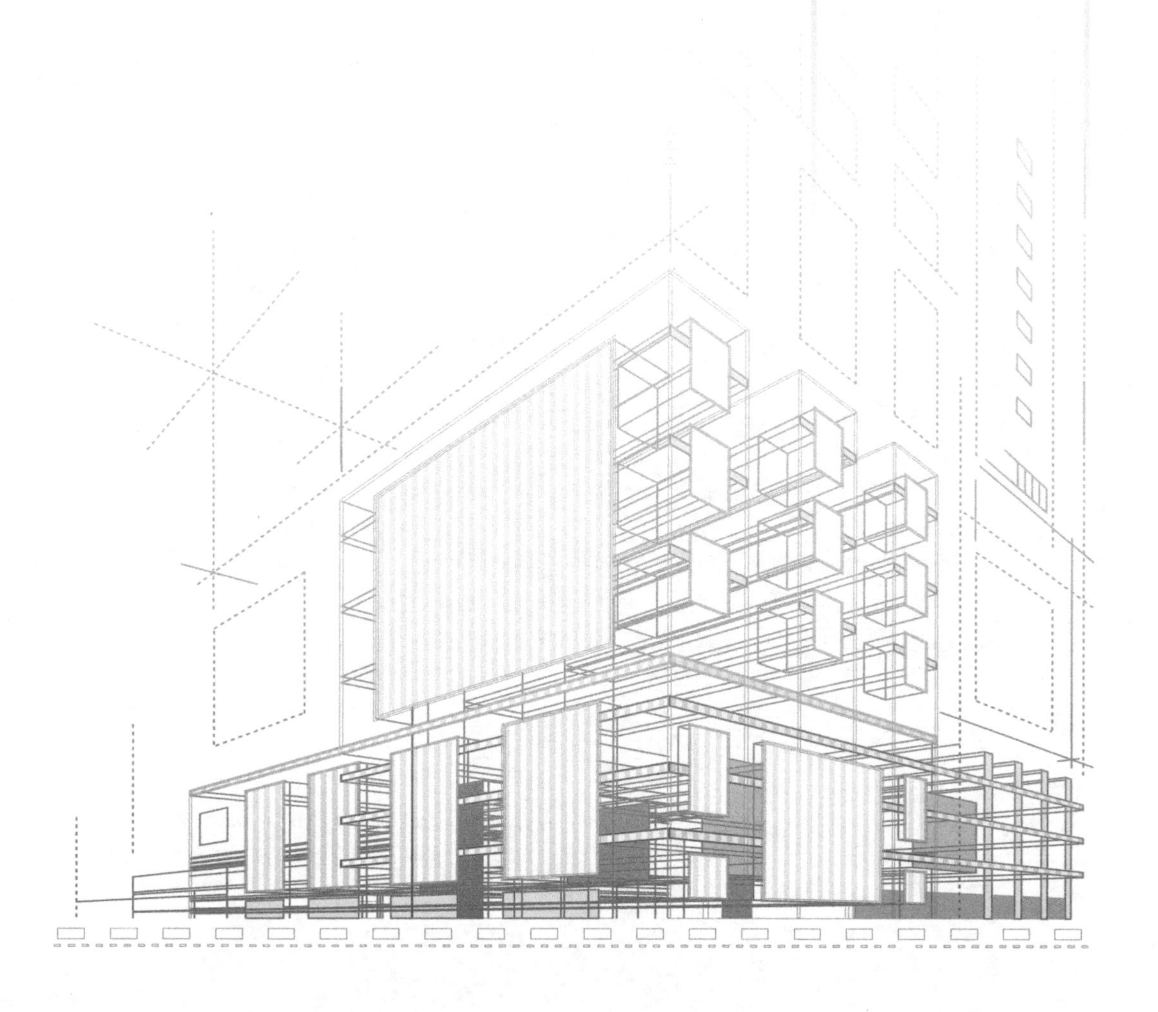

2.1　概述

由于现今建筑材料的高速发展与多元化，各种建筑材料的热湿物性参数差异很大，而精准测量建筑材料热湿物性参数是建筑热工计算分析的基础，因此使用单一的度量方法对所有材料进行热湿物性参数测量会造成不同程度的误差。在围护结构热工计算过程中，合理地选择建筑材料热湿物性参数，可使计算结果更趋近于材料实际使用情况，减少误差。除此之外，在一些新型建筑材料的开发阶段，评估和优化其热湿物性参数也是试验中至关重要的环节。由于同一种材料在同一工况下的热湿物性参数，受测试方法、原理、仪器以及测试参考标准的影响，得出的数据不尽相同，因此，为了正确地选择热湿物性参数，除了了解建筑材料本身的密度、物理结构、孔隙率等因素外，选择合适的试验取值方法及相关标准是十分重要的。而且只有明确材料导热系数测试校订标准，才能更有效地分析使用不同测试方法得到的导热系数的误差值，进一步判断不同测试方法的适用性及合理性，为后文梳理试验取值方法奠定基础。

2.2　热物性参数

2.2.1　导热系数

在建筑应用方面，导热系数是鉴别材料保温性能好坏的重要指标，是研究建筑热工与节能领域的重要参数，精确地测量保温材料导热系数对正确使用建筑保温材料及节约建筑物的使用能耗起着关键作用。

1. 稳态测试方法及现行标准

目前导热系数的测定方法已发展了多种，导热系数的测定方法分为稳态法和非稳态法（瞬态法）两大类，它们有不同的适用领域、测量范围、精度、准确度和试样尺寸要求等[1]。

1）防护热板法

基于一维稳态原理，稳态法又可分为防护热板法（GHPA）和热流计法。GHPA 是目前绝对法中测量建筑和绝热材料导热系数应用最广且精度最高的方法，由于试样两侧的温度是稳定的，GHPA 的工作方程也比瞬态法简单许多。GHPA 中“保护”两字意指使用保护装置尽可能地消除试件边缘的热损失，保证传热的一维性。GHPA 几何结构简单，允许样品接近相变的临界状态，缺点是获得每个数据点的时间较长。GHPA 的应用领域包括：混凝土、石膏板、水泥、纤维板、纤维片、疏松填充的玻璃纤维、矿棉、横长纤维、陶瓷纤维、泡沫塑料（PUR、EPS、XPS、polyimide）、泡沫（玻璃、橡胶）、真空绝热板（VIP）、多层复合板、木材等。

（1）测试原理

GHPA 测试时热源位于同一材料的两块样品中间，使用两块样品是为了获得由热板向上与向下方向散出的全部热流，使加热器的热量被测试样品完全吸收[2]，图 2.1（a）为理想状态下装置试件处传热，图 2.1（b）为实际状态下加热板边缘热损失下的传热，消除热损失是提高 GHPA 精确度的重要环节。

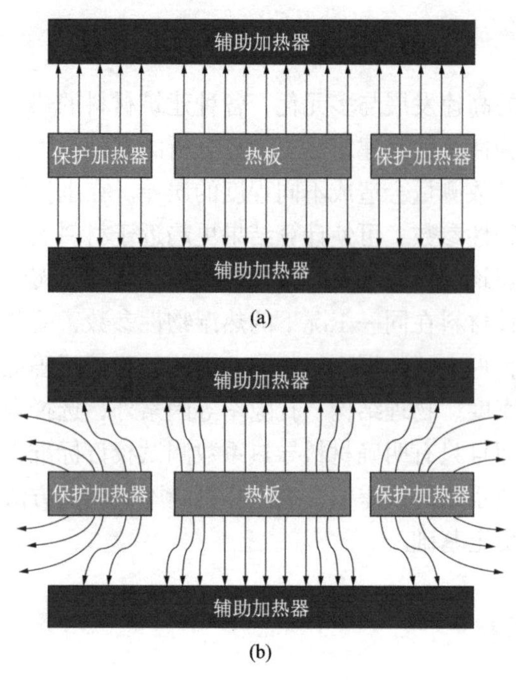

图 2.1　GHPA 传热图

（a）理想状态；（b）实际状态

测量过程中，设定输入到热板上的能量。通过调整输入到辅助加热器上的热量，对热源与辅助板之间的测量温度和温度梯度进行调整。热板周围的保护加热器、绝热材料、样品的放置方式确保从热板到辅助加热器的热流是线性的、一维的。图 2.2 为 GHPA 导热系数测试仪原理图，仪器组件沿中心平板对称布置，测试人员使用两个完全相同的样品，分别放置在主热板和上下两个辅助热板之间。冷热板起维持试件表面的边界条件为常数（温度）的作用，仪器控制两个辅助热板在同一温度下，并保持主热板和保护热板处于更高的温度。保护热板围绕主热板以减小侧面的热流量，外部的保护热板在高温和低温状态下能提供辅助性的隔热，通过样品的热流量等于供给主热板的热量。依靠真空表加压空气和液氮系统降低温度、旋转或涡轮泵系统创造不同测试环境，利用两侧炉创造冷热板周围的温度以消除径向热损失。理想状态下，冷热板应与试件完全接触，通过它们的热流必须是一维且独立的，从热板到冷板的热流沿Z轴方向，垂直于平板表面。导热系数由下列参数计算而得：每一样品的厚度与温度差、提供给主热板的热量、主热板的板面积。

由于样品两侧温度稳定，GHPA 的工作方程比瞬态法简单得多。热板和护环夹在两个相同材料且厚度大致相同（Δx）的样品之间。辅助加热器（冷板）放置在样品的上方和下方。对冷板进行加热，以便在热板和冷板（超过样品厚度）之间建立一个明确的、用户可选择的温差（ΔT）。一旦达到热平衡，就测量 A 区热板的输入功率。利用测量的样品厚度、温度和功率输入，可根据稳态传热方程确定导热系数，如式(2.1)所示：

$$Q = -\lambda \times 2 \times A \frac{\Delta T}{\Delta x} \tag{2.1}$$

式中：λ——导热系数［W/(m · K)］；

Q——热流（W）。

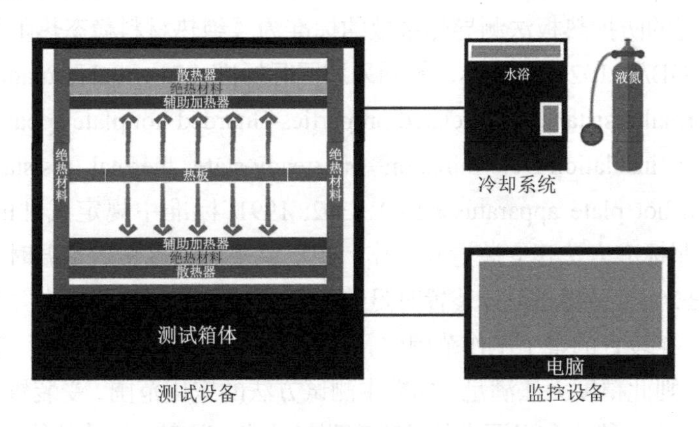

图 2.2　GHPA 导热系数测试仪原理图

（2）测试仪器

导热系数测试仪器的合理选择对提高导热系数测试的精度十分关键。目前国内引进 GHPA 知名度较高的公司为中国湘潭湘怡仪器有限公司、美国 ITI 公司和德国耐驰公司，表 2.1 对这三个公司生产的 GHPA 进行对比。由表 2.1 可知，DRH 系列标准型号和 C-600-S、C-1200-S 固体热传导率测试仪只能设置室温及以上温度进行测试，而 DRH 系列定制型号，虽然将测试温度最低值调整至零下，但相应的最高温度也降低至 60℃，温度跨度并无明显提高，故装置应用的广泛性也随之下降。DRH 系列、C-600-S、C-1200-S、GHP456 系列的测试样品均需要提前按照既定的尺寸制备，这样对有效控制试件边缘热损失、维持一维稳态传热等均有很大的帮助。C-600-S、C-1200-S 对试件尺寸的精确度多了一个数量级的要求，这在某种程度上会使试件制备的要求更为严格。从参考标准种类来看，GHP456 系列更具推广性。

测试范围由宽到窄排序：GHP456、DRH、C-1200-S；测试准确度由高到低排序：GHP 456、C-1200-S、DRH（准确度来自仪器生产厂家提供的报告说明、在此基础上对已使用该装置的用户进行了后期反馈调查加以修正）；价位由低到高排序：DRH、C-1200-S、GHP456。

国内外导热系数测试仪（防护热板法）基本参数　　　　**表 2.1**

公司名称	中国湘潭湘怡仪器有限公司	美国 ITI 公司	德国耐驰公司
仪器名称	DRH 系列	C-600-S、C-1200-S 固体热传导率测试仪	GHP456 系列
测试温度范围（℃）	两个型号，分别为室温～150；0～60，可根据用户要求选：−10～60，−30～60	室温～100	两种型号，分别为−160～250/600
测试样品要求（mm）	尺寸：100 × 100、200 × 200、300 × 300、600 × 600，厚度：5～80	两个型号，尺寸：152.4 × 152.4、304.8 × 304.8，厚度：12.7	尺寸：300 × 300，厚度：100

（3）现行标准

随着导热系数测量在工程热物理、材料科学、计量测试学等科学领域的交叉中不断发展，各国均逐步形成了较为完整的 GHPA 测试体系并发行了相关标准，不同仪器选用的参考标准不同，下面针对各国标准的适用范围等内容作进一步说明。

目前我国实行的防护热板法测导热系数的标准为《绝热材料稳态热阻及有关特性的测定 防护热板法》GB/T 10294—2008，等同采用国际标准《Thermal insulation-Determination of steady-state thermal resistance and related properties-Guarded hot plate apparatus》ISO 8302: 1991 。《Thermal insulation-Determination of steady-state thermal resistance and related properties-Guarded hot plate apparatus》ISO 8302: 1991 标准中规定试件的热阻不应小于 $0.1m^2 \cdot K/W$，按照标准方法建立装置和操作，当试验平均温度接近室温时，测量传热性质的准确度能达到±2%。只要在设计装置时足够注意，且经过广泛的检查并与其他类似装置相互参照测量后，在装置的整个工作范围内，应能达到大约±5%的准确度。若试件的热阻小于 $0.02m^2 \cdot K/W$，则此精度无法满足。标准中测试方法的应用范围，受装置在试件中维持一维稳态均匀热流密度的能力和以要求的准确度测量功率、温度和尺寸的能力所限制，亦受试件的形状、厚度和结构的均匀一致（当使用双试件装置时）、试件表面平整和平行度的限制。

美国实行《Standard Test Method for Steady-State Heat Flux Measurements and Thermal Transmission Properties by Means of the Guarded-Hot-Plate Apparatus》ASTM C177 标准，以防护热板法为测试原理，适用于不透明固体材料、多孔材料及透明材料等热传导率小于 $16W/(m^2 \cdot K)$的试件，该方法适用于广泛的环境条件，包括极端环境或不同气体和压力环境中的测试。若检测试件在垂直于热流方向存在不均匀性（如层状结构），可以采取该测试方法来评估。但是，若检测试件在热流方向存在不均匀性（如绝热系统的热桥部位），则不应采用此方法进行测量。

欧洲标准《Thermal performance of building materials and products. Determination of thermal resistance by means of guarded hot plate and heat flow meter methods. Products of high and medium thermal resistance》BS EN 12667-2001、《Thermal performance of building materials and products. Determination of thermal resistance by means of guarded hot plate and heat flow meter methods. Dry and moist products of medium and low thermal resistance》BS EN 12664-2001 和《Thermal performance of building materials and products. Determination of thermal resistance by means of guarded hot plate and heat flow meter methods. Thick products of high and medium thermal resistance》BS EN 12939-2001 分别适用于中高热阻建筑材料的热物性测试、中低热阻干湿建筑材料的热物性测试和中高热阻厚建筑材料的热物性测试，均采用防护热板法或热流计法。

《Thermal performance of building materials and products. Determination of thermal resistance by means of guarded hot plate and heat flow meter methods. Products of high and medium thermal resistance》BS EN 12667-2001 规定由于受接触热阻的影响，试件的热阻不得小于 $0.5m^2 \cdot K/W$，《Thermal performance of building materials and products. Determination of thermal resistance by means of guarded hot plate and heat flow meter methods. Dry and moist products of medium and low thermal resistance》BS EN 12664-2001 规定试件无论是在干燥状态下或在潮湿空气中达到平衡状态，热阻值均不得小于 $0.1m^2 \cdot K/W$，透射率或导热系数不

得超过 2W/m² · K（大部分砌筑试件的热阻预计为小于 0.5m² · K/W。两个标准的操作温度范围均为−100～100℃，均提供了设备性能和测试条件的附加限制和按照本标准规定要求设计的设备实例，不提供通用设备的设计程序、设备故障分析、性能检查或设备准确性评估，不提供总体指导和背景信息（如传热性能的报告，试件制备），不提供需要多次测量的程序（如评估试件非均匀性影响的测试，试件厚度超过装置允许的测试，以及评估厚度影响相关性的测试）。《Thermal performance of building materials and products. Determination of thermal resistance by means of guarded hot plate and heat flow meter methods. Thick products of high and medium thermal resistance》BS EN 12939-2001 提供了超过 GHPA 和热流计法允许的试件厚度（不得超过 100mm）确定方法，提供了评价厚度影响相关性的指导，以确定厚试件的热阻是否可以以试件切割片的热阻总和来计算。对《Thermal insulation-Determination of steady-state thermal resistance and related properties-Guarded hot plate apparatus》ISO 8302: 1991 中的相关内容起到了补充作用。

欧洲标准委员会颁布的技术规范《Thermal insulation products for building equipment and industrial installations-Determination of thermal resistance by means of the guarded hot plate method-Part 1: Measurements at elevated temperatures from 100℃ to 850℃》CEN/TS 15548-1-2014，该标准在《Thermal performance of building materials and products. Determination of thermal resistance by means of guarded hot plate and heat flow meter methods. Products of high and medium thermal resistance》BS EN 12667-2001 的基础上进行了补充，测试温度范围变为−100～850℃，可大致分为−100℃～室温，室温～100℃和 100℃以上三种温度跨度形式。由于在高温环境下进行测试，此方法的精确度无法达到《Thermal insulation-Determination of steady-state thermal resistance and related properties-Guarded hot plate apparatus》ISO 8302: 1991 中规定的±2%（环境温度接近室温时的精度）。扩充温度范围是因为高温环境下温度测量的不确定性增加；温度传感器在高温环境下操作时，其性能会大大下降，因此需要更为频繁的校准检查；由于加热器的非均匀性，平板上的热点增加，故热点附近的传感器易提供虚假数据；温度升高导致辐射热交换更为活跃，需要增加对试样进行膨胀收缩问题的规定。由于加热板的材料需要在较高的操作温度下保持其机械性能，此技术规范要求加热板必须达到一定厚度，以保证平板上温度均匀分布，但加热板变厚又导致平板边缘的得热失热增加。

欧洲标准委员会颁布的技术报告《Thermal performance of building materials The use of interpolating equations in relation to thermal measurement on thick specimens Guarded hot plate and heat flow meter apparatus》CEN/TR 15131-2006 补充了关于受厚度影响的中高热阻材料传热建模的技术资料，通过这样做，该标准提供了在《Thermal performance of building materials and products. Determination of thermal resistance by means of guarded hot plate and heat flow meter methods. Thick products of high and medium thermal resistance》BS EN 12939-2001 中所描述的测试高、中热阻厚试件过程中使用的插值方程的最小背景信息。所有评估厚试件热性能的测试程序都需要公用程式，这些公用程式本质上是基于包含若干材料参数和测试条件的插值函数，插值函数和材料参数对所有材料都不相同。《Thermal performance of building materials The use of interpolating equations in relation to thermal measurement on thick specimens Guarded hot plate and heat flow meter apparatus》CEN/TR 15131-2006 还给出了从上述插值方程导出的图表，以评估一些绝缘材料的厚度影响的高度。

表 2.2 介绍了上述标准的发展历程，对同系列标准新版对比旧版新增或更改内容进行了说明。

国内外标准发展历程 表 2.2

国内外	标准名称	标准号	发布日期	标准状态	新版相对于旧版变化内容
中国	《绝热材料稳态热阻及有关特性的测定 防护热板法》	GB/T 10294—1988	1989-10-01	废止	首次发行，无变化
		GB/T 10294—2008	2009-04-01	现行	增加了引言； 增加了热均质材料、热各向同性体、试件的平均导热系数、试件的热传递系数、材料的表观导热系数、稳态传热性质、室内温度、操作者、数据使用者、装置设计者等定义； 增加了更为详细的符号和单位汇总表（见 1.4）； 增加了影响传热性质的因素（见 1.5.1）； 在原理中归纳了装置、构造和测试参数（见 1.6）； 归纳了由于装置产生的限制（见 1.7）； 归纳了由于试件产生的限制（见 1.8）； 增加了热电偶用于测量 21～170K 的温度时，标准误差的限制（见 2.1.4.1.4）； 增加了热电偶的连接形式及其产生的测量误差（见 2.1.4.1.2）； 增加了厚度测量的详细方法（见 2.1.4.2）； 增加了对热电偶的连接方式的说明（见 2.1.4.1.2）； 增加了在设计流体冷却的金属板时应注意的问题（见 2.1.2）； 说明平整度测定的最小值为 25μm（见 2.4.1）； 增加了测定与温差的关系（见 3.4.3）； 测定报告有所细化，如“对于在试件和装置面板间插入薄片材料或者使用了水汽密封袋的试验，在测定报告中应标明的参数（见 3.6.14）”； 增列了本标准阐述的装置性能和试验条件的极限数值（见附录 A）； 根据经验给出了对 E 型和 T 型热电偶建议的（专用级）误差极限（见表 B.1）； 增加了保护型热电偶的推荐使用温度上限（见表 B.2）； 实验室环境的条件发生变化，7.2.2 第二段中“293 ± 1K”改为“296K ± 1K”； 增加了附录 NA
美国	《Standard Test Method for Steady-State Heat Flux Measurements and Thermal Transmission Properties by Means of the Guarded-Hot-Plate Apparatus》	ASTM C177-1997	1997-01-01	废止	首次发行，无变化
		ASTM C177-2004	2004-01-01	废止	在介绍完参数含义后增加了讨论内容，介绍了防护热板法各元件的组成（见 3.3.27.1）
		ASTM C177-2010	2010-01-01	废止	若检测试件在热流方向存在不均匀性则参考 C1363 中测试方法测量（97 版参考标准为 C236、C976）（见 1.8）； 参考文件里减少 C236、C976 标准，增加 C1363 标准； 增加说明：本标准不涉及除 SI 单位外的任何其他测量单位（见 1.14）

续表

<table>
<tr><th>国内外</th><th>标准名称</th><th>标准号</th><th>发布日期</th><th>标准状态</th><th>新版相对于旧版变化内容</th></tr>
<tr><td>美国</td><td>《Standard Test Method for Steady-State Heat Flux Measurements and Thermal Transmission Properties by Means of the Guarded-Hot-Plate Apparatus》</td><td>ASTM C177-2013</td><td>2013-01-01</td><td>现行</td><td>测试方法中增加说明：可以在装置中增加不止一个保护装置（见 4.1）</td></tr>
<tr><td rowspan="5">欧洲</td><td>《Thermal performance of building materials and products. Determination of thermal resistance by means of guarded hot plate and heat flow meter methods. Dry and moist products of medium and low thermal resistance》</td><td>BS EN 12664-2001</td><td>2001-03-15</td><td rowspan="3">现行</td><td rowspan="3">首次发行，无变化</td></tr>
<tr><td>《Thermal performance of building materials and products. Determination of thermal resistance by means of guarded hot plate and heat flow meter methods. Products of high and medium thermal resistance》</td><td>BS EN 12667-2001</td><td>2001-03-15</td></tr>
<tr><td>《Thermal performance of building materials and products. Determination of thermal resistance by means of guarded hot plate and heat flow meter methods. Thick products of high and medium thermal resistance》</td><td>BS EN 12939-2001</td><td>2001-01-15</td></tr>
<tr><td rowspan="2">《Thermal insulation products for building equipment and industrial installations-Determination of thermal resistance by means of the guarded hot plate method-Part 1: Measurements at elevated temperatures from 100℃ to 850℃》</td><td>CEN/TS 15548-1-2011</td><td>2011-02-15</td><td>废止</td><td>首次发行，无变化</td></tr>
<tr><td>CEN/TS 15548-1-2014</td><td>2014-08</td><td>现行</td><td>传感器的最小数量更改为 $10\sqrt{A}$或 2（见 A4，2.1.4.1.2）；
测定温差下限改为 20K，测定温差推荐下限改为 50K（见 A6，1.7.3）；
通过试件的温差下限和上限分别改为 30K 和 70K（见 A6，3.3.3）</td></tr>
</table>

2）热流计法

（1）测试原理

热流计法是一种较为精确、快速、易于使用、价格适中的导热系数测量方法。该方法为比较法，通过将被测试件与标准试件相比较而得出被测试样热阻，再由被测试件厚度计算得到导热系数，需要由已知导热系数的标准材料进行标定。热流计法适合于测定干燥试件及匀质材料，试件的热阻应大于 0.1m²·K/W。

热流计法导热仪测试时，将试样置于冷板和热板之间，两块板的温度自动进行调整，达到用户定义的平均样品温度（即冷热板平均温度）并保持一定的温差，稳定后，热流计导热仪在热流传感器和试件中心的测量部位建立了一维稳定热流。此时，通过冷热板间的温度梯度、通过样品的热流以及输入的待测试件厚度，便可计算得到导热系数的绝对值[3]。所述热流计法装置的测试原理如图 2.3 所示。

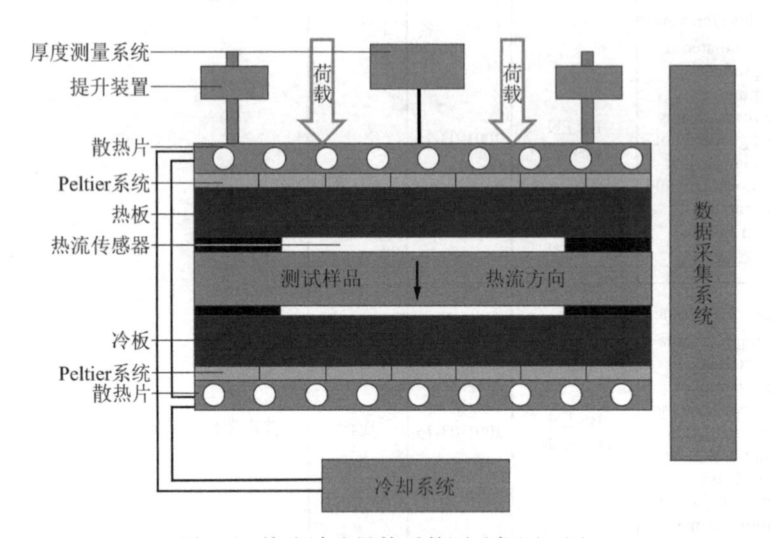

图 2.3　热流计法导热系数测试仪原理图

用下式可求得该样品的导热系数：

$$\lambda = f \cdot e \times \frac{d}{\Delta T} \tag{2.2}$$

式中：d——样品的平均厚度（m）；

f——热流传感器的标定系数［W/(V·m²)］；

e——热流传感器的输出（V）；

ΔT——两个传感器温度差（℃）。

（2）测试仪器

目前，日本 EKO 公司、加拿大 Thermtest Inc.公司、德国耐驰公司等生产的国内外公认的热流计导热仪已享有良好声誉。表 2.3 提供了这些公司生产的热流计法导热仪的基本参数。

部分热流计法导热仪基本参数　　**表 2.3**

公司名称	日本 EKO 公司	加拿大 Thermtest Inc.公司	德国耐驰公司
仪器名称	HC-074-300	HFM-100	HFM-446
测试温度范围（℃）	−20～95	−20～70	−20～90
测试样品要求（mm）	305 × 305 × 51	300 × 300 × 100	203 × 203 × 51

（3）现行标准

目前，我国热流计法测量导热系数的标准为《绝热材料稳态热阻及有关特性的测定 热流计法》GB/T 10295—2008，该标准等同采用《Thermal insulation-Determination of steady-state thermal resistance and related properties-Heat flow meter apparatus》ISO 8301: 1991（E）。热流计法是将被测试件与标准试件热阻相比较从而得出被测试件热阻，再由被测试件厚度计算得到导热系数的一种间接或相对的测试方法，此方法要求被测试件的热阻应大于 0.1m^2 · K/W，且厚度应满足规范要求[4]。《绝热材料稳态热阻及有关特性的测定 热流计法》GB/T 10295—2008 代替了《绝热材料稳态热阻及有关特性的测定 热流计法》GB/T 10295—1988，将《Thermal insulation-Determination of steady-state thermal resistance and related properties-Heat flow meter apparatus》ISO 8301: 1991（E）的引言列为该标准的引言；在第一章概述中增加了部分术语定义，增加了符号、物理量和单位说明，增加了影响热性能的因素、取样精确度和重现性、校验步骤、仪器和试件的限制等内容；规范性引用文件是《Thermal insulation-Determination of steady-state thermal resistance and related properties-Heat flow meter apparatus》ISO 8301: 1991（E）中所引用的国际标准；删除了《绝热材料稳态热阻及有关特性的测定 热流计法》GB/T 10295—1988“第五章 装置的技术要求”中对热流计装置标准尺寸的建议；修改部分仪器和试验参数；按照《Thermal insulation-Determination of steady-state thermal resistance and related properties-Heat flow meter apparatus》ISO 8301: 1991（E）重新编写了附录，且增加了附录 NA。

美国目前实施的相关标准为《Standard test method for steady state thermal transmission properties by means of the heat flow meter apparatus》ASTM C518-2017，该标准认为，如果在预期热流范围内进行校准，热流计装置可达到很好的精度，这意味着校准应在类似的材料类型、热导、厚度、平均温度和温度梯度下进行。由于热流计法是比较法，因此应使用已知热传递特性的试样校准仪器，校准样品的性质必须可溯源至绝对测量方法，且校准样品应从一个公认的国家标准实验室获得。该标准的试验方法适用于测量各种试样特性和环境条件下的热传递，环境温度在 10～40℃范围内，试件厚度约为 250mm，除此之外，为满足热流计法的试验要求，试样热流方向的热阻应大于 0.10m^2 · K/W，并采用边缘绝缘或保护加热器控制边缘热损失，或两者兼用。

欧洲目前实施的热流计法相关标准可参照前文防护热板法部分内容，欧洲标准的划分不是根据测试方法，而是根据待测材料热阻的高低进行划分，涉及标准包括《Thermal performance of building materials and products. Determination of thermal resistance by means of guarded hot plate and heat flow meter methods. Products of high and medium thermal resistance》BS EN 12667-2001、《Thermal performance of building materials and products. Determination of thermal resistance by means of guarded hot plate and heat flow meter methods. Dry and moist products of medium and low thermal resistance》BS EN 12664-2001 和《Thermal performance of building materials and products. Determination of thermal resistance by means of guarded hot plate and heat flow meter methods. Thick products of high and medium thermal resistance》BS EN 12939-2001。

2. 非稳态测试方法及现行标准

常用的瞬态导热系数测试法包括热线源法、平面源法、激光闪射法等，不同导热系数测试方法有其自身的适用范围及实施标准。瞬态法测试的是试样温度随时间的变化关系，进而求得导热系数，区别于稳态法的是，瞬态法对测试环境要求低，且不需要构建稳定的温度梯度，因此具有快速、便捷的特点。

1）热线源法

（1）测试原理

热线源法是一种广泛流行且较为精准的间接测量方法，可以在很宽的温度和压力范围内测量气体、液体、固体、纳米流体等的导热系数。该方法利用嵌入在测试材料中的线性热源（热丝）记录在确定距离下的温升实现测量。该仪器由一根细线组成，细线周围为需测量导热系数的介质。在温度分布均匀的情况下，导线中突然产生恒定的热流，这一过程导致导线和介质的温度升高。温度升高取决于几个参数，其中介质的导热系数是最重要的参数之一。因此，原则上介质的导热系数可以从记录的导线温升来确定。根据理论，导线和介质必须完全接触。因此，该方法主要应用于流体导热系数的测量。所述热线法测试原理图如图 2.4 所示。

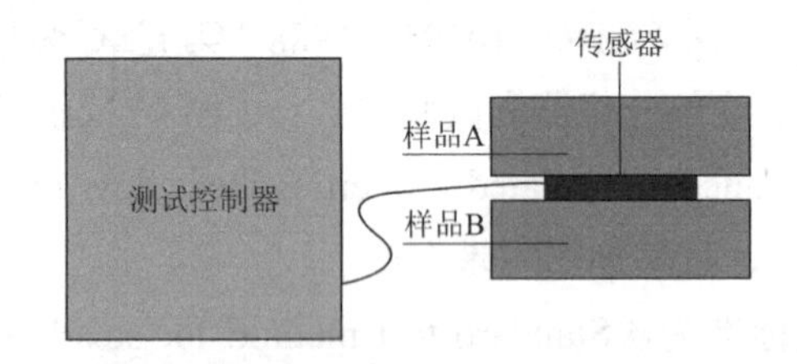

图 2.4　热线法测试原理图

瞬态热线源法的测试时间比 GHPA 法快许多。TC3000 测量一个点大约需要 20s（测试必须先达到热平衡，需要重复测量取平均值，所以总体测试时间约为 40min 到 1h）。用 GHP456 测量一个点的时间大约为 3～4h（如果使用液氮系统，则至少为 6h）。而根据瞬态热线源法和防护热板法的测试原理，防护热板法测量建筑保温材料的准确度要高于前者。瞬态热线源法更适用于测定粉末材料、小颗粒状材料、短纤维状材料的导热系数。按下式计算试件的导热系数值：

$$\lambda = \frac{P}{4\pi L} \times \frac{1}{A} \tag{2.3}$$

式中：A——$\ln t$-θ曲线线性区域的斜率（K）；

P——热线 A、B 段的加热功率（W）；

L——热线 A、B 间的长度（m）。

（2）测试仪器

国内外几种典型的瞬态热线源法导热系数测试仪基本参数如表 2.4 所示。

国内外瞬态热线源法导热系数测试仪基本参数　　**表 2.4**

公司名称	西安夏溪电子科技有限公司	加拿大 Thermtest Inc.公司	德国耐驰公司
仪器名称	TC3000L/TC3100L/TC3200L	THW-L2	TCT426

续表

公司名称	西安夏溪电子科技有限公司	加拿大 Thermtest Inc.公司	德国耐驰公司
测试温度范围（℃）	RT/−30～100/10～250	−50～100	RT～1500
测试样品要求	⩾ 30mL	⩾ 15mL	250mm × 125mm × 75 mm

（3）现行标准

目前，我国热线法导热系数测量标准为《非金属固体材料导热系数的测定 热线法》GB/T 10297—2015 和《耐火材料 导热系数试验方法（热线法）》GB/T 5990—2021，GB/T 10297—2015 适用于测定导热系数小于 2W/(m · K)的各向同性均质非金属固体材料，不适用于导电非金属材料（如碳化硅）。在《耐火材料 导热系数试验方法（热线法）》GB/T 5990—2021 中，十字热线法适用于测量温度不超过 1250℃、导热系数低于 1.5W/(m · K)、热扩散率不大于 $5 \times 10^{-6}m^2/s$ 的耐火材料，而平行热线法适用于测量温度不超过 1250℃、导热系数小于 25W/(m · K)的不导电耐火材料。

美国实施的两部关于热线法的测试标准，一是通过热丝（铂电阻温度计技术）对耐火材料的导热性进行测试的《Standard Test Method for Thermal Conductivity of Refractories by Hot Wire (Platinum Resistance Thermometer Technique)》ASTM C1113/C1113M-09（2013）标准，二是通过瞬态线源技术对塑料导热性进行测试的《Standard Test Method for Thermal Conductivity of Plastics by Means of a Transient Line-Source Technique》ASTM D5930-17 标准。《Standard Test Method for Thermal Conductivity of Refractories by Hot Wire (Platinum Resistance Thermometer Technique)》ASTM C1113/C1113M-09（2013）涵盖了非碳质以及绝缘耐火材料导热系数的测定。适用的耐火材料包括耐火砖、耐火浇注料、塑料耐火材料、捣打料、粉状材料、粒状材料和耐火纤维。导热系数值测定环境温度可从室温到 1500℃，或者到达耐火材料的最大使用极限温度，或耐火材料不再绝缘的极限温度。该测试方法适用于导热系数值小于 15W/(m · K)的耐火材料。《Standard Test Method for Thermal Conductivity of Plastics by Means of a Transient Line-Source Technique》ASTM D5930-17 适用于在−40～400℃温度范围内对塑料的导热系数进行测定，可以测量填充和未填充的热塑性塑料、热固性塑料和橡胶的导热系数，其导热系数测定范围为 0.08～2.0W/(m · K)。

欧洲采用《Methods of test for dense shaped refractory products, Part 15: determination of thermal conductivity by the hot wire (parallel) method》BS EN 993-15-2005，该标准描述了一种测定耐火制品及材料导热系数的热线（并联）方法，适用于密实、保温的成型产品和粉状、粒状材料［导热系数值小于 25W/(m · K)］。导热系数测定值的限制是由于测试试件的热扩散系数导致的，也可以说是由于测试试件的尺寸导致的，如果使用较大的试件，则可以测量更高的导热系数。导电材料无法使用本标准测量。

表 2.5 描述了上述标准的发展历程，说明了同系列标准的新版本与旧版本相比内容的变化。

2）瞬态平面热源法

（1）测试原理

20 世纪 90 年代，瑞典科学家古斯塔夫森博士发明了瞬态平面热源法测试导热系数，原理是利用热阻性材料——镍做成一个平面的探头，同时作为热源和温度传感器，通过了解测试过程中探头温度的变化即可反映样品的热传导性能，又称为 HotDisk 法。该方法的优点是快速、便捷，无需特别的样品制备，可用于原位/单面测试，适用于固体、粉末、液体、涂层、各向异性材料等多种类型的样品，非常适合进行不同类型样品在各种恶劣环境下的导热性能测试。

国内外标准发展历程（热线源法） **表 2.5**

国内外	标准名称	标准号	发布日期	标准状态	新版相对于旧版变化内容
中国	《非金属固体材料导热系数的测定 热线法》	GB/T 10297—1988	1988	废止	首次发行，无变化
		GB/T 10297—1998	1998-05-08	废止	按 GB 1.1—1993 要求重新组织标准文本； 增加修正因热线与试件热容量差异引起的误差； 计算导热系数时，推荐优先采用线性回归方法，提高计算精确度，在用二点法计算时，限定t_1应等于 60～90s； 改变探头热电偶与热丝焊接形式，消除加热电流对热电偶输出热电势的干扰
		GB/T 10297—2015	2015-09-11	现行	删除了引言； 本版标准中温度使用国际单位制的热力学温度； 删除了第 1 章范围中的“尤其是轻质的各向同性均质绝热材料”； 将 5.3“测量加热功率的准确度应优于±0.5%”修改为“测量加热功率的误差应小于 0.5%”； 把 GB/T 10297—1998 中的附录 A（提示的附录）修改为附录 A（资料性附录），并补充新增了泡沫酚醛塑料和玻璃纤维酚醛塑料等具有安全阻燃特点的建筑材料相关数据。删除不符合环保、低碳排放要求的石棉保温板等产品
	《定形隔热耐火制品导热系数试验方法（热线法）》	GB/T 5990—1986	1986-04-08	废止	首次发行，无变化
	《耐火材料导热系数试验方法（平行热线法）》	GB/T 17106—1997	1997-11-11	废止	首次发行，无变化
	《耐火材料 导热系数、比热容和热扩散系数试验方法(热线法)》	GB/T 5990—2006	2006-09-30	废止	本标准与 ISO 8894 存在的主要差异如下： 将 ISO 8894-1 和 ISO 8894-2 合并，内容按章分开编写； 删除 ISO 8894-2:1990 附录 B； 引用的国际标准改为相应的我国标准； 增加了 4.7 数据处理； 增加了附录 A 和附录 C。 本标准与 GB/T 5590—1986 和 GB/T 17106—1997 相比，作了下列修改： 修改了标准名称； 修改了标准的适用范围； 增加了采用计算机测控时数据处理及一元线性回归

续表

国内外	标准名称	标准号	发布日期	标准状态	新版相对于旧版变化内容
中国	《耐火材料　导热系数、比热容和热扩散系数试验方法（热线法）》	GB/T 5990—2021	2021	现行	更改了文件的范围（见第1章，2006版的第1章）； 更改了“十字热线法”的“设备”“试样”“试验步骤”“结果计算”要求（见4.2～4.6，2006年版的4.2～4.6）； 更改了试块尺寸（见4.4.3、5.4.3，2006年版的4.4.4、5.4.3）； 删除了“十字热线法”的“数据处理”（见2006年版的4.7）； 增加了“十字热线法”的“精密度”（见4.7）； 更改了“平行热线法”的原理表述（见5.1，2006年版的5.1）； 更改了“平行热线法”的试验温度偏差（见5.2.1，2006年版的5.2.1）； 更改了“平行热线法”能供给热线的功率要求（见5.2.3，2006年版的5.2.3）； 更改了“平行热线法”时间分辨率中测温精度的要求（见5.2.6，2006年版的5.2.6）； 更改了“平行热线法”试件的取样要求（见5.3.1，2006年版的5.3.1）； 增加了“平行热线法”试件尺寸要求（见5.3.2.2）； 更改了“平行热线法”表面平整度的表述（见5.3.3，2006年版的5.3.3）； 更改了“平行热线法”致密材料刻槽的位置要求（见5.3.4，2006年版的5.3.4）； 更改了“平行热线法”试验步骤的部分表述（见5.4.1、5.4.2、5.4.3，2006年版的5.4.1、5.4.2、5.4.3），删除了时间t测量精度（见5.4.5、表1，2006年版的5.4.5、表1），更改了表1的推荐功率表（见表1，2006年版的表1）； 增加了“平行热线法”导热系数试验结果的要求（见5.5.1.2）； 增加了“平行热线法”热扩散系数、比热容和试验结果修约（见5.5.2、5.5.3、5.5.4）； 更改了试验报告的表述（见第6章a，2006版的第6章a）； 更改了“平行热线法”导热系数举例和各类型热电偶热电动势的查询出处（见附录D，2006年版的附录D），增加了“平行热线法”比热容和热扩散系数的举例（见附录D）
美国	《Standard Test Method for Thermal Conductivity of Refractories by Hot Wire (Platinum Resistance Thermometer Technique)》	ASTM C1113-99	1999-03-10	废止	首次发行，无变化
		ASTM C1113-99（2004）	2004-09-01	废止	内容无变化，格式略有调整
		ASTM C1113-2009	2009-03-01	废止	以国际单位或英寸-磅单位表示的数值应单独视为标准，每个系统中所述的值不一定是完全相等的，因此，每个系统在使用上应相互独立，将两种系统的数值结合在一起可能会导致不符合标准（参见1.6）
		ASTM C1113-2009（R2013）	2013-09-01	现行	内容无变化，格式略有调整

续表

国内外	标准名称	标准号	发布日期	标准状态	新版相对于旧版变化内容
美国	《Standard Test Method for Thermal Conductivity of Plastics by Means of a Transient Line-Source Technique》	ASTM D5930-97	1997-07-10	废止	首次发行，无变化
		ASTM D5930-01	2001-03-10	废止	增加了一份参考文件，“E 1225 通过保护-比较-纵向热流技术测定固体材料导热系数”（见 2.1）； 修正了 6.1.1 中的错误，删除了单词“the”； 添加了表 1 聚丙烯和聚碳酸酯导热系数［W/(m·K)］的重复性数据； 增加重复性声明于第 14 节，精度和偏差（见 14.2 和 14.3）； 增加了“变更总结”部分
		ASTM D5930-09	2009-08-15	废止	检查和修订允许使用语言的标准； 修改 8.1 以提高清晰度； 修订了 3.2.2.2 和 11.7，以澄清热固性材料的测试
		ASTM D5930-16	2016-09-01	废止	将“由于试样和测量装置之间的界面而产生接触热阻”改为“试样和测量装置之间的界面可能产生接触热阻”（见 6.1.1）； 改变了表述方式（见 7.5，7.5.1，7.5.2，7.5.3，8.1，9.1，9.3，9.5，10.3，11.5，11.7 和 14.2）； 删除了“变更总结”部分
		ASTM D5930-17	2017-08-01	现行	本国际标准是根据世界贸易组织贸易技术壁垒（TBT）委员会发布的《关于国际标准发展原则的决定》、指南和建议中确立的国际公认标准化原则而制定的（见 1.4）； 将“否则，冲击样品边界的热波就存在，从而违反了测量的理论条件”改为“因为存在热波撞击样品边界的可能性，从而违反了测量的理论要求”（见 6.1.1）； 将“将试样放置在空气中，充分保护其不受对流影响，是一种可能的替代方法”改为“将试样放置在适当的防护层中，以防止对流，是一种可能的替代方法”（见 7.5.1）
欧洲	《Methods of test for dense shaped refractory products》	BS EN 993-15-1998	1998-08-15	废止	首次发行，无变化
		BS EN 993-15-2005	2005-11-21	现行	增加了第 19 部分：用差示法测定热膨胀和第 20 部分：环境温度下耐磨性的测定； 删除 2 篇规范参考文献； 将“测试组件外部测得的温度变化不超过±0.5°C”变为“±0.5K”，以及“精度为±5°C”变为“±10K”（见 4.1）； 设备电源修改为至少 250W/m（见 4.3）； 修改图 1“加热电路和测量电路的位置”； 将测量温度从“0.05°C”更改为“0.01K”（见 4.6）； 修改表 1； 将可测量的导热系数从“39.5W/(m·K)”更改为“40W/(m·K)”（见 5.1）； 删除“在导热系数较高的［例如导热系数大于 5W/(m·K)］材料两侧都应加工凹槽”（见 5.3）； 修改图 3“装有热丝和热电偶的容器”； 提供的试样表面应平行于±1mm（见 5.3）；

续表

国内外	标准名称	标准号	发布日期	标准状态	新版相对于旧版变化内容
欧洲	《Methods of test for dense shaped refractory products》	BS EN 993-15-2005	2005-11-21	现行	修改图 4，在测试件中对称嵌入热丝和热电偶（如有需要）； 补充“在测量过程中，确保热线和测量热电偶之间的距离是恒定的”（见 6.2）； 将“10℃/min”更改为“10K/min”（见 6.4）； 将“0.05℃”更改为“0.05K”（见 6.6）。 将“10℃/min”更改“10K/min”（见 6.9）； 删除 8.2； 检测报告和附件 A 发生了实质性变化； 增加了图 A.1“在 500℃使用热线（平行）法测量导热系数的例子；测试材料：高铝砖”

瞬态平面热源法采用薄层圆盘形的温度依赖探头作为加热源，其结构是由金属镍经刻蚀后形成的连续双螺旋结构，在圆环的两面覆盖有 Kapton 保护层，形成一个平面式热源[5]。测试时，在探头上输出恒定的电流，引起温度的增加，探头的电阻发生变化，从而在探头两端产生一定程度的电压降。根据样品导热性能的不同，探头的热量散失不同，产生的电压变化也不同。通过记录在一段时间内探头两端产生的电压变化，得到探头温度变化反馈，计算得出热扩散系数及导热系数。设备连接图如图 2.5 所示。

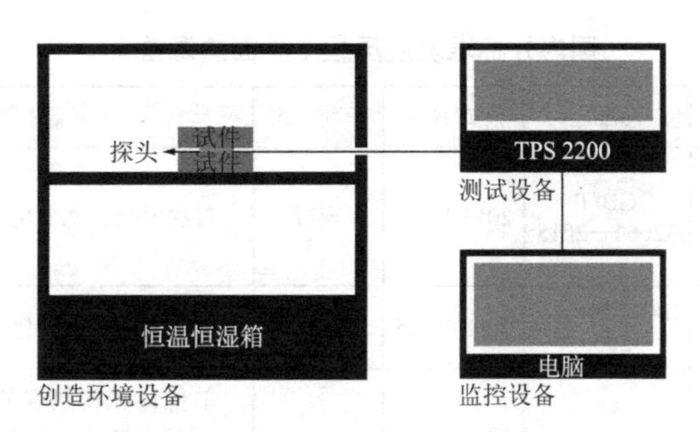

图 2.5　平面热源法设备连接图

按下式计算试件的导热系数值：

$$\Delta T_s(\tau)=\frac{P_0}{\pi^{3/2}r\lambda}D(\tau) \tag{2.4}$$

式中：$\Delta T_s(\tau)$——测试过程中样品表面温度增值随τ变化的函数（K）；

P_0——探头的输出功率（W）；

r——探头双螺旋结构最外层半径（mm）；

$D(\tau)$——无量纲的特征时间函数。

（2）测试仪器

国内外几种典型的瞬态平面热源法导热系数测试仪基本参数如表 2.6 所示。

国内外瞬态平面热源法导热系数测试仪基本参数　　表 2.6

公司名称	湘潭湘仪仪器有限公司	加拿大 C-Therm 公司	瑞典 HotDisk 公司
仪器名称	DRE-Ⅲ多功能快速导热系数测试仪	TCi 导热系数仪	Hot Disk 热常数分析仪 TPS2200

续表

公司名称	湘潭湘仪仪器有限公司	加拿大 C-Therm 公司	瑞典 HotDisk 公司
测试温度范围（℃）	−40～150	−50～200	−50～750
测试样品要求（mm）	ϕ7.5 探头所测样品最小尺寸（15 × 5 × 3.75）	无限制	最小厚度为 2，最小直径为 8，不限最大尺寸

（3）现行标准

目前国内现行的瞬态平面热源法测试标准为《建筑用材料导热系数和热扩散系数瞬态平面热源测试法》GB/T 32064—2015，参考《Plastics-Determination of thermal conductivity and thermal diffusivity-Part 2: Transient plane heat source (hot disc) method》ISO 22007-2: 2008 编制，适用于各向同性及单轴异性建筑材料的导热系数和热扩散系数测试，测试范围分别为 $0.01\mathrm{W/(m\cdot K)} < \lambda < 500\mathrm{W/(m\cdot K)}$和 $5\times10^{-8}\mathrm{m^2/s} \leqslant \alpha \leqslant 10^{-4}\mathrm{m^2/s}$，测试温度范围为 −50～300℃。《Plastics-Determination of thermal conductivity and thermal diffusivity-Part 2: Transient plane heat source (hot disc) method》ISO 22007-2: 2015 替代了《Plastics-Determination of thermal conductivity and thermal diffusivity-Part 2: Transient plane heat source (hot disc) method》ISO 22007-2: 2008 成为国际现行标准，标准变更内容见表 2.7。

表 2.7 描述了上述标准的发展历程，说明了同系列标准的新版本与旧版本相比内容的变化。

国内外标准发展历程（平面热源法）　　表 2.7

国内外	标准名称	标准号	发布日期	标准状态	新版相对于旧版变化内容
中国	《建筑用材料导热系数和热扩散系数瞬态平面热源测试法》	GB/T 32064—2015	2015-10-09	现行	首次发行，无变化
国际	《Plastics-Determination of thermal conductivity and thermal diffusivity-Part 2: Transient plane heat source (hot disc) method》	ISO 22007-2: 2008	2008-12-15	废止	首次发行，无变化
		ISO 22007-2: 2015	2015-08	现行	单位体积比热容的测试范围变成 $0.005\mathrm{MJ/(m^3\cdot K)} < C < 5\mathrm{MJ/(m^3\cdot K)}$； 灵敏度系数修正（见 3.3）； 薄膜试样厚度范围改变为 0.05～5mm（见 6.4）； 增加了 8.5 低导热试件； 精度和偏差有所调整（见 10.2）； 参考书目扩展； 参考文献更新

3）激光闪射法

（1）测试原理

激光闪射法，又称为闪光法。最早由 Parker 及 Jenkins 在 1961 年提出，可看作一种绝对的测试方法，直接测量的是试样的热扩散系数。测试时，将样品放置在样品支架上，不同测试仪器可达到的最高测试温度不同。使用检测器测量样品背部的温升，应用激光闪射法时，样品在炉体中被加热到所需的测试温度。测试开始后，由激光器产生的一束短促激光脉冲对样品的前表面进行加热，热量在样品中扩散，使样品背部的温度上升，用红外探测器测量温度随时间上升的关系，利用不同计算公式相继得出比热容、热扩散系数与导热系数[6]。激光闪射法原理图如图 2.6 所示。

激光闪射法具有测试范围大、温域宽、周期短、试样尺寸小、材料适应性广等特点，适用于测试金属及合金等均匀非透明固体材料的导热系数，还可测试非均相复合材料、多层材料、半透明材料、涂层材料、液体等的导热系数[7]。已知材料的热扩散系数、比热容及表观密度，可由下式求出材料的导热系数：

$$\lambda = \alpha C_p \rho \tag{2.5}$$

式中：λ——导热系数［W/(m · K)］；

α——热扩散系数（m^2/s）；

C_p——比热容［J/(kg · K)］；

ρ——体积密度（kg/m^3）。

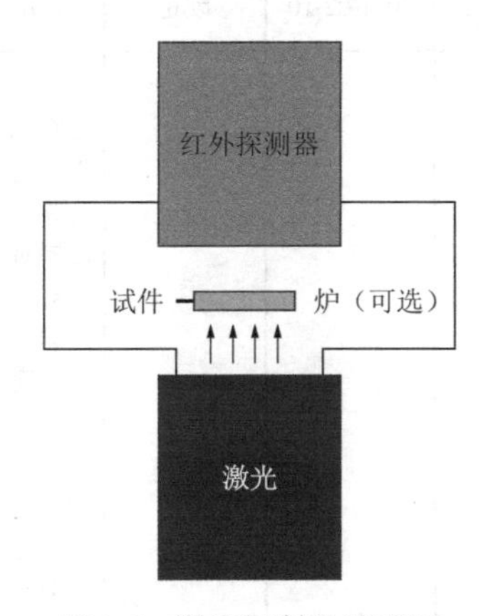

图 2.6　激光闪射法原理图

（2）测试仪器

国内外几种典型的激光闪射法导热系数测试仪基本参数如表 2.8 所示。

国内外激光闪射法导热系数测试仪基本参数　　**表 2.8**

公司名称	美国 TA 公司	德国耐驰公司
仪器名称	DXF200/DXF500/DXF900/DLF1200/DLF1600/DLF2800	LFA 467 HyperFlash
测试温度范围（℃）	−175～200/RT～500/RT～900/RT～1200/RT～1600/RT～2800	−100～500
测试样品要求（mm）	直径 8、10、12.7 和 25.4，边长 8、10、12.7，最大厚度 10	直径 6～25.4，厚度 0.01～6

（3）现行标准

目前国内现行的激光闪射法测试标准为《闪光法测量热扩散系数或导热系数》GB/T 22588—2008，等同采用《Standard Test Method for Thermal Diffusivity by the Flash Method》ASTM E1461—2001，主要差异有：引用标准将 ASTM 热电偶标准更换为与之相对应的我国国家标准；更新了引言，以提示比热容的测量、导热系数的计算方法；删去了原标准“1.8 本标准采用国际单位制的声明和第 14 章的关键词”；按照《标准化工作导则 第 1 部分：标准的结构和编写规则》GB/T 1.1—2000 的规定，对附录标号和章节编号作了重新编排；删去了原标准的参考资料和文献目录。

该标准适用于测量温度在 75～2800K 范围内、热扩散系数为 10^{-7}～$10^{-3}m^2/s$ 时均匀各向同性固体材料；适用于对能量脉冲光谱不透明材料的测试，也适用于经预处理后完全或部分透光材料试样的热扩散系数测定；适用于本质上完全致密的材料，然而，在某些情况下，应用于多孔材料也可获得比较满意的结果。

表 2.9 描述了上述标准的发展历程，说明了同系列标准的新版本与旧版本相比内容的变化。

国内外标准发展历程（激光闪射法） **表 2.9**

国内外	标准名称	标准号	发布日期	标准状态	新版相对于旧版变化内容
中国	《闪光法测量热扩散系数或导热系数》	GB/T 22588—2008	2008-12-15	现行	首次发行，无变化
美国	《Standard Test Method for Thermal Diffusivity by the Flash Method》	ASTM E1461-2001	2001-02-10	废止	首次发行，无变化
		ASTM E1461-2007	2007-11-01	废止	补充说明：本试验方法旨在允许多种仪器设计方案。在这种类型的试验方法中，建立详细的程序来应对所有意外情况是不切实际的，可能会给没有相关技术知识的人带来困难，也可能会停止或限制对基本技术改进的研究和开发（见 1.3）。 对多孔材料的适用性进行了重新说明（见 1.4）。 删除了 1.7 测试非均质固体材料的说明。 补充说明：本规范以国际单位制表示的数值为标准，不包括其他计量单位（见 1.6）。 规定对于使用激光作为动力源的系统，必须完全满足安全要求（见 1.7）。 参考标准由“C714、E230”变为“C714 和 E228”。 对本标准专用符号和单位的说明进行了调整（见 3.2）。 增加了闪射法原理图（见图 1）。 脉冲持续时间应保持有限脉冲宽度造成的误差小于 0.5%（见 7.1）。 重新梳理了设备构成及功能（见 7）。 试样直径更改为“通常情况下 10mm 到 12.5mm，在特殊情况下小到 6mm、大到 30mm 直径都成功测试过”（见 8.1）。 对最佳厚度的确定方法进行更改（见 8.1）。 补充说明：试样表面应涂覆（见 8.3）。 对测试过程进行了调整（见 10）。 通过选择适当的试样厚度，可以使校正值最小化，有限脉冲时间效应随厚度的增大而减小，热损失随厚度的减小而减小（见 11.1.5）。 补充说明：如果测量的温度与试样厚度已确定的温度不同，则考虑线性热膨胀效应的存在。如果这些影响是不可忽略的，计算在每个温度下的样品厚度，并按照前文描述的程序进行（见 11.4）。 补充说明：还可以使用其他参数估计方法，但需在数据中详细说明来源（见 11.5）。 报告中增加了 12.2.5 所用仪器的生产厂家及型号。 增加了 13.3 对进行测量的仪器进行不确定度分析，其结果应纳入数据分析报告。 删除了附录检测非理想样本和热电偶式探测器

续表

国内外	标准名称	标准号	发布日期	标准状态	新版相对于旧版变化内容
美国	《Standard Test Method for Thermal Diffusivity by the Flash Method》	ASTM E1461-2013	2013-09-01	现行	增加了参考文献 E2585。 补充说明：这种测试方法可以被认为是绝对的（或基本的）测量方法，因为不需要参考标准。建议使用参照材料来验证所使用仪器的性能（见 1.5）。 热扩散系数的单位由"m^2/s"更改为"mm^2/s"。 对本标准专用符号和单位的说明进行了调整（见 3.2）。 增加了图 1 激光脉冲波形。 校准和验证作了较大的改动（见 9）。 试验报告须注明试验的测试日期（见 12.2.6）。 精度和偏差作了大篇幅的修改（见 13）。 参考资料进行了修改（附录 X3）

2.2.2　蓄热系数

高蓄热系数的材料可以在白天吸收太阳能，并在夜间释放热量，有助于维护室内温度的稳定，减少空调的能耗，从而节约能源。由于目前暂未有蓄热系数测试的相关标准，下面提出的两种方法均是通过测得材料的其他热物性参数，进一步计算得出材料的蓄热系数。

1. 热脉冲法

热脉冲法适用于测定干燥或不同含湿状况下保温材料的导热系数、热扩散系数和比热容。首先将试样安装在试样台上，放入热电偶及加热器，热电偶的结点放在试样的中心，然后用夹具将试样夹紧，接通加热电源，并同时启动秒表，测量加热回路电流。计算得出试样的导热系数、热扩散系数，试样的蓄热系数按下式计算：

$$S = 0.51\lambda\alpha\rho \tag{2.6}$$

式中：λ——导热系数［W/(m · K)］;

α——热扩散系数（m^2/s）;

ρ——体积密度（kg/m^3）。

2. 瞬态平面热源法

其原理是利用热阻性材料——镍，做成一个平面的探头，同时作为热源和温度传感器，通过了解测试过程中探头温度的变化即可反映样品的热传导性能，又被称为 HotDisk 法。通过记录在一段时间内探头两端产生的电压变化，得到探头温度变化反馈，计算得出热扩散系数及导热系数。试样的蓄热系数按下式计算：

$$S = \frac{2.5\lambda}{\sqrt{\alpha T}} \tag{2.7}$$

式中：λ——导热系数［W/(m · K)］;

α——热扩散系数（m^2/s）;

T——时间（s）。

2.2.3　比热容

比热容作为一个描述物质热性质的基本物理量，在建筑节能设计和材料选择等方面扮演着至关重要的角色。通过理解比热容的概念及其影响因素，我们可以更好地分析建筑的热性能，进而提升工作效率和安全性。随着科学技术的发展，对比热容的研究将更加深入，其在建筑领域的价值也将不断被挖掘和利用。

利用差示扫描量热仪，可以研究材料的熔融与结晶过程、结晶度、玻璃化转变、相转变、液晶转变、氧化稳定性、反应温度与反应热焓，测定物质的比热容、纯度，研究高分子共混物的相容性、热固性树脂的固化过程，进行反应动力学研究等。该技术可以广泛应用于塑料、橡胶、纤维、涂料、黏合剂、医药、食品、生物有机体、无机材料、金属材料与复合材料等领域。

1. 测试原理

使用 DSC 测试仪通过已知标准品蓝宝石的比热容来测试其他已知质量样品的比热容，测试原理见图 2.7。在相同的升温速率下和气氛条件下先后进行三次测试（三次测试必须保持所有试验条件一致）：空白测试、蓝宝石测试与试样测试。每一条有样品的 DSC 线都要减去空白测试曲线，再用试样测试曲线 DSC 信号与已知的蓝宝石 DSC 信号进行比较[8]。三步法的好处是尽量减少仪器和测试过程带来的干扰。首先，测试空白基线，以固定的速率升温，不放置任何试样，其目的是扣除仪器自身的基线漂移；第二步，标样测试，用相同的升温速率测试蓝宝石标样，将其放置在试样坩埚内；第三步，试样测试，将蓝宝石标样当作试样进行测试，样品位置不变，重复上述操作。

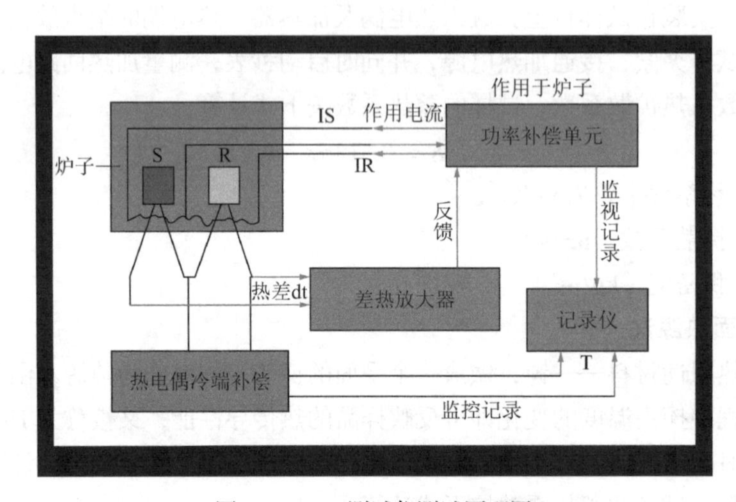

图 2.7　DSC 测试仪测试原理图

一般试验测试的比热容为定压比热容，用C_p表示，其计算公式如下：

$$C_p = \frac{Q}{m\Delta T} \tag{2.8}$$

式中：Q——试样升温过程中吸收的热量（J）；

m——试样的质量（g）；

ΔT——温差（K）。

由于试样和标样测试使用的灵敏度系数和升温速率都相同，所以通过已知比热容的标样即可计算出未知试样的比热容，其计算公式如下：

$$C_{ps} = C_{pst}\frac{D_s m_{st}}{D_{st} m_s} \tag{2.9}$$

式中：C_{pst}——标样的比热容［J/(kg · K)］；

D_s——试样扣除基线后的真实信号；

m_{st}——标样的质量（g）；

D_{st}——标样扣除基线后的真实信号；

m_s——试样的质量（g）。

2. 测试仪器

国内外几种典型的差示扫描热量测定仪（DSC）的基本参数如表 2.10 所示。

国内外差示扫描热量测定仪（DSC）的基本参数　　表 2.10

公司名称	上海依阳实业有限公司	德国耐驰公司	北京恒久试验设备有限公司
仪器名称	DSC-1010 系列	DSC-214 Polyma 系列	HSC-4 系列
测试温度范围（℃）	室温～3000	−170～600	−100～680

3. 现行标准

目前美国实行差示扫描热量法测比热容的标准为《Standard Test Method for Determining Specific Heat Capacity by Differential Scanning Calorimetry》ASTM E1269-2011（2018），其规定了“如果样品是水或含水，应尽可能确保盛满坩埚，且不应超过坩埚的压力限制”。欧洲实行《Plastics-Differential scanning calorimetry (DSC)-Part 4: Determination of specific heat capacity》ISO 11357-4: 2021，其更新了测量程序，更新了氧化铝的参考数据，增加了测试报告中需报告“任何偏离指定程序的情况和观察到的任何异常特征”的事项。

表 2.11 描述了上述标准的发展历程，说明了同系列标准的新版本与旧版本相比内容的变化。

国外标准发展历程（差示扫描法）　　表 2.11

<table>
<tr><th>国外</th><th>标准名称</th><th>标准号</th><th>发布时间</th><th>标准状态</th><th>新版相对于旧版变化内容</th></tr>
<tr><td rowspan="4">美国</td><td rowspan="4">《Standard Test Method for Determining Specific Heat Capacity by Differential Scanning Calorimetry》</td><td>ASTM E1269-1999</td><td>1999</td><td>废止</td><td>首次发行，无变化</td></tr>
<tr><td>ASTM E1269-2001</td><td>2001</td><td>废止</td><td>增加了“该方法类似于 ISO 11357-4，但包含了该方法中没有的额外方法。此外，ISO 11357-4 包含本标准中没有的实践。该方法类似于日本工业标准 k7123，但包含了该方法所没有的其他方法”的说明（见 1.6）。
增加了引用的文件中 ISO 标准的部分（见 2.2）</td></tr>
<tr><td>ASTM E1269-2004</td><td>2004</td><td>废止</td><td>格式调整，内容无变化</td></tr>
<tr><td>ASTM E1269-2005</td><td>2005</td><td>废止</td><td>格式调整，内容无变化</td></tr>
</table>

续表

国外	标准名称	标准号	发布时间	标准状态	新版相对于旧版变化内容
美国	《Standard Test Method for Determining Specific Heat Capacity by Differential Scanning Calorimetry》	ASTM E1269-2011	2011	废止	增加了“为获得准确效果，水样应完全填满容器”的说明（见 6.3）。 将 Recording Device 改为 Data Collection Device（见 7.1.3，2005 年版的 7.1.3）。 增加了“如果样品是水或含水，应尽可能确保盛满坩埚，且不应超过坩埚的压力限制”的说明（见 10.2）
		ASTM E1269-2011（2018）	2018	现行	增加了“本标准是根据《关于制定国际标准、指南和建议原则的决定》中确立的国际公认的标准化原则制定的”说明（见 1.8）
国际	《Plastics–Differential scanning calorimetry (DSC)—Part 4: Determination of specific heat capacity》	ISO 11357-4: 2005	2005	废止	首次发行，无变化
		ISO 11357-4: 2014	2014	废止	将所有规范性文献改为未注明日期的规范性文献，将全文中 pan 改为 crucible，在所有图形中加入吸热方向（见前言）
		ISO 11357-4: 2021	2021	现行	更新了测量程序，更新了氧化铝的参考数据（见前言）。 增加了测试报告中需报告“任何偏离指定程序的情况和观察到的任何异常特征”的事项（见 11，i 和 m）

2.2.4 热扩散系数

热扩散系数是一个物质的热传导与热容能力的综合指标，通常用符号α表示。它是评价材料隔热能力的重要参数之一，对于建筑物的保温和节能效果起着关键作用。

1. 激光闪射法

（1）测试原理

激光闪射法，又称为闪光法。它利用激光在样品表面产生短暂的热脉冲，然后测量脉冲在样品内传播的速度和温度变化，从而计算出热扩散系数。图中在一定的设定温度T（恒温条件）下，由激光源（或闪光氙灯）在瞬间发射一束光脉冲，均匀照射在样品下表面，使其表层吸收光能后温度瞬时升高，并作为热端将能量以一维热传导方式向冷端（上表面）传播。使用红外检测器连续测量上表面中心部位的相应温升过程，得到图 2.8 所示的温度（检测器信号）升高对时间的关系曲线。

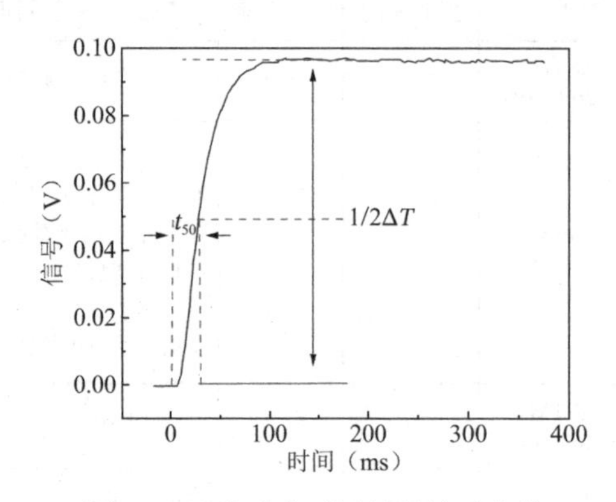

图 2.8　温度升高对时间的关系曲线

若光脉冲宽度接近于无限小或相对于样品半升温时间近似可忽略，热量在样品内部的传导过程为理想的由下表面至上表面的一维传热、不存在横向热流，且在样品吸收照射光能量后温度均匀上升、没有任何热损耗（表现在样品上表面温度升高至图中的顶点后始终保持恒定的水平线而无下降）的理想情况下，则通过下式即可得到样品在温度T下的热扩散系数：

$$\alpha = \frac{0.1388d^2}{t_{50}} \tag{2.10}$$

式中：d——样品的厚度（m）；

t_{50}——半升温时间（s）。

（2）测试仪器

国内外几种典型的激光闪射法导热系数测试仪的基本参数如表 2.8 所示。

（3）现行标准

目前，我国激光闪光法测量热扩散系数的标准为《闪光法测量热扩散系数或导热系数》GB/T 22588—2008，等同采用《Standard Test Method for Thermal Diffusivity by the Flash Method》ASTM E1461—2013（2022），主要差异有：引用标准将 ASTM 热电偶标准更换为与之相对应的我国国家标准；更新了引言，以提示比热容的测量、导热系数的计算方法；删去了原标准“1.8 本标准采用国际单位制的声明和第 14 章的关键词”；按照《标准化工作导则 第 1 部分：标准的结构和编写规则》GB/T 1.1—2000 的规定，对附录标号和章节编号作了重新编排；删去了原标准的参考资料和文献目录。该标准适用于测量温度在 75～2800K 范围内、热扩散系数为 10^{-7}～$10^{-3}m^2/s$ 时均匀各向同性固体材料；适用于对能量脉冲光谱不透明材料的测试，也适用于经预处理后完全或部分透光材料试样的热扩散系数测定；适用于本质上完全致密的材料，然而，在某些情况下，应用于多孔材料也可获得比较满意的结果。

表 2.12 描述了上述标准的发展历程，说明了同系列标准的新版本与旧版本相比内容的变化。

国内外标准发展历程（激光闪射法）　　**表 2.12**

国内外	标准名称	标准号	发布时间	标准状态	新版相对于旧版变化内容
中国	《闪光法测量热扩散系数或导热系数》	GB/T 22588—2008	2008	现行	首次发行，无变化
美国	《Standard Test Method for Thermal Diffusivity by the Flash Method》	ASTM E1461-1992	1992	废止	首次发行，无变化
		ASTM E1461-2001	2001	废止	增加了“这种测试方法可被认为是主要测量方法，因此不需参考标准”的说明（见 1.6）； 增加了“从严格意义上说，此方法只适用于均质固体材料”的说明（见 1.7）； 删除了定义部分的讨论(见 3.1.1.1、3.1.1.2、3.1.1.3，1992 年版的 3.1.1.1、3.1.1.2、3.1.1.3）； 删除了“这种方法最初适用于非均质不透明材料固体”的 note（见 4.1，1992 年版的 4.1）； 删除了闪光扩散仪的原理图(见 1992 年版的图一)；

续表

国内外	标准名称	标准号	发布时间	标准状态	新版相对于旧版变化内容
美国	《Standard Test Method for Thermal Diffusivity by the Flash Method》	ASTM E1461-2001	2001	废止	增加了闪蒸法的特性恒温器的曲线（见图一）; 增加了 flash 系统框图（见图二）; 增加了“如果同一材料的代表性试样在厚度上有显著差异，得到相同的热扩散系数值，则可以认为其结果是有效的”说明（见 9.2.2）; 增加了“在被测样品的表面涂覆一层纯石墨或其他高黏度涂层是一种很好的做法”的说明（见 10 的 note）; 增加 report 需报告“能量脉冲源以及温升探测器的类型”（见 12.2.2，12.2.4）
		ASTM E1461-2007	2007	废止	增加了“对于采用激光作为电源的系统，必须充分满足安全要求”的说明（见 1.7）; 增加了闪蒸法原理图（见图一）; 删除了“在系统中加入氦氖激光器或激光二极管的校准装置，以帮助验证样品的定位是否可行”的说明（见 7.7，2001 年版的 7.7）; 删除了“在靠近样品的地方提供一个光圈”的说明（见 7.8，2001 年版的 7.8）; 删除了“在被测样品的表面涂覆一层纯石墨或其他高黏度涂层是一种很好的做法”的说明（见 10 的 note，2001 年版 10 中的 note）
		ASTM E1461-2011	2011	废止	格式调整，内容无变化
		ASTM E1461-2013	2013	废止	格式调整，内容无变化
		ASTM E1461-2013（2022）	2022	现行	增加了“本标准是根据《关于制定国际标准、指南和建议原则的决定》中确立的国际公认的标准化原则制定的”说明（见 1.9）

2. 热线法

（1）测试原理

为了准确测量物质的热扩散系数，采用瞬态热线法进行试验测试。该方法基于热线原理（图 2.4），通过在样品上放置一根加热的金属丝，测量金属丝温度随时间的变化来计算热扩散系数。

按下式计算试件的热扩散系数：

$$\alpha = \frac{Cr^2}{4} e^{\frac{D}{k}} \tag{2.11}$$

式中：α——热扩散系数（m^2/s）;

C——常数因子，约为 1.78715;

r——测温点与热线中轴线的距离（m）;

k——$\ln t$-$\theta(r,t)$曲线线性区域的斜率;

D——直线的截距。

（2）测试仪器

国内外几种典型的瞬态平面热源法导热系数测试仪的基本参数如表 2.4 所示。

（3）现行标准

目前我国现行的热线法测试标准为《耐火材料 导热系数、比热容和热扩散系数试验方法（热线法）》GB/T 5990—2021，适用于测定导热系数小于 2W/(m · K)的各向同性均质非金属固体材料，不适用于导电非金属材料（如碳化硅）。在《耐火材料、导热系数试验方法（热线法）》GB/T 5990—2006，十字热线法适用于测量温度不超过 1250℃、导热系数低于 1.5W/(m · K)、热扩散率不超过 $10^{-6}m^2/s$ 的耐火材料，而平行热线法适用于测量温度不超过 1250℃、导热系数小于 25W/(m · K)的耐火材料。美国及欧洲采用的热线法的测试标准在导热系数测试中已提到这里不再赘述。

表 2.13 介绍了上述标准的发展历程，对同系列标准新版对比旧版新增或更改内容进行了说明。

国内标准发展历程（瞬态平面热源法）　　表 2.13

国内	标准名称	标准号	发布时间	标准状态	新版相对于旧版变化内容
中国	《耐火材料、导热系数试验方法（热线法）》	GB/T 5990—1986	1986	废止	首次发行，无变化
		GB/T 5990—2006	2006	废止	修改了标准名称； 修改了标准的适用范围； 增加了采用计算机测控时数据处理及一元线性回归（见前言）
	《耐火材料 导热系数、比热容和热扩散系数试验方法（热线法）》	GB/T 5990—2021	2021	现行	更改了文件的范围（见第 1 章，2006 版的第 1 章）； 更改了“十字热线法”的“设备”“试样”“试验步骤”“结果计算”要求（见 4.2～4.6，2006 年版的 4.2～4.6）； 更改了试块尺寸（见 4.4.3、5.4.3，2006 年版的 4.4.4、5.4.3）； 删除了“十字热线法”的“数据处理”（见 2006 年版的 4.7）； 增加了“十字热线法”的“精密度”（见 4.7）； 更改了“平行热线法”的原理表述（见 5.1，2006 年版的 5.1）； 更改了“平行热线法”的试验温度偏差（见 5.2.1，2006 年版的 5.2.1）； 更改了“平行热线法”能供给热线的功率要求（见 5.2.3，2006 年版的 5.2.3）； 更改了“平行热线法”时间分辨率中测温精度的要求（见 5.2.6，2006 年版的 5.2.6）； 更改了“平行热线法”试件的取样要求（见 5.3.1，2006 年版的 5.3.1）； 增加了“平行热线法”试件尺寸要求（见 5.3.2.2）； 更改了“平行热线法”表面平整度的表述（见 5.3.3，2006 年版的 5.3.3）； 更改了“平行热线法”致密材料刻槽的位置要求（见 5.3.4，2006 年版的 5.3.4）； 更改了“平行热线法”试验步骤的部分表述（见 5.4.1、5.4.2、5.4.3，2006 年版的 5.4.1、5.4.2、5.4.3），删除了时间t测量精度（见 5.4.5、表 1，2006 年版的 5.4.5、表 1），更改了表 1 的推荐功率表（见表 1，2006 年版的表 1）；

续表

国内	标准名称	标准号	发布时间	标准状态	新版相对于旧版变化内容
中国	《耐火材料 导热系数、比热容和热扩散系数试验方法(热线法)》	GB/T 5990—2021	2021	现行	增加了“平行热线法”导热系数试验结果的要求(见5.5.1.2); 增加了“平行热线法”热扩散系数、比热容和试验结果修约(见5.5.2、5.5.3、5.5.4); 更改了试验报告的表述(见第6章a,2006版的第6章a); 更改了“平行热线法”导热系数举例和各类型热电偶热电动势的查询出处(见附录D,2006年版的附录D),增加了“平行热线法”比热容和热扩散系数的举例(见附录D)

2.3 湿物性参数

材料中湿分的含量称为含湿量，一般有3种表示方式，即质量比含湿量、体积比含湿量和质量体积比含湿量。放置在空气中的多孔材料，能从环境中吸湿或者向环境中放湿直至平衡，该平衡状态下的含湿量称为平衡含湿量。

材料的吸湿过程可分为三个范围：吸湿范围、毛细范围和超毛细范围（图2.9）。吸湿范围指材料从干燥的状态到临界含湿量w_{cri}的范围。在此范围内，材料内部湿分的储存主要通过单分子吸附和多分子吸附，湿分的传递主要以水蒸气的形式进行，平衡含湿量是相对湿度的函数。毛细范围指临界含湿量到毛细饱和含湿量w_{cap}的范围。在此范围内，材料内部湿分的储存和传递均以液态水为主，平衡含湿量是毛细压力的函数。超毛细范围指毛细饱和含湿量到真空饱和含湿量w_{sat}的范围。在该范围内，相对湿度恒为100%，不存在毛细压力，湿分的储存和传递也是以液态水为主。在实际环境中，建筑围护结构内几乎不能达到超毛细范围，故在建筑领域中一般只研究吸湿范围和毛细范围内的现象。

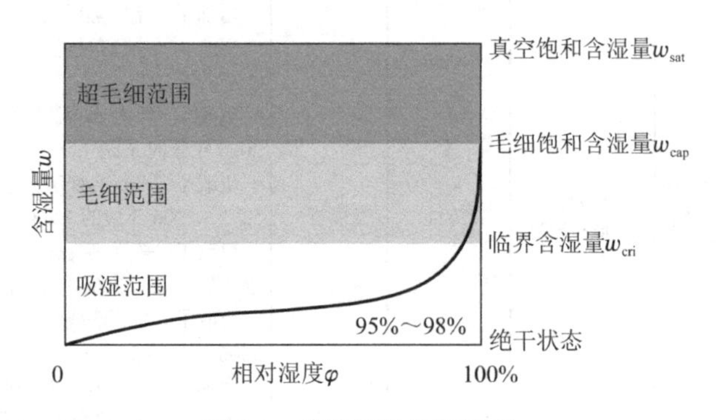

图2.9 建筑材料的湿过程

2.3.1 平衡吸湿曲线

平衡吸湿曲线是建筑材料最重要的湿物理性质之一，用来表征材料储存湿分的能力，是研究围护结构传湿和室内湿环境的基础。在吸湿范围内，材料的含湿量是关于环境相对湿度的函数[9]。

1. 测试原理

平衡吸湿试验的测试原理是将建筑绝热材料放置于可以保持湿度恒定的环境中，当材料本身的湿度小于环境的湿度时，材料会在水蒸气分压力的作用下进行吸湿，从而质量发生变化，当材料本身的湿度与环境湿度柱间达到平衡时，此时材料质量不再发生变化，在此状态下的含湿量也就被认为是在此相对湿度环境中平衡后的含湿量，测试原理见图 2.10。

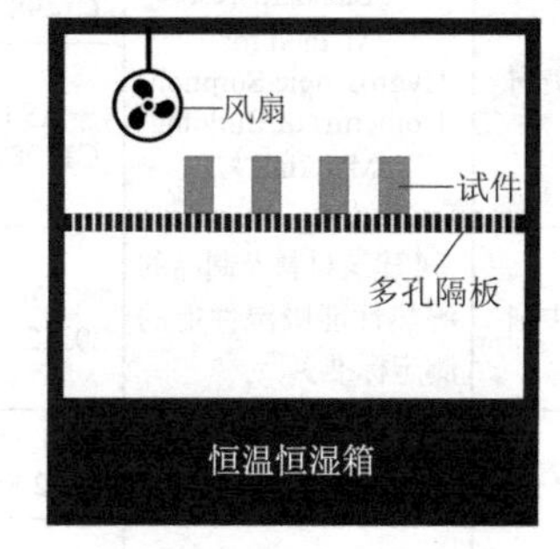

图 2.10　平衡吸湿试验的测试原理

环境温度恒定不变，依次调节环境的湿度工况，待材料均在不同的环境湿度下达到平衡状态后测定材料的湿重，通过公式计算得到材料在不同湿度工况下的质量含湿量。不同相对湿度下的平衡含湿量可通过下式计算得到：

$$u(\varphi)=\frac{m_{\mathrm{wet}}(\varphi)-m_{\mathrm{dry}}}{m_{\mathrm{dry}}} \tag{2.12}$$

式中：$u(\varphi)$——平衡含湿量（kg/kg）；

$m_{\mathrm{wet}}(\varphi)$——不同相对湿度下材料的湿重（kg）；

m_{dry}——材料的干重（kg）。

根据得到的不同相对湿度下的平衡含湿量进行数据拟合即可得到材料的等温吸湿曲线。

2. 现行标准

目前我国实行的标准为《建筑材料及制品的湿热性能 吸湿性能的测定》GB/T 20312—2006，其测试规定将干燥的试件放入密闭的干燥器中进行吸湿，不同干燥器内盛有不同的饱和盐溶液，以控制内部的相对湿度。待试件吸湿达到平衡后，将试件从相对湿度较高的干燥器内移至相对湿度较低的干燥器内进行放湿，直至达到新的平衡[10]。国际实行标准为《Hygrothermal performance of building materials and products-Determination of hygroscopic sorption properties》ISO 12571: 2021，美国实行标准为《Standard Test Method for Hygroscopic Sorption Isotherms of Building Materials》ASTM C1498-2023 删除了干燥箱干燥温度的华摄氏度保持范围；删除了解吸等温线的测定。

表 2.14 描述了上述标准的发展历程，对同系列标准新版对比旧版新增或更改内容进行了说明。

国内外标准发展历程　　表 2.14

国内外	标准名称	标准号	发布日期	标准状态	新版相对于旧版的变化内容
美国	《Standard Test Method for Hygroscopic Sorption Isotherms of Building Materials》	ASTM C1498-2001	2001-01-01	废止	首次发行，无变化
		ASTM C1498-2004	2004-01-01	废止	内容无变化
		ASTM C1498-2010	2010	废止	以国际单位制表示的数值应视为标准，本标准不包括其他计量单位（见 1.4）； 删除了干燥箱干燥温度的华摄氏度保持范围； 删除了解吸等温线的测定

续表

国内外	标准名称	标准号	发布日期	标准状态	新版相对于旧版的变化内容
美国	《Standard Test Method for Hygroscopic Sorption Isotherms of Building Materials》	ASTM C1498-2016	2016	废止	格式调整，内容无变化
		ASTM C1498-2023	2023	现行	本标准是根据《关于制定国际标准、指南和建议的原则的决定》中确立的国际公认的标准化原则制定的（见 1.6）
中国	《建筑材料及制品的湿热性能吸湿性能的测定标准》	GB/T 20312—2006	2006-07-19	现行	首次发行，无变化
国际	《Hygrothermal performance of building materials and products-Determination of hygroscopic sorption properties》	ISO 12571: 2000	2000-03-15	废止	首次发行，无变化
		ISO 12571: 2013	2013-08-01	废止	增加了术语定义（见 3.1）； 删除了 adsorption curve 这一定义（见 3.1.6）； 将 adsorption curve 改为 Sorption curve（见 4.1）； 增加了干燥器法的概述内容，增加了平衡条件下饱和溶液上方的标准空气相对湿度的表格（见 7.2.1）； 在测量吸附曲线中增加了 note1、2（见 7.2.2）； 在求解吸附曲线中增加了 note，分别给出了附录 C 中的详细称重的示例以及附录 D 中的使用玻璃罐的方法示例（见 7.2.3）； 增加了干燥器法的图示（见 7.2.3）； 增加了关于曲线拟合技术相关信息的 note（见 8.1）； 增加了平衡含水量曲线的绘制（8.2）
		ISO 12571: 2021	2021-11-01	现行	本标准是根据 ISO/IEC 指令第 2 部分的编辑规则起草的（见前言）； 对表 A.1 进行了修订（见前言）； 删除了解吸附曲线中的 note（见 4.2）； 增加了另一种解吸试验的方法-使用压力板装置（见 7.2.3）

2.3.2 毛细饱和含湿量及吸水系数

毛细吸水系数、毛细饱和含湿量是建筑材料重要的湿物理性质，是描述多孔材料传递和储存液态水湿物理性质的重要指标，在分析多孔材料中液态水的传递与储存过程时，这些参数是必不可少的。

毛细含湿量w_{cap}也称毛细饱和含湿量，指材料处于毛细饱和状态时的含湿量，是干燥材料通过毛细作用吸水所能达到的最大含湿量，单位为 kg/m^3[14]。

毛细饱和含湿量的测试稍复杂，需要通过动态试验——毛细吸水试验（也称自由吸水试验）得到。理想情况下，该试验的结果如图 2.11 所示。第一阶段表示试件正在通过毛细作用进行一维吸水，此时毛细力和黏性力起主导作用，试件的含湿量迅速增大。第二阶段表示水分已到达试件的上表面，孔隙中的空气正在逐渐被溶解和排出，使得含湿量缓慢增加。对第一阶段和第二阶段分别进行线性拟合，两条直线交点对应的含湿量则被定义为毛细饱和含湿量。

在毛细吸水试验中，试件吸水的快慢用吸水系数［A_{cap}，$kg/(m^2 \cdot s^{0.5})$］来表征，其定义为：

$$A_{\mathrm{cap}}=\frac{\Delta m_{\mathrm{moisture}}}{A\sqrt{t}} \tag{2.13}$$

式中：　A——试件与水接触的底面积（m^2）；

t——时间（s）；

$\Delta m_{\mathrm{moisture}}$——时间 t 内随试件吸收的水分质量（kg）。

在毛细吸水试验中，第一阶段线性拟合所得直线的斜率为吸水系数。需要特别注意的是，某些材料在进行毛细吸水试验时，吸水量与时间的关系并不呈现出图 2.11 所示的理想情况，而可能是图 2.12 这样的非理想情况。此时毛细饱和含湿量和吸水系数都没有严格的定义。

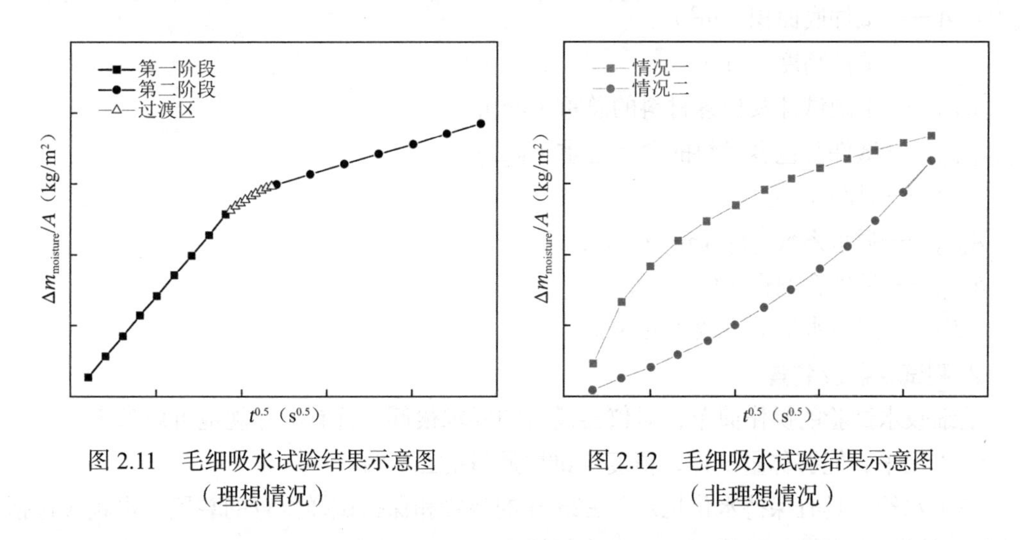

图 2.11　毛细吸水试验结果示意图（理想情况）

图 2.12　毛细吸水试验结果示意图（非理想情况）

吸水系数、毛细饱和含湿量和液态水扩散系数是多孔材料重要的湿物理性质。通过毛细吸水试验可以测定材料的吸水系数和毛细饱和含湿量。毛细吸水试验可参照国际标准《Hygrothermal performance of building materials and products-Determination of water absorption coefficient by partial immersion》ISO 15148: 2002(E)，该标准已经有详细说明。

1. 测试原理

试验过程大致如下：将形状规整的干燥试件除底面外的各面用不透气也不吸水的材料包裹，并在顶面留出小排气口。四个侧面在靠近底面的部分留出约 1cm 的边缘不予包裹，以防止液态水从试件侧面和包裹材料的缝隙处被吸收。准备盛有液态水的浅槽，槽底放置支架以支撑试件。支架与试件的接触面积应尽量小，且槽内液面应保持在支架上方约 0.5cm 处。将包裹好的试件置于槽中，使其进行一维吸水。每隔一段时间将试件从水中取出，用柔软的湿布擦去表面的附着水后称取试件及包裹材料的含湿总重，再放回槽中继续吸水。当吸水过程进入第二阶段并有至少五个测量点时停止试验。测试原理见图 2.13。

一段时间（已除去了试件离开液面的时间）内试件吸收的水分质量用下式计算：

$$\Delta m_{\mathrm{moisture}}(t)=m_{\mathrm{wet,total}}(t)-m_{\mathrm{dry,total}} \tag{2.14}$$

先对试验的第一阶段进行线性拟合，得到单位面积的试件吸收水分的质量对平方根的斜率，此即吸水系数：

$$A_{\text{cap}} = \frac{\Delta m_{\text{moisture}}}{A\sqrt{t}} \tag{2.15}$$

再对试验的第二阶段进行线性拟合，并求得第一和第二阶段拟合直线的交点纵坐标。将该值除以试件高度（$\frac{\Delta m_{\text{moisture}}}{A}$，kg/m²），即得到毛细含湿量。

$$w_{\text{cap}} = \frac{1}{h} \cdot \frac{\Delta m_{\text{moisture}}}{A} \tag{2.16}$$

计算液态水扩散系数：

$$D_l = \frac{\pi}{4} \cdot \left(\frac{A_{\text{cap}}}{w_{\text{cap}}}\right)^2 \tag{2.17}$$

式中：A——试件底面积（m²）；

h——试件高度（m）；

$m_{\text{dry,total}}$——干燥试件及包裹材料的总重（kg）；

$m_{\text{wet,total}}$——试件及包裹材料的含湿总重（kg）；

t——时间（s）；

A_{cap}——吸水系数［$\text{kg}/(\text{m}^2 \cdot \text{s}^{0.5})$］；

w_{cap}——毛细含湿量（kg/m³）；

D_l——液态水扩散系数（m²/s）。

2. 测试仪器及装置

毛细吸水试验的操作简单，对仪器设备的要求很低，且有国际规范可以参考。

（1）天平，能够称量试样，精度为试样质量的±0.1%。

（2）水箱，具有保持水位恒定至±2mm 的装置和保持试样位置的装置。水箱应包括不会损坏试样的点支架，以使试样与底座保持至少 5mm 的距离。

（3）计时器，精度要求 24h 内误差小于 1s。

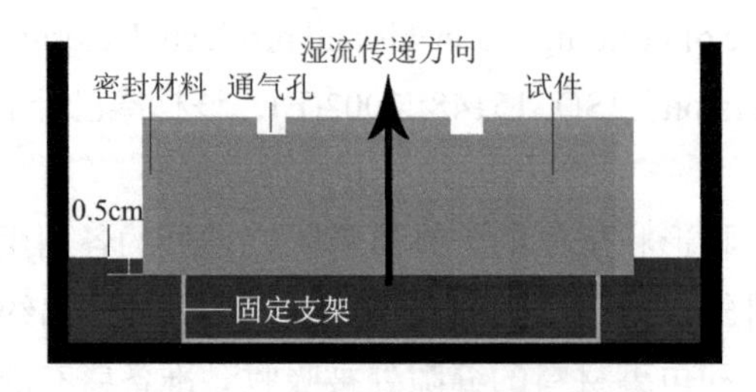

图 2.13　毛细吸水试验测试原理图

3. 现行标准

目前我国实行的烘干法测建筑材料含湿率的标准为《建筑材料及制品的湿热性能 含湿率的测定 烘干法》GB/T 20313—2006，等同于采用国际标准《Hygrothermal performance of building materials and products-Determination of moisture content by drying at elevated temperature》ISO 12570: 2000。《Hygrothermal performance of building materials and products-Determination of moisture content by drying at elevated temperature》ISO 12570: 2000 标准适用于多孔渗水材料，规定了用高温干燥法测定建筑材料游离水含量的一般方法，水分含量

由于燥前的试样质量和高温干燥后的试样质量计算，标准中没有规定取样的方法。

对于毛细吸水试验，国际实行《Hygrothermal performance of building materials and products-Determination of water absorption coefficient by partial immersion》ISO 15148: 2002标准，以部分浸泡法为测试原理。标准规定了用不带温度梯度的局部浸没法测定短期液体水吸收系数的方法。它旨在评估在现场储存或施工期间，由连续降雨或强降雨引起的毛细管作用，通过经常受到保护的绝缘材料和其他材料，对水分的吸收率进行评估。该方法适用于与其经常一起安装的基材的涂层或涂层。若是为了评估在水下或与饱和地面完全接触时使用的材料的吸水性，全浸试验更合适。

（1）用部分浸泡法测定建筑材料及制品的吸水系数

表 2.15 描述了上述标准的发展历程，对同系列标准新版对比旧版新增或更改内容进行了说明。

国外标准发展历程　　**表 2.15**

国外	标准名称	标准号	发布时间	标准状态	新版相对于旧版变化内容
国际	《Hygrothermal performance of building materials and products-Determination of water absorption coefficient by partial immersion》	ISO 15148: 2002	2002	废止	首次发行，无变化
		ISO 15148: 2016	2016	废止	在第 7.1 条中对表 1 和测试条件进行了更正；修改附录 ZA 的最后一段，引用了 ISO 9346；标准已经编辑修改
		ISO 15148: 2018	2018	现行	在第 3.2 节中，吸水系数W_w和吸水系数与时间t有关的单位W_{wt}已经得到更正

（2）用烘干法测定建筑材料及制品的含湿率

表 2.16 描述了上述标准的发展历程，对同系列标准新版对比旧版新增或更改内容进行了说明。

国内外标准发展历程　　**表 2.16**

国内外	标准名称	标准号	发布时间	标准状态	新版相对于旧版变化内容
中国	《建筑材料及制品的湿热性能 含湿率的测定 烘干法》	GB/T 20313—2006	2006	现行	首次发行，无变化
国际	《Hygrothermal performance of building materials and products-Determination of moisture content by drying at elevated temperature》	ISO 12570: 2000	2000	废止	首次发行，无变化
		ISO 12570: 2000/Amd 1: 2013	2013	废止	第 4 页表 1 第二行第一列将“在 70℃至 105℃之间可能发生结构变化的材料，例如一些泡沫塑料”替换为“在 65℃至 105℃之间可能发生结构变化的材料，例如一些泡沫塑料”；第 4 页表 1 第二行第二列的温度由“70 ± 2”替换为“65 ± 2”
		ISO 12570: 2000/Amd 2: 2018	2018	现行	BS EN ISO 12570: 2000 + A1: 2013 修改版本废止，本修改版本内容与首次发行版本 ISO 12570: 2000 无变化

2.3.3 真空饱和含湿量

材料的真空饱和含湿量可以通过真空饱和试验测得。《Standard Test Method for Moisture Retention Curves of Porous Building Materials Using Pressure Plates》ASTM C1699-09 标准简单介绍了真空饱和试验，国际标准《Ceramic tiles-Part 3: Determination of water absorption, apparent porosity, apparent relative density and bulk density》ISO 10545-3: 2018 对其有详细说明。

1. 测试原理

试验过程大致如下：将干燥的试件放入密闭的真空干燥器中，降低干燥器内的气压直至接近真空（20mbar 以下）。保持该压力 3h 以上，以彻底排出试件孔隙内的空气。然后保持干燥器内的低压，向干燥器内缓慢注入蒸馏水。当液面接触到试件底部时，调节蒸馏水的注入速度，使液面上升速度保持在 5cm/h 左右。当液面上升至试件上方约 5cm 后，停止注水。保持试件浸没在水下足够长的时间后开始称重时，先将试件浸没在水中，在有浮力的作用下称重。然后将试件从水中取出，用柔软的湿布擦去试件表面的附着水，然后在空气中称重。测试原理见图 2.14。

试件的表观密度为：

$$\rho=\frac{m_{\text{dry}}\cdot\rho_l}{m_{\text{wet}}-m_{\text{under}}} \tag{2.18}$$

真空饱和含湿量（w_{vac}，kg/m³）为：

$$w_{\text{vac}}=\frac{m_{\text{wet}}-m_{\text{dry}}}{m_{\text{dry}}}\cdot\rho_l \tag{2.19}$$

孔隙率（ϕ）为：

$$\phi=\frac{w_{\text{vac}}}{\rho_l} \tag{2.20}$$

骨架密度（ρ_{matrix}，kg/m³）为：

$$\rho_{\text{matrix}}=\frac{\rho}{100-\phi}\times 100 \tag{2.21}$$

式中：m_{dry}——试件干重（kg）；

m_{under}——有浮力的作用下试件总重（kg）；

m_{wet}——试件湿重（kg）；

ρ——表观密度（kg/m³）；

w_{vac}——真空饱和含湿量（kg/m³）；

ϕ——孔隙率（%）；

ρ_{matrix}——骨架密度（kg/m³）；

ρ_l——实验室温度下液态水的密度（kg/m³）。

2. 测试仪器及装置

真空饱和试验的操作较为简单，对仪器设备的要求不太高。

（1）干燥箱：工作温度为 110℃ ± 5℃，也可使用能获得相同检测结果的微波、红外或其他干燥系统。

（2）加热装置：用惰性材料制成的用于煮沸的加热装置。

（3）热源。

（4）天平：天平的称量精度为所测试样质量的 0.01%。

（5）去离子水或蒸馏水。

（6）干燥器。

（7）吊环、绳索或篮子：能将试样放入水中悬吊称其质量。

（8）玻璃烧杯，或者大小和形状与其类似的容器，将试样用吊环吊在天平的一端，使试样完全浸入水中，试样和吊环不与容器的任何部分接触。

（9）真空容器和真空系统：能容纳所要求数量试样的足够大容积的真空容器和抽真空能达到 10kPa ± 1kPa 并保持 30min 的真空系统[15]。

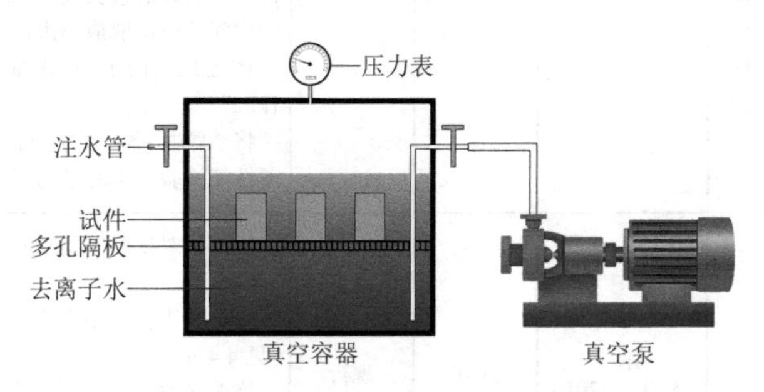

图 2.14　真空饱和试验测试原理图

3. 现行标准

目前我国实行的真空饱和试验测建筑材料真空饱和含湿率的标准为《陶瓷砖试验方法 第 3 部分：吸水率、显气孔率、表观相对密度和容重的测定》GB/T 3810.3—2016，等同于采用国际标准《Ceramic tiles-Part 3: Determination of water absorption, apparent porosity, apparent relative density and bulk density》ISO 10545-3: 1995。本标准规定了瓷砖吸水率、孔隙率、相对密度和体积密度的测定方法[16]。

美国采用《Standard Test Method for Density, Absorption, and Voids in Hardened Concrete》ASTM C642-21 标准，本标准包括对硬化混凝土的密度、吸收率和空隙率的测定。在可能的情况下，样品应由混凝土的若干个单独部分组成，每个部分分别进行测试。各个部分可以是具有任何所需形状或尺寸的圆柱体、芯体或梁，但每个部分的体积应不小于 350cm³（或对于正常重量的混凝土，约为 800g）；且每个部分应无可见裂缝、裂缝或破碎边缘。

表 2.17 描述了上述标注的发展历程，对同系列标准新版对比旧版新增或更改内容进行了说明。

国内外标准发展历程　　表 2.17

国内外	标准名称	标准号	发布时间	标准状态	新版相对于旧版变化内容
中国	《陶瓷砖试验方法 第 3 部分：吸水率、显气孔率、表观相对密度和容重的测定》	GB/T 3810.3—1999	1999	废止	首次发行，无变化

续表

国内外	标准名称	标准号	发布时间	标准状态	新版相对于旧版变化内容
中国	《陶瓷砖试验方法 第3部分：吸水率、显气孔率、表观相对密度和容重的测定》	GB/T 3810.3—2006	2006	废止	将2中的“干陶瓷砖吸饱水后吊挂在水中，用于干质量、饱和后质量和吊挂质量之间相互关系参数的计算”修改为“将干燥砖置于水中吸水至饱和，用砖的干燥质量和吸水饱和后质量及在水中质量计算相关的特性参数”。 将3.10中的“……真空箱和真空系统，而且能达到100kPa ± 1kPa 的真空度……”修改为“……真空容器和抽真空能达到10kPa ± 1kPa 并保持30min 的真空系统”。 将4.4中的“砖的边长大于200mm时，……计算”修改为“砖的边长大于200mm且小于400mm时，……计算。若砖的边长大于400mm时，至少在3块整砖的中间部位切取最小边长为100 mm的5块试样”。 将5.1.2中的“100kPa + 1kPa”修改为“10kPa ± 1kPa”。 将7d)中“各个试验性能结果的平均值”修改为“各项性能试验结果的平均值”
		GB/T 3810.3—2016	2016	现行	修改了对试样的要求（见4.2、4.4，2006版的4.2、4.4）； 增加了边长不小于400mm的大规格砖的试样要求（见4.4）； 修改了真空法的试验步骤（见5.1.2，2006版的5.1.2）； 修改了吸水率的计算公式（见6.1，2006版的6.1）； 修改了显气孔率的计算公式（见6.2,2006版的6.2）
国际	《Ceramic tiles-Part 3: Determination of water absorption, apparent porosity, apparent relative density and bulk density》	ISO 10545-3: 1995	1995	废止	首次发行，无变化
		ISO 10545-3: 2018	2018	现行	样品的浸湿过程只能在真空条件下进行； 沸煮浸湿样品的方法已经被取消； 根据陶瓷砖片的尺寸决定样品的选取
美国	《Standard Test Method for Density, Absorption, and Voids in Hardened Concrete》	ASTM C642-97	1997	废止	首次发行，无变化
		ASTM C642-06	2006	废止	改变了之前对该测试方法所选定的位置C642-97； 补充说明：以国际单位制表示的数值应视为标准（见1.3）
		ASTM C642-13	2013	废止	改变了之前对该测试方法所选定的位置C642-06； 补充说明：本标准并不旨在解决与其使用相关的所有问题，本标准的使用者有责任在使用前建立适当的安全和健康实践（见1.4）
		ASTM C642-21	2021	现行	改变了之前对该测试方法所选定的位置C642-13； 补充说明：增加了section2参考标准（C125）以及section3（术语）
	《Standard Test Method for Moisture Retention Curves of Porous Building Materials Using Pressure Plates》	ASTM C1699-08	2008	废止	首次发行，无变化
		ASTM C1699-09（2015）	2015	现行	删除第7.5条中的note4

2.4　导热系数测试值校订

目前我国现存的建筑材料导热系数数据库大部分是根据我国多年来的试验研究结果归纳而成，且数据来源不同，其余依旧采取或参考苏联和东德建筑热工规范中的数据。由中国建筑科学研究院建筑物理研究所编写的《建筑材料热物理性能与数据手册》（2010）整理了出版前近 20 年来新型墙体材料、保温材料热工性能数据，对我国工业与民用建筑物节能有指导意义。可惜的是，一方面，数据库仅考虑了不同密度的建筑材料导热系数取值，测试工况大多是常温状态，个别材料在环境温度 10℃、15℃、20℃下开展测试，环境温度范围窄；另一方面，该书虽简要分析了湿度对建筑材料的导热影响，却在数据库测量导热系数的工况设定中忽略了环境湿度这一重要因素，这势必会对围护结构热工性能及建筑节能计算造成误差。另外，历年来，虽然学者们在不断地更新导热系数数据库，但目前并没有明确地梳理出系统的导热系数的试验取值方法，而要掌握导热系数的试验取值方法，需要分析测定装置及原理、干燥温度、试件尺寸、试件湿分含量、孔径分布、孔隙率以及环境温湿度对其导热系数的影响。

这说明，现有的试验取值方法具有不确定性，而分析得出合理的测试方法的第一步，是掌握材料导热系数测试校订标准，即明确导热系数的参照值（最精准的值）。

2.4.1　干燥材料导热系数测试值校订

为了探讨各导热仪的测试精度，进而判定何种导热仪可以用来校订干燥建筑保温材料导热系数，购买了美国国家标准技术研究院 NIST（前国家标准局，直属美国商务部，从事物理、生物和工程方面的基础和应用研究，以及测量技术和测试方法方面的研究，提供标准、标准参考数据及有关服务，在国际上享有很高的声誉）的标准参考物质（SRM）1450D 树脂粘结玻璃纤维板（300mm × 300mm × 30mm），如图 2.15 所示，分别使用 GHPA、TPMBE-300-Ⅲ型、Xiatech TC3000 及 Hotdisk 四种导热仪进行导热系数测试并对测试数据进行了比较，如图 2.16 及图 2.17 所示。

NIST 关于建筑材料保温和传热的工作最早始于 1910 年，当时美国制冷工程师协会要求提供设计所需的与保温传热相关的可用数据。然而，当时还没有一种精确的方法来测量通过保温层的热传递。1912 年，狄金森在 NIST 构思并建造了第一台保护热板装置。1916 年，狄金森和范杜森出版了这一领域的第一份重要出版物，该出版物包含了通过空气和 30 种保温材料热流的精确测定，且促进了热板法热传导测量标准的发展。在这些年中，NIST 不断改进和标准化热板法。大约在 1929 年，范杜森建造了这种保护热板装置的最终版本。这种特殊的仪器在 NIST 持续运行了 50 多年，直到 1983 年。1987 年，该仪器在 NIST 博物馆的监护下正式搬迁，以保存和展示。

1945 年，基于部分 NIST 的设计，美国材料与试验协会（ASTM）正式采用防护热板法作为标准试验方法。1947 年，Robinson 和 Watson 扩展了保护热板装置的温度范围，并在接下来的几年里完成了由美国暖通工程师学会和 NIST 联合发起的首次实验室间保温材料导热系数试验的比较。这一系列试验清楚地表明，需要适当的方法来校准工业和其他实验室的仪器。

综上，NIST 生产的标准样品可用于测量设备和制造程序的校订标准、工业生产的质量控制标准以及试验比较样品，其样品的相关数据见表 2.18。

在试验过程中，试样被塑料薄膜包裹，因此增加的热阻导致试样的导热系数增加。为了探讨这种影响是否可以忽略，使用两个导热仪来测量未包裹的薄膜和包裹的样品。用 GHPA 测得的导热系数提高了 0.856%～2.88%，TPMBE-300-Ⅲ测得的导热系数提高了 2.87%；Xiatech TC3000 测得的导热系数提高了约 2.96%，Hotdisk 测得的导热系数提高了约 2.98%。因此，由塑料薄膜引起的导热系数增加可以忽略不计。

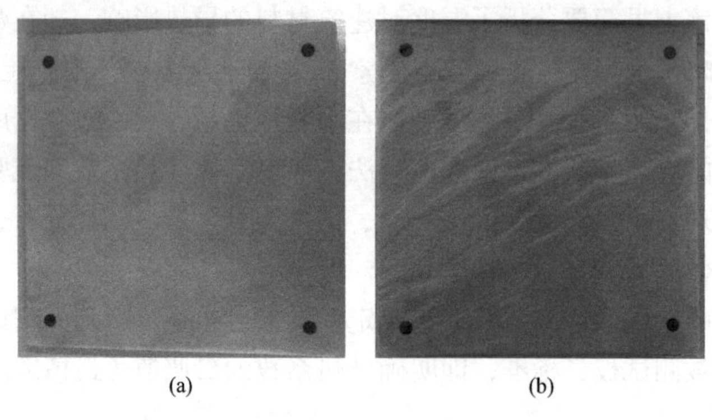

图 2.15　NIST 的标准参考物质（SRM）1450D 树脂粘结玻璃纤维板

（a）未包裹薄膜；（b）包裹薄膜

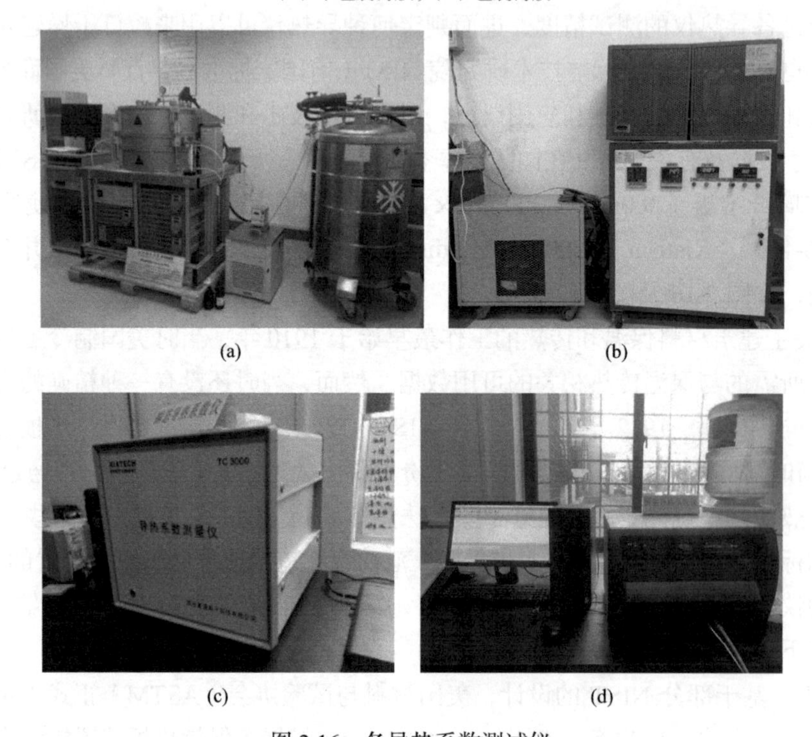

图 2.16　各导热系数测试仪

（a）GHPA；（b）TPMBE-300-Ⅲ型；（c）Xiatech TC3000；（d）Hotdisk

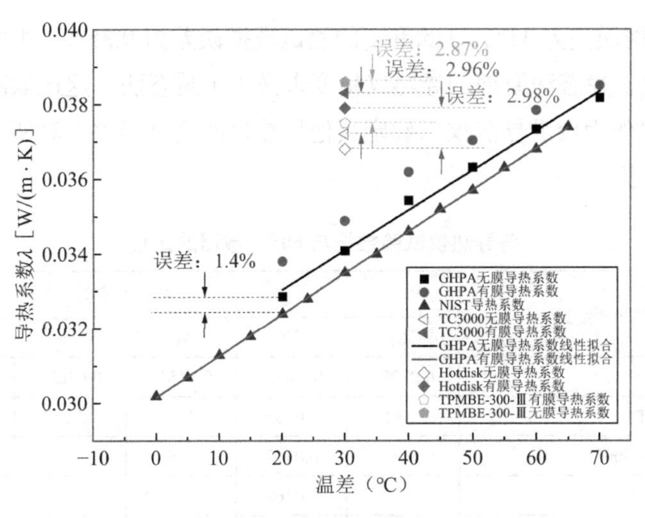

图 2.17　误差分析

NIST 试样的表观导热系数和热阻　　　　**表 2.18**

试样	厚度		密度		平均温度		表观导热系数	热阻
	mm	inches	kg/m³	lbs/ft³	℃	℉	W/(m · K)	m² · K/W
1450D543-354	25.87	1.019	124.99	7.8	20	68	0.0324	0.7985
					25	75	0.0328	0.7887
					30	86	0.0335	0.7722
					35	95	0.0340	0.7609
					40	104	0.0346	0.7477
					45	113	0.0352	0.7349
					50	122	0.0357	0.7246
					55	131	0.0363	0.7127
					60	140	0.0368	0.7030
					65	149	0.0374	0.6917
1450D584-114	25.68	1.011	120	7.49	20	68	0.0324	0.7926
					25	75	0.0328	0.7829
					30	86	0.0335	0.7666
					35	95	0.0340	0.7553
					40	104	0.0346	0.7422
					45	113	0.0352	0.7295
					50	122	0.0357	0.7193
					55	131	0.0363	0.7074
					60	140	0.0368	0.6978
					65	149	0.0374	0.6866

此外，表 2.19 说明了各导热仪测试数据与 NIST 数据的比较。且使用 GHPA、TPMBE-300-Ⅲ型、TC3000 及 Hotdisk 测试标件的导热系数值，如图 2.17 所示。与 NIST 数据相比，GHPA 的测试数据误差仅为±1.4%，TPMBE-300-Ⅲ的测试数据误差为 12%，Xiatech

TC3000 的测试数据误差为 11%，Hotdisk 的测试数据误差为 9.85%。由此可知，对于干燥建筑保温材料而言，稳态法原理的导热仪精度未必优于瞬态法，这还取决于仪器本身的误差，而 GHPA 可以作为校准导热仪以确定其他导热仪的测试误差，对使用其他导热仪得出的测试数据进行修正。

各导热仪试验数据与 NIST 数据的比较　　表 2.19

导热系数［W/(m·K)］	温度（℃）					
	20	30	40	50	60	70
GHPA	0.03286	0.03409	0.03543	0.03631	0.03734	0.03818
NIST	0.0324	0.0335	0.0346	0.0357	0.0368	—
Xiatech TC3000	—	0.0372	—	—	—	—
Hotdisk	—	0.0368	—	—	—	—
TPMBE-300-Ⅲ	—	0.0375	—	—	—	—

2.4.2　含湿材料导热系数测试值校订

由于目前国际上尚未有公认的测试标准及标件参考数据，因此含湿材料导热系数测试校订标准的确定相对比较复杂，即使无法确定含湿材料最精确的导热系数值，仍可根据相对精准的参考值探讨含湿材料导热系数的取值方法。

为了获得含湿材料导热系数校订参考值，将理论值和试验值对比，判定本节提出的模型是否可以作为参考值用来分析何种导热仪及试件尺寸可应用于含湿材料导热系数的取值方法。以加气混凝土为例，利用第 2 章获得的模型以及相对公认的三相非饱和多孔材料有效导热系数计算模型 Jin 模型计算获得两组理论值，而使用 Hotdisk 导热仪测得实测值，数据如图 2.18 所示。

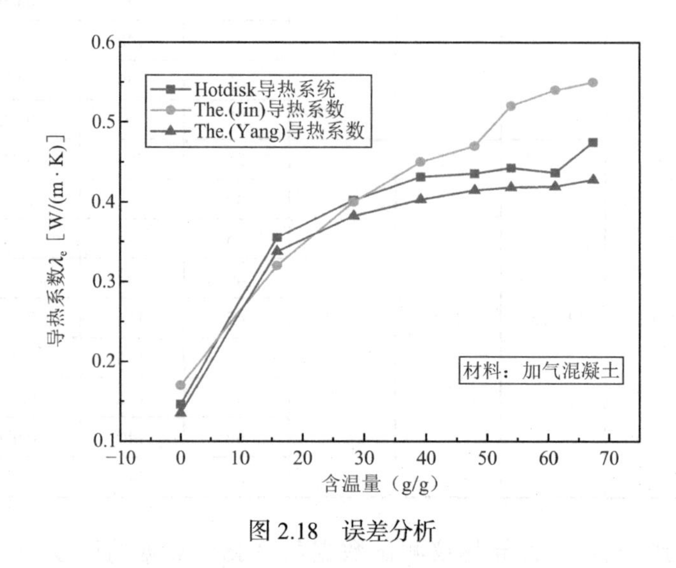

图 2.18　误差分析

参考图 2.18 的理论及实测值对比，本节模型的预测值λ_p略低于实测值，Jin 模型的预测值在材料处于中高含湿量时，略高于实测值。可以利用理论模型将含湿材料的导热系数参照值λ_r设定在一定范围内（发泡水泥和加气混凝土和岩棉：$\lambda_p \leqslant \lambda_r \leqslant 110\%\lambda_p$；EPS 和 XPS：$90\%\lambda_p \leqslant \lambda_r \leqslant \lambda_p$），即只要测试值在这一相对精准的范围内，就认为这一测试方法是可取的。换句话说，可以先利用本节提出的理论模型预测材料的导热系数值，以预测值为基准，对比各导热仪的实测值，从而判定哪种导热仪/测试原理，更适合用于进行含湿材料导热系数值测试。接着，再以已经确定了的相对精准的导热仪实测值为基准，研究试件尺寸、含湿量及环境温湿度对含湿材料导热系数的影响，从而梳理出系统的、合理的含湿建筑保温材料导热系数的测试方法。

2.5 本章小结

本章从测试原理、仪器及国内外相关标准发展历程三个方面对多孔建筑材料的热湿物性测试方法进行了详细的介绍分析，掌握了原理、测试仪器的选择、参考标准的设定及装置装配等。以分析建筑保温材料内部导热机理及现有试验方法的不确定性为基础，以传统建筑保温材料为研究对象，确定了导热系数测试的校订标准。为后文系统地梳理出建筑保温材料导热系数取值方法提供了依据，也为从事建筑材料导热系数测定的科研人员全面了解包含导热系数在内的热湿物性参数试验测试奠定了基础。

参考文献

[1] 季亚萍，刘林松. 热线法测沥青混合料导热系数试验的改进[J]. 交通标准化, 2013(23): 135-137.

[2] SALMON D. Thermal conductivity of insulations using guarded hot plates, including recent developments and sources of reference materials[J]. Measurement Science and Technology, 2001, 12(12): 89.

[3] 黎明才. 建筑工程材料导热系数测定方法及影响因素研究[J]. 广东建材, 2020, 36(2): 27-29.

[4] 于水，崔雨萌，冯驰，等. 稳态法测试保温材料导热系数的系统性误差[J]. 建筑科学, 2016, 32(10): 50-54.

[5] 佘乃东，张华，叶晓敏. 覆铜板热导率测试方法的探讨[J]. 印制电路信息, 2016, 24(2): 29-33.

[6] 司荣. 有机热载体导热系数测定方法探究[J]. 中国特种设备安全, 2017, 33(7): 62-65.

[7] 姚凯，郑会保，刘运传，等. 导热系数测试方法概述[J]. 理化检验（物理分册), 2018, 54(10): 741-747.

[8] 焦阳，刘春凤，王晓鹏，等. 高温比热容测试常见问题及误差分析[J]. 分析测试技术与仪器, 2022, 28(2): 153-158.

[9] 罗杰斯. 室内三种表面材料的静态吸放湿特性及其表面对流传质系数研究[D]. 广州：广州大学, 2021.

[10] 钟秋阳. 外表面憎水处理对生土建筑外墙及室内湿环境的影响[D]. 重庆：重庆大学, 2021.

[11] 李复翔. 极端热湿气候下湿传递对墙体热工性能的影响[D]. 广州：华南理工大学, 2021.

[12] 雷玥，杨寒羽，张宇，等. 多孔建筑材料热湿物理性质测试方法与现状综述[J]. 建筑科学, 2021, 37(2): 165-173+184.

[13] 王莹莹，黄津津，王登甲，等. 珊瑚砂混凝土热湿物性参数研究[J]. 建筑材料学报, 2020, 23(4):

782-786+809.

[14] 冯驰, 俞溪, 王德玲. 加气混凝土湿物理性质的测定[J]. 土木建筑与环境工程, 2016, 38(2): 125-131.

[15] 冯驰, 吴晨晨, 冯雅, 等. 干燥方法和试件尺寸对加气混凝土等温吸湿曲线的影响[J]. 建筑材料学报, 2014, 17(1): 132-137+142.

[16] 中国国家标准化管理委员会. 陶瓷砖试验方法 第3部分: 吸水率、显气孔率、表观相对密度和容重的测定: GB/T 3810.3—2016[S]. 北京: 中国标准出版社, 2016.

第 3 章

多孔建材典型热湿物性参数测定

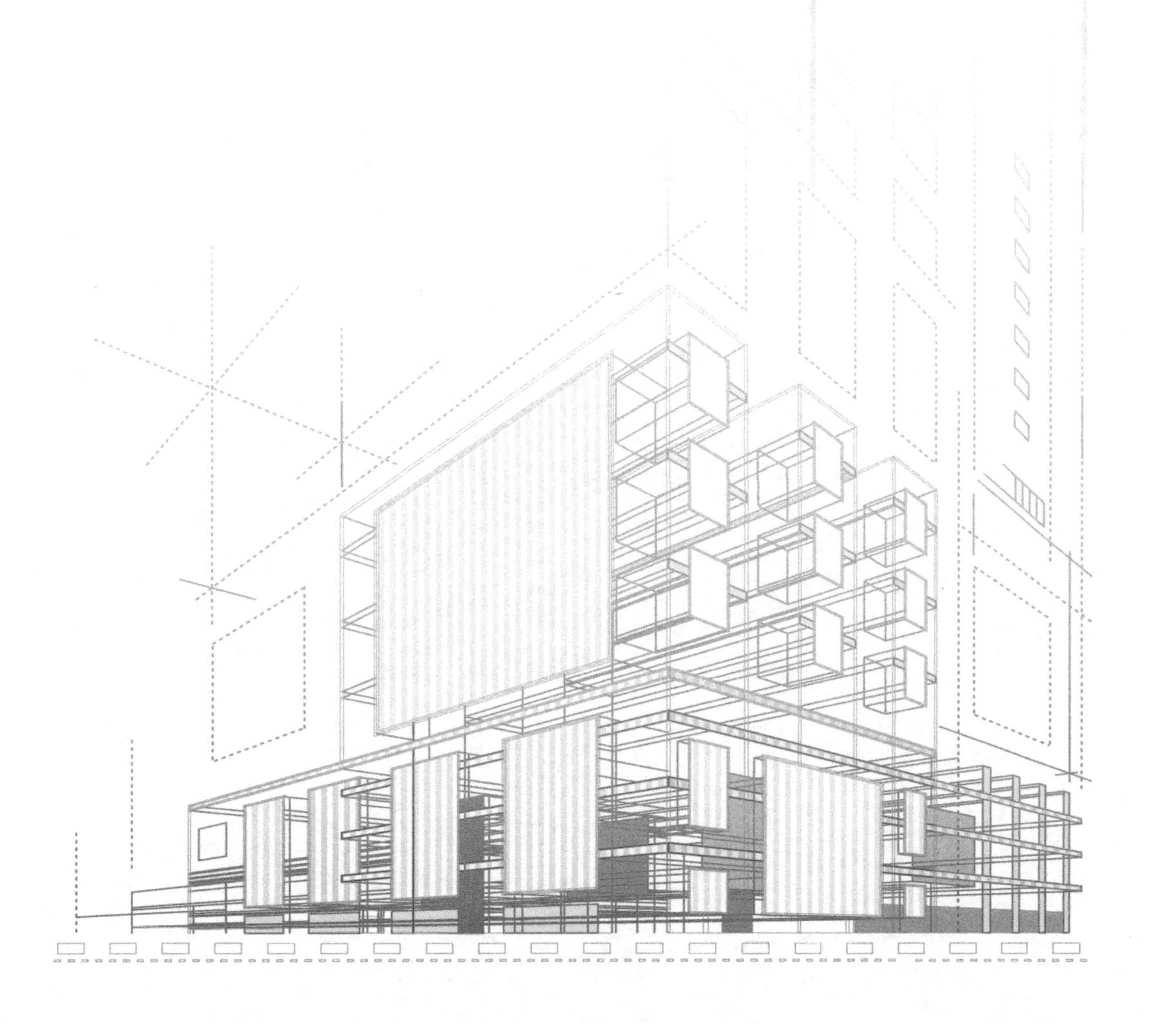

3.1　概述

在多孔建材热湿物性参数取值方法中，试验测试作为理论计算和智能预测开展的基础，是目前研究材料的热湿物性参数最直接的方法。通过试验测试，不仅可以直接得到多孔建筑材料的热湿物性参数，还可以对其在不同含湿量、环境温度和相对湿度下的热湿性能进行分析和评价。通过前文的测试方法和现行测试标准的梳理，在本章中选取常用的建筑绝热材料开展重复测量和再现测量，从而得到多孔建筑材料更加可靠的热湿物性参数。

3.2　典型热物性参数测定

3.2.1　防护热板法

1. 测试方案

根据《绝热材料稳态热阻及有关特性的测定 防护热板法》GB/T 10294—2008，采用防护热板法试验测量四种材料在干燥状态下 10～60℃时的导热系数试验方案具体步骤如下[1]：

（1）准备样品阶段：对于已选择的四种不同类型的多孔建筑材料，分别准备六块平面尺寸为 300mm × 300mm × 50mm 的样品，对其进行干燥处理。

（2）干燥样品阶段：根据温度是否引起材料发生化学变化或不可逆的结构破坏选择烘干温度，其中发泡水泥烘干温度为 105℃，EPS、XPS 和 PUR 的烘干温度为 70℃。当连续三次间隔 24h 测量样品的质量变化不超过其自身质量的 1%时认为样品烘干结束。

（3）样品预处理冷却阶段：从干燥箱中取出样品，并使用厚度不低于 0.01mm 的保鲜膜包裹样品表面，然后放置于室内直至冷却至室温。

（4）调节工况阶段：待样品冷却后，选取干燥后质量接近的样品两两结组共形成九组试件，均分至三个不同的试验人员依次开始试验。将两个干燥后的样品放置在主热板与上下辅助冷板之间，通过控制系统输入样品的尺寸、密度等参数。水浴系统的温度应低于冷板温度 3～5℃，根据所需温度工况（10℃、20℃、30℃、40℃、50℃、60℃）计算可得到水浴系统设置及调节冷热板的温度（−5℃、5℃、15℃、25℃、35℃、45℃）以及二者的温差（20℃）。

（5）获取导热系数结果阶段：在试验过程中可通过控制系统观察到箱体内、冷板以及热板的温度，并且输出该条件下样品的导热系数结果，当导热系数结果偏差及温度指标均满足要求时输出该条件下样品的导热系数测试值结果。

（6）重复试验阶段：将样品重新进行干燥后，时隔 15min 以上再次进行试验，共重复三次。

防护热板法试验流程实拍图见图 3.1。

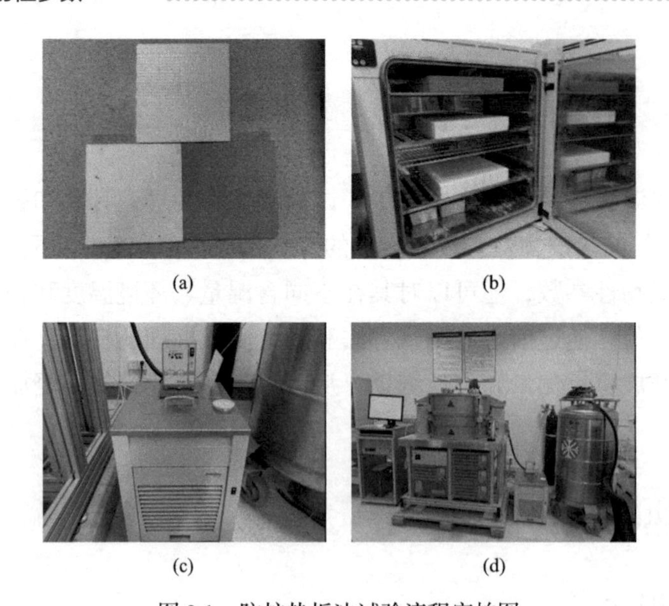

(a) (b) (c) (d)

图 3.1 防护热板法试验流程实拍图

（a）试验准备阶段；（b）试件干燥阶段；（c）试验设置阶段；（d）试验测试阶段

2. 测试数据

（1）重复性测试

根据重复试验获得四种材料导热系数实测值见图 3.2。可以看出随着温度的增加四种材料的导热系数不断增加，并且在每种温度工况下，PUR 的导热系数最小［五个温度下导热系数平均值为 0.029W/(m · K)］，EPS 和 XPS 的导热系数相差不大［五个温度下导热系数平均值为 0.038W/(m · K)］，发泡水泥的导热系数最大［五个温度下导热系数平均值为 0.067W/(m · K)］。另外，重复试验中 EPS 在中温阶段导热系数增加速率较快，发泡水泥在高温阶段导热系数增加速率较快，XPS、PUR 在低温及高温阶段导热系数增加速率较快。还可以得出，在同种温度工况下四种材料在低温阶段三次重复试验的导热系数实测值相较于其他温度波动较大。四种材料导热系数重复测试的变化率（三次重复测试数值偏离平均值的程度，以下简称重复变化率）随着温度的上升而上下波动。其中发泡水泥和 PUR 的重复变化率较大（均值在 1%上下），EPS 和 XPS 重复变化率较小（均值约为 0.66%）。

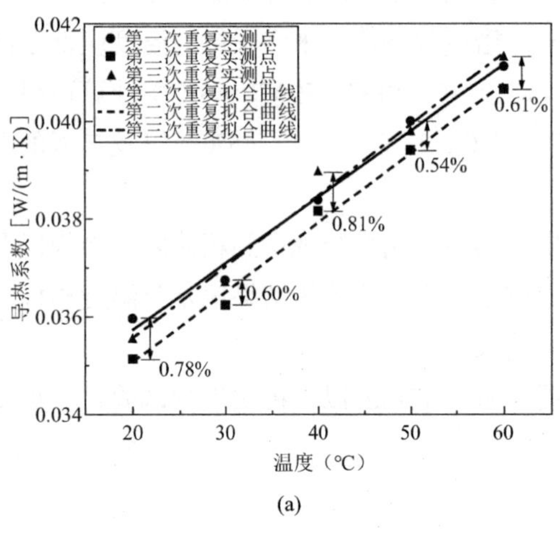

(a)

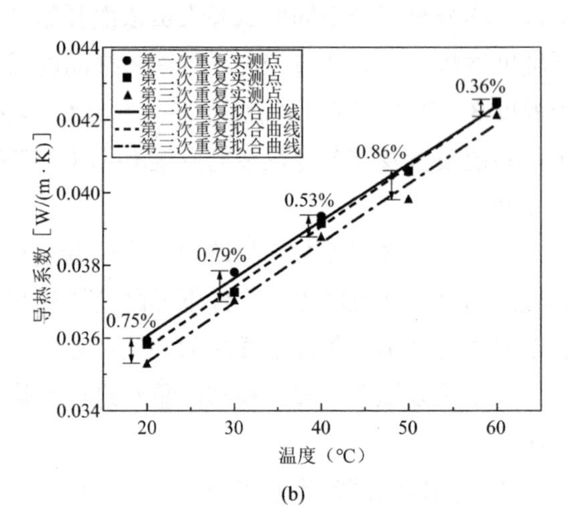

(b)

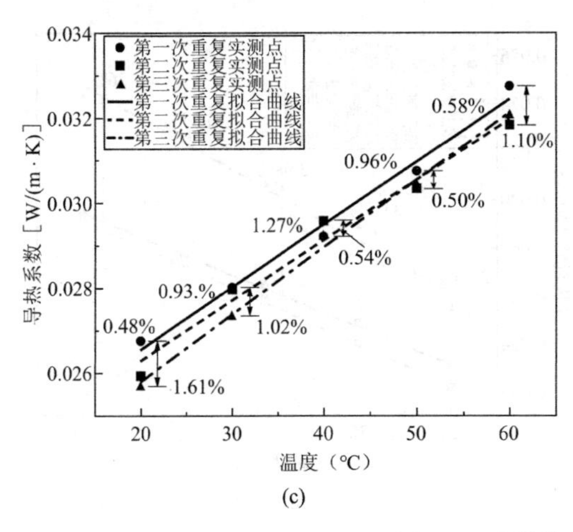

(c)

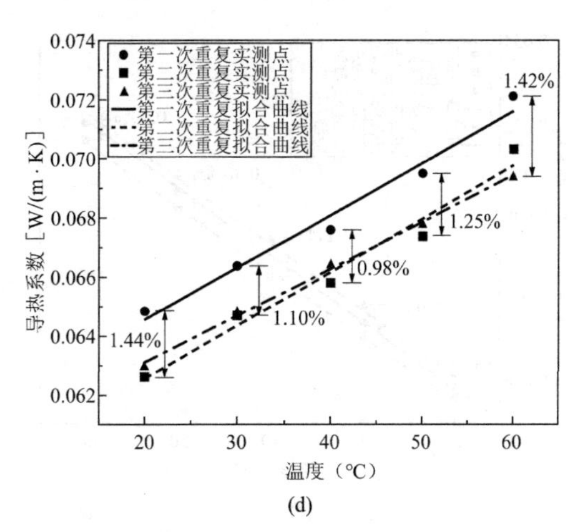

(d)

图 3.2　防护热板法重复试验结果

（a）EPS；（b）XPS；（c）PUR；（d）发泡水泥

（2）再现性测试

根据再现试验获得四种材料导热系数实测值见图 3.3。可以看出随着温度的增加四种材料的导热系数不断增加。在每种温度工况下，PUR 的导热系数最小［五个温度下导热系数平均值为 0.029W/(m · K)］，EPS 和 XPS 的导热系数相差不大［五个温度下导热系数平均值为 0.039W/(m · K)和 0.035W/(m · K)］，发泡水泥的导热系数最大［五个温度下导热系数平均值为 0.068W/(m · K)］。另外，再现试验中 PUR 在低温及中温阶段导热系数增加速率较快，其他三种材料在各个温度工况下三次再现试验导热系数增加速率相差不大。

由再现性测试可以得出，随着温度的增加，XPS 和 PUR 导热系数的再现测试变化率（三次再现测试数值偏离平均值的程度，简称再现变化率）随温度升高先增加再降低，而 EPS 和发泡水泥的再现变化率则先升高再上下波动。在相同温度工况下，EPS 三次再现试验变化率在低温阶段相差较大（最大差值为 6.43%），XPS 三次再现试验变化率在每个温度工况下相差均较大（差值范围为 15.91%～31.42%），而 PUR 和发泡水泥在各个温度工况下三次再现试验中再现变化率相差较小（最大值为 2.70%），较为稳定。另外，四种材料本身的再现变化率相差较大，其中 XPS 的再现变化率约为 13.5%，是其他三种材料的 4～16 倍，发泡水泥和 EPS 的再现变化率平均为 2.5%左右，PUR 的平均再现变化率最小，为 0.9%。

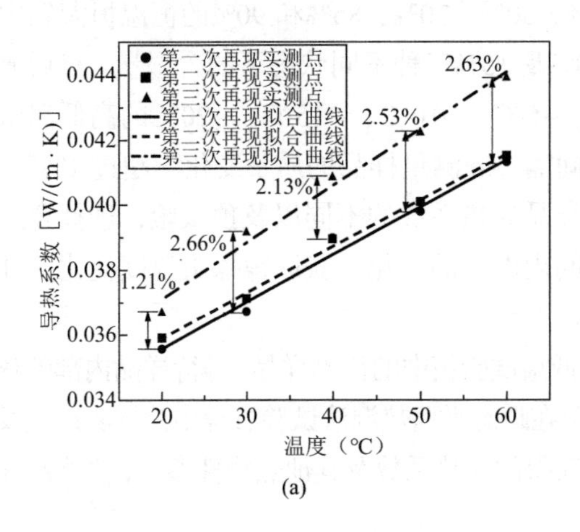

(a)

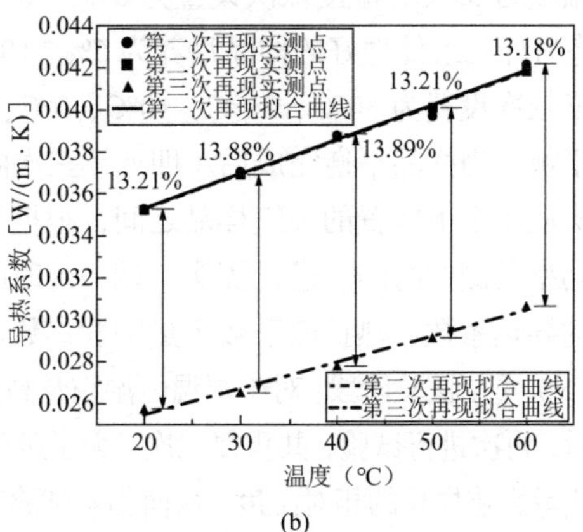

(b)

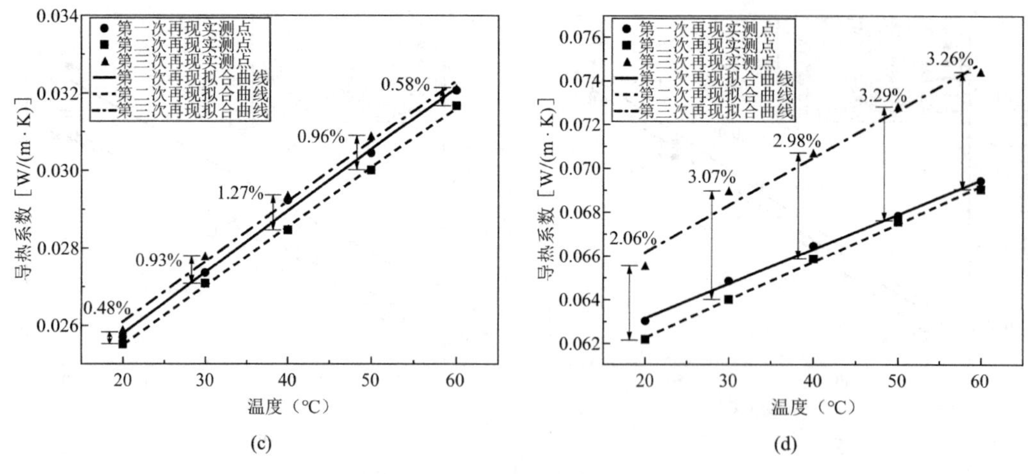

图 3.3　防护热板法再现试验结果

（a）EPS；（b）XPS；（c）PUR；（d）发泡水泥

3.2.2　瞬态平面热源法

1. 测试方案

根据《建筑用材料导热系数和热扩散系数瞬态平面热源测试法》GB/T 32064—2015，采用瞬态平面热源法测试四种材料在不同温度及不同相对湿度变化对导热系数和热扩散系数影响的试验方案如下[2]：

（1）准备样品阶段：对于四种不同类型的材料，准备六块平面尺寸为 100mm × 50mm × 50mm 的试件进行试验。

（2）干燥样品阶段：根据温度是否引起材料发生化学变化或不可逆的结构破坏选择烘干温度，其中发泡水泥烘干温度为 105℃，EPS、XPS、PUR 的烘干温度为 70℃。当连续三次间隔 24h 测量样品的质量变化不超过其自身质量的 1%时认为样品烘干结束。

（3）样品预处理冷却阶段：从干燥箱中取出样品，并使用厚度不低于 0.01mm 的保鲜膜包裹样品表面，然后放置在室内直至冷却至室温。

（4）工况调节阶段：待样品冷却后，取下包裹的保鲜膜并快速测量干燥后的实际尺寸及质量，然后选取干燥后质量接近的样品两两结组共形成三组试件。将三组处理好的样品放在温度为 35℃，湿度依次设置为 0%、30%、50%、70%、85%和 90%的恒温恒湿箱中平衡；将另外三组处理好的样品培养为 5%、10%及 15%三种不同状态下的含湿量，然后放置于温度依次设置为 30℃、20℃、10℃、0℃、−5℃、−10℃、−15℃、−20℃的高低温试验箱中平衡。当样品平衡完成后（即连续三次间隔 24h 测量样品的质量变化不超过 1%），将镍探头放于上下放置的一组样品之间，根据样品导热系数的不同以及预试验，选择合适的加热功率及测试时间。通过探头两端一定时间内电压的变化，获取镍探头温度变化，计算样品的导热系数、热扩散系数等热物性参数。

（5）重复试验阶段：对于恒温恒湿箱及高低温试验箱中的待测样品，等待样品内部的热量散失后，再次进行试验，共重复三次。为了避免在瞬态平面热源法试验过程中镍探头产生及传递的热量影响样品的相对湿度，从而影响试验获得的导热系数及其他热物性参数，当样品在恒温恒湿箱及冻融箱中达到恒重后，用厚度不低于 0.01mm 的保鲜膜包裹样品表面再进行试验。相关研究表明，进行导热系数试验时，保鲜膜包裹的样品不会影响其最后的试验结果。

2. 测试数据

通过瞬态平面热源法试验获取不同湿度工况下的导热系数、热扩散系数、蓄热系数和比热容，从而开展针对其试验结果的重复性和再现性误差分析。

1）导热系数

（1）重复性测试

根据重复试验获得导热系数实测值见图 3.4。可以看出在 35℃下，随着湿度的增加，四种材料的导热系数不断增加。在每种湿度工况下，EPS 的导热系数最小［均值为 0.0313W/(m · K)］、XPS 的导热系数次之［均值为 0.0343W/(m · K)］，PUR 在六个湿度工况下导热系数均值为 0.0401W/(m · K)，发泡水泥的导热系数最大［均值为 0.097W/(m · K)］。另外，重复试验中 EPS 在中高湿阶段导热系数增加速率较快，PUR 在高湿阶段导热系数增加速率较快，XPS 和发泡水泥在低湿及高湿阶段导热系数增加较快。还可以观察到，同种湿度工况下四种材料在低湿阶段三次再现的导热系数实测值相较于其他湿度工况时波动较大。材料导热系数的重复及再现变化率均随着相对湿度的升高而上下波动，其中发泡水泥和 PUR 导热系数的重复变化率较大（均值分别为 0.93%和 0.35%），EPS 和 XPS 重复变化率较小（均值分别为 0.11%和 0.20%）。

（2）再现性测试

根据再现试验获得材料的导热系数实测值见图 3.5。在再现试验中随着湿度的增加，四种材料的导热系数不断增加。在每种湿度工况下，EPS 的导热系数最小［均值为 0.0307W/(m · K)］、XPS 的导热系数次之［均值为 0.0332W/(m · K)］，PUR 在六个湿度工况下导热系数均值为 0.0431W/(m · K)，发泡水泥的导热系数最大［均值为 0.0949W/(m · K)］。另外，在再现试验中四种材料均在低湿及高湿阶段导热系数增加速率较快。还可以观察到，同种湿度时 EPS 和 PUR 在低湿阶段三次再现的导热系数实测值相较于其他工况时波动较大，发泡水泥在低湿及中湿阶段三次再现的导热系数实测值波动较大，而 XPS 整体较为稳定。PUR 导热系数的再现变化率最高（均值为 7.91%），其次是 EPS 和 XPS（均值分别为 3.93%和 4.09%），最小的为发泡水泥（均值为 2.94%）。

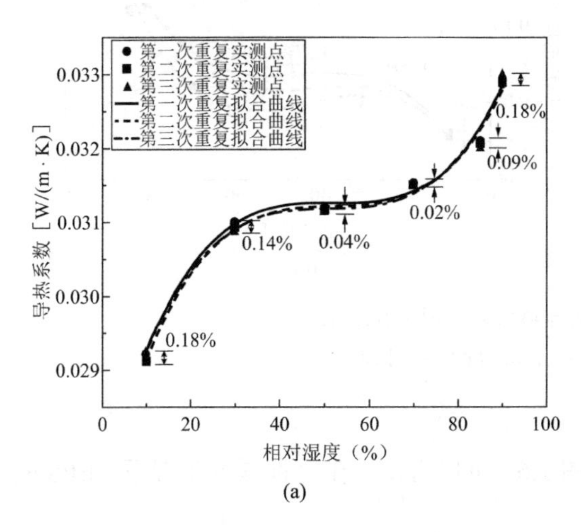

(a)

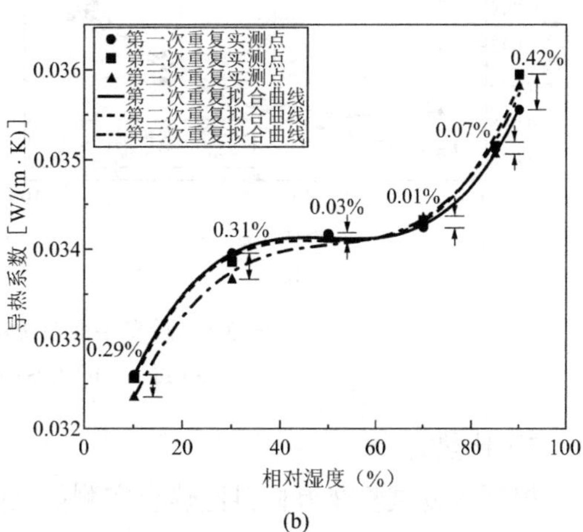

(b)

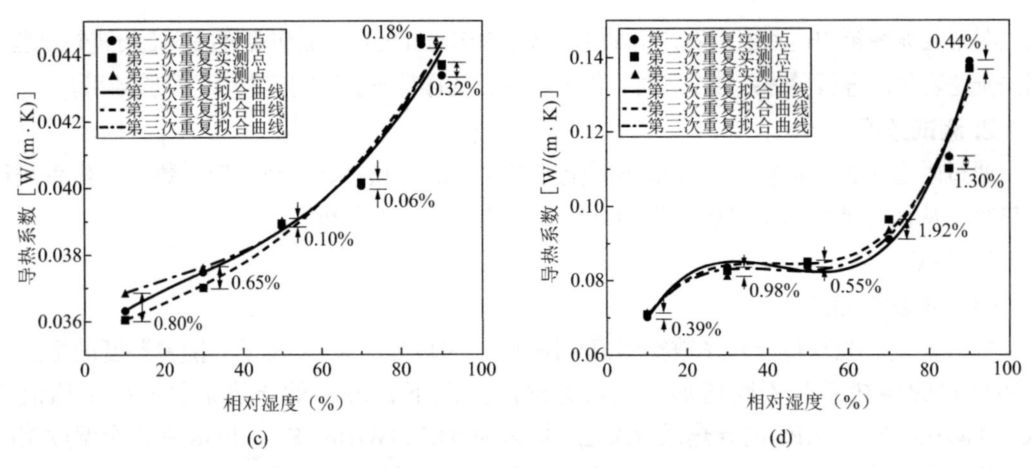

图 3.4　瞬态平面热源法导热系数重复试验结果

（a）EPS；（b）XPS；（c）PUR；（d）发泡水泥

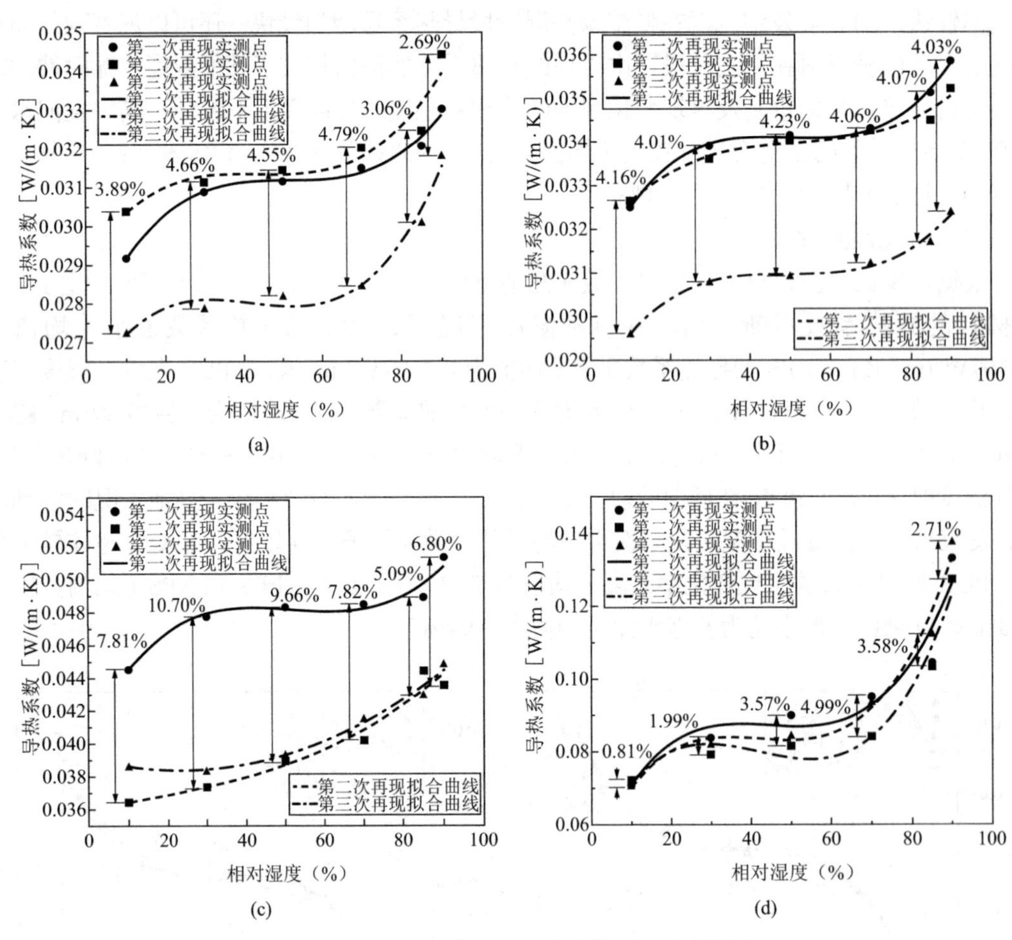

图 3.5　瞬态平面热源法导热系数再现试验结果

（a）EPS；（b）XPS；（c）PUR；（d）发泡水泥

2）比热容

根据重复试验获得材料比热容实测值见图 3.6。可以看出，在每种湿度工况下，EPS 的比热容最小［均值为 0.023J/(kg · ℃)］，XPS 的比热容次之［均值为 0.044J/(kg · ℃)］，PUR 在六个湿度工况下比热容均值为 0.133J/(kg · ℃)，发泡水泥的比热容最大［均值为 0.405J/(kg · ℃)］。另外，重复试验中 EPS 在低湿阶段比热容增加速率较快，PUR 和发泡水泥在高湿阶段比热容增加速率较快，XPS 在低湿和高湿阶段比热容变化较快。还可以观察到，EPS 的重复变化率较小（均值为 2.89%），PUR 和 XPS 次之（均值为 9.33%和 11.75%），发泡水泥的重复变化率最大（均值为 28.57%）。

根据再现试验获得材料比热容实测值见图 3.6。可以看出，在每种湿度工况下，EPS 的比热容最小［均值为 0.025J/(kg · ℃)］，XPS 的比热容次之［均值为 0.044J/(kg · ℃)］，PUR 在六个湿度工况下比热容均值为 0.162J/(kg · ℃)，发泡水泥的比热容最大［均值为 0.343J/(kg · ℃)］。另外，再现试验中 EPS、PUR 和发泡水泥在高湿阶段比热容增加速率较快，而 XPS 的比热容整体呈现波动变化。还可以观察到，XPS 的再现变化率较小（均值为 2.84%），EPS 次之（均值为 15.11%），发泡水泥和 PUR 的再现变化率最大（均值为 25.89% 和 55.74%）。

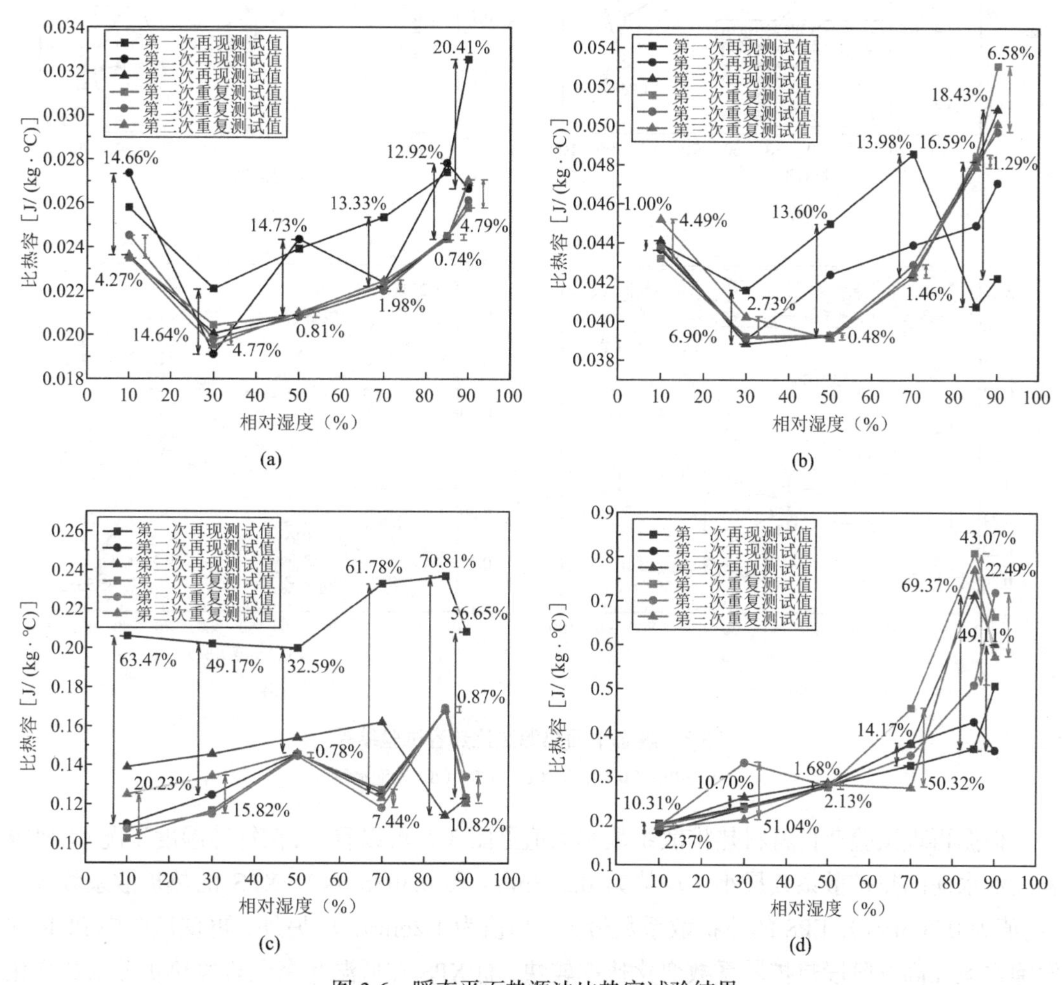

图 3.6　瞬态平面热源法比热容试验结果

（a）EPS；（b）XPS；（c）PUR；（d）发泡水泥

3）热扩散系数

根据重复试验获得材料热扩散系数实测值见图 3.7。可以看出，在每种湿度工况下，发泡水泥和 PUR 的热扩散系数最小（均值为 0.28m²/s 和 0.31m²/s），XPS 的热扩散系数次之（均值为 0.78m²/s），EPS 的热扩散系数最大（均值为 1.37m²/s）。另外，重复试验中 EPS 在低湿阶段热扩散系数变化速率较大，XPS 在低湿阶段热扩散系数增加速率较快，高湿阶段热扩散系数降低速率较快，PUR 在中湿阶段热扩散系数变化较快，发泡水泥在高湿阶段热扩散系数变化较快。还可以观察到，EPS 和 XPS 的重复变化率较小（均值为 2.78%和 3.17%），PUR 次之（均值为 8.49%），发泡水泥的重复变化率最大（均值为 23.09%）。

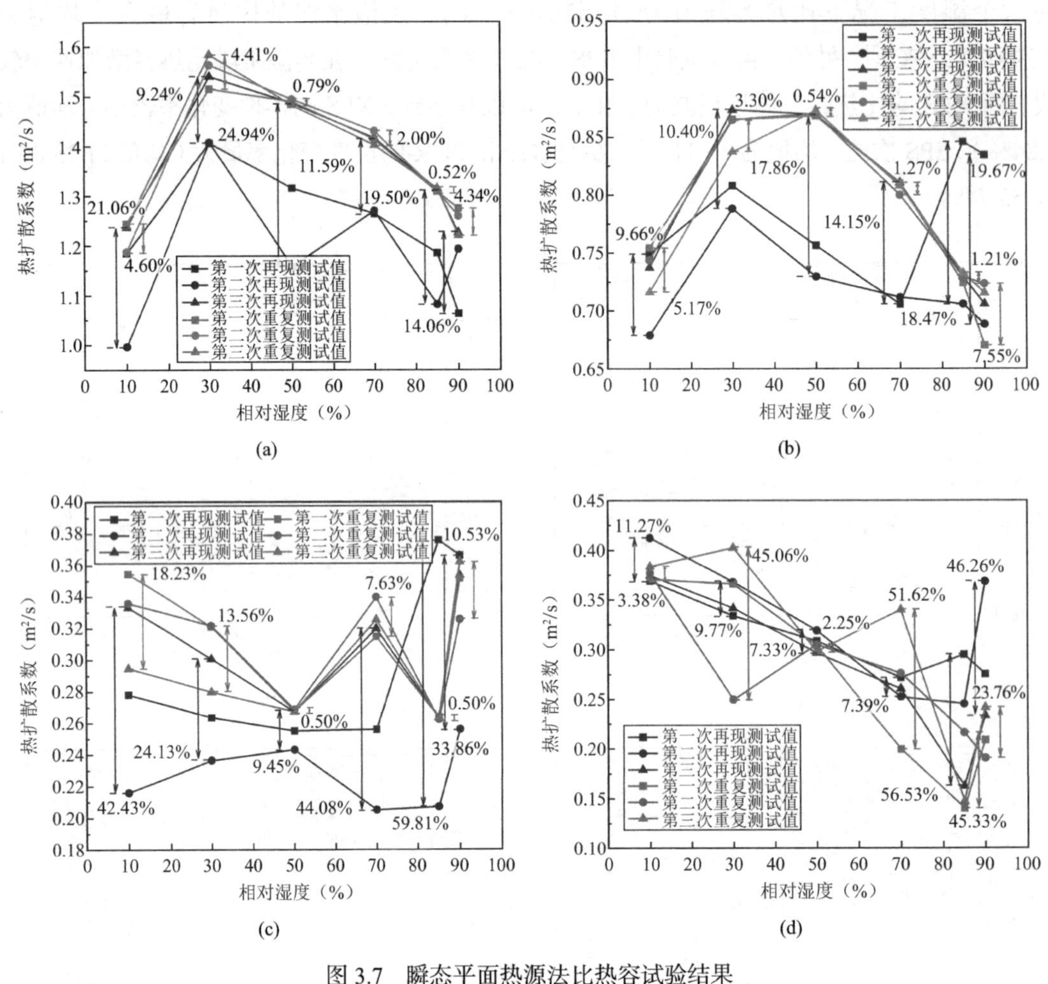

图 3.7　瞬态平面热源法比热容试验结果

（a）EPS；（b）XPS；（c）PUR；（d）发泡水泥

根据再现试验获得材料热扩散系数实测值见图 3.7。可以看出，在每种湿度工况下，PUR 和发泡水泥的热扩散系数最小（均值为 0.288m²/s 和 0.308m²/s），XPS 的热扩散系数次之（均值为 0.76m²/s），EPS 的热扩散系数最大（均值为 1.26m²/s）。另外，再现试验中 PUR 和发泡水泥在高湿阶段热扩散系数变化速率较快，而 XPS 在低湿和高湿阶段热扩散系数变化速率较快，EPS 在低湿阶段热扩散系数变化较快。还可以观察到，XPS 和 EPS 的再现变化率较小（均值为 15.03%和 16.73%），发泡水泥次之（均值为 28.57%），PUR 的再现变化率最大（均值为 35.63%）。

4）蓄热系数

根据重复试验获得材料蓄热系数实测值见图 3.8。可以看出，在每种湿度工况下，EPS 和 XPS 的蓄热系数最小［均值为 26.78W/(m^2 · K)和 38.84 W/(m^2 · K)］，PUR 的蓄热系数次之［均值为 72.88W/(m^2 · K)］，发泡水泥的蓄热系数最大［均值为 195.58W/(m^2 · K)］。另外，重复试验中 EPS 在低湿阶段蓄热系数变化速率较大，XPS、PUR 和发泡水泥在高湿阶段蓄热系数变化较大。还可以观察到，XPS 和 EPS 的重复变化率较小（均值为 1.24%和 1.50%），PUR 次之（均值为 4.94%），发泡水泥的重复变化率最大（均值为 14.40%）。

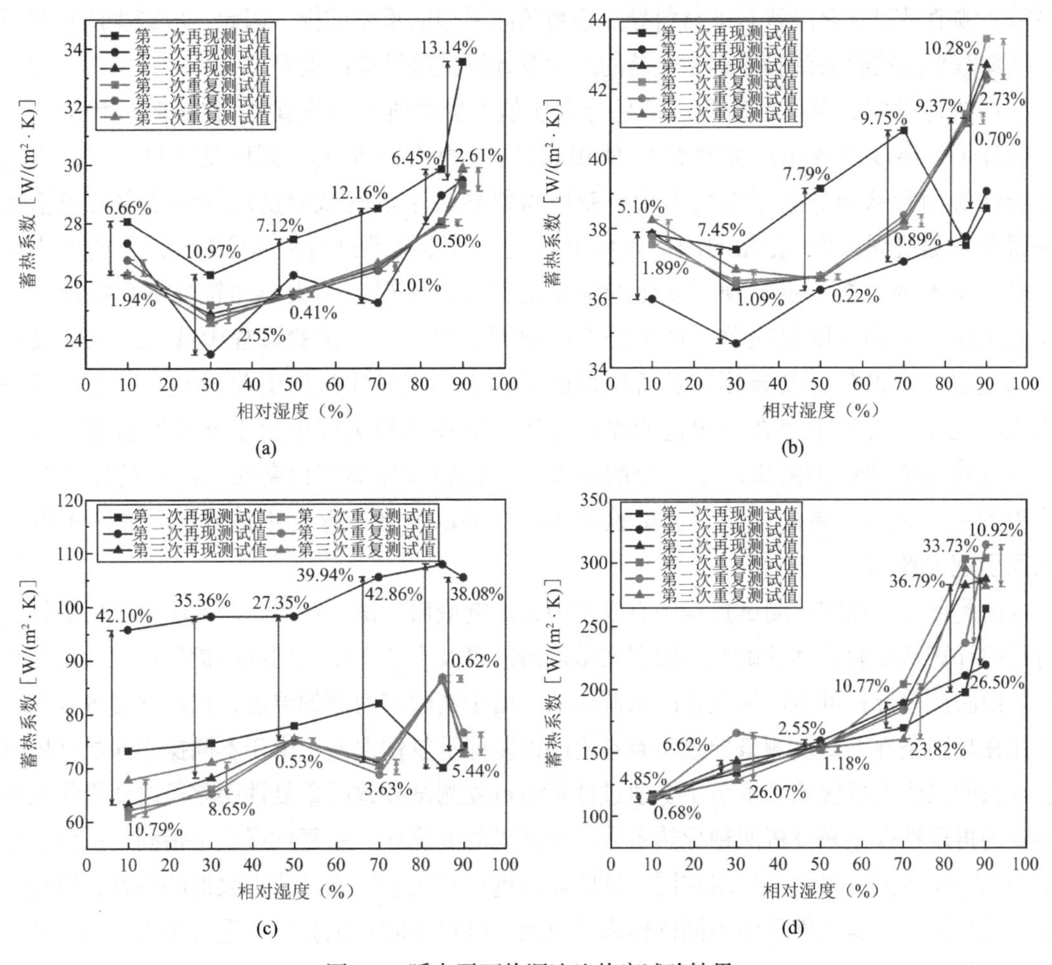

图 3.8　瞬态平面热源法比热容试验结果

（a）EPS；（b）XPS；（c）PUR；（d）发泡水泥

根据再现试验获得材料蓄热系数实测值见图 3.8。可以看出，在每种湿度工况下，EPS 和 XPS 的蓄热系数最小［均值为 27.51W/(m^2 · K)和 38.03W/(m^2 · K)］，PUR 的蓄热系数次之［均值为 83.39W/(m^2 · K)］，发泡水泥的蓄热系数最大［均值为 179.83W/(m^2 · K)］。其次，再现试验中 EPS 和发泡水泥在高湿阶段蓄热系数变化速率较快，而 XPS 在中湿阶段蓄热系数变化速率较快，PUR 的蓄热系数整体呈现波动趋势。还可以观察到，XPS 和 EPS 的再现变化率较小（均值为 8.29%和 9.42%），发泡水泥次之（均值为 14.68%），PUR 的再现变化率最大（均值为 37.59%）。

3.3 热物性参数测定误差

3.3.1 误差计算公式

准确获取多孔建筑材料导热系数及其他热湿物性参数、合理设计围护结构是提升建筑物自身性能及营造舒适室内热环境的重要途径。除此之外，获取精准的建筑多孔材料导热系数实测值是建立含湿状态下材料导热系数预测模型的重要前提。因此，应减少防护热板法及瞬态平面热源法试验过程中误差的产生及计算试验结果的偏差。

在统计学中，误差是指测试结果与真实值（参考值）的差值[3]。在试验过程中由于试验环境（温度以及相对湿度等）、使用的设备、操作人员的不同以及材料本身存在的差异性等因素从而导致误差的产生。获取材料导热系数的试验造成的误差主要包括系统误差和随机误差[4]。在相同测量条件下对同一待测样品进行多次测量，误差的大小和符号保持不变或按一定的规律变化的为系统误差，而误差的大小和符号不存在规律变化且无法预估的为随机误差。产生误差的原因主要有：①试验过程中选取的仪器设备不够完善，或设备在安装测试及后期调试过程中不当操作从而引起误差，以及试验操作人员在试验过程中存在不规范的操作过程。②在试验全程中由于外界如温湿度等条件的变化从而使试验结果产生一定的误差，或试验仪器周围设备仪器产生的振动等干扰引起一定试验结果的误差。③试验方法本身采取的理论存在不足或试验方法不恰当从而引起系统误差。

由此可见，在实际测试过程中有较多因素影响最后的试验结果，因此应对试验数据进行误差计算从而验证其准确性。根据文献调研结果及本节主要采用的防护热板法及瞬态平面热源法试验分析可能产生误差的来源包括：由于实验室内部的温度、相对湿度等因素的变化在相同条件下重复测量导致实验室内的误差即重复性误差；由于不同操作人员开展试验导致的操作人员误差。本节主要通过计算由重复测试导致的重复性误差及改变操作人员导致的再现性误差来分析两种导热系数试验结果的准确性。重复性误差是指同一试验条件下由同一操作人员对同一材料在同一试验设备进行多次连续测试获得数据的误差；再现性误差是指同一试验条件下由不同操作人员对同一材料在同一试验设备进行多次连续测试获得数据的误差。

本节重在计算多孔建筑材料导热系数试验结果的重复性与再现性误差。在重复试验中为在短期内由同一个试验操作人员在同一个实验室内使用同一试验仪器对相同试件进行三次试验，因此不考虑材料误差与操作人员误差。而再现试验中为在短期内由三个试验操作人员在同一个试验室内使用同一试验仪器对相同试件分别进行三次试验，需要考虑材料误差与操作人员的误差，因此再现性误差是重复性误差、材料误差及操作人员误差的总和。

由于对试验试件进行多次试验，为了便于后面的误差分析计算，我们将在操作人员z第y次测试中的试件x表示为$a_z^{x;y}$，其中$x \in [1, p]$；$y \in [1, q]$；$z \in [1, r]$，p、q和r分别代表试件、试验次数和试验操作人员的数量。重复性及再现性误差具体计算过程公式如下：

1. 重复性误差

试验测试i组试件，每组试件重复测试j次时，重复性误差应按下式计算：

（1）某一样品j次测试的平均值为：

$$\overline{a}_{i,j}^1(j) = \frac{1}{q}\sum_{j=1}^{q} a_{i,j}^1 \tag{3.1}$$

（2）某一样品j次测试的标准差为：

$$s_{a_{i,j}^1}(j) = \sqrt{\frac{\sum_{j=1}^{q}\left[a_{i,j}^1 - \overline{a}_{i,j}^1(j)\right]^2}{q-1}} \tag{3.2}$$

（3）某一样品j次测试的相对标准差为：

$$rs_{a_{i,j}^1}(j) = \frac{s_{a_{i,j}^1}(j)}{\overline{a}_{i,j}^1(j)} \times 100\% \tag{3.3}$$

（4）某一样品j次测试的重复性误差为：

$$r_{\text{repeatability}} = r\overline{s}_{a_{i,j}^1}(j,\ i) = \frac{1}{p}\sum_{i=1}^{p} rs_{a_{i,j}^1}(j) \tag{3.4}$$

式中：$a_{i,j}^1$——第一次再现试验中第 i 组试件第 j 次重复性测试结果；

$\overline{a}$——测试结果的平均值；

s——测试结果的标准差；

rs——测试结果的相对标准差；

$r_{\text{repeatability}}$——测试结果的重复性误差。

2. 再现性误差

当试验再现测试k次，每次测试i组试件，每组试件重复测试j次时，再现性误差应按下式计算：

（1）计算某次试验中所有结果的平均值：

$$\overline{a}_{i,j}^1(i,j) = \frac{1}{pq}\sum_{j=1}^{q}\sum_{i=1}^{p} a_{i,j}^1 \tag{3.5}$$

（2）计算某次试验中所有结果的标准差：

$$s_{a_{i,j}^1}(i,j) = \sqrt{\frac{\sum_{j=1}^{q}\sum_{i=1}^{p}\left[a_{i,j}^1 - \overline{a}_{i,j}^1(i,j)\right]^2}{pq-1}} \tag{3.6}$$

（3）计算某次试验中的所有结果的相对标准差：

$$rs_{a_{i,j}^1}(i,j) = \frac{s_{a_{i,j}^1}(i,j)}{\overline{a}_{i,j}^1(i,j)} \times 100\% \tag{3.7}$$

（4）计算材料误差：

$$r_{\text{material}} = \sqrt{\left[rs_{a_{i,j}^1}(i,j)\right]^2 - r_{\text{repeatability}}^2} \tag{3.8}$$

（5）计算试验中所有样品重复测试一次的平均值：

$$\overline{a}_{i,1}^k(i) = \frac{1}{p}\sum_{i=1}^{p} a_{i,1}^k(i) \tag{3.9}$$

（6）计算试验中所有样品重复测试一次的标准差：

$$s_{a_{i,1}^k}(i) = \sqrt{\frac{\sum_{i=1}^{p}\left[a_{i,1}^k - \overline{a}_{i,1}^k(i)\right]^2}{p-1}} \tag{3.10}$$

（7）计算试验中所有样品重复测试一次的相对标准差：

$$rs_{a_{i,1}^k}(i) = \frac{s_{a_{i,1}^k}(i)}{\overline{a}_{i,1}^k(i)} \times 100\% \tag{3.11}$$

（8）计算试验中所有样品重复测试一次的相对标准差的平均值：

$$\overline{rs}_{a_{i,1}^k}(i) = \frac{1}{r}\sum_{k=1}^{r} rs_{a_{i,1}^k}(i) \tag{3.12}$$

（9）计算所有试验中所有样品重复测试一次平均值的平均值：

$$\overline{a}_{i,1}^k(i,k) = \frac{1}{r}\sum_{k=1}^{r} \overline{a}_{i,1}^k(i) \tag{3.13}$$

（10）计算所有试验中所有样品重复测试一次平均值的标准差：

$$s_{\overline{a}_{i,1}^k}(i,k) = \sqrt{\frac{\sum_{k=1}^{r}\left[\overline{a}_{i,1}^k(i) - \overline{a}_{i,1}^k(i,k)\right]^2}{r-1}} \tag{3.14}$$

（11）计算所有试验中所有样品重复测试一次平均值的相对标准差：

$$rs_{\overline{a}_{i,1}^k}(i,k) = \frac{s_{\overline{a}_{i,1}^k}(i,k)}{\overline{a}_{i,1}^k(i,k)} \times 100\% \tag{3.15}$$

（12）计算操作人员误差：

$$r_{\text{people}} = \sqrt{\left[rs_{\overline{a}_{i,1}^k}(i,k)\right]^2 - \left[\overline{rs}_{a_{i,1}^k}(i)\right]^2} \tag{3.16}$$

（13）计算再现性误差：

$$r_{\text{reproducibility}} = \sqrt{r_{\text{repeatability}}^2 + r_{\text{people}}^2} \tag{3.17}$$

式中：$a_{i,j}^k$——第k次再现试验中第i组试件第j次重复性测试结果；

$\overline{a}$——测试结果的平均值；

s——测试结果的标准差；

rs——测试结果的相对标准差；

$r_{\text{repeatibility}}$——测试结果的重复性误差；

r_{material}——材料误差；

$s_{\overline{a}_{i,1}^{k}}(i,k)$——第$k$次试验第$i$组试件一次测试结果平均值的标准差；

$rs_{\overline{a}_{i,1}^{k}}(i,k)$——第$k$次试验第$i$组试件一次测试结果平均值的相对标准差；

r_{people}——操作人员的误差；

$r_{\text{reproducibility}}$——再现性误差。

3.3.2　防护热板法误差计算分析

根据防护热板法重复三次试验结果及 3.4.1 节中的公式计算得到重复性误差，结果可见图 3.9（a），四种材料的重复性误差随着温度的增加上下波动，没有具体的线性规律。根据计算结果可以观察到，EPS 和 XPS 的重复性误差较小（0.46%左右），PUR 的较大（0.68%左右），发泡水泥的最大（0.88%左右）。EPS 的重复性误差在低温及中温阶段较大，XPS 的重复性误差在中温及高温阶段较大，PUR 和发泡水泥的重复性误差在低温及高温阶段较大。

根据防护热板法三次再现试验结果及 3.4.1 节中的公式计算得到再现性误差，结果可见图 3.9（b），四种材料测试结果的再现性误差随着温度升高而上下波动，没有具体的线性规律。根据计算结果可以观察到，PUR 在五个温度工况下再现性误差平均值较小（均值为 0.96%），EPS 次之（均值为 1.66%），发泡水泥的再现性误差均值为 2.26%，XPS 的再现性误差最大（均值为 9.54%）。并且每种材料在各个温度工况下相差不大，EPS 在不同温度下的再现性误差最大差值为 0.89%，XPS 的再现性误差最大差值为 0.5%，PUR 的再现性误差最大差值为 0.41%，发泡水泥的再现性误差最大差值为 0.73%。

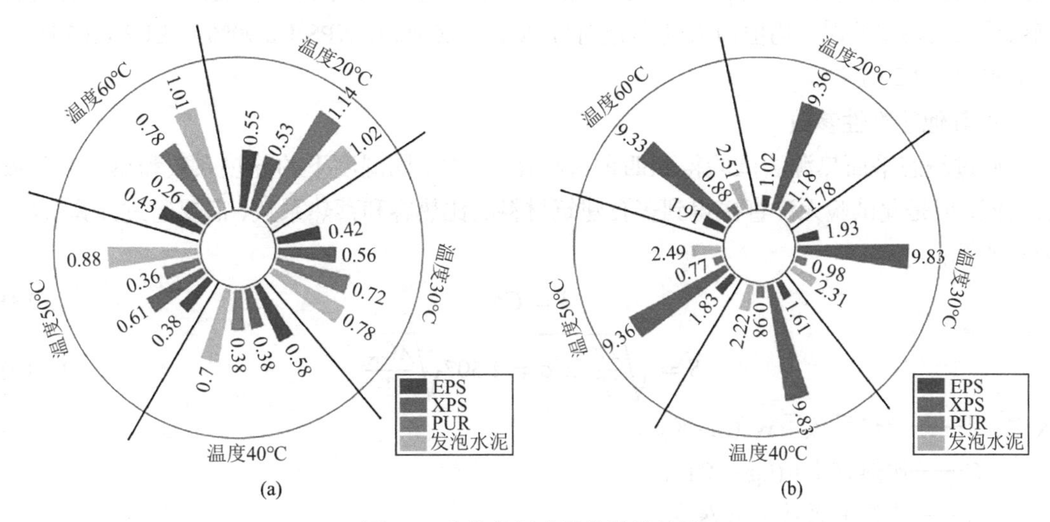

图 3.9　防护热板法误差计算结果

（a）重复性误差；（b）再现性误差

3.3.3　瞬态平面热源法误差计算分析

1. 导热系数误差计算分析

根据瞬态平面热源法重复三次试验结果及 3.4.1 节中的公式计算得到重复性误差，结果可见图 3.10（a），EPS、XPS 和 PUR 的导热系数的重复性误差在中湿阶段较小，在低湿及高湿阶段误差较大，发泡水泥的导热系数的重复性误差整体高于其他材料，上限为 1.36%。四种材料测试结果的重复性误差均值由大到小分别为发泡水泥（0.66%）、PUR（0.25%）、XPS（0.14%）、EPS（0.07%）。

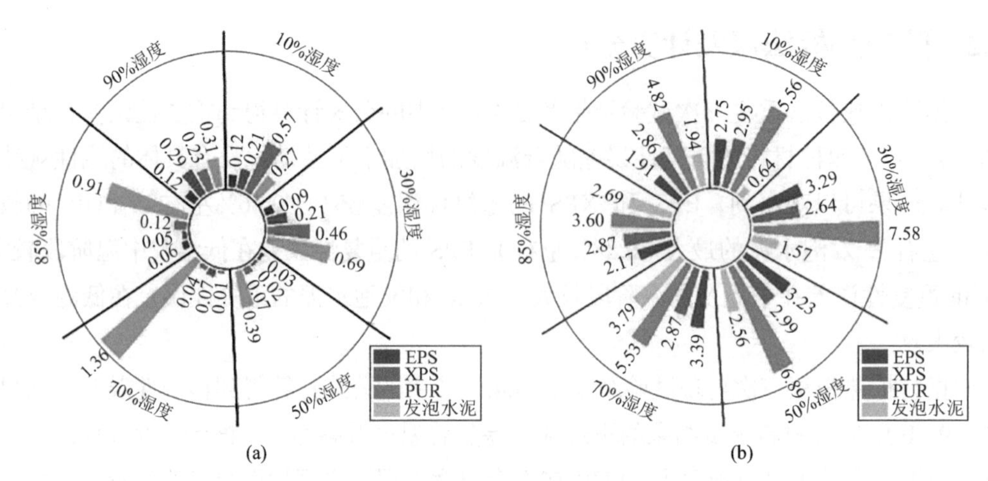

图 3.10　瞬态平面热源法导热系数误差计算结果

（a）重复性误差；（b）再现性误差

根据 3.4.1 节中公式计算得到四种材料测试结果的再现性误差，见图 3.10（b）。其中，EPS、PUR 和发泡水泥的导热系数的再现性误差随着相对湿度的增加先上升再下降，在中湿阶段误差最大，而 XPS 的导热系数的再现性误差则在 2.9%上下浮动，变化不大。四种材料测试结果的再现性误差均值由大到小分别为 PUR（5.65%）、XPS（2.90%）、EPS（2.79%）、发泡水泥（2.20%）。

2. 其他热物性参数

通过瞬态平面热源法试验得到四种材料在 35℃不同湿度下的导热系数和热扩散系数实测值，但是此试验无法直接得到多孔建筑材料的比热容和蓄热系数，需要通过计算获取，公式如下：

$$\lambda = C\alpha \tag{3.18}$$

$$S = \sqrt{\frac{2\pi}{T}\lambda C\rho} = 2.507\sqrt{\frac{\lambda C\rho}{T}} \tag{3.19}$$

式中：λ——导热系数［W/(m · K)］；

C——比热容［J/(kg · ℃)］；

α——热扩散系数（m^2/s）；

S——蓄热系数［$W/(m^2 \cdot K)$］；

ρ——密度（kg/m^3）；

T——温度（℃）。

根据试验获取的热扩散系数及公式(3.18)和公式(3.19)计算得到四种材料在不同湿度工况下的比热容及蓄热系数，再根据 3.4.1 节中误差公式计算得到四种材料的重复性和再现性误差。

图 3.11 为四种材料的热扩散系数的重复性误差计算结果。从重复性误差计算结果来看，PUR 和 XPS 的热扩散系数的重复性误差随着相对湿度的增加先下降再上升，在中湿阶段误差较小，在低湿及高湿阶段误差较大；EPS 的热扩散系数的重复性误差随着相对湿度的增加先上升再下降，在低湿阶段误差较大，在中湿及高湿阶段误差较小；发泡水泥的热扩散系数的重复性误差整体高于其他材料，上限为 10.01%。四种材料测试结果的重复性误差均值由大到小分别为发泡水泥（5.69%）、PUR（1.41%）、XPS（0.54%）、EPS（0.39%）。根据计算得到四种材料的热扩散系数测试结果的再现性误差，其中发泡水泥和 XPS 的热扩散系数的再现性误差随着相对湿度的增加误差呈现整体上升的趋势，EPS 和 PUR 的热扩散系数的再现性误差随着相对湿度的增加呈现整体波动。四种材料测试结果的再现性误差均值由大到小分别为 PUR（9.34%）、发泡水泥（9.17%）、EPS（4.54%）、XPS（4.42%）。

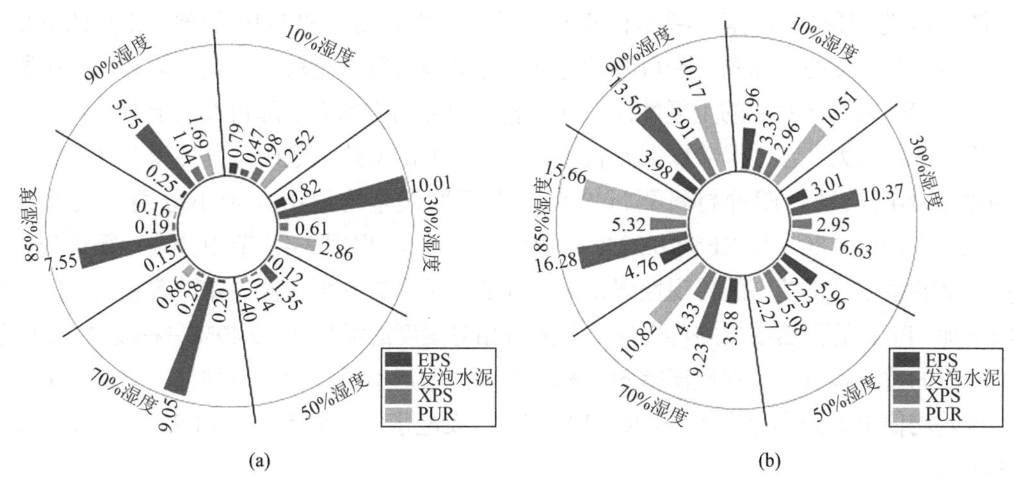

图 3.11　瞬态平面热源法热扩散系数误差计算结果

（a）重复性误差；（b）再现性误差

图 3.12 为四种材料的比热容的重复性误差计算结果，其中 PUR 和 EPS 的比热容的重复性误差随着相对湿度的增加先上升再下降，在低湿阶段误差较大，在中湿和高湿阶段误差较小；XPS 的比热容的重复性误差随着相对湿度的增加先下降再上升，在中湿阶段误差较小，在低湿及高湿阶段误差较大；发泡水泥的比热容的重复性误差随着相对湿度的增加不断波动。四种材料测试结果的重复性误差均值由大到小分别为发泡水泥（5.75%）、PUR（1.52%）、XPS（0.49%）、EPS（0.39%）。根据 3.4.1 节中公式计算得到四种材料的比热容测试结果的再现性误差，EPS 和 XPS 的比热容的再现性误差随着相对湿度的增加而增加，PUR 的比热容的再现性误差较为平稳，随着相对湿度的增加在 15.27%左右波动，发泡水泥的比热容的再现性误差随着相对湿度的增加不断波动，在高湿阶段误差较大，四种材料测试结果的再现性误差均值由大到小分别为 PUR（15.27%）、发泡水泥（10.08%）、EPS（4.36%）、XPS（3.14%）。

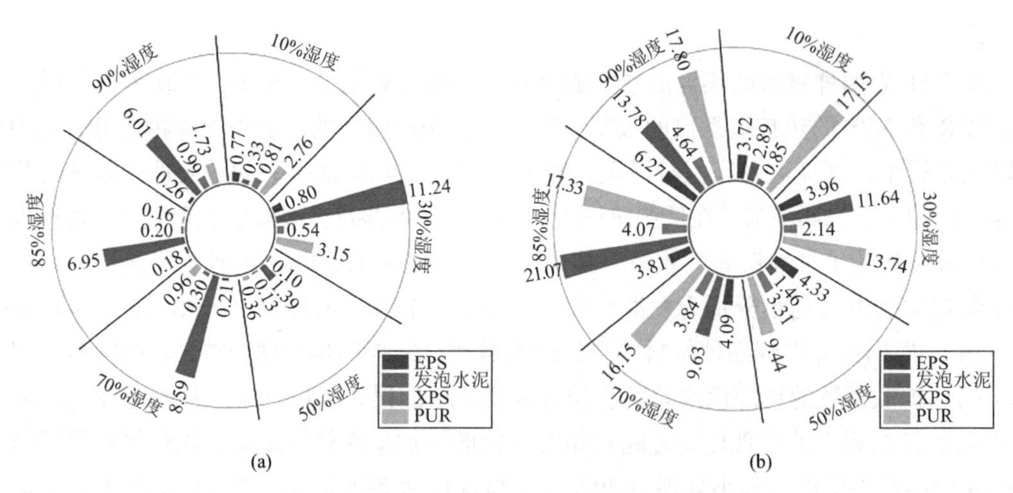

图 3.12 瞬态平面热源法比热容误差计算结果

（a）重复性误差；（b）再现性误差

图 3.13 为四种材料的蓄热系数的重复性误差，其中 EPS 和 PUR 的蓄热系数的重复性误差随着相对湿度的增加先下降再波动上升，在低湿阶段误差较大，在中湿和高湿阶段误差较小；XPS 的蓄热系数的重复性误差随着相对湿度的增加先下降再波动上升，在低湿和高湿阶段误差较大，在中湿阶段误差较小；发泡水泥的蓄热系数的重复性误差随着相对湿度的增加不断波动。四种材料测试结果的重复性误差均值由大到小分别为发泡水泥（2.85%）、PUR（0.80%）、XPS（0.22%）、EPS（0.20%）。根据 3.4.1 节中公式计算得到四种材料的蓄热系数测试结果的再现性误差，XPS 的蓄热系数的再现性误差随着相对湿度的增加而增加，PUR 的蓄热系数的再现性误差随着相对湿度的增加在 10.49%左右波动，EPS 和发泡水泥的蓄热系数的再现性误差随着相对湿度的增加不断波动。四种材料测试结果的再现性误差均值由大到小分别为 PUR（10.49%）、发泡水泥（5.35%）、EPS（2.47%）、XPS（2.39%）。

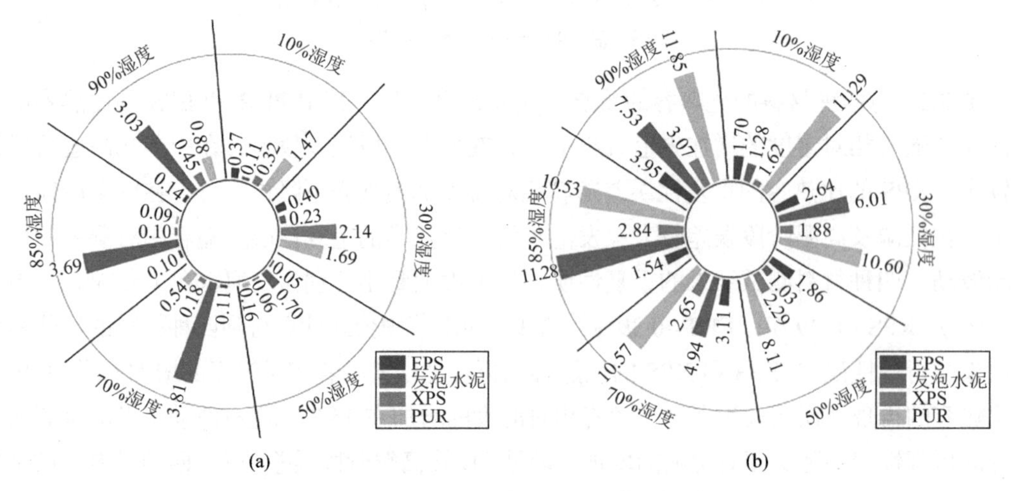

图 3.13 瞬态平面热源法蓄热系数误差计算结果

（a）重复性误差；（b）再现性误差

3.4 材料导热系数测定方法优化

3.4.1 干燥材料

干燥建筑保温材料导热系数的测量是研究建筑保温材料导热系数的基础。前文已经介绍过，导热系数的测定方法分为稳态法和非稳态法（瞬态法）两大类，稳态法和非稳态法均可用于测量建筑保温材料的导热系数值[5]。尽管基于测试原理，研究公认防护热板法测量建筑保温材料的精度高于其他方法，但由测试数据可知，同样使用防护热板法作为测试原理的导热仪，测试结果误差还是有一定的差距，因此，不能只凭借测试原理选择导热仪。结合测试数据，当不考虑湿分这一影响因素时，测量精度最高且可以作为校准导热仪的 GHPA 即为获取干燥建筑保温材料导热系数的优先测试方法。但是，由于 GHPA 的市场售价较高，测试成本较大，因此，若选择其他价格稍低的导热仪进行测试，可引进修正系数处理测试结果，以接近试件导热系数真实值。

同时，干燥时间、试件尺寸及温度均会影响干燥材料的导热系数测试。那么，这些因素如何影响材料的导热系数值，导热系数对这些参数的敏感度如何，误差是否在合理的范围内，能否忽略，在进行干燥材料导热系数测试时，应如何选择干燥时间、试件尺寸等，具体的测试流程是怎样的，这些都是需要讨论的问题。

1. 测定装置及测试原理对导热系数的影响

2.4.1 节中已经论证了 GHPA 可以用于标定干燥材料的导热系数值，使用其他导热仪均存在误差，但由于 GHPA 价格昂贵，国内只有极少数机构购置了此仪器。因此，本节选取了传统建筑保温材料：加气混凝土、发泡水泥、EPS、岩棉、XPS 和气凝胶毡，长宽尺寸均为 300mm × 300mm，分别使用 GHPA 和 Hotdisk 导热仪测试其干燥状态下的导热系数值，如图 3.14 所示，根据两种导热仪的测试结果偏差，进一步给出修正范围，如图 3.15 所示。

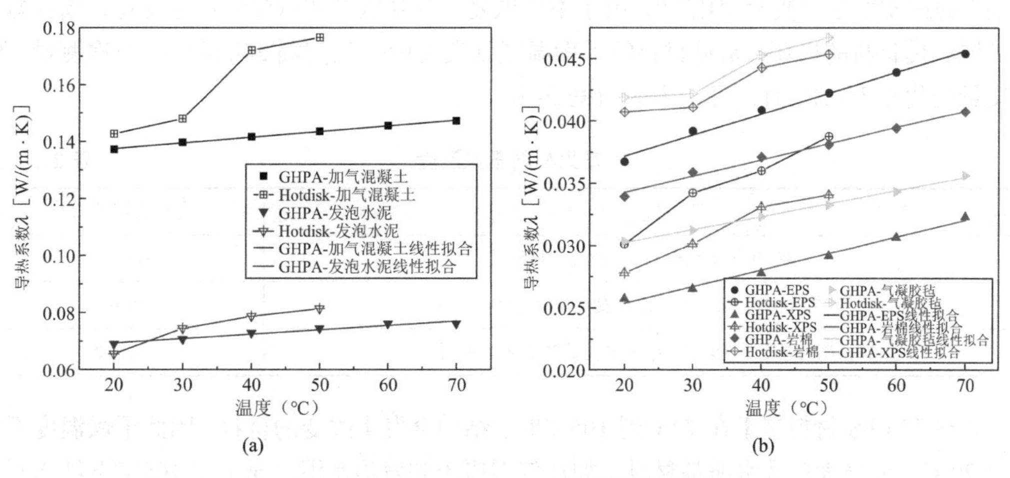

图 3.14　GHPA 和 Hotdisk 导热仪测试数据

（a）水泥基保温材料；（b）非水泥基保温材料

使用 GHPA 对 Hotdisk 导热仪的导热系数测试数据进行校正，以 20℃为例，总体修正率在 3%～20%。其中，加气混凝土、发泡水泥和 XPS 偏差较低，分别为 4%、5%和 8%，而 EPS、岩棉和气凝胶毡的偏差较高，分别为 18%、20%和 38%。值得注意的是，在实际测试中，若使用 Hotdisk 进行测试，很少会选用 300mm × 300mm 这一尺寸的试块。因为 Hotdisk 的原理规定，只要符合传感器的测试深度即可进行测试，而试块越大，越不好操作，且测试可选面积增大，有可能存在误差。本节之所以选择 300mm × 300mm 的尺寸，是为了避免由于导热仪不同、尺寸不同引起的双重误差，而关于试块尺寸对导热系数测试的影响分析，将在下文展开叙述。

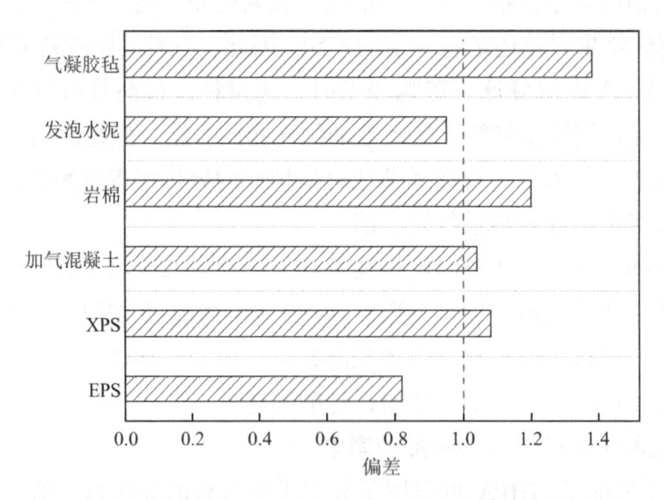

图 3.15　20℃下 GHPA 和 Hotdisk 导热仪测试数据偏差

2. 干燥温度对导热系数的影响

无论是采用浸泡法还是采用恒温恒湿箱法确定含湿材料的导热系数值的测试前，均需将材料放入干燥箱内设置合适的温度干燥。而干燥温度的设置需根据材料的材质特性而定，合理的干燥温度不仅不会造成材料的损坏，同时还可预防由于材料（例如泡沫塑料中的发泡剂）的挥发引起的质量变化[6-7]，由于不可恢复性热膨胀导致试样的尺寸变化，或者温度对试样包裹材料的损坏，常见材料的干燥温度见表 3.1[8]。当间隔 24h 的连续三次测量，试样质量变化小于 0.1%时，可认为达到恒重[9]。

常见材料干燥温度　　　　**表 3.1**

材料	干燥温度（℃）
在 105℃下结构不发生改变的材料	105 ± 2
在 70℃到 105℃时，结构发生改变的材料	70 ± 2
在稍高的温度下可能失去结晶水或影响发泡剂的材料	40 ± 2

XPS 和 EPS 材料属于在 70℃到 105℃时，结构会发生改变的材料，因此干燥温度不得超过 70℃。而绝大多数水泥基材料，如加气混凝土和发泡水泥，属于在 105℃下结构不发生改变的材料，可使用 70℃和 105℃干燥。为了研究干燥温度不同对试块干重造成的影响，

分别使用 70℃干燥法和 105℃干燥法干燥这三种试块，对比试块干燥至平衡状态的干重，以及使用 70℃干燥法干燥，但不干燥至平衡状态（干燥时间与 105℃干燥法干燥至平衡时间相同）的干重，见表 3.2。

70℃和 105℃干燥法所得试块干重　　表 3.2

试块 100mm × 100mm	绝对干重（g）		
	105℃干燥至平衡	70℃干燥至平衡	70℃干燥（干燥时间同 105℃，但不一定平衡）
加气混凝土	176.17	176.93	179.44
发泡水泥	149.07	150.47	153.42
EPS	—	7.63	—
XPS	—	7.98	—

由表 3.2 可以看出，和 70℃干燥法得到的试件干重相比，105℃干燥法得到的加气混凝土和发泡水泥试件干重分别小 0.43%和 0.93%。这是由于保温材料内部的水分有多种存在形式，干燥温度不同，试件中被干燥的水分也存在差异，而在不影响材料自身特性的前提下，105℃更能彻底地除去材料内部的水分。但有一点是值得注意的，干燥温度越高，冷却时间越长，且试块越干，吸湿能力越强，因此，建议在使用 105℃干燥后，立刻包裹薄膜，并放置在室温下冷却，从而保证材料在冷却的过程中仍处于干燥状态，即冷却前后质量变化不大（这一方法在试验中被证明是可靠的）。

除此之外，图 3.16 说明了 70℃和 105℃干燥法干燥试块至平衡所需的时间不同，EPS 和 XPS 在 70℃的干燥温度下质量很快达到平衡，而加气混凝土和发泡水泥则需要 11d 左右，对比来看，若使用 105℃干燥法，加气混凝土和发泡水泥需要 7d 左右即可达到质量平衡。

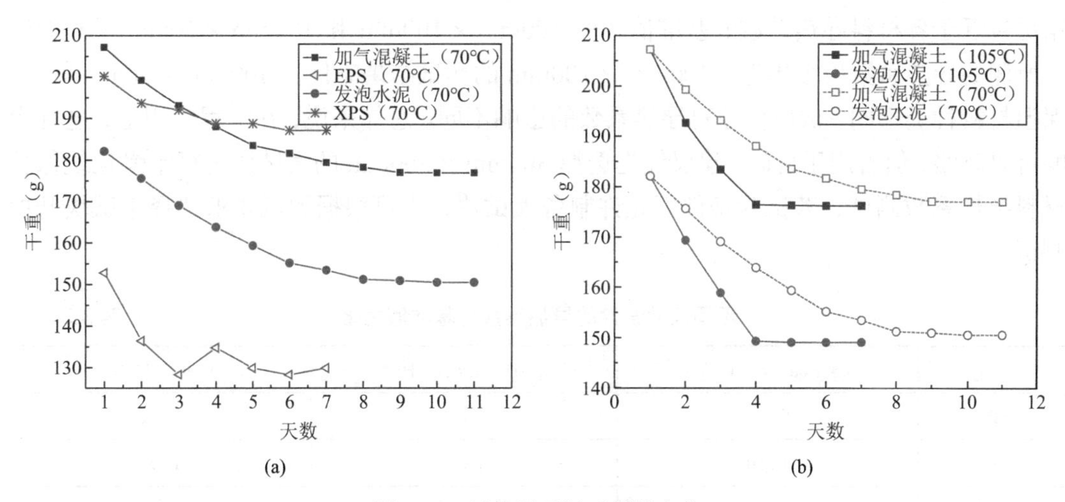

图 3.16　试块干重随时间的变化

（a）70℃干燥法干燥水泥基保温材料和泡沫保温材料；（b）70℃和 105℃干燥法干燥水泥基保温材料

3. 试件尺寸对导热系数的影响

由于测试方法、环境、仪器要求不同，有时不得不预制不同尺寸的试块进行测试，而多数瞬态法导热仪，仅要求试块的尺寸大于传感器的尺寸即可进行测试。为了研究试件尺寸对于燥建筑保温材料导热系数的影响，本节选取了传统建筑保温材料：加气混凝土、发泡水泥、EPS、岩棉、XPS 和气凝胶毡，分别制成 300mm × 300mm（A 类）、100mm × 100mm（B 类）和 100mm × 50mm（C 类）三种尺寸，使用 Hotdisk 导热仪分别测试其导热系数值，如图 3.17 所示。由于前文已经论证了使用 GHPA 测量 300mm × 300mm 尺寸的试块可以获得导热系数基准值，因此，进一步求出 A、B 和 C 类试块的导热系数值与基准值之比，如表 3.3 所示，以此分析使用不同试块尺寸进行测试所获取的数据的精确度。

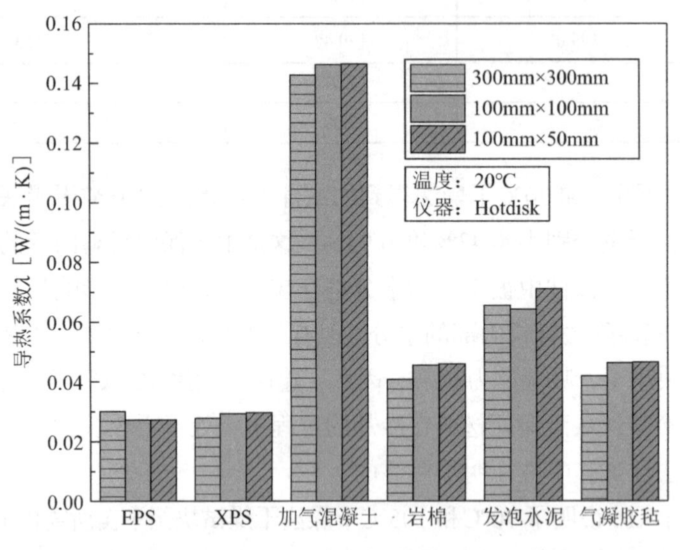

图 3.17　不同尺寸的建筑保温材料导热系数值

结合图 3.17 和表 3.3 可以看出，尺寸为 300mm × 300mm 的试块的导热系数测试数据更接近于各材料导热系数的基准值，而 100mm × 100mm 和 100mm × 50mm 尺寸的试块所测的导热系数值很接近（100mm × 100mm 的测试结果略优于 100mm × 50mm 的）。保温材料种类不同，试块尺寸对导热系数的影响不同。总体来说，在工程应用上，这种影响可以忽略，但若用于科研，建议优先选择 300mm × 300mm 的大试块进行干燥建筑保温材料导热系数测试，若试验条件不允许制备大试块，也可根据测试要求选择小试块开展测试。

不同尺寸试件的导热系数与基准值之比　　　　**表 3.3**

试块	λA-Hotdisk/A-GHPA	λB-Hotdisk/A-GHPA	λC-Hotdisk/A-GHPA
EPS	0.820	0.741	0.742
XPS	1.080	1.139	1.151
加气混凝土	1.040	1.066	1.067
岩棉	1.200	1.339	1.352
发泡水泥	0.950	0.933	1.031
气凝胶毡	1.380	1.523	1.531

4. 温度对导热系数的影响

选取了三类保温材料：泡沫型（XPS、EPS 和 PUR），水泥基（发泡水泥、聚苯颗粒混凝土和加气混凝土），内部含纤维的保温材料（岩棉和玻璃棉），分别研究了温度对不同类型材料的导热系数影响程度，如图 3.18 所示。

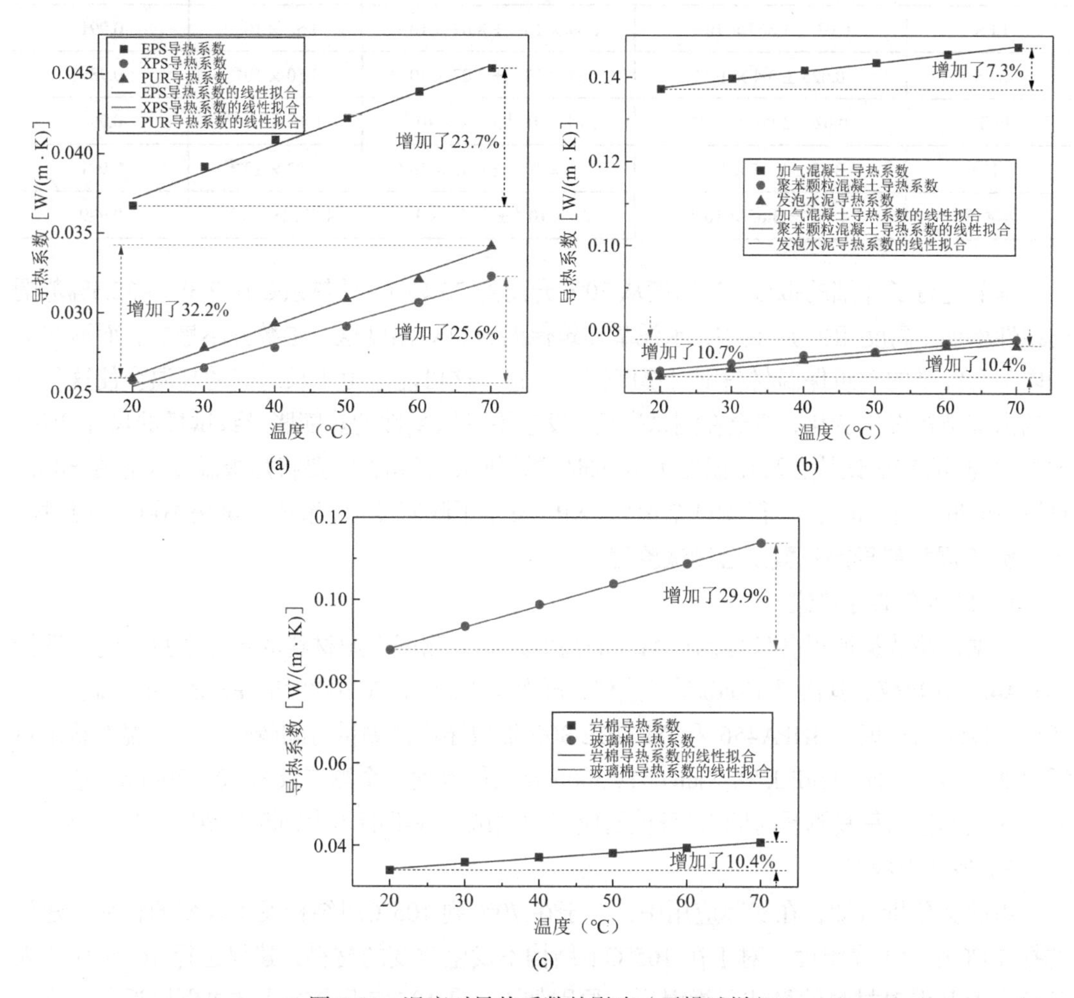

图 3.18　温度对导热系数的影响（干燥试样）

（a）泡沫型保温材料；（b）水泥基保温材料；（c）岩棉、玻璃棉

根据图 3.18 的试验结果，采用线性函数关系式对各建筑保温材料的导热系数和温度进行拟合分析，所得拟合系数见表 3.4。

$$\lambda_e = d + e \times T \tag{3.20}$$

式中：d、e——拟合系数；

T——试验环境温度（℃）。

GHPA 测试数据拟合　　表 3.4

试块	截距d	斜率e	残差平方和	R平方
加气混凝土	$0.133 \pm 2.64 \times 10^{-4}$	$1.99 \times 10^{-4} \pm 5.48 \times 10^{-6}$	2.105×10^{-7}	0.997

续表

试块	截距d	斜率e	残差平方和	R平方
发泡水泥	$0.066 \pm 7.73 \times 10^{-4}$	$1.537 \times 10^{-4} \pm 1.61 \times 10^{-5}$	1.81×10^{-6}	0.958
聚苯颗粒混凝土	$0.067 \pm 3.98 \times 10^{-4}$	$1.51 \times 10^{-4} \pm 8.27 \times 10^{-6}$	4.78977×10^{-7}	0.988
EPS	$0.03 \pm 3.867 \times 10^{-4}$	$1.69 \times 10^{-4} \pm 8.03 \times 10^{-6}$	4.52×10^{-7}	0.991
XPS	$0.023 \pm 3.4 \times 10^{-4}$	$1.34 \times 10^{-4} \pm 7.07 \times 10^{-6}$	3.50×10^{-7}	0.989
PUR	$0.02 \pm 3.96 \times 10^{-19}$	$1.61 \times 10^{-4} \pm 8.4 \times 10^{-21}$	1.47×10^{-32}	0.996
岩棉	$0.03 \pm 3.05 \times 10^{-4}$	$1.31 \times 10^{-4} \pm 6.35 \times 10^{-6}$	2.82×10^{-7}	0.991
玻璃棉	$0.078 \pm 3.65 \times 10^{-4}$	$5.21 \times 10^{-4} \pm 7.586 \times 10^{-6}$	4.02848×10^{-7}	0.999

本节进行了详细的拟合，当温度从20℃升高到70℃时，导热系数在7.3%～32.3%范围内线性增加（高度相关）。其中，水泥基建筑保温材料对温度这一参数并不敏感，而泡沫类和内部含纤维的建筑保温材料则对温度较为敏感，这可能是由于长时间的高温会使这种材料的内部结构发生变化，甚至在测试完后，发生不可恢复性的热膨胀导致试样的尺寸变化。比如，在测试XPS试块在环境温度为70℃时的导热系数值时，需要将热板温度设置在80℃，且测试时间长达4h之久，待测试结束后，XPS发生了膨胀变形，造成了试块不可逆的损坏。

5. 干燥材料导热系数试验测试流程

1）最适合的导热仪

根据试验数据所得各仪器测试精度的高低判断，测试干燥材料的导热系数，优先选择GHPA456导热仪，其次是Hotdisk导热仪，再次是Xiatech TC3000和TPMBE-300-Ⅲ型。若考虑测试时间长短，GHPA456和TPMBE-300-Ⅲ型导热仪测量时间较长，一个温度状态点需要2.7～4h)，而Hotdisk和XiatechTC3000导热仪得到一个测点仅需10～30min（包含平衡时间但不包括重复测量时间），且仪器应用的测试原理不能作为判断其精度的唯一标准。

2）最佳干燥温度

由前文分析可知，在实际应用中，对于在70℃到105℃时结构发生改变的材料，建议选择70℃作为干燥温度，对于在105℃下结构不发生改变的材料，建议选择105℃作为大部分水泥基保温材料的最佳干燥温度。原因如下：①105℃干燥法使试块更接近于绝干状态，干重的误差会引起导热系数的误差，在105℃干燥法结束后，立刻包裹薄膜后冷却，可避免绝干状态强吸湿性带来的影响；②70℃干燥法耗时较长，且无论干燥多久，干燥后的平衡质量始终高于105℃干燥法，使用105℃干燥法可加快试验进度。

3）最佳尺寸

以测试精度来说，尺寸为300mm × 300mm的试块优于100mm × 100mm的，100mm × 100mm的试块略优于100mm × 50mm的。因此在不考虑测试过程对试件尺寸需求的前提下，建议使用300mm × 300mm尺寸的试块测试其干燥状态下导热系数值，且试样互相叠合的平面应平整，以保证传感器与试样的两平面贴合良好。但由于尺寸改变对测量导热系数值造成的误差影响在工程应用中是可接受的，因此，若试验需要调整试块尺寸，可综合分析考虑。

4）测试流程

（1）取样

确定材料导热性能需有足够数量的试验信息。只有样品能代表材料，且试件能代表样本时，才能以单次试验结果确定材料的导热性能。选择样品的步骤一般应在材料规范中规定。试样的选择也可在材料规范中作部分规定。因为取样超出本书范围，当材料规范不包含取样时，应参考有关的文件。

（2）测试流程

测试流程如图 3.19 所示。

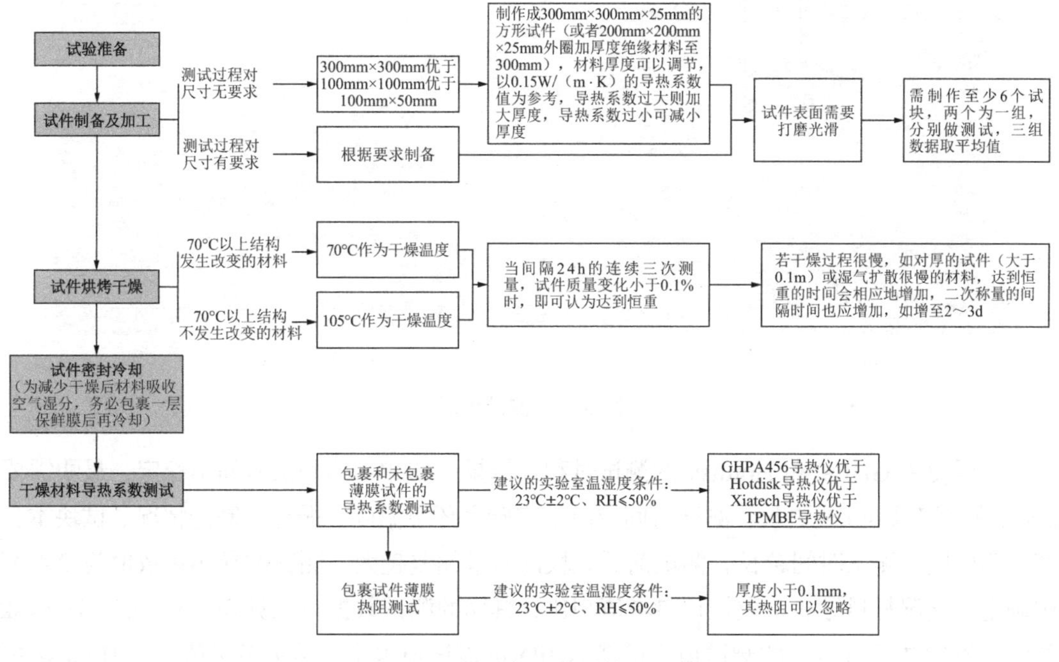

图 3.19　干燥试件导热系数测试流程

3.4.2　含湿材料

1. 测定装置及测试原理对导热系数的影响

结合 2.4 节和 3.5.1 节的内容可知，GHPA456 和 Hotdisk 导热仪的测试精度明显高于其他两款导热仪，因此本节将就这两款导热仪的测试结果展开分析。在试件的选择方面，首先使用了水泥基保温材料进行 GHPA 导热仪导热系数测试，由于吸湿性较强，浸泡几秒后快速吸湿，即使包裹了薄膜，在测试中试块内的水分仍会向外扩散，致使 GHPA 导热仪放置试块的传感器部位附着液态水，存在损伤仪器的可能性，故终止测试。因此，可以看出，GHPA 高精度导热仪不适合高吸湿性或者说高含湿量材料的导热系数测试。针对这类材料，建议使用 Hotdisk 导热仪测试。而对于低吸湿性材料，如泡沫型建筑保温材料，哪种导热仪更加适用呢？

选取 EPS 和 XPS，短时间浸泡后，置于 GHPA 里开始测试，测试工况选为 20°C。GHPA 在一定的时间间隔内不断测量并输出冷、热板温度及仪器箱体内的环境温度，并输出测试出的该时刻的导热系数值，直至各个单元温度指标（A）和导热系数测量值偏差值（B）小于等于设置好的限制值（C），则输出该测试工况下所测得的导热系数值（D），测试界面如图 3.20（a）所示。若设置的测试工况为 20℃，则保护环（A）及热板（B）温度需平衡在 30℃，上冷板（E）、下冷板（D）温度需平衡在 10℃，炉内即仪器箱体内的环境温度需平衡在 20℃，如图 3.20（b）所示。

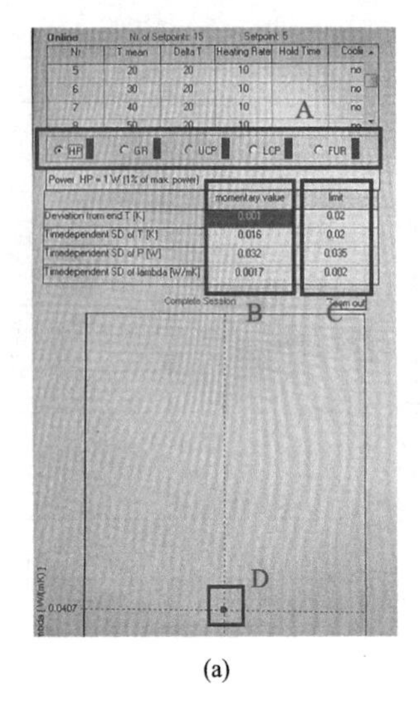

(a)

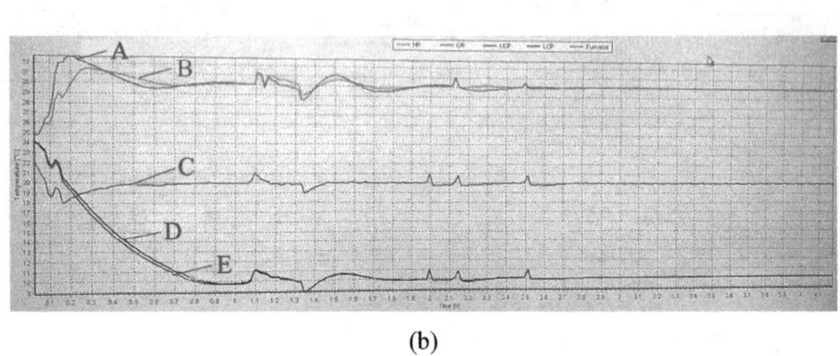

(b)

图 3.20　测试界面

分析使用 GHPA 和 Hotdisk 的测试过程及结果，GHPA 的测试时间不稳定，最快需要 2.8h，慢则需要 4h 或更长，测试时间取决于实验室环境温度、循环水制冷情况、试块本身特性等原因。测试时间越长，测试前后试块的质量偏差越大。测得的导热系数值与 2.4 节中确定的含湿材料导热系数校订参考值相比，具体的测试数据对比见表 3.5，可知 Hotdisk 的测试值均高于 GHPA 的测试值，虽然 GHPA 的测试值也十分接近参考值，但 Hotdisk 更为准确。除精确度之外，推荐使用 Hotdisk 作为测试含湿建筑保温材料导热系数的导热仪，具体原因见下面 5）含湿材料导热系数试验测试流程小节。

导热仪测试数据对比　　表 3.5

环境工况为 20℃		EPS		XPS	
		①	②	①	②
测试前后质量偏差（包裹薄膜）	GHPA	−0.74%	−0.82%	−2.41%	−2.61%
	Hotdisk	−0.21%	−0.43%	−0.32%	−0.29%
测试所需时间（h）	GHPA	2.8		4.2	
	Hotdisk	0.5		0.5	
测得导热系数［W/(m · K)］	GHPA	0.0407		0.0316	
	Hotdisk	0.0425		0.0339	
导热系数校订参考值［W/(m · K)］		0.0405～0.045		0.0319～0.0355	

2. 试件尺寸对导热系数的影响

1）对平衡含湿量的影响

为比较试件尺寸对试件在不同相对湿度下达到吸湿平衡时的含湿量的影响，本节分别预备了发泡水泥、加气混凝土、聚苯颗粒混凝土、EPS、XPS 及气凝胶毡两种尺寸（50mm × 100mm 及 100mm × 100mm）的试件，确定了大小试件的平衡质量含湿量，结果见表 3.6。

不同相对湿度下不同尺寸试件的平衡含湿量　　表 3.6

试块	试块尺寸（mm）	不同相对湿度下的平衡质量含湿量（%）				
		30%	50%	70%	85%	98%
发泡水泥	50 × 100	2.847	5.524	8.469	12.387	21.514
	100 × 100	2.858	5.691	8.685	12.701	22.010
加气混凝土	50 × 100	1.428	1.791	2.720	4.216	14.381
	100 × 100	1.440	1.903	2.947	4.637	14.898
聚苯颗粒混凝土	50 × 100	2.283	3.960	6.898	10.778	16.270
	100 × 100	2.297	4.082	7.042	11.245	16.739
EPS	50 × 100	0.804	1.609	1.609	1.609	4.826
	100 × 100	0.805	1.659	1.777	1.812	5.057
XPS	50 × 100	0.746	0.746	0.995	1.244	1.741
	100 × 100	0.749	0.811	1.138	1.403	1.922
气凝胶毡	50 × 100	0.919	1.200	2.144	4.441	7.044
	100 × 100	0.920	1.249	2.330	4.617	7.206

由表 3.6 可见，在所有测试工况下，50mm × 100mm 尺寸试件的平衡含湿量都没超过 100mm × 100mm 试件的平衡含湿量，即在相同相对湿度条件下，尺寸不同，试件的平衡含湿量也不相同。进一步分析表中数据可知，随着相对湿度升高，试件尺寸对其平衡含湿量的影响更为明显，而在较低相对湿度工况下（30%以下），试件尺寸对平衡含湿量的影响可以忽略。此外，试件类型不同，影响程度不同，试件尺寸对吸湿性强的试件的平衡含湿量影响更大，这与材料自身的孔隙结构特征与吸湿过程有着密切的关系。在较低相对湿度下，材料内部单分子和多分子吸附过程占主导，而在较高相对湿度下，多分子吸附和毛细吸湿共存于试件内部，在加工过程中，较小的孔隙结构不易受到破坏，但大孔隙的结构有可能会在一定程度上遭到破坏。

2）对平衡时间的影响

在选择使用哪种尺寸的试件进行含湿保温材料导热系数测试时，除了考虑前文的平衡含湿量因素，还需分析平衡时间，即测试时间这一因素。EPS、XPS、PUR、气凝胶毡、发泡水泥、加气混凝土和聚苯颗粒混凝土在不同相对湿度下置于恒温恒湿箱中的质量平衡过程见图 3.21（图中试块尺寸为 50mm × 100mm）。

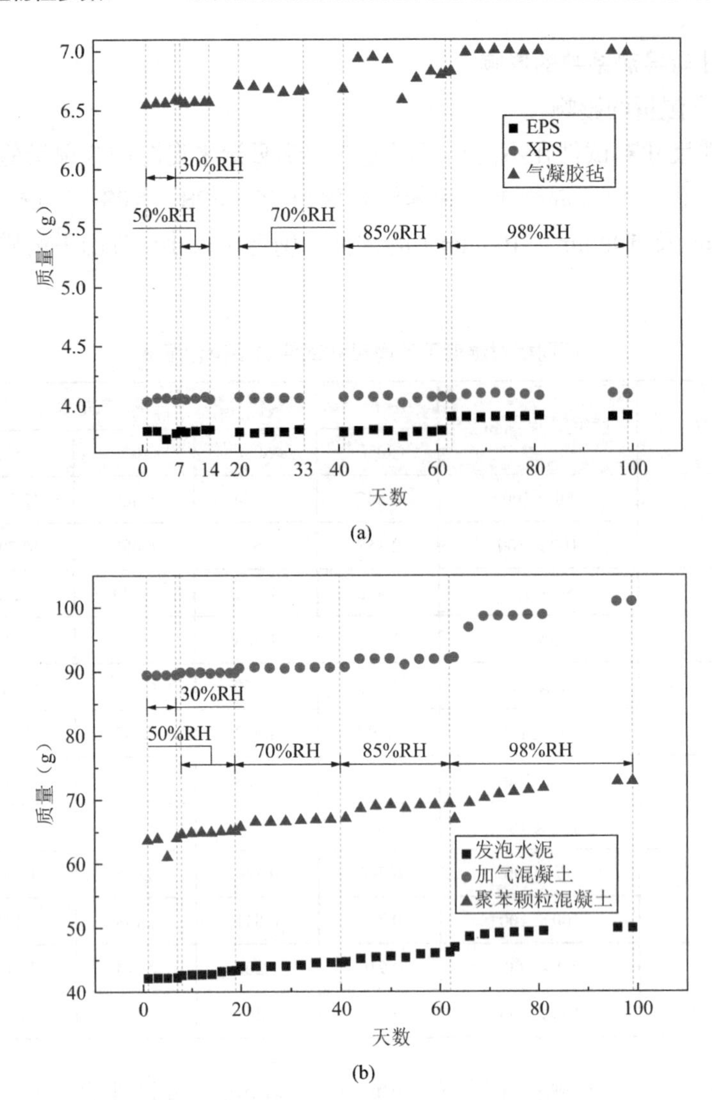

图 3.21　不同相对湿度下试件的质量平衡过程

（a）非水泥基材料；（b）水泥基材料

可以看出，30%相对湿度的培养过程中，各试件的质量 7d 左右可以达到平衡，除了水泥基材料，其他保温材料的质量均在上下波动，不仅无明显增加，有的还出现了轻微减少的现象，这与测试时城市当季空气的相对湿度有关；50%相对湿度的培养过程中，非水泥基材料仍然 7d 左右可以达到质量平衡，变化情况与 30%相对湿度时相同，而水泥基材料 12d 左右才能达到质量平衡；70%相对湿度的培养过程中，非水泥基材料的平衡时间上升到 13d 左右，大部分保温材料质量小幅度增加，而水泥基材料的平衡时间上升到 21d 左右；85%相对湿度的培养过程中，试件均需要 22d 左右才能达到平衡，除 XPS 和 EPS 的质量在上下波动后仍回到了原始质量平衡以外，其余保温材料的质量的增长幅度明显增大；98%相对湿度的培养过程中，水泥基保温材料的质量需要 37d 左右才能达到平衡，质量明显增大。

因此，完成 50mm × 100mm 尺寸的试件在一个温度点不同相对湿度下（如 25℃时 30%、

50%、70%、85%、98%）导热系数测试这一完整的流程，需耗时 4 个月左右（最快时间），若需改变温度工况或进行重复性试验，则测试时间以倍数增加。如果使用 100mm × 100mm 尺寸的试件进行测试，平衡时间又会被拉长至原时间的 1.3 倍左右，试件尺寸对水泥基保温材料的影响更明显。

3）含湿量对导热系数的影响

选取发泡水泥、加气混凝土、聚苯颗粒混凝土、EPS、XPS、PUR、气凝胶毡及岩棉进行浸泡试验测试其导热系数。采用幂函数关系式(3.21)对试件的导热系数和质量 MC 进行拟合分析，如图 3.22 所示，拟合系数见表 3.7。

$$\lambda_e = \lambda_d + ax^b \tag{3.21}$$

式中：λ_e——试件的有效导热系数［W/(m · K)］；

x——试件的质量含湿量 MC（g/g）；

a、b——拟合系数。

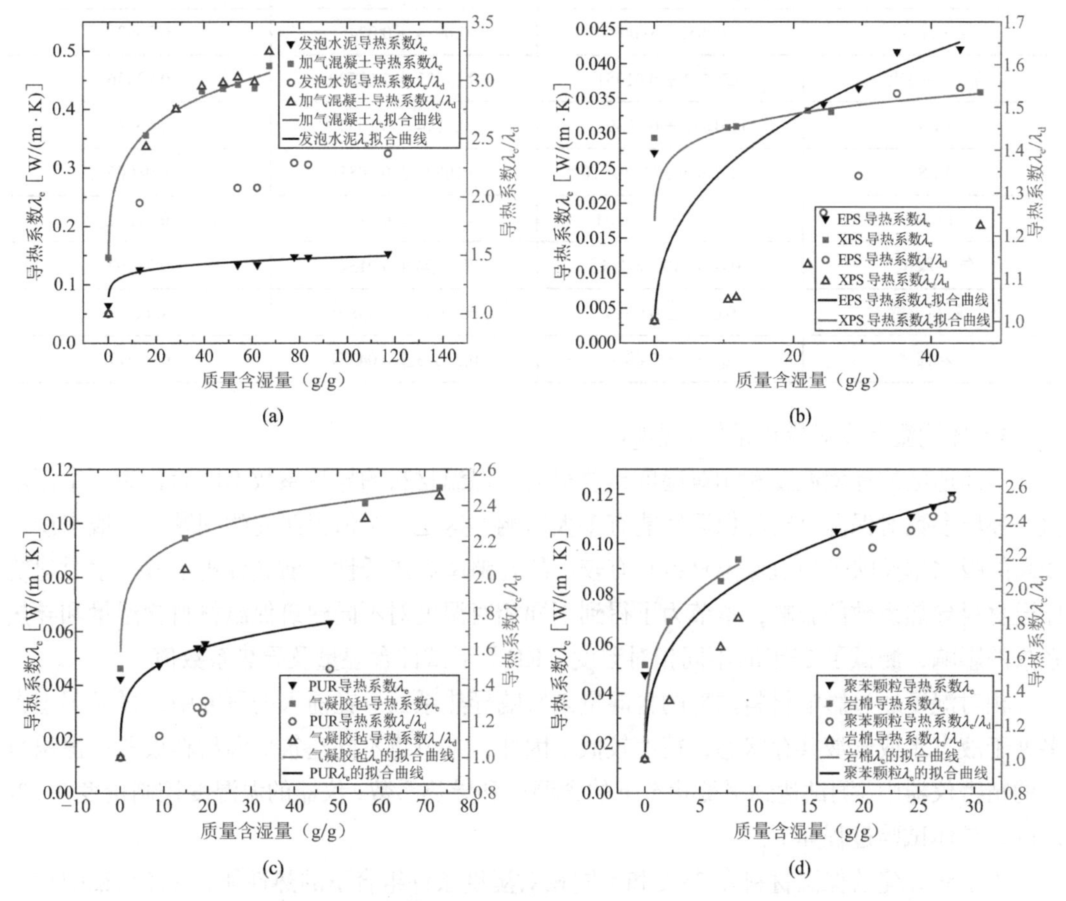

图 3.22　试验材料的质量含湿量 MC 对有效导热系数和有效导热系数变化的影响

（a）发泡水泥和加气混凝土；（b）EPS 和 XPS；（c）气凝胶毡和 PUR；（d）聚苯颗粒混凝土和岩棉

以往的研究表明，建筑保温材料的导热系数随着含水量的增加而增加，尤其是轻质水泥基建筑材料，材料的导热系数随着水分含量的增加而线性增加。如图 3.22 和表 3.7 所示，采用幂函数关系拟合试件的导热系数和质量含湿量 MC。MC 越大，试件的导热系数增加的幅度越不同。对比 MC 对各试件有效导热系数变化的影响，可以看出，泡沫类保温材料（XPS、EPS、PUR）对液态水的敏感度最低，其次是内部含纤维的保温材料（岩棉）和气凝胶毡，对液态水最敏感的是水泥基保温材料（发泡水泥、加气混凝土、聚苯颗粒混凝土）。这主要是因为对于大孔隙率的保温材料，当高导热系数的液态水代替材料内部导热系数较低的空气时，对材料的传热有明显的增益效应。水分主要以多分子吸附和毛细管吸附的形式附着在骨架表面，吸附的水具有较强的导热作用，有利于水分与骨架之间的传热。浸泡一段时间后，冷凝水逐渐出现在材料中，在骨架之间形成液桥，增加骨架间的传热，提高其导热系数。在浸泡后期，当材料的 MC 进一步增加和减弱水分的传热增益时，液态水和空气占据了材料的内部孔隙。

试验材料导热系数的拟合系数 **表 3.7**

公式：$y = ax^b$	a	b	R^2
发泡水泥	0.09652 ± 0.0099	0.0914 ± 0.0246	0.78631
加气混凝土	0.22312 ± 0.01951	0.17322 ± 0.02299	0.92536
EPS	0.01056 ± 0.00392	0.3714 ± 0.1054	0.86328
XPS	$0.02406 \pm 6.27992 \times 10^{-4}$	0.10249 ± 0.00839	0.98005
PUR	0.03305 ± 0.00164	0.16752 ± 0.01595	0.97292
气凝胶毡	0.0701 ± 0.00414	0.1094 ± 0.0154	0.98162
聚苯颗粒混凝土	0.0462 ± 0.0086	0.28039 ± 0.05895	0.8844
岩棉	0.05764 ± 0.00461	0.21683 ± 0.04351	0.96517

4）环境温湿度对导热系数的影响

不同地区的环境温度和相对湿度相差很大，保温材料的导热系数不能简化为一个固定值。环境参数对保温材料的保温性能有多大影响？这是一个值得研究的问题。一般来说，较高的吸水率反映了建筑保温材料具有较高的孔隙率和渗透性。前文分析了液态水对建筑保温材料导热系数的影响，本节为了得到不同相对湿度对不同建筑保温材料含湿量和导热系数的影响，测试了 25℃时不同相对湿度（RH）下试件含湿量及导热系数值。

相对湿度通过影响材料内部的含湿量来影响导热系数。在前人的研究中，样品湿态大多处于液态水或气液共存状态，精度较低。因此，本节将不同建筑保温材料放置在恒温恒湿的精密仪器中，测试达到平衡状态下的含湿量和导热系数，仪器的温湿度控制精度在 3%以内，具体试验过程如下。

为了研究建筑保温材料在 25℃和不同相对湿度条件组合下的热性能，将样品集中在恒温恒湿箱中，模拟 25℃工况下，相对湿度从 0%变化到 98%的不同工况。如图 3.23 和图 3.24 所示，MC 和导热系数随着 RH 的增加而增加。相对湿度的增加导致试样中 MC 的增加，水分以水分子的形式附着在试样的骨架表面，吸附水提高了试样的导热系数，如果 MC 再次增加，则试样中逐渐出现冷凝水，进一步降低其热阻。

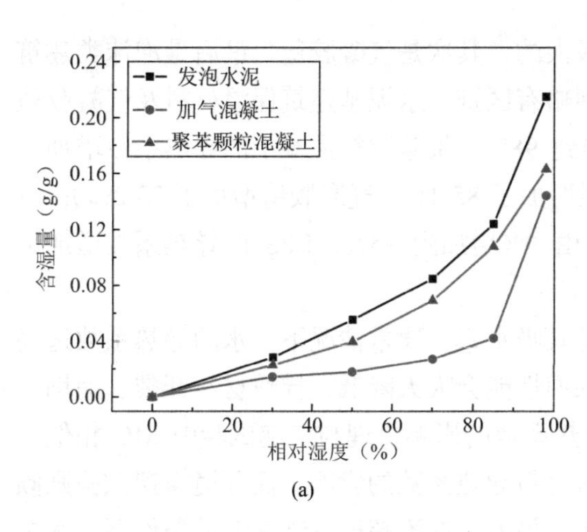

(a)

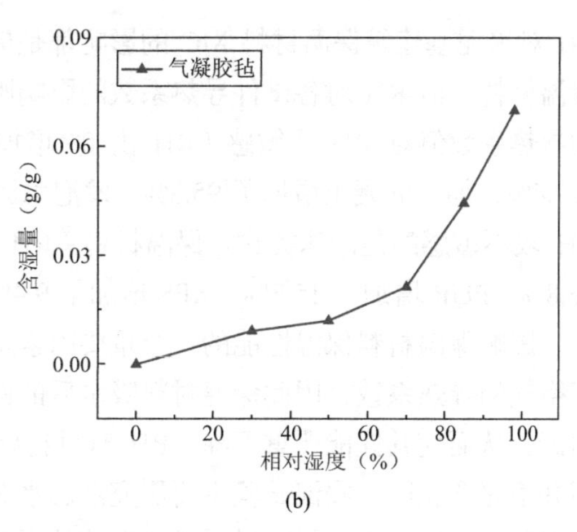

(b)

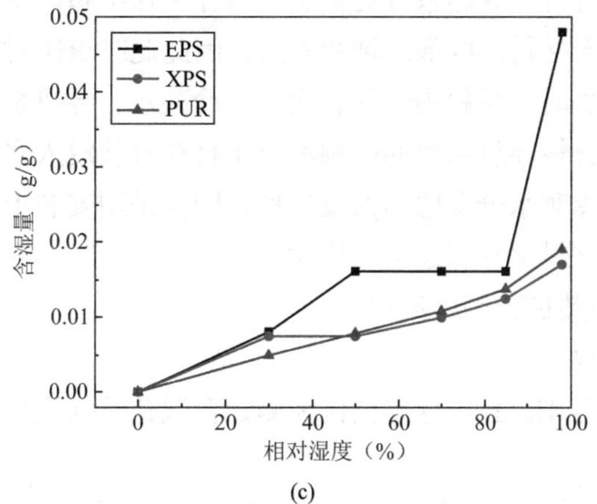

(c)

图 3.23　相对湿度对试件含湿量 MC 的影响

（a）水泥基保温材料；（b）气凝胶毡；（c）泡沫类保温材料

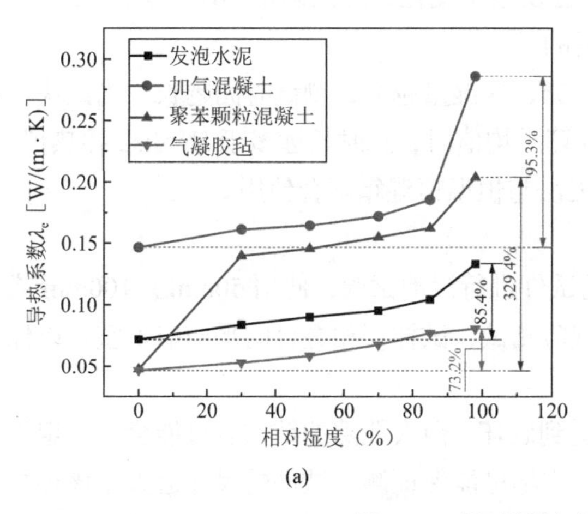

(a)

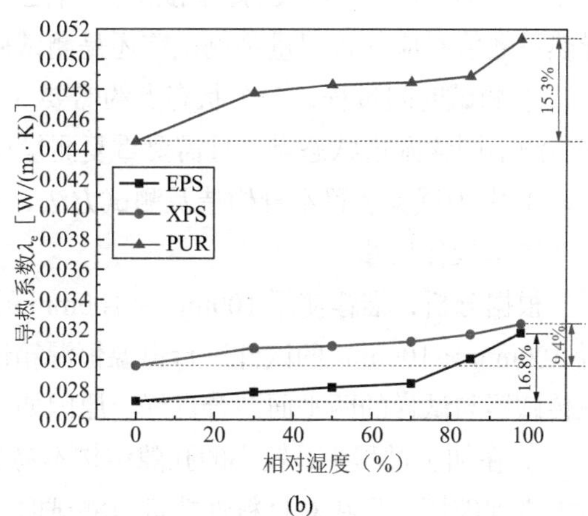

(b)

图 3.24　相对湿度对试件导热系数的影响

（a）水泥基保温材料和气凝胶毡；（b）泡沫类保温材料

对比本节测试结果可知，RH 对 MC 和导热系数的影响明显大于温度对 MC 和导热系数的影响。在 25℃的高湿度环境（相对湿度 70%～98%）下，MC 的变化最为明显。另外，

RH 对水泥基建筑保温材料 MC 的影响都是最大的，其次是气凝胶毡，最后是泡沫类建筑保温材料。但 RH 对各试件导热系数的影响则略有区别。水泥基建筑保温材料及气凝胶毡的导热系数值对 RH 最敏感（RH 由 0%增加到 98%，聚苯颗粒混凝土的导热系数增加了 329.4%，加气混凝土增加了 95.3%，发泡水泥增加了 85.4%，气凝胶毡增加了 73.2%）；对 RH 较不敏感的是泡沫类建筑保温材料（RH 由 0%增加到 98%，EPS 的导热系数增加了 16.8%，PUR 增加了 15.3%，XPS 增加了 9.4%）。

影响保温材料保温性能的一个重要因素是其吸水率。通常情况下，水的导热系数远高于空气的导热系数，因此保温材料吸水后的保温性能会大大降低，导致材料开裂、崩塌、粉碎，从而使其性能严重下降。RH 对材料导热系数的影响机理与浸泡试验中 MC 相似，但并不完全相同。浸泡试验主要研究液态水对材料导热系数的影响，而环境模拟试验则倾向于研究空气中水分子对材料导热系数的影响。另外，在不超过 85%RH 的条件下，水主要以吸附水的形式存在于材料的内部区域和表面，因此此时 RH 对材料的导热系数影响不大。当相对湿度达到 98%时，材料内部和表面形成冷凝水，导热系数显著增加。这一发现表明，较高相对湿度对材料导热系数的影响不亚于材料直接浸入水中时的影响。因此，在建筑施工中，若需要选择对水分敏感的保温材料，则要采用安装干燥策略或阻湿剂来防止水的积聚，以保证保温材料优异和稳定的热性能。

5）含湿材料导热系数试验测试流程

（1）最适合的导热仪

根据分析，推荐使用 Hotdisk 导热仪作为测试含湿建筑保温材料导热系数的导热仪，原因如下：

① 为了不损伤仪器，不建议用 GHPA 导热仪测试高吸湿性/高含湿量建筑保温材料。

② 由于测试时间长，即使包裹了薄膜，使用 GHPA 导热仪测试前后试块质量的减少量明显高于 Hotdisk 导热仪的，因此试块含湿量也发生了变化，无法确定 GHPA 最终测得的导热系数值对应的含湿量是测试前还是测试后的。

③ 测试时间过程，一个状态点约需要 3～5h，含湿量越大，测试时间越长，当试块较多，测不同含湿量状态点，且需要重复测量计算平均值时，总时长远多于 Hotdisk 导热仪。

④ 由于试验装置本身构造及测试方法，无法与恒温恒湿箱配合使用。

（2）最佳尺寸

根据分析，推荐使用 100mm × 100mm 的试件进行浸泡试验，使用 50mm × 100mm 或者 100mm × 100mm 的试件进行恒温恒湿箱试验测试，试样互相叠合的平面应平整，以保证传感器与试样的两平面贴合良好。原因如下：

① 在加工过程中，较小的孔隙结构不易受到破坏，但大孔隙的结构有可能会在一定程度上遭到破坏，且在对材料性能进行测试时，应尽可能保证测试试件的尺寸远大于该种材料的表征体元尺寸的试件，因此，尽可能使用 100mm × 100mm 这一尺寸的试件进行含湿保温材料导热系数测试。

② 在恒温恒湿箱的测试过程中，在保证试件尺寸大于传感器尺寸的前提下，尽量减小试件的尺寸，因为在吸湿过程中，尺寸较小的试件的内部水分分布会更快地达到稳定状态。

而当测试工况多或需要多次重复性试验时，缩短测试时间是有必要的，且使用 50mm × 100mm 和 100mm × 100mm 的试件进行恒温恒湿箱测试得到的导热系数值差值在误差允许范围内，因此，在进行恒温恒湿箱试验时，50mm × 100mm 和 100mm × 100mm 这两个尺寸的试件都是可以选择的。

（3）测试流程

测试流程如图 3.25 所示。

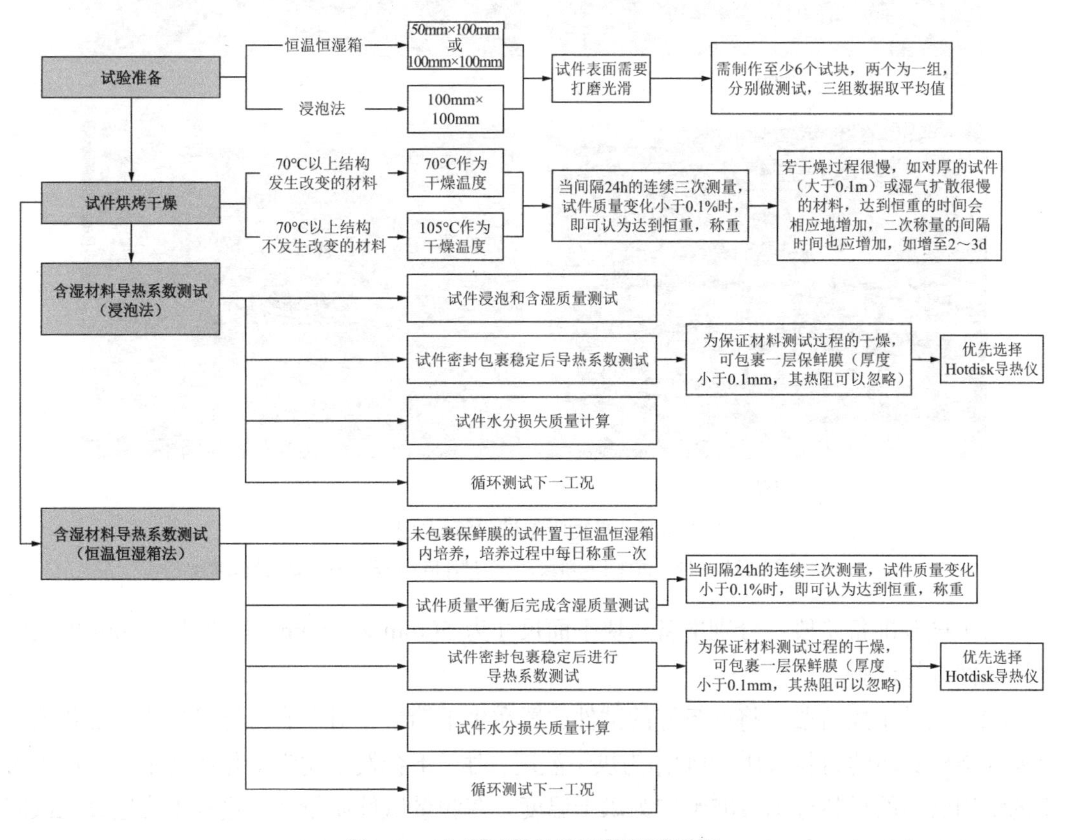

图 3.25　含湿试件导热系数测试流程

3.5　典型湿物性参数测定

3.5.1　平衡吸湿试验

1. 测试方案

《Hygrothermal performance of building materials and products-Determination of hygroscopic sorption properties》ISO 12571: 2021 规定，用于平衡吸湿试验的试件质量不得少于 10g[10]。因此，本研究选取了平面尺寸为 50mm × 50mm、厚度为 30mm 的发泡水泥开展试验，试样克重为 14.6g 左右，满足试验要求。

通过平衡吸湿试验测试建筑绝热材料在 35℃下等温吸附曲线的试验方案如下（图 3.26）:

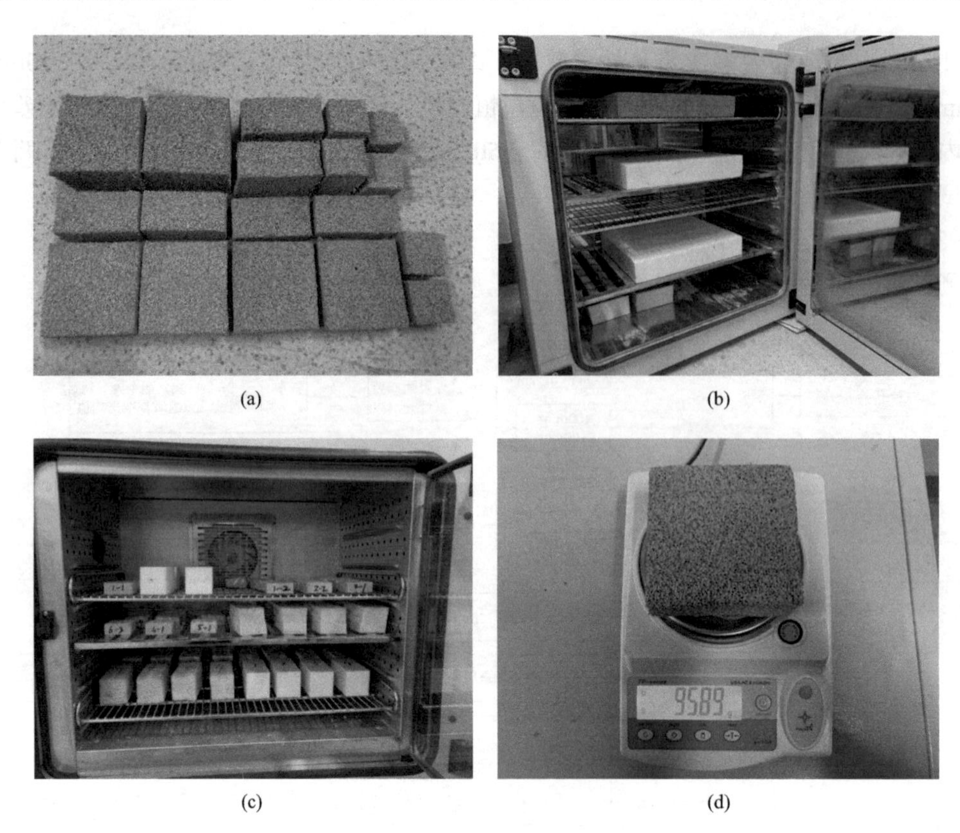

图 3.26　平衡吸湿试验流程实拍图

（a）试验准备阶段；（b）试件干燥阶段；（c）试件培养阶段；（d）试验测试阶段

（1）试验准备阶段：分别准备六块平面尺寸为 50mm × 50mm、厚度为 30mm 的发泡水泥试件进行试验。

（2）试件干燥阶段：将准备好的试件放置在烘干箱中，对于有可能发生化学变化或不可逆的结构破坏的材料采用 70℃作为烘干温度，对于不会发生化学变化或者不会造成不可逆的结构破坏的材料选用 105℃作为烘干温度。在测量试件质量变化过程中当连续三次间隔 24h 测得的质量变化不超过其自身质量的 1%时认为试件达到恒重。

（3）试件的密封和冷却阶段：将试件从干燥箱中取出并用塑料薄膜包裹试件，放置在室内直至冷却至室温，并记录此时的质量m_{dry}。

（4）试验测试阶段：待试件冷却后，将其塑料薄膜去除，并快速测量其实际尺寸和质量。将处理后的试样放置在恒温恒湿箱中，将温度设置为 35℃，湿度依次设置为 0%、30%、50%、70%、85%和 90%。待连续三次间隔 24h 测得的试件质量变化不超过 1%时认为试件达到恒重，并记录此时的质量m_{wet}。

（5）试验重复测试阶段：对每种绝热材料重复进行多次测定，然后取平均值。

2. 测试数据

对通过平衡吸湿试验获取的发泡水泥在不同相对湿度条件下的平衡含湿量，采用公式(2.12)进行拟合处理，从而将若干离散点进行拟合成为等温吸湿曲线。在目前的研究成果中多以经典 BET 公式进行拟合处理，本节通过 Origin 软件对离散的数据点进行拟合处理得到发泡水泥的等温吸湿曲线[11]。

通过经典 BET 公式拟合计算得到的平衡含湿量得到全湿度工况下的等温吸湿曲线，拟合公式见图 3.27。在图中可见，随着相对湿度的增加，材料的含湿量也呈增长的变化趋势，并且随着相对湿度的增加，含湿量增长幅度也越大。根据图中测试点与拟合曲线的关系可见，测试数据与拟合数据在低湿和高湿阶段的误差值较小，在中湿阶段的误差值则较大。

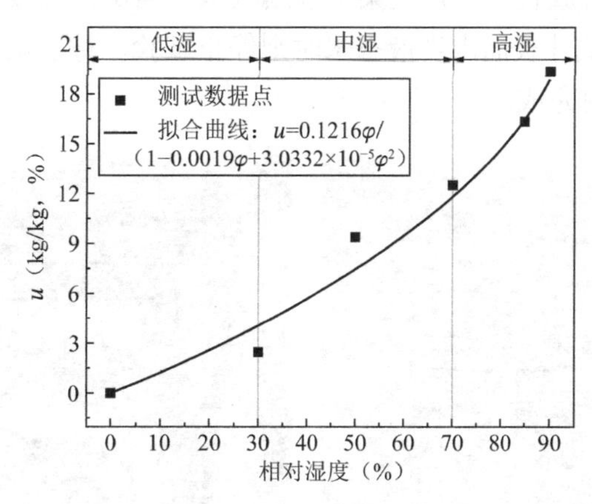

图 3.27　发泡水泥全湿度工况下的等温吸湿曲线

3.5.2　毛细吸湿试验

1. 测试方案

《Standard Test Methods for Determination of the Water Absorption Coefficient by Partial Immersion》ASTM C1794-2015 和《Hygrothermal performance of building materials and products-Determination of water absorption coefficient by partial immersion》ISO 15148: 2002 中均规定了用于测量材料毛细吸水系数的试件平面尺寸应该不小于 50cm^2，并未涉及厚度要求，同时指明当采用平面尺寸为 100cm^2 的试件开展试验时，则至少应设置六块试件，满足试件与水接触的总面积至少为 300cm^2[13-14]。由于测试试件的制备一般为正方形底面，所以本研究选取平面尺寸为 80mm × 80mm、厚度为 30mm 的试件进行测试。

通过毛细吸水试验测试发泡水泥液态水扩散系数的试验方案如下（图 3.28）：

（1）试验准备阶段：分别准备六块平面尺寸为 80mm × 80mm、厚度为 30mm 的发泡水泥进行试验。

（2）试件干燥阶段：将准备好的试件放置在烘干箱中，选用 105℃作为烘干温度。在测量试件质量变化过程中当连续三次间隔 24h 测得的质量变化不超过其自身质量的 1%时认为试件达到恒重。

（3）试件的密封和冷却阶段：将试件从干燥箱中取出并用塑料薄膜包裹试件，放置在室内直至冷却至室温。

（4）试验预处理阶段：在容器中加入去离子水，并在容器底部放置三角支架以承托试件，控制水面高度高于三角支架顶端 5mm 左右。

（5）试件预处理阶段：待试件冷却后，将其塑料薄膜去除，并快速测量其实际尺寸和质量m_0。采用铝箔将试件侧面和顶部密封，侧面靠近底部的 1cm 左右范围无须密封处理，以便更好地进行吸水，并在顶部保留 1～2 个小孔，以防止测试过程中试件内水分蒸发。

（6）试验测试阶段：将试件放置于水中，从而进行一维吸水，进入吸水过程的第一阶段。合理设置待测材料的间隔时间，并准时将试件从水中取出，擦拭试件底面的附着水后称取其质量为$m(t)$，然后放置回三角支架上继续吸水，当试件的吸水过程进入第二阶段并至少测量五个数据点或试件表面出现液态水时则停止试验。称取试件质量时应迅速完成，单次称重应控制在 20s 内完成。

图 3.28　毛细吸湿试验流程实拍图

（a）准备阶段；（b）试件干燥阶段；（c）试件预处理阶段；（d）试验测试阶段

2. 测试数据

按照上述步骤完成试验之后，通常需要通过数值计算才可获取发泡水泥的液态水扩散系数。根据《Standard Test Methods for Determination of the Water Absorption Coefficient by Partial Immersion》ASTM C1794-2015 中给出的公式(2.14)～公式(2.17)计算得到。

虽然标准中给出了此数值计算的方法，但是在试验过程中的第一阶段吸湿过程中往往由于重力的作用并非为线性关系，为了获取更加精准的湿物性参数，本节采用霍尔模型对数据进行拟合处理。

通过采用霍尔模型进行拟合得到发泡水泥的吸水系数随时间的变化曲线，见图 3.29。

通过对其拟合公式的求取确定其吸水系数为 0.0246kg/(m^2 · s$^{0.5}$)，再通过公式计算得到发泡水泥的毛细饱和含湿量为 94.802kg/m^3，液态水扩散系数为 5.288 × 10^{-8}m^2/s。

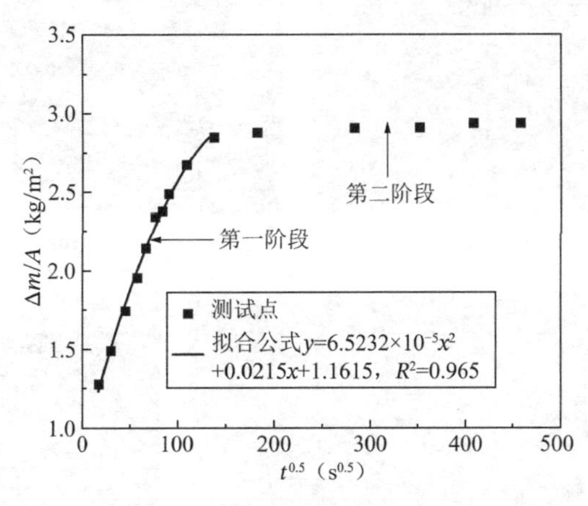

图 3.29　发泡水泥的吸水系数

3.5.3　真空饱和试验

1. 测试方案

《Standard Test Method for Moisture Retention Curves of Porous Building Materials Using Pressure Plates》ASTM C1699-09 中并未规定用于测量材料真空饱和含湿量时试件的尺寸要求[15]。为了进一步探究试件尺寸对真空饱和试验的影响，本研究选取平面尺寸为 50mm × 50mm、80mm × 80mm、100mm × 100mm 及厚度为 30～80mm 的材料开展试验。

通过真空饱和试验测试建筑绝热材料真空饱和含湿量的试验方案如下（图 3.30）：

（1）试验准备阶段：准备六块平面尺寸为 50mm × 50mm、厚度为 30mm 的试件进行试验。

（2）试件干燥阶段：将准备好的试件放置在烘干箱中，选用 105℃作为烘干温度。在测量试件质量变化过程中当连续三次间隔 24h 测得的质量变化不超过其自身质量的 1%时认为试件达到恒重。

（3）试件的密封和冷却阶段：将试件从干燥箱中取出并用塑料薄膜包裹试件，放置在室内直至冷却至室温，并测量其质量为m_{dry}。

（4）试件预处理阶段：将试件放置在真空容器的多孔隔板上，通过真空泵连接真空容器，降低容器内的气压至 2000Pa 及以下，并保持 3h。

（5）试件浸水阶段：保持容器内压力并缓慢注入去离子水，当液面接触到试件底部时，调节注水速度保持匀速流入，当液面超过试件顶部 5cm 后停止注水，恢复容器内的压力至常压，保持试件浸水 24h 后结束试件浸水。

（6）试验测试阶段：将试件从真空容器中取出，浸没在水中并采用静水天平来称取试件在水下的质量为m_{under}；然后将试件从水中取出，用湿布或者湿海绵擦拭试件表面的游离水，迅速称取在空气中的湿重m_{vac}。

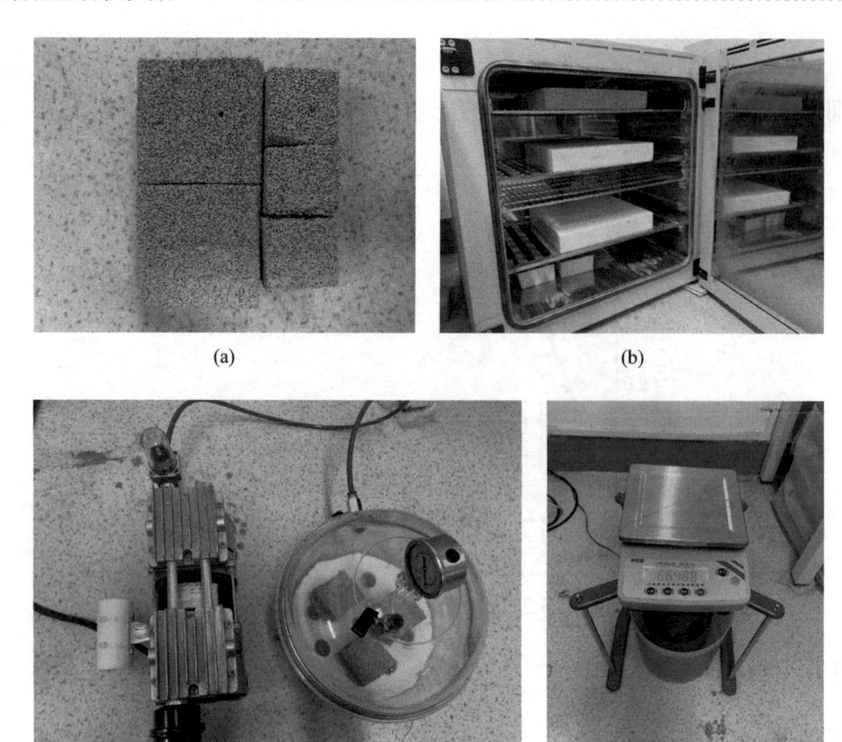

(a) (b) (c) (d)

图 3.30 真空饱和试验流程实拍图

（a）试验准备阶段；（b）试件干燥阶段；（c）试件预处理阶段；（d）试验测试阶段

2. 测试数据

通过试验方法，获取得到平面尺寸为 50mm × 50mm、厚度为 30mm 的发泡水泥的质量变化数据，需要通过公式(2.18)～公式(2.21)计算得到发泡水泥的表观密度、真空饱和含湿量、孔隙率及骨架密度等相关指标。

通过上述计算得到发泡水泥的水蒸气表观密度为 227.639kg/m^3，真空饱和含湿量为 874.696kg/m^3，孔隙率为 87.73%，骨架密度为 229.65kg/m^3。

3.6 本章小结

由于干燥状态与含湿状态下的多孔建筑材料的热湿传递机理差距较大，且吸湿性不同的多孔建筑材料，湿分对其导热系数等热物性参数的影响也不同。因此，以常见的传统多孔建筑材料为研究对象，分别采用防护热板法和瞬态平面热源法开展重复测试和再现测试，为不同材料提供更加可靠的热物性参数测试值。针对试块干燥以及含湿状态下，测定装置及原理、干燥温度、试件尺寸、试件湿分含量、孔径分布、孔隙率以及环境温湿度与多孔建筑材料导热系数的关系；根据试块是否含湿、吸湿性不同，选择相应的试验方法，确定多孔建筑材料的导热系数值，梳理了各类多孔建筑材料导热系数的测试方法；开发了气凝胶新型建筑保温材料，应用本章提出的测试方法，论证了含纳米级材料的多孔建筑材料也可以应用本章提出的测试流程。

本章对多孔建筑材料的合理设计和应用提出了更为相关的建议。此外，确定了适合干燥及含湿建筑保温材料的导热仪、最佳干燥温度及试件尺寸，整理出了一套比较完整的适用于多孔建筑材料（甚至是大多数建筑材料）导热系数研究的试验程序和方法，为后续建筑材料导热系数数据库的建立和建材导热系数测试的标准化奠定了初步基础。通过平衡吸湿试验、毛细吸湿试验和真空饱和试验得到发泡水泥的等温吸湿曲线、液态水扩散系数和真空饱和含湿量等典型湿物性参数测试值，填补了目前典型湿物性参数缺失的现状，为多孔建筑材料典型湿物性参数数据库的建立提供了数据参考。

参考文献

[1] 中国国家标准化管理委员会. 绝热材料稳态热阻及有关特性的测定 防护热板法: GB/T 10294—2008[S]. 北京: 中国标准出版社, 2008.

[2] 中国国家标准化管理委员会. 建筑用材料导热系数和热扩散系数 瞬态平面热源测试: GB/T 32064—2015[S]. 北京: 中国标准出版社, 2015.

[3] 广西师范大学. 分析化学[M]. 北京: 高等教育出版社, 1982.

[4] 李红. 数值分析[M]. 武汉: 华中科技大学出版社, 2010.

[5] CZICHOS H, SAITO T, SMITH L. Springer handbook of materials measurement methods[M]. Springer, 2006.

[6] 冯驰, 俞溪, 王德玲. 加气混凝土湿物理性质的测定[J]. 土木建筑与环境工程, 2016, 38(2): 125-131.

[7] 冯驰, 吴晨晨, 冯雅, 等. 干燥方法和试件尺寸对加气混凝土等温吸湿曲线的影响[J]. 建筑材料学报, 2014, 17(1): 132-137 + 142.

[8] 中国国家标准化管理委员会. 建筑材料及制品的湿热性能含湿率的测定 烘干法: GB/T 20313—2006[S]. 北京: 中国标准出版社, 2006.

[9] 冯驰. 多孔建筑材料湿物理性质的测试方法研究[D]. 广州: 华南理工大学, 2014.

[10] Hygrothermal performance of building materials and products-Determination of hygroscopic sorption properties: ISO 12571: 2021[S].

[11] BRUNAUER S, EMMETT P H, TELLER E. Adsorption of gases in multimolecular layers[J]. Journal of the American Chemical Society, 1938, 60(2): 309-319.

[12] Hygrothermal performance of building materials and products-Determination of water vapour transmission properties-Cup method: ISO 12572: 2016[S].

[13] Standard Test Methods for Determination of the Water Absorption Coefficient by Partial Immersion: ASTM C1794-15[S].

[14] Hygrothermal performance of building materials and products-Determination of water absorption coefficient by partial immersion: ISO 15148: 2002[S].

[15] Standard Test Method for Moisture Retention Curves of Porous Building Materials Using Pressure Plates: ASTM C1699-09 (2015) [S].

[illegible]

参考文献

[1] [illegible] GB/T [illegible]
2008[S]. [illegible], 2008.
[2] [illegible] GB/T [illegible]
[illegible]
[3] [illegible]
[4] [illegible]
[5] [illegible]
2004.
[6] [illegible]
[7] [illegible]
[illegible]
[8] [illegible]
[illegible]
[9] [illegible]
[10] Hygrothermal performance of building materials and products-Determination of hygroscopic sorption properties: ISO 12571: 2013[S].
[11] BRUNAUER S, EMMETT P H and TELLER E. Adsorption of gases in multimolecular layers[J]. Journal of the American Chemical Society, [illegible]
[12] Hygrothermal performance of building materials and products-Determination of water vapour transmission properties-Cup method: ISO 12572: 2016[S].
[13] Standard Test Methods for Determination of the Water Absorption Coefficient by Partial Immersion: ASTM C1794-[illegible][S].
[14] Hygrothermal performance of building materials and products-Determination of water absorption coefficient by partial immersion: ISO 15148: 2002[S].
[15] Standard Test Method for Measuring Retention Curves of Porous Building Materials Using Pressure Plates: ASTM C1699-[illegible][S].

第 4 章

多孔建材典型热湿物性参数测试值尺寸效应及权重分析

4.1 概述

建筑绝热材料典型热湿物性参数是分析建筑环境中热湿传递的关键输入参数，参数的精确获取对正确使用建筑绝热材料起着关键作用。建筑绝热材料典型热湿物性参数包括，热物性参数：导热系数、蓄热系数、热扩散系数、比热容；湿物性参数：等温吸湿曲线、液态水扩散系数、真空饱和含湿量等。这些参数不仅取决于材料本身的组分、介质孔隙、材料内部湿组分的含量、形态及环境温湿度等相关参数，待测试件尺寸的选择与制备也与材料热湿物性参数的测量结果息息相关。

由于现行的标准中对于建筑绝热材料典型热湿物性的参数测试往往存在试件尺寸要求缺失或者不明确的现象，本章旨在通过实测研究与理论分析剖析建筑绝热材料典型热湿物性参数测试值的尺寸效应，探究不同材料的典型热湿物性参数的数据处理方法，揭示试件平面尺寸、厚度、含湿量、环境温湿度等多因素影响作用下建筑绝热材料热湿性能的动态变化规律，明晰各影响因素对建筑绝热材料典型热湿物性参数的权重分布，为不同建筑绝热材料典型热湿物性参数的测定提供更加翔实可行的试验流程及数据处理方法的建议。

4.2 随机森林算法与特征重要性

随机森林算法是由布雷曼（Leo Breiman）在 2001 年提出的机器学习分类算法，该算法结合了布雷曼的“Bootstrap aggregating”思想和 Ho 的“Random subspace”方法。它是基于统计学理论的一种算法，其实质是将多棵决策树组合在一起的分类器，这些决策树的形成是利用 Bootstrap 重采样方法，从原始数据中抽取与原始数据相同数量的样本组成子训练样本集，利用每个子训练样本集进行构建决策树，然后组成多个决策树分类模型，由于决策树的形成采用了随机的方法，因此也叫随机决策树。

随机森林是一种非线性、有监督、自然的建模预测工具，只需要对样本进行不断训练以构建模型，具有很好的适应性，且对噪声、异常值具有较好的容忍度，无论是用于分类还是回归都具有较高的预测精确率。随机森林凭借它自身特有的特点和良好的分类效果被运用到各个研究领域。机器学习的随机森林算法能够处理高维度（特征很多）的数据，由于其不需要对特征进行筛选，能够快速得到运算结果，并对比分析各特性的重要性，从而获取其权重系数。本节通过 MATLAB 对数据进行范围缩放与归一化处理，再通过随机森林算法确定各因子的权重，进行建筑绝热材料典型热湿性能参数影响因素的重要性评估。

随机森林算法是基于决策树分类器的集成学习算法，可以处理回归问题和分类问题。本次主要使用随机森林处理连续变量的回归问题，随机森林回归分析的构建过程主要包括以下几个步骤（图 4.1）：

（1）利用 Bootstrap 方法，可以从原始训练集中以有放回的方式随机抽取k个子训练集。每个子训练样本集中的样本数量与原始训练数据集保持一致，而未被选中的数据则成为袋外数据（OOB）。通过这种方法，我们能够有效地构建多个独立的子模型，以提高整体模型的泛化能力。对于包含N个样本的原始训练数据集，在运用 Bootstrap 方法进行重采样时，需要计算每个样本未被抽到的概率。这一概率可以通过下式来准确推导：

$$p = \left(1 - \frac{1}{N}\right)^{N} \tag{4.1}$$

当N足够大时，则无抽中的概率为：

$$\lim_{N \to \infty} p = \lim_{N \to \infty} p\left(1 + \frac{1}{N}\right)^{N} = \mathrm{e}^{-1} \approx 0.368 \tag{4.2}$$

根据前述讨论，尽管子训练样本集的样本总数与原始训练数据集相等，但 Bootstrap 重采样是一种有放回的随机抽样方式，导致新数据集中可能存在重复样本。因此，原始训练集中约有 36.8%的样本不会出现在子训练样本集中。采用 Bootstrap 抽样方法的随机森林算法不仅有助于增加各个分类模型之间的差异性，还能有效提升模型的分类性能。具体而言，通过对k个子训练样本集进行训练，得到一个分类模型序列$\{h_1(x), h_2(x), \cdots, h_k(x)\}$，随后将它们结合起来形成一个多分类预测模型系统。在预测阶段，通过投票方式选取得票最多的类别作为该模型最终的分类结果。其数学表达式可表示为：

$$H(x) = \arg\max_{Y} \sum_{i=1}^{k} I(h_i(x) = Y) \tag{4.3}$$

式中：$H(x)$——组合分类模型；

h_i——单棵决策树分类模型；

Y——对应决策树的预测类型；

$I(\cdot)$——示型函数。

（2）在建立随机森林模型时，首先需要为每个子训练集建立独立的决策树模型。在这个过程中，我们会从训练集的M个特征中随机选择m个特征组成特征集。为了评估特征的重要性，采用基尼指数法，将最小的 Gini 系数作为节点分裂的标准。在节点分裂时，从特征集中选取最优的特征进行分割，直到决策树完全生长并且 Gini 系数达到最小。通过反复执行以上步骤，最终完成决策树的构建过程。基尼指数法是根据基尼指数 Gini 的变化程度来评估各属性的重要性，基尼指数反映了节点的不纯度。决策树通过最小化基尼指数的原则来进行节点的分裂,从而计算每个属性的基尼指数。在此过程中,通常使用 Mean Decrease Gini 指标来评估属性在决策树节点分裂中的重要性。Mean Decrease Gini 值的计算方法为，首先计算属性x节点分裂时 Gini 指数的减小值D_{Gx}，然后对决策树中所有节点的D_{Gx}求和并取平均值。表示为 Mean Decrease Gini。当 Mean Decrease Gini 的数值越大时，意味着特征属性x越重要。另外，假设数据集中共包含m个类别的样本i，在节点t处的 Gini 系数可通过节点t处出现类别m的概率P_{tm}计算获取，计算公式如下：

$$\mathrm{Gini}(t) = 1 - \sum_{i=1}^{m} P_{\mathrm{tm}}^{2} \tag{4.4}$$

式中：P_{tm}——节点t处出现类别m的概率。

（3）采用随机森林回归模型进行权重分析，该模型由多个决策树组成。每棵决策树对结果进行预测，然后将这些预测结果取均值，作为最终的预测结果。这种集成模型能够综合利用多棵决策树的预测能力，提高预测的准确性和稳定性。其优势在于降低过拟合风险，提高模型的泛化能力。

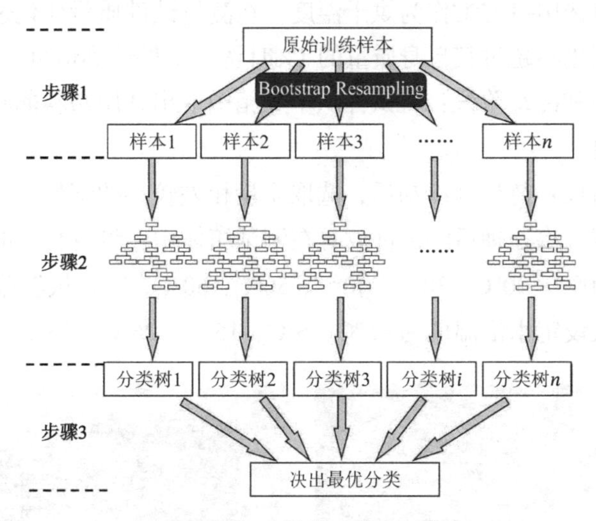

图 4.1　随机森林算法执行示意图

4.3　典型热物性参数的尺寸效应及权重分析

4.3.1　防护热板法

1. 试验方案

《绝热材料稳态热阻及有关特性的测定 防护热板法》GB/T 10294—2008 中指出，使用防护热板法试验测量试件导热系数时的试件尺寸（或直径）通常为 0.2～1m，小于 0.3m 的试件缺乏代表性，当试件厚度大于 0.5m 时维持试件和金属板的表面平整度、温度均匀性都将不易实现，从而影响测试结果[1]。目前使用防护热板法测试的文献中多直接采用平面尺寸为 200mm × 200mm 或 300mm × 300mm、厚度为 30mm 的试件，缺乏试验验证厚度对其测试结果的影响程度，本节考虑到传统建筑绝热材料生产工艺较为成熟，不存在小于 200mm × 200mm 的最小平面尺寸，且防护热板法的测试原理为一维稳态传热过程，因此仅针对其厚度变化带来的导热系数测试值尺寸效应开展研究，选取平面尺寸为 300mm × 300mm、厚度为 30～80mm 的试件开展试验[2-3]。在试验过程中选取了三种材料 EPS、XPS 和发泡水泥，其中 EPS、XPS 为泡沫基材料，发泡水泥为水泥基材料。相较于水泥基材料，泡沫基材料不易吸水，但是在日常热湿状况下材料仍存在湿分侵入，从而导致材料内部湿分含量变动且不同材料的湿度状态也可能不同，导致在试验过程中对试验结果造成误差影响，因此在试验过程中仍需要先对试验材料进行干燥处理。根据文献调研结果及考虑实际室外热湿环境工况，确定试验的工况为 10～60℃。

通过防护热板法试验测试干燥材料在 10～60℃下导热系数的试验方案如下（图 4.2）：

（1）试验准备阶段：对于三种不同类型的材料，分别准备六块平面尺寸为 300mm × 300mm、厚度为 30～80mm 的试件进行试验。

（2）试件干燥阶段：将准备好的试件放置在烘干箱中，对于有可能发生化学变化或不可逆的结构破坏的材料采用 70℃作为烘干温度，对于不会发生化学变化或者不会造成不可逆的结构破坏的材料选用 105℃作为烘干温度。在测量试件质量变化过程中当连续三次间隔 24h 测得的质量变化不超过其自身质量的 1%时认为试件达到恒重。

（3）试件的密封和冷却阶段：将试件从干燥箱中取出并用塑料薄膜包裹试件，放置在室内直至冷却至室温。

（4）试验设置阶段：待试件冷却后，选取质量相差较小的试件两两结组，共形成三组试件，依次开始测试。将处理后的试件放置在测试箱体中，设置材料的密度、厚度，将测试温度工况设定为 10℃、20℃、30℃、40℃、50℃、60℃，冷热板温差设定为 20℃。打开水浴循环系统，依次设定水浴温度为−5℃、5℃、15℃、25℃、35℃、45℃。

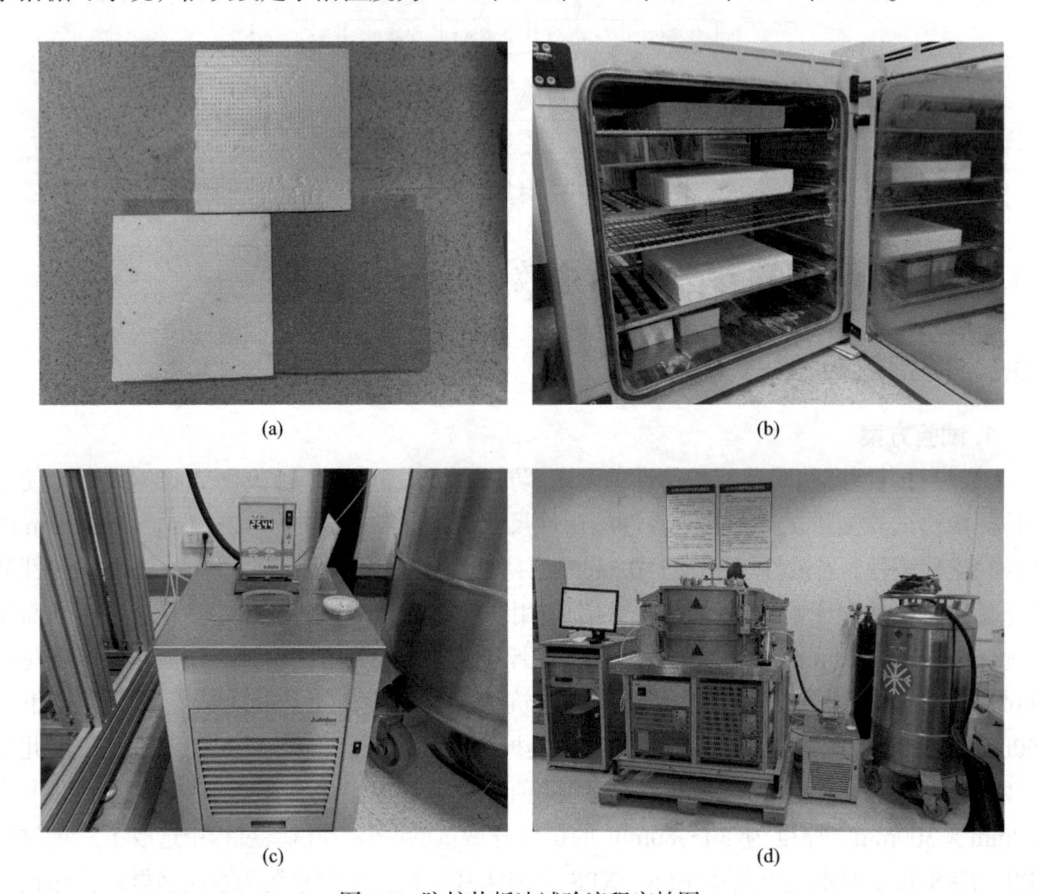

图 4.2 防护热板法试验流程实拍图

（a）试验准备阶段；（b）试件干燥阶段；（c）试验设置阶段；（d）试验测试阶段

（5）试验测试阶段：观测控制系统界面的误差分析数值变化，通过调节水浴温度及室内温度变化来调控误差值变化，直至导热系数测试完成。

（6）试验重复测试阶段：对每种绝热材料重复进行三组试验，然后取平均值，记为该材料在该三维尺寸下的导热系数值。

2. 数据处理方法

导热系数取值受到环境温湿度改变而不断发生变化，通过试验获取建筑绝热材料的导热系数只能获取若干个离散的点，若想获得导热系数在不同环境温湿度下的取值则需要对试验结果进行拟合。然而，目前现有研究者针对不同温度下的导热系数变化情况常采用的拟合公式有很多，一些研究者采用一元线性公式拟合，也有研究者采用一元三次方非线性公式拟合，同时可能不同的材料对于不同的拟合公式适配性也不尽相同，为了探究不同材料的导热系数测试值受温度影响变化的最佳拟合公式，本节将展开研究。

在探究不同拟合公式的结果时，为了更好地评估拟合公式拟合的效果，已有研究者指出不能仅仅选取决定系数（R^2）作为判定系数，因此，本研究选取决定系数（R^2）、残差平方和（RSS）和残差分布作为判定系数。R^2通常用来定量描述采用不同拟合公式拟合结果的好坏，越接近 1 说明拟合效果越好。残差平方和的定义为：

$$\mathrm{RSS}=\sum_{i=1}^{n}(x_i-x_{\mathrm{fit}})^2 \tag{4.5}$$

该式用以表示所有试验数据的实测值和拟合值的平方和，RSS 越小，则拟合效果越好。残差分布是指实测值和拟合值之间的差值，拟合曲线应该均匀地在实测值之间来回穿插，即残差分布值应该在正负之间交替变化为好。

通过防护热板法试验获取三种不同材料的导热系数测试值随温度变化的趋势，但是目前均为离散的数据点，选取正确的拟合公式会帮助研究者获取更多的数据。通过文献调研发现目前多采用线性拟合和三次方非线性拟合，为了探究更适合这三种材料的拟合方式，分别选取一元一次方、一元二次方和一元三次方进行对比分析，进而选取最适合的拟合方式。

图 4.3 为 EPS 的导热系数测试值受温度影响拟合的R^2和 RSS 结果，通过对 EPS 进行三种公式的拟合发现，当厚度为 30～60mm 时，通过三次方拟合的R^2更好，但是厚度超过 60mm 时则表现出不同的现象。通过观察不同厚度的 RSS 发现采用三次方拟合的效果更好。通过分析这两个参量，综合来看采用三次方拟合效果更好。

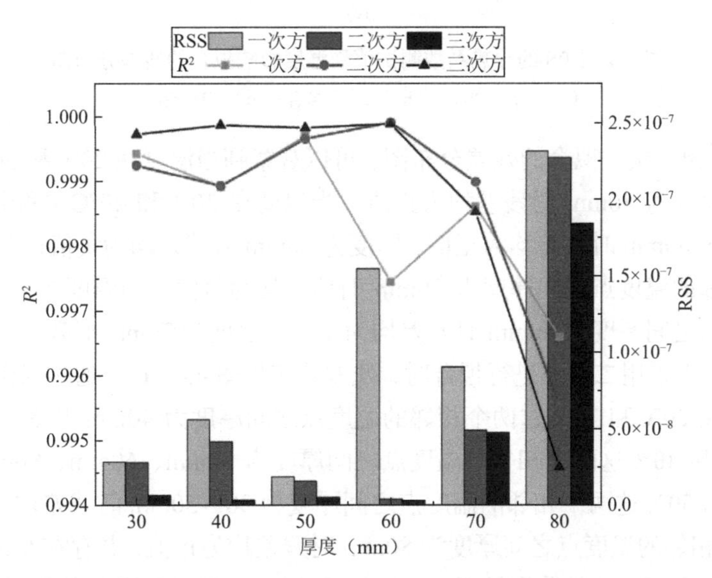

图 4.3　EPS 的导热系数测试值受温度影响拟合的R^2和 RSS 结果

图 4.4 为 EPS 导热系数受温度影响下不同拟合公式的残差分布图。由于残差是真实值与拟合值之间的差值，且拟合的曲线应该在拟合的数据点之间上下穿插才被认为是较好的拟合效果，因此相同厚度条件下每两个相邻的温度点之间应该在 0 轴上下变动。

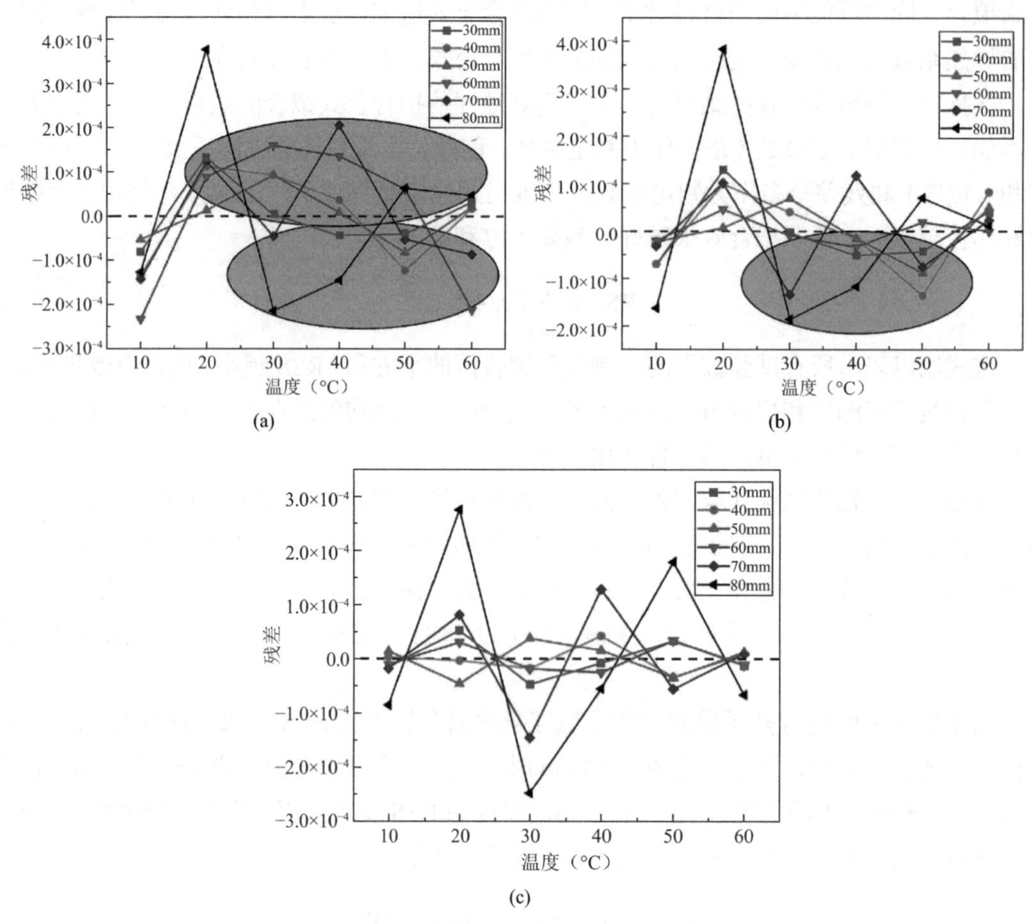

图 4.4　EPS 的导热系数测试值受温度影响拟合的残差分布图

（a）一次方拟合；（b）二次方拟合；（c）三次方拟合

图 4.4（a）为一次方拟合的残差分布图，可以观察到当温度在 20℃和 30℃这两个相邻的温度点之间厚度为 30mm 时残差均为正值；当温度在 30℃和 40℃这两个相邻的温度点之间厚度为 40～60mm 时残差均为正值，厚度为 80mm 时残差均为负值；当温度在 40℃和 50℃这两个相邻的温度点之间厚度为 30mm 时残差均为负值；当温度在 50℃和 60℃这两个相邻的温度点之间厚度为 80mm 时残差均为正值，厚度为 70mm 时残差均为负值，共存在 8 个异常点。当采用二次方进行拟合时，残差分布见图 4.4（b）。通过对图像进行观察可以发现当温度在 20℃和 30℃这两个相邻的温度点之间厚度为 40mm 及 50mm 时残差均为正值；在 30℃和 40℃这两个相邻的温度点之间厚度为 30mm、60mm、80mm 时残差均为负值；在 40℃和 50℃这两个相邻的温度点之间厚度为 30～50mm 时残差均为负值；在 50℃和 60℃这两个相邻的温度点之间厚度为 80mm 时残差均为正值，共存在 9 个异常点。当采用三次方进行拟合时，残差分布见图 4.4（c）。通过对图像进行观察发现当温度在 20℃和

30℃这两个相邻的温度点之间厚度为 40mm 时残差均为负值；当温度在 30℃和 40℃这两个相邻的温度点之间厚度为 30mm、60mm 和 80mm 时残差均为负值，厚度为 50mm 时残差均为正值；共存在 5 个异常点，最终结果统一汇总于表 4.1。综合考虑R^2、RSS 及残差分布，EPS 应选用三次方进行拟合。

XPS 导热系数测试值受温度影响拟合的R^2和 RSS 结果如图 4.5 所示，其变化趋势与 EPS 大致相同。当厚度为 30～60mm 时，三次方拟合的R^2更好，但是超过 60mm 时则表现出不同的现象，通过观察不同厚度的 RSS 发现采用三次方拟合的效果更好。通过分析这两个参量，综合来看采用三次方拟合效果更好。

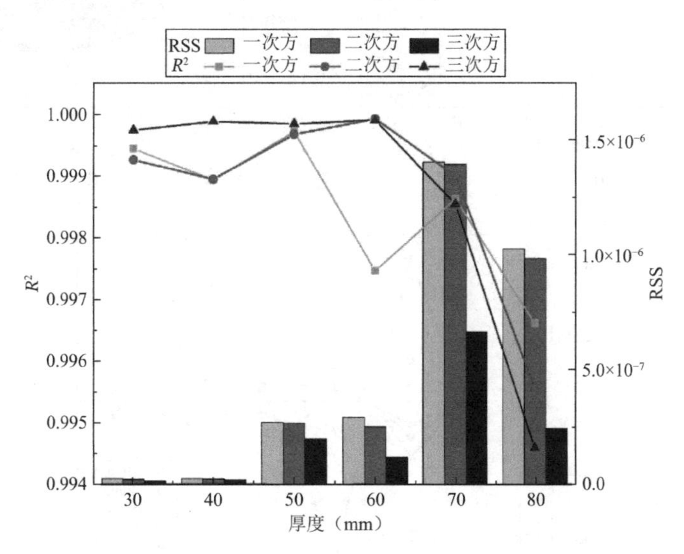

图 4.5　XPS 的导热系数测试值受温度影响拟合的R^2和 RSS 结果

图 4.6 为 XPS 导热系数测试值受温度影响下采用不同拟合公式的残差分布图。图 4.6（a）为一次方拟合的残差分布图，可以观察到当温度在 10℃和 20℃这两个相邻的温度点之间厚度为 30mm、60mm、70mm 时残差均为正值，80mm 残差均为负值；当温度在 20℃和 30℃这两个相邻的温度点之间厚度 40mm 时残差均为负值，厚度为 70mm 时残差均为正值；当温度在 30℃和 40℃这两个相邻的温度点之间厚度为 30mm、40mm、60mm 时残差均为负值，厚度为 80mm 时均为正值；当温度在 40℃和 50℃这两个相邻的温度点之间厚度为 50mm、70mm 时残差均为负值；当温度在 50℃和 60℃这两个相邻的温度点之间厚度为 40mm、60mm 时残差均为正值，厚度为 80mm 时均为负值，共存在 15 个异常点；当采用二次方进行拟合时，残差分布见图 4.6（b）。可以观察到当温度在 20℃和 30℃这两个相邻的温度点之间厚度为 70mm 时残差均为正值，厚度为 40mm 时残差均为负值；当温度在 30℃和 40℃这两个相邻的温度点之间厚度为 30mm、40mm 时残差均为负值，厚度为 80mm 时残差均为正值；当温度在 40℃和 50℃这两个相邻的温度点之间厚度为 50mm、70mm 时残差均为负值，厚度为 60mm 时均为正值，共存在 8 个异常点；当采用三次方进行拟合时，残差分布见图 4.6（c）。可观察到当温度在 20℃和 30℃这两个相邻的温度点之间厚度为 40mm 时残差均为正值；当温度在 30℃和 40℃这两个相邻的温度点之间厚度为 50mm、70mm、80mm 时残差均为正值，厚度为 40mm 时残差均为负值；当温度在 40℃和 50℃这

两个相邻的温度点之间厚度为60mm时残差均为正值，共存在6个异常点，最终结果统一汇总于表4.1。综合考虑R^2、RSS及残差分布，XPS应选用三次方进行拟合。

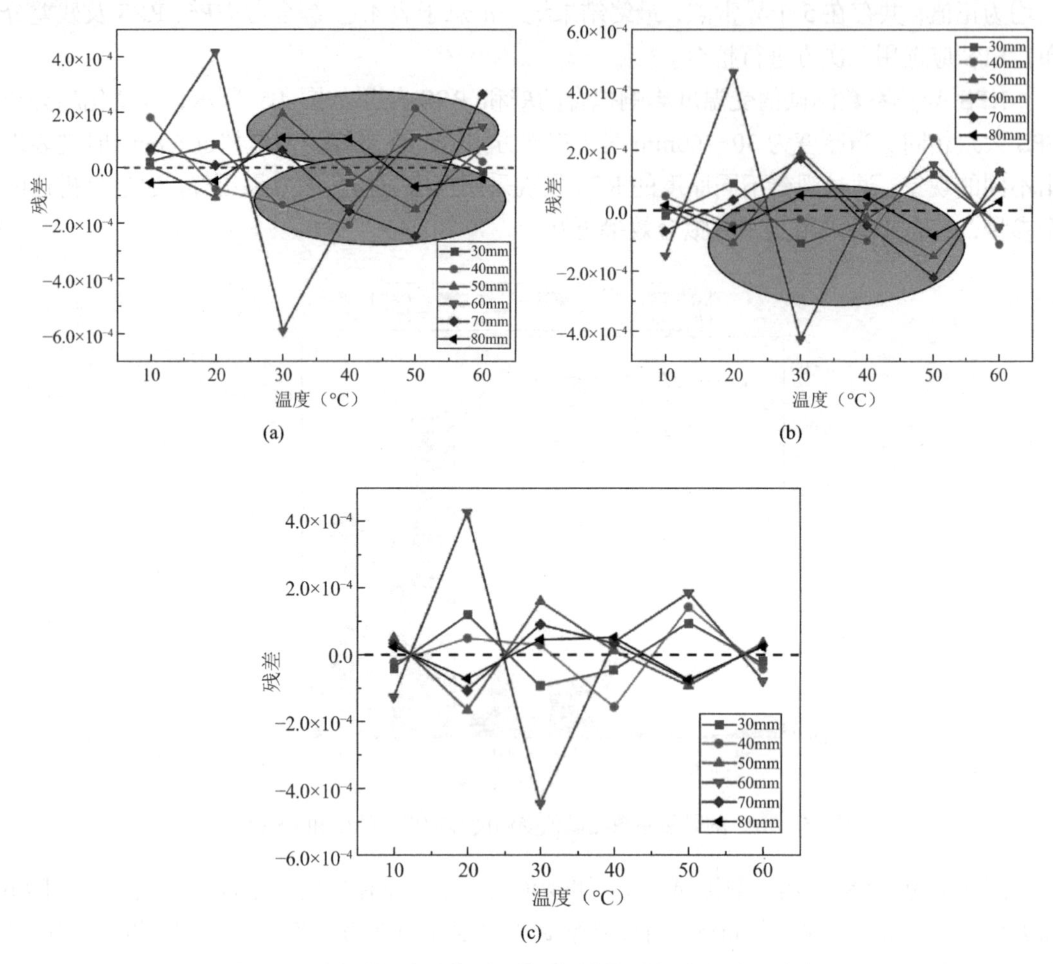

(a)

(b)

(c)

图4.6 XPS的导热系数测试值受温度影响拟合的残差分布图

（a）一次方拟合；（b）二次方拟合；（c）三次方拟合

发泡水泥导热系数测试值受温度影响下拟合效果如图4.7所示，其变化趋势与EPS、XPS均不同。当厚度为30～80mm时，一次方和三次方拟合的R^2交替最好，但是通过观察不同厚度的RSS发现采用三次方拟合的效果更好。通过分析这两个参量，综合来看采用三次方拟合效果更好。

图4.8为发泡水泥导热系数测试值在温度影响下采用不同拟合公式的残差分布图。图4.8（a）为一次方拟合的残差分布图，可以观察到当温度在10℃和20℃这两个相邻的温度点之间厚度为50mm、60mm时残差均为负值；当温度在20℃和30℃这两个相邻的温度点之间厚度为70mm、80mm时残差均为负值；当温度在30℃和40℃这两个相邻的温度点之间厚度为30mm时残差均为负值，厚度为70mm、80mm时均为正值；当温度在40℃和50℃这两个相邻的温度点之间厚度为50mm、60mm时残差均为负值；当温度在50℃和60℃这两个相邻的温度点之间厚度为30mm时残差均为正值，共存在10个异常点；当采用二

次方进行拟合时，残差分布见图 4.8（b），可以观察到当温度在 10℃和 20℃这两个相邻的温度点之间厚度为 50mm、60mm 时残差均为负值；当温度在 20℃和 30℃这两个相邻的温度点之间厚度为 70mm、80mm 时残差均为正值；当温度在 30℃和 40℃这两个相邻的温度点之间厚度为 30mm 时残差均为负值，厚度为 70mm、80mm 时均为正值；当温度在 40℃和 50℃这两个相邻的温度点之间厚度为 50mm、60mm 时残差均为负值；当温度在 50℃和 60℃这两个相邻的温度点之间厚度为 30mm 时残差均为正值，共存在 10 个异常点；当采用三次方进行拟合时，残差分布见图 4.8（c），可以观察到当温度在 20℃和 30℃这两个相邻的温度点之间厚度为 80mm 时残差均为负值；当温度在 30℃和 40℃这两个相邻的温度点之间厚度为 30mm 时残差均为负值；当温度在 40℃和 50℃这两个相邻的温度点之间厚度为 60mm 时残差均为负值；当温度在 50℃和 60℃这两个相邻的温度点之间厚度为 50mm 时残差均为正值，共存在 4 个异常点，最终结果统一汇总于表 4.1。综合考虑R^2、RSS 及残差分布，发泡水泥应选用三次方进行拟合。

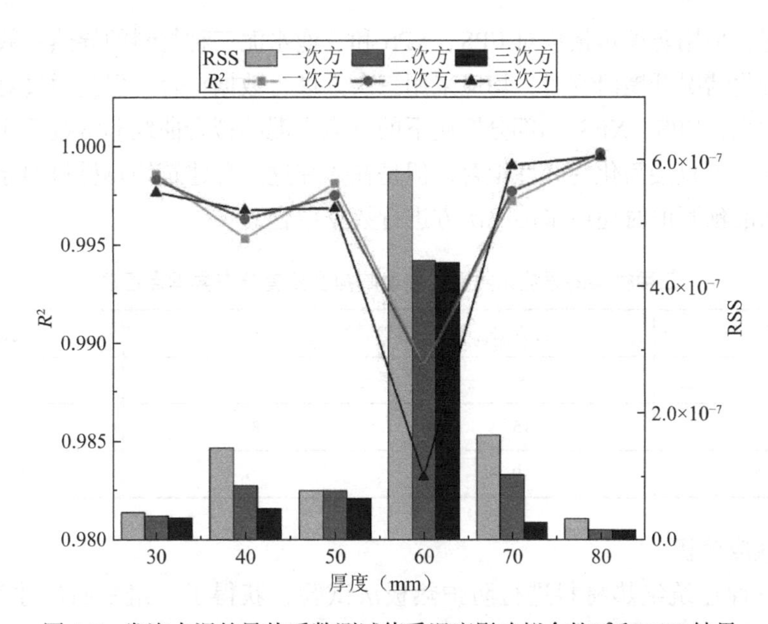

图 4.7　发泡水泥的导热系数测试值受温度影响拟合的R^2和 RSS 结果

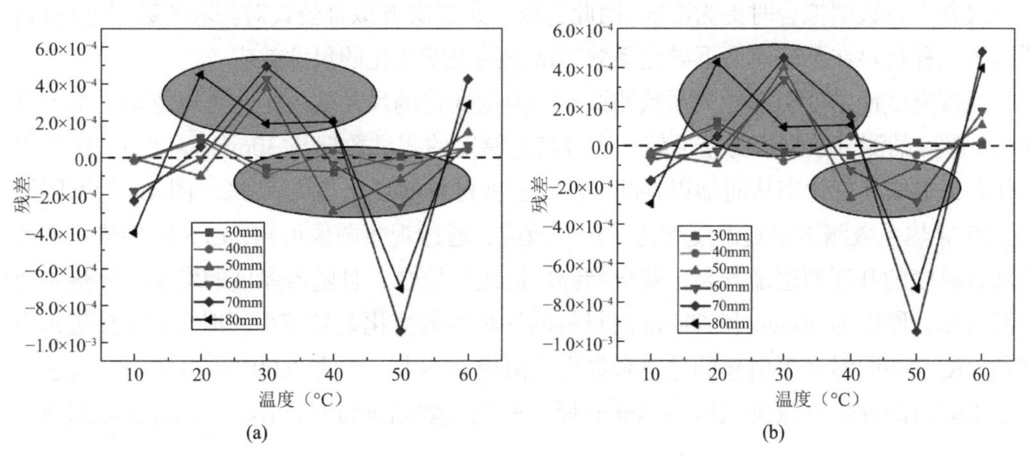

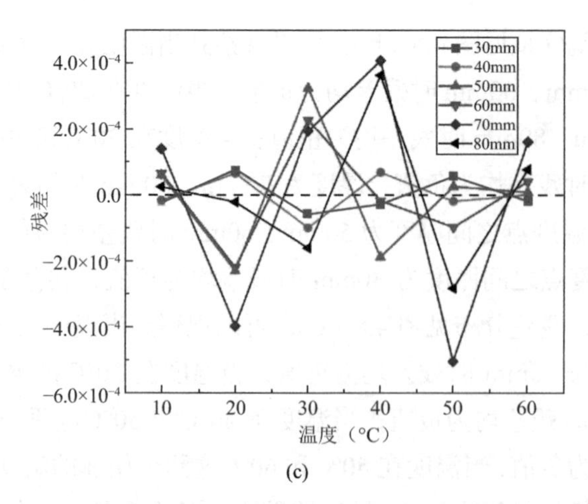

(c)

图 4.8　发泡水泥的导热系数测试值受温度影响拟合的残差分布图

（a）一次方拟合；（b）二次方拟合；（c）三次方拟合

综上所述，采用防护热板法对 EPS、XPS 和发泡水泥三种材料的导热系数测试值在不同温度下的变化情况开展研究时，均应采用三次方进行数据拟合，但是通过对拟合曲线进行观察可以发现，EPS、XPS 和部分厚度下的发泡水泥的拟合曲线非常接近线性拟合，因此在工程应用中可直接简化为线性拟合，但是在探究这三种建筑绝热材料的导热系数在不同温度下的精准预测值时还应采用三次方进行数据拟合。

三种材料的导热系数受温度影响拟合残差分布异常点汇总　　　　表 4.1

材料	一次方拟合	二次方拟合	三次方拟合
EPS	8	9	5
XPS	15	8	6
发泡水泥	10	10	4

3. 尺寸效应分析

通过对三种建筑绝热材料进行防护热板法试验，获得了三组平面尺寸为 300mm × 300mm，厚度为 30～80mm 在 10～60℃下的导热系数测试值，通过分析可知，三种材料采用三次方进行数据拟合时更为准确，因此选取一元三次方拟合公式对获取的数据进行拟合，得到了三种材料在不同厚度下导热系数测试值随温度变化的尺寸效应。

为探究试件厚度引起导热系数测试值随温度变化的尺寸效应是否可以忽略，本节选取 30mm 厚度的测试数据作为基准值，通过其他厚度的测试数据与 30mm 厚度的测试数据进行作差，求取其变化率从而加以判断，汇总三种材料的变化率见表 4.2。图 4.9 为不同厚度下 EPS 导热系数测试值随温度变化的尺寸效应，通过观察图像可知，EPS 的导热系数测试值随着温度的升高而逐渐升高，变化趋势接近线性拟合；且随着厚度的增加，导热系数也逐渐增加，厚度为 50mm 和 60mm 时材料的导热系数变化差异较小，拟合曲线接近重合，其他厚度在相同温度下引起的导热系数变化值相差不大，约为 0.001W/(m · K)。通过 EPS 厚度不同时的导热系数测试值与 30mm 厚度的测试数据进行对比作差，当厚度超过 50mm

时尺寸效应引起的误差在中高温时均超过 5%，则认为不可忽略。综上，EPS 通过防护热板法测试不同温度下导热系数时不可忽略试件厚度的影响。

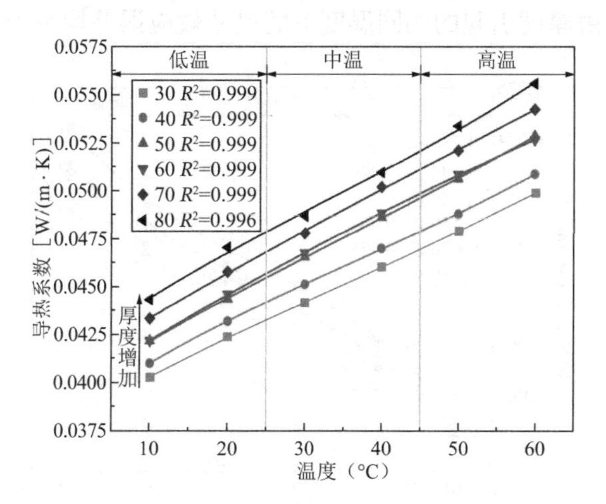

图 4.9　不同厚度下 EPS 导热系数测试值随温度变化的尺寸效应

图 4.10 为不同厚度下 XPS 导热系数测试值随温度变化的尺寸效应，通过观察图像可知，XPS 的导热系数测试值随着温度的升高而逐渐升高，变化趋势接近线性拟合。由厚度引起的导热系数变化规律可以分为两类：厚度为 30～50mm 的变化趋势大致相同，厚度为 60～80mm 的变化趋势大致相同；厚度为 70mm 和 80mm 时 XPS 的导热系数变化差异较小，曲线几乎拟合，由此可见，厚度过大时，XPS 的导热系数尺寸效应可以忽略，相差不大。相较于 30mm 厚度的导热系数测试值，尺寸效应带来的误差在 10～20℃时所有厚度均不可忽略，只在厚度为 50mm 及高温条件下厚度为 70mm 和 80mm 时误差较小。综上，XPS 通过防护热板法测试不同温度下导热系数时不可忽略试件厚度的影响。

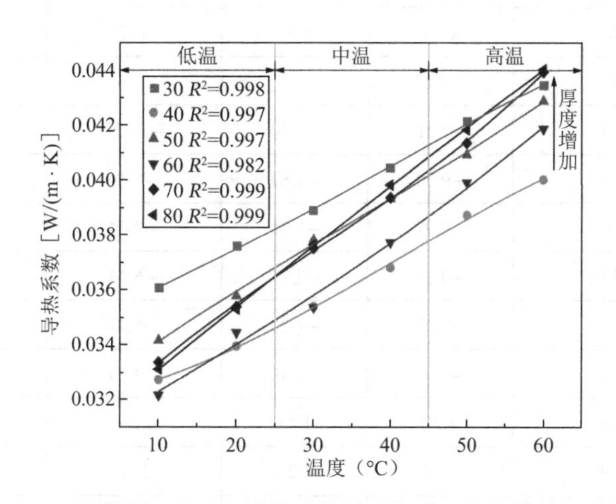

图 4.10　不同厚度下 XPS 导热系数测试值随温度变化的尺寸效应

图 4.11 为不同厚度下发泡水泥导热系数测试值随温度变化的尺寸效应，通过观察图像可知，发泡水泥的导热系数测试值随着温度的升高而逐渐升高，变化趋势在厚度较小时接近线性拟合，随着厚度的增加，变化规律的曲率随之增加；导热系数在中低温度时与厚度

的变化规律并无明显规律，但随着厚度的增加，当温度增加到60℃时，导热系数则表现为随着厚度的增加而增加。通过对比发泡水泥不同厚度下导热系数与30mm厚度导热系数测试值的变化率，发现由厚度引起的相同温度下的尺寸效应误差均小于5%，认为可以忽略。

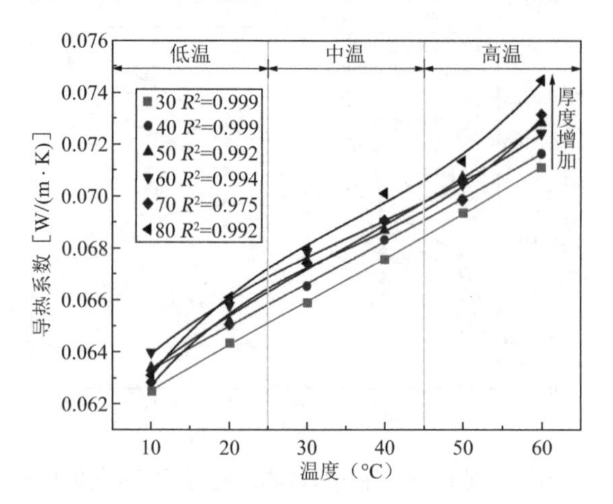

图4.11　不同厚度下发泡水泥导热系数测试值随温度变化的尺寸效应

不同厚度下三种材料导热系数测试值随温度的变化率　　表4.2

材料种类	温度（℃）	不同厚度变化率（%）				
		40mm	50mm	60mm	70mm	80mm
EPS	10	1.87	4.73	4.78	7.63	10.05
	20	1.95	4.66	5.24	8.00	10.97
	30	2.20	5.44	5.91	8.18	10.19
	40	2.18	5.62	6.13	9.08	10.71
	50	1.84	5.67	6.12	8.72	11.36
	60	1.98	5.95	5.56	8.69	11.36
XPS	10	−9.21	−5.20	−10.77	−7.41	−8.12
	20	−9.70	−4.83	−8.39	−5.89	−6.10
	30	−8.97	−2.71	−9.04	−3.50	−3.16
	40	−9.01	−2.77	−6.74	−2.68	−1.56
	50	−8.08	−2.84	−5.27	−1.84	−0.70
	60	−7.99	−1.40	−3.75	1.02	1.25
发泡水泥	10	1.27	1.43	2.38	0.55	0.98
	20	1.13	1.29	2.28	1.14	2.74
	30	0.99	2.47	3.03	2.37	3.18
	40	1.11	1.67	2.19	2.22	3.77
	50	0.76	1.98	1.57	0.72	2.85
	60	0.74	2.44	1.84	2.87	4.72

综上所述，采用防护热板法测定建筑绝热材料在不同温度下的导热系数时，发泡水泥可以忽略厚度带来的尺寸效应；EPS 和 XPS 则均不可忽略材料厚度变化带来的尺寸效应。分析其导热系数测试值尺寸效应误差产生的原因主要是，防护热板法虽然测试原理为一维稳态导热过程，但是在待测试件四周的传热过程却为二维或三维导热过程，泡沫基材料由于相较于水泥基材料导热系数较小，表现出对这种现象更显著的变化趋势，从而导致其尺寸效应明显，误差均达到了不可忽略的程度。

4. 权重分析

建筑绝热材料的导热系数是重要的热物性参数，精准获取导热系数对于不同建筑热工分区合理选择建筑材料及合理设置保温层厚度具有非常重要的作用，本节通过防护热板法试验测定环境温度和试件厚度对导热系数的影响，并通过随机森林算法计算各种影响因素的权重。

图 4.12 为 EPS、XPS、发泡水泥三种建筑绝热材料通过防护热板法试验和瞬态平面热源法试验获取其导热系数的影响因素权重分析。通过防护热板法试验获取导热系数时，温度对导热系数的影响权重均大于试件厚度的影响权重。三种建筑绝热材料的权重占比也不尽相同，试件尺寸对于导热系数影响权重从大到小依次为 EPS、XPS 和发泡水泥，发泡水泥的占比甚至只占 4%。

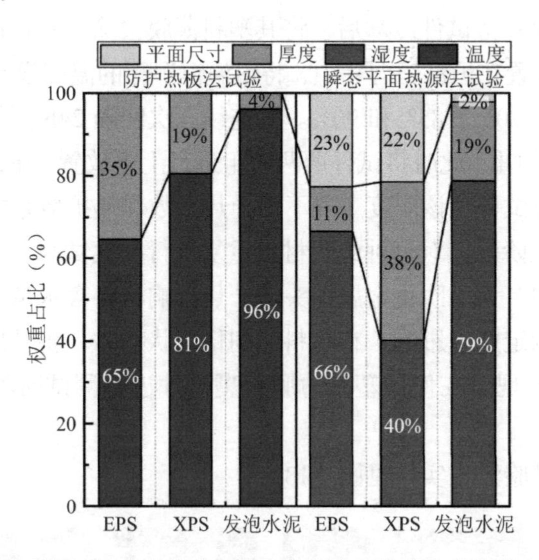

图 4.12　通过两种不同试验方法获取三种建筑绝热材料导热系数影响因素的权重分析

4.3.2　瞬态平面热源法

1. 尺寸选取及试验方案

《建筑用材料导热系数和热扩散系数瞬态平面热源测试法》GB/T 32064—2015 和《Plastics-Determination of thermal conductivity and thermal diffusivity Part 2: Transient plane heat source (hot disc) method》ISO 22007-2: 2015 中均未指出瞬态平面热源法在测量建筑绝热材料的导热系数和热扩散系数时的尺寸要求[5]。根据该试验所选用的试验仪器 TPS 2200 及配置的直径为 9.868mm 的 8563 型号探头，该试验的常用试件尺寸为 100mm × 50mm × 30mm、

100mm × 100mm × 30mm 等，也有人选取 40mm × 40mm × 30mm 尺寸试件开展研究，但是并未有人开展试件尺寸对测试结果的影响的系统研究[8]。因此，本研究选取平面尺寸为 50mm × 50mm、100mm × 50mm、100mm × 100mm，厚度为 30mm、50mm、80mm 的试件。通过查阅相关文献及考虑夏季常用湿度工况，确定测试温湿度工况为温度 35℃，相对湿度依次为 0%、30%、50%、70%、85%和 90%开展测试。

通过瞬态平面热源法测试建筑绝热材料在 35℃下相对湿度变化对导热系数和热扩散系数影响的试验方案如下：

（1）试验准备阶段：对于三种不同类型的材料，分别准备六块平面尺寸为 50mm × 50mm、100mm × 50mm、100mm × 100mm，厚度为 30mm、50mm、80mm 的试件进行试验。

（2）试件干燥阶段：将准备好的试件放置在烘干箱中，对于有可能发生化学变化或不可逆的结构破坏的材料采用 70℃作为烘干温度，对于不会发生化学变化或者不会造成不可逆的结构破坏的材料选用 105℃作为烘干温度。在测量试件质量变化过程中当连续三次间隔 24h 测得的质量变化不超过其自身质量的 1%时认为试件达到恒重。

（3）试件的密封和冷却阶段：将试件从干燥箱中取出并用塑料薄膜包裹试件，放置在室内直至冷却至室温。

（4）试验测试阶段：待试件冷却后，将其塑料薄膜去除，并快速测量其实际尺寸和质量。将处理后的试件放置在恒温恒湿箱中，将恒温恒湿箱的温度设置为 35℃，湿度依次设置为 0%、30%、50%、70%、85%和 90%。待连续三次间隔 24h 测得的试件质量变化不超过 1%时认为试件达到恒重。此时将试件两两一组进行上下放置，在试件中间放置金属探头并加以固定，开始测量试件在该湿度工况下的导热系数和热扩散系数值。

（5）试验重复测试阶段：对每种绝热材料重复进行 5 次试验，然后取平均值。在进行导热系数的测试过程中，为了防止金属探头的产热影响材料含水量的变化，从而对其导热系数和热扩散系数的测定产生影响，在材料达到稳定状态时，将其用塑料薄膜包裹再进行测试。通过初步试验发现，在使用塑料薄膜包裹试件进行测试时不会影响其导热系数的测试。

瞬态平面热源法试验流程实拍见图 4.13。

(a)

(b)

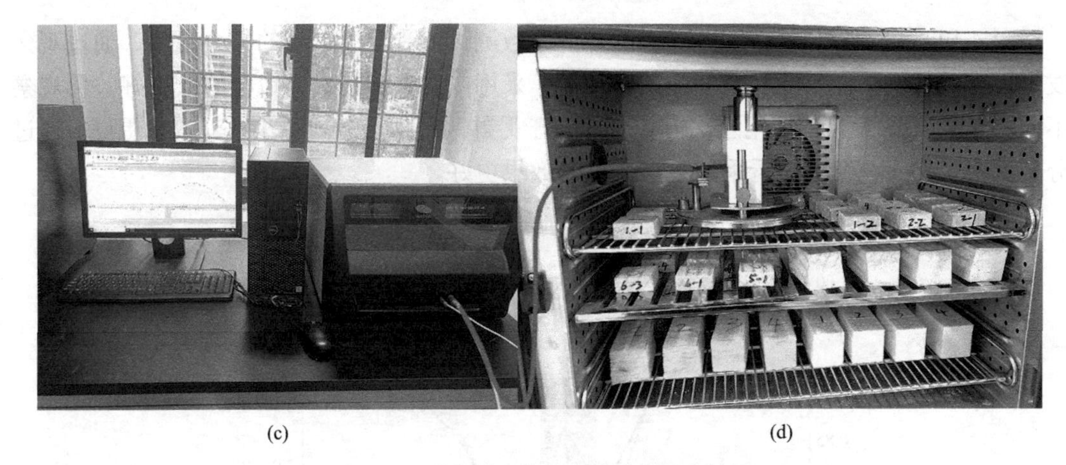

(c)　(d)

图 4.13　瞬态平面热源法试验流程实拍图

（a）试验准备阶段；（b）试件干燥阶段；（c）试验设置阶段；（d）试验测试阶段

2. 数据计算获取及数据处理方法

（1）数据计算获取

建筑绝热材料的典型热物性参数分别代表材料的不同属性，典型热物性参数中除了导热系数还有比热容、热扩散系数和蓄热系数。热扩散系数表示物体在非稳态导热时传递热量使各个部分温度趋于一致的能力；比热容表征单位质量的物体改变单位温度时所吸收或释放的热量，其主要与材料含湿量有关；蓄热系数表征物质单位体积或单位质量在温度变化时所蓄积或释放的热量。

通过瞬态平面热源法试验获得三种材料在不同尺寸下的导热系数和热扩散系数测试值，但无法直接测得建筑绝热材料的比热容和蓄热系数。比热容和蓄热系数可以通过公式(4.6)和公式(4.7)代入瞬态平面热源法获取的导热系数和热扩散系数来计算得到。

$$\lambda = C\alpha \tag{4.6}$$

$$S = \sqrt{\frac{2\pi}{T}\lambda C\rho} = 2.507\sqrt{\frac{\lambda C\rho}{T}} \tag{4.7}$$

式中：λ——导热系数［W/(m · K)］；

C——比热容［J/(kg · ℃)］；

α——热扩散系数（m^2/s）；

S——蓄热系数［$W/(m^2 \cdot K)$］；

ρ——密度（kg/m^3）；

T——温度（℃）。

（2）数据处理方法选取

通过瞬态平面热源法试验获取不同湿度条件下导热系数测试值的变化情况，为了获取全湿度工况下的导热系数变化情况，通常采用拟合公式对获取的离散点进行数据拟合。通过对前人的文献进行分析总结发现多为一元一次方线性拟合和一元三次方非线性拟合[9-10]。为了探究更适合这三种材料的拟合方式，选取一元一次方、一元二次方和一元三次方进行对比分析，进而选取最适合的拟合方式。

图 4.14 为三种拟合公式对 EPS 的导热系数测试值受湿度影响的拟合结果，通过观察发现，当试件的平面尺寸和厚度开始增加时，采用二次方和三次方拟合的R^2更好。再观察不同厚度的 RSS 发现，采用三次方拟合相较于另外两种拟合方式更小，其效果更好。通过分析这两个参量，综合来看采用三次方拟合效果更好。

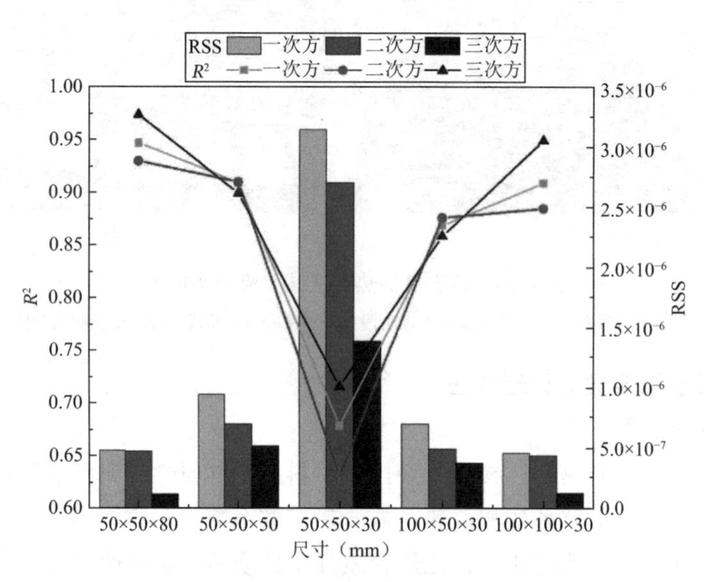

图 4.14　EPS 的导热系数测试值受湿度影响拟合的R^2和 RSS 结果

图 4.15 为 EPS 的导热系数测试值受湿度变化影响时采用不同拟合公式的残差分布图。图 4.15（a）为一次方拟合的残差分布图，可以观察到当相对湿度在 0%和 30%这两个相邻的湿度点时尺寸为 50mm × 50mm × 30mm 时残差均为正值；当相对湿度在 30%和 50%这两个相邻的湿度点时尺寸为 50mm × 50mm × 80mm 和 100mm × 100mm × 30mm 时残差均为正值，尺寸为 100mm × 50mm × 30mm 时残差均为负值；当相对湿度在 50%和 70%这两个相邻的湿度点时尺寸为 50mm × 50mm × 30mm 和 100mm × 50mm × 30mm 时残差均为负值；当相对湿度在 70%和 85%这两个相邻的湿度点时尺寸为 50mm × 50mm × 30mm、50mm × 50mm × 50mm、100mm × 50mm × 30mm、100mm × 100mm × 30mm 时残差均为负值；当相对湿度在 85%和 90%这两个相邻的湿度点时尺寸为 50mm × 50mm × 80mm 时残差均为正值，共存在 10 个异常点。当采用二次方进行拟合时，残差分布图见图 4.15（b），可以观察到当相对湿度在 30%和 50%这两个相邻的湿度点时尺寸为 50mm × 50mm × 30mm、50mm × 50mm × 50mm、50mm × 50mm × 80mm、100mm × 100mm × 30mm 及 100mm × 50 mm × 30mm 时残差均为正值；当相对湿度在 70%和 85%这两个相邻的湿度点时尺寸为 50mm × 50mm × 30mm、50mm × 50mm × 50mm、50mm × 50mm × 80mm、100mm × 100mm × 30mm 及 100mm × 50mm × 30mm 时残差均为负值；当相对湿度在 85%和 90%这两个相邻的湿度点时尺寸为 50mm × 50mm × 80mm 时残差均为正值，共存在 10 个异常点。当采用三次方进行拟合时，残差分布图见图 4.15（c），可以观察到当相对湿度在 50%和 70%这两个相邻的湿度点时尺寸为 50mm × 50mm × 30mm、100mm × 50mm × 30mm 时残差均为正值；当相对湿度在 70%和 85%这两个相邻的湿度点时尺寸为 50mm ×

50mm × 50mm 时残差均为负值；当相对湿度在 85%和 90%这两个相邻的湿度点时尺寸为 100mm × 100mm × 30mm时残差均为正值，共存在4个异常点，最终结果统一汇总于表 4.3。综合考虑，R^2、RSS 及残差分布 EPS 应选用三次方进行拟合。

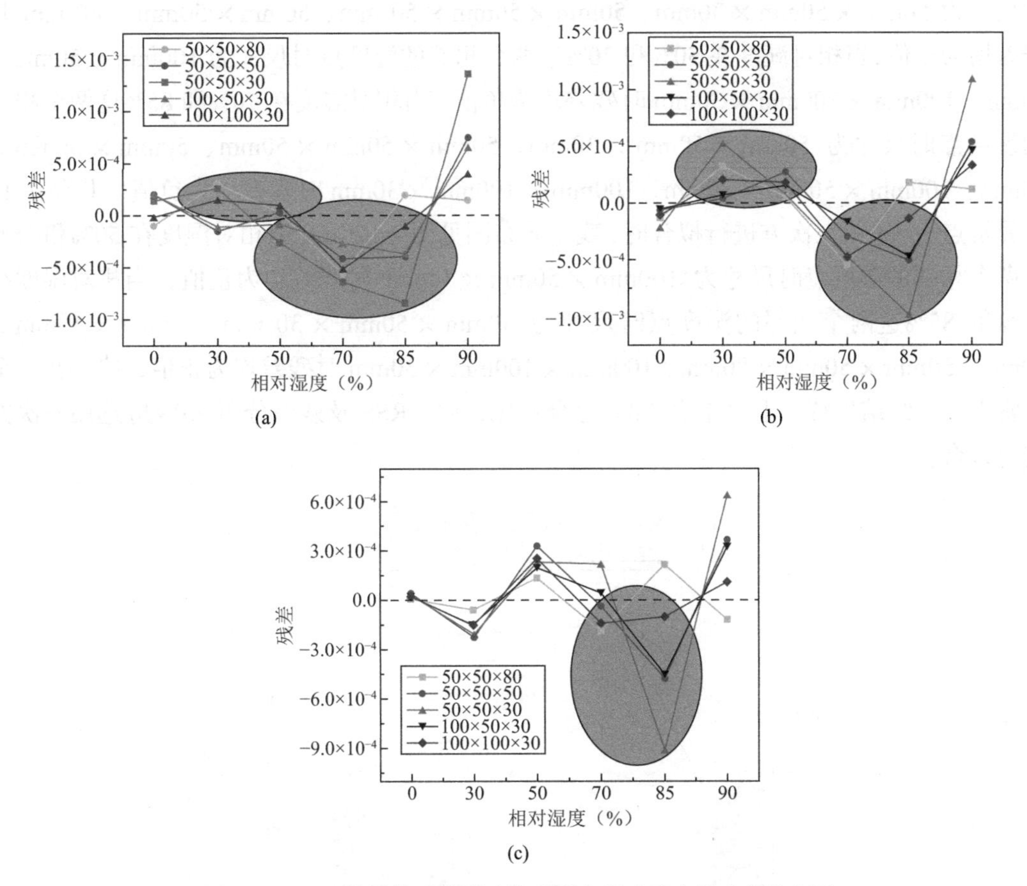

图 4.15　EPS 的导热系数测试值受湿度影响拟合的残差分布图

（a）一次方拟合；（b）二次方拟合；（c）三次方拟合

图 4.16 为三种拟合公式对 XPS 的导热系数测试值受湿度影响的拟合结果，通过观察图像发现，当试件的平面尺寸和厚度开始增加时，均为采用三次方拟合的R^2更好。再观察不同厚度的 RSS 发现，采用三次方拟合时相较于另外两种拟合方式更小，其效果更好。通过分析这两个参量，综合来看采用三次方拟合效果更好。

图 4.17 为 XPS 的导热系数测试值受湿度变化影响时采用不同拟合公式的残差分布图。图 4.17（a）为一次方拟合的残差分布图，可以观察到当相对湿度在 0%和 30%这两个相邻的湿度点时尺寸为 50mm × 50mm × 30mm、50mm × 50mm × 80mm 时残差均为正值；当相对湿度在 30%和 50%这两个相邻的湿度点时尺寸为 50mm × 50mm × 50mm 时残差均为负值；当相对湿度在 50%和 70%这两个相邻的湿度点时尺寸为 50mm × 50mm × 30mm、50mm × 50mm × 50mm、50mm × 50mm × 80mm、100mm × 50mm × 30mm、100mm × 100mm × 30mm 时残差均为负值；当相对湿度在 70%和 85%这两个相邻的湿度点时尺寸为 50mm × 50mm × 30mm、50mm × 50mm × 80mm、100mm × 50mm × 30mm、100mm ×

100mm × 30mm 时残差均为负值；当相对湿度在 85%和 90%这两个相邻的湿度点时尺寸为 50mm × 50mm × 50mm 时残差均为正值，共存在 13 个异常点。当采用二次方进行拟合时，残差分布图见图 4.17（b），可以观察到当相对湿度在 30%和 50%这两个相邻的湿度点时尺寸为 50mm × 50mm × 30mm、50mm × 50mm × 50 mm、50mm × 50mm × 80 mm 时残差均为正值；当相对湿度在 50%和 70%这两个相邻的湿度点时尺寸为 100mm × 50mm × 30mm、100mm × 100mm × 30mm 时残差均为负值；当相对湿度在 70%和 85%这两个相邻的湿度点时尺寸为 50mm × 50mm × 30mm、50mm × 50mm × 50mm、50mm × 50mm × 80mm、100mm × 50mm × 30mm、100mm × 100mm × 30mm 时残差均为负值，共存在 10 个异常点。当采用三次方进行拟合时，残差分布图见图 4.17（c），当相对湿度在 50%和 75%这两个相邻的湿度点时尺寸为 100mm × 50mm × 30mm 时残差均为正值；当相对湿度在 70%和 85%这两个相邻的湿度点时尺寸为 50mm × 50mm × 30 mm、50mm × 50mm × 50mm、50mm × 50mm × 80mm、100mm × 100mm × 30mm 时残差均为正值，共存在 5 个异常点，最终结果统一汇总于表 4.3。综合考虑，R^2、RSS 及残差分布 XPS 应选用三次方进行拟合。

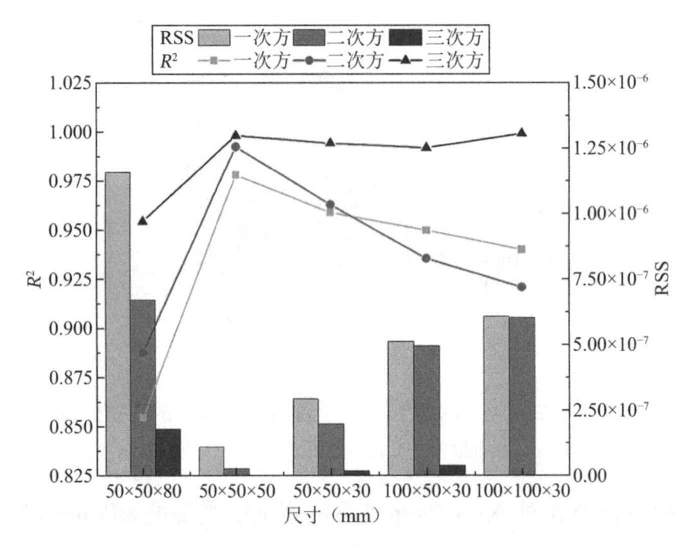

图 4.16　XPS 的导热系数测试值受湿度影响拟合的R^2和 RSS 结果

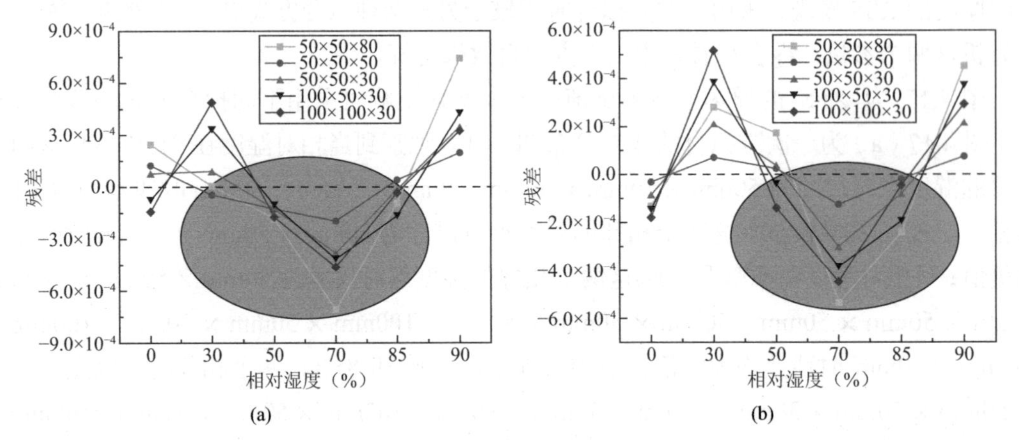

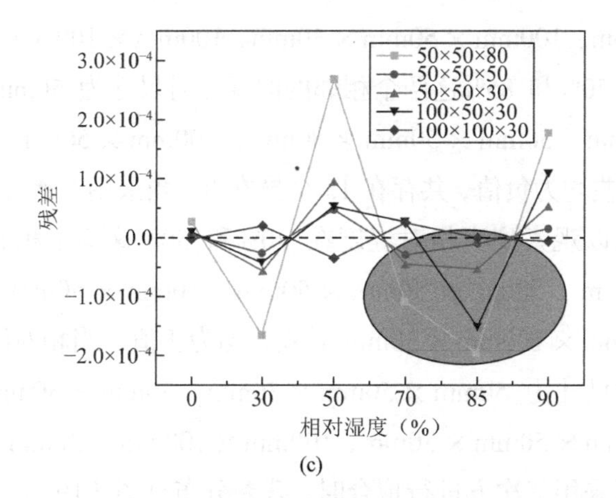

(c)

图 4.17　XPS 的导热系数测试值受湿度影响拟合的残差分布图

（a）一次方拟合；（b）二次方拟合；（c）三次方拟合

图 4.18 为三种拟合公式对发泡水泥的导热系数测试值受湿度影响的拟合结果，通过观察图发现，当试件的平面尺寸和厚度开始增加时，均为采用三次方拟合的R^2更好。再观察不同厚度的 RSS 发现，采用三次方拟合时效果更好。通过分析这两个参量，综合来看采用三次方拟合效果更好。

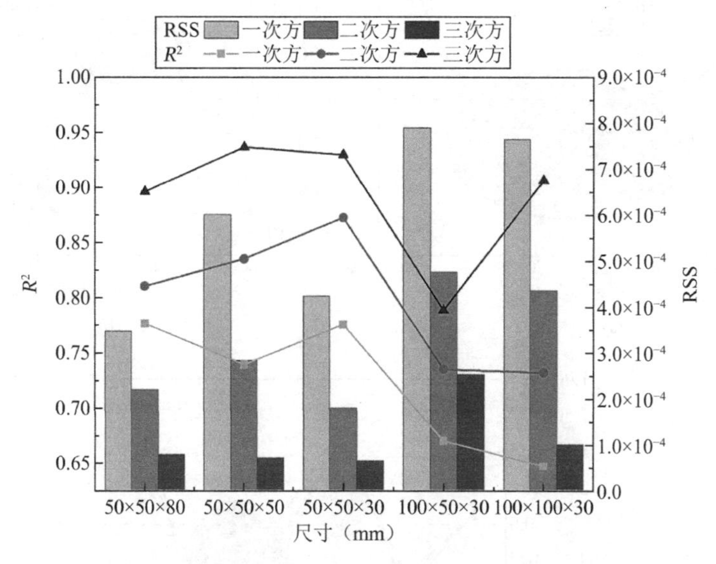

图 4.18　发泡水泥的导热系数测试值受湿度影响拟合的R^2和 RSS 结果

图 4.19 为发泡水泥的导热系数测试值受湿度变化影响时采用不同拟合公式的残差分布图。图 4.19（a）为一次方拟合的残差分布图，可以观察到当相对湿度在 0%和 30%这两个相邻的湿度点时尺寸为 100mm × 100mm × 30mm 时残差均为正值；当相对湿度在 30%和 50%这两个相邻的湿度点时尺寸为 50mm × 50mm × 30mm、50mm × 50mm × 50mm、50mm × 50mm × 80mm、100mm × 50mm × 30mm 时残差均为负值；当相对湿度在 50%和 70%这两个相邻的湿度点时尺寸为 50mm × 50mm × 30mm、50mm × 50mm × 50mm、

50mm × 50mm × 80mm、100mm × 50mm × 30mm、100mm × 100 mm × 30mm 时残差均为负值；当相对湿度在 70%和 85%这两个相邻的湿度点时尺寸为 50mm × 50mm × 30mm、50mm × 50mm × 50mm、50mm × 50mm × 80mm、100mm × 50mm × 30 mm、100mm × 100mm × 30mm 时残差均为负值，共存在 15 个异常点。当采用二次方进行拟合时，残差分布见图 4.19（b），可以观察到当相对湿度在 30%和 50%这两个相邻的湿度点时尺寸为 50mm × 50mm × 30mm、50mm × 50mm × 50mm、50mm × 50mm × 80mm、100mm × 50mm × 30mm、100mm × 100mm × 30mm 时残差均为正值；当相对湿度在 70%和 85%这两个相邻的湿度点时尺寸为 50mm × 50mm × 30mm、50mm × 50mm × 50mm、50mm × 50mm × 80mm、100mm × 50mm × 30mm、100mm × 100mm × 30mm 时残差均为负值，共存在 10 个异常点。当采用三次方进行拟合时，残差分布见图 4.19（c），当相对湿度在 70%和 85%这两个相邻的湿度点时尺寸为 50mm × 50mm × 30mm、50mm × 50mm × 50mm、50mm × 50mm × 80mm、100mm × 50mm × 30mm、100mm × 100mm × 30mm 时残差均为负值，共存在 5 个异常点，最终结果统一汇总于表 4.3。综合考虑，R^2、RSS 及残差分布发泡水泥应选用三次方进行拟合。

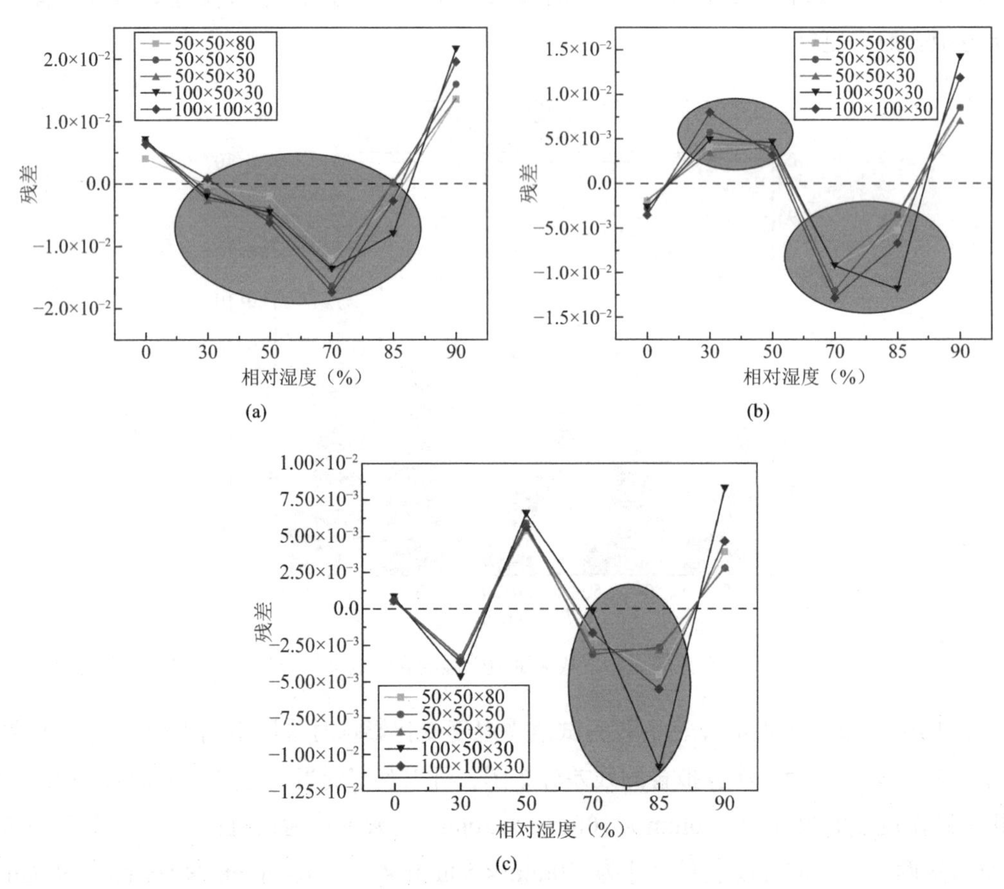

图 4.19 XPS 的导热系数测试值受湿度影响拟合的残差分布图

（a）一次方拟合；（b）二次方拟合；（c）三次方拟合

三种材料的导热系数受温度影响拟合残差分布异常点汇总　　表 4.3

材料	一次方拟合	二次方拟合	三次方拟合
EPS	10	10	4
XPS	13	10	5
发泡水泥	15	10	5

综上所述，当采用瞬态平面热源法试验测试 EPS、XPS 和发泡水泥三种材料的导热系数随湿度变化时，应采用三次方进行数据拟合更为准确。

3. 尺寸效应分析

（1）导热系数的尺寸效应

通过对三种建筑绝热材料进行瞬态平面热源法试验，获得了三组平面尺寸为 50mm × 50mm、100mm × 50mm、100mm × 100mm，厚度为 30mm、50mm、80mm 的试件，在 35℃下不同相对湿度的导热系数测试值，通过上述分析可知，三种材料采用三次方进行数据拟合时更为准确，因此选取三次方对获取的数据进行拟合，得到了三种材料在不同试件尺寸下导热系数测试值随湿度变化的尺寸效应。

为探究试件尺寸引起导热系数测试值随湿度变化的尺寸效应是否可以忽略，本节选取 50mm × 50mm × 30mm 试件的测试数据作为基准值，分别探究其他平面尺寸和厚度的测试数据与基准值作差，求取其变化率从而加以判断，汇总三种材料的变化率见表 4.4。

图 4.20 为不同尺寸下 EPS 导热系数测试值随湿度变化的尺寸效应，通过观察图像可知，EPS 的导热系数测试值随着湿度的升高而逐渐升高；由厚度及平面尺寸变化引起的导热系数尺寸效应误差在低湿和高湿阶段更为显著，在中湿阶段则表现不明显；在绝干状态时，增加试件的平面尺寸对导热系数影响并不大，但增加试件的厚度可以使得试件的导热系数发生较大偏移，当厚度从 30mm 增加到 80mm 时导热系数变化了 1.83%；在相对湿度达到 90%时，增加试件的厚度和平面尺寸都导致导热系数值发生较大的偏移，其中平面尺寸变化的影响更大，达到了 4.36%。通过对比 EPS 不同尺寸下的导热系数测试值与 50mm × 50mm × 30mm 试件导热系数测试值的变化率，发现由尺寸引起的相同湿度下的尺寸效应误差均小于 5%，认为可以忽略。

图 4.21 为不同尺寸下 XPS 导热系数测试值随湿度变化的尺寸效应，通过观察图像可知，XPS 的导热系数测试值随着湿度的升高而逐渐升高；由厚度变化引起的导热系数变化远远大于由平面尺寸引起的变化值，厚度变化引起的导热系数变化发生在全湿度工况，平面尺寸变化引起的导热系数变化发生在高低湿阶段。通过对比 XPS 不同尺寸时导热系数与 50mm × 50mm × 30mm 试件导热系数测试值的变化率，发现由平面尺寸变化引起的导热系数变化均小于 5%，认为可以忽略，绝干状态下的误差值远大于其他湿度状态；随着厚度的增加，导热系数误差在中低湿阶段也在逐渐增加，当厚度增长至 80mm 时，几乎在所有湿度工况下的变化率都大于 5%，则认为不可忽略。综上，XPS 通过瞬态平面热源法测定不同湿度变化下导热系数测试值时，试件平面尺寸变化带来的影响可以忽略，厚度变化带来的

影响不可以忽略。

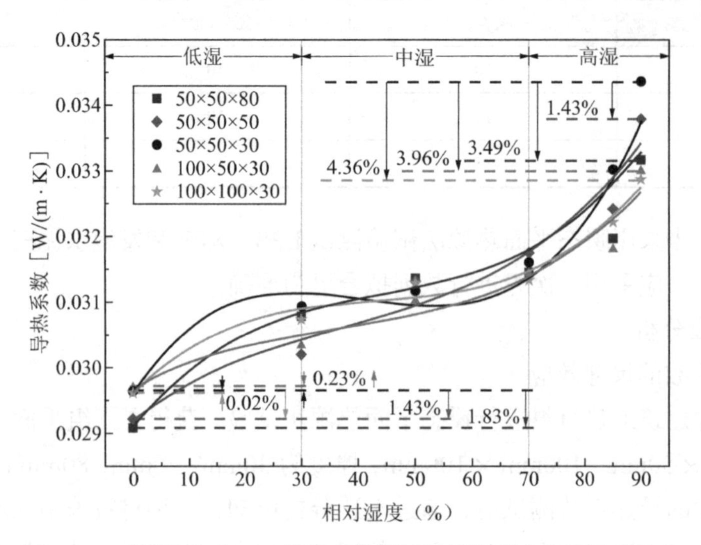

图 4.20　不同尺寸下 EPS 导热系数测试值随湿度变化的尺寸效应

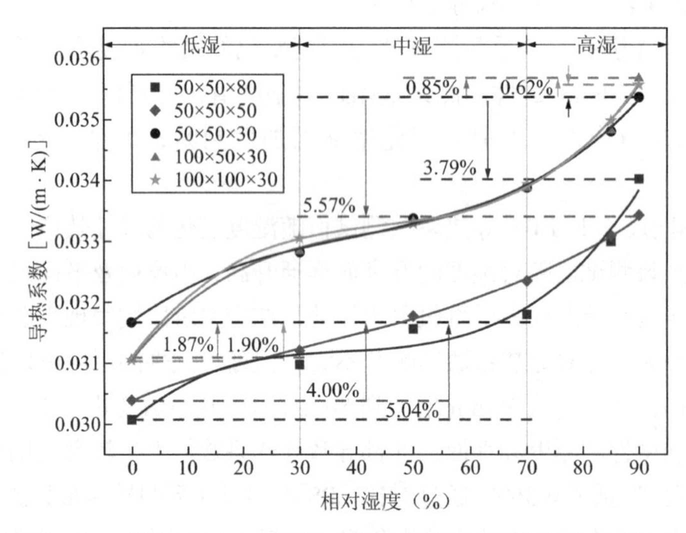

图 4.21　不同尺寸下 XPS 导热系数测试值随湿度变化的尺寸效应

图 4.22 为不同尺寸下发泡水泥导热系数测试值随湿度变化的尺寸效应，通过观察图像可知，发泡水泥的导热系数测试值随着湿度的升高而逐渐升高；材料的尺寸效应多体现在低湿和高湿阶段；由平面尺寸变化引起的导热系数变化较厚度变化引起的变化率小，当平面尺寸增加到 100mm × 50mm 时在高湿阶段误差较大，且达到了不可忽略的程度，当平面尺寸增加到 100mm × 100mm 时中低湿阶段误差值明显增大，但大部分湿度工况下可忽略；当厚度增大到 50mm 时，导热系数误差在低中湿阶段较大，当厚度继续增大到 80mm 时，导热系数误差在低湿及高湿阶段较大，且均大于 5%，认为不可忽略。综上，发泡水泥通过瞬态平面热源法测定不同湿度变化下导热系数测试值时试件平面尺寸和厚度变化的影响均可以忽略。

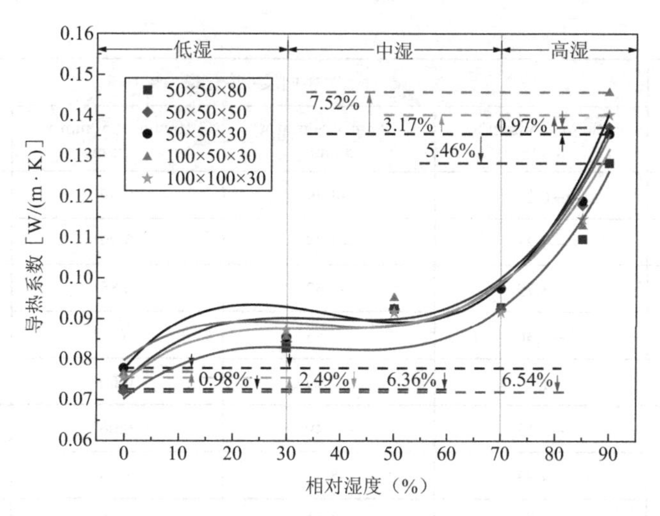

图 4.22　不同尺寸下发泡水泥导热系数测试值随湿度变化的尺寸效应

综上所述，采用瞬态平面热源法试验测定建筑绝热材料在不同湿度下的导热系数时，三种材料的尺寸效应多体现在低湿和高湿阶段。EPS 在低湿阶段厚度对其导热系数影响较大，在高湿阶段平面尺寸对其导热系数影响较大，但全湿度工况下尺寸效应带来的误差均可以忽略；XPS 的厚度变化引起的误差在全湿度工况下均大于平面尺寸变化引起的误差，平面尺寸带来的尺寸效应可以忽略，厚度带来的尺寸效应不可忽略；发泡水泥不同湿度变化下导热系数的变化对试件平面尺寸和厚度变化的影响均可以忽略。由于瞬态平面热源法试验测试原理为三维非稳态导热过程，综合其尺寸效应误差分析，EPS 和发泡水泥导热系数测试值并未随着厚度和平面尺寸增大表现出较为明显的差别，更加验证了其为各向同性材料，而 XPS 虽然也认为是各向同性材料，但是在测试过程中却表现出不同的变化趋势，推测其主要原因是测试的 XPS 上下表面由于在切割过程中形成一层光滑的表面，从而增大了其导热速率。

不同尺寸下三种材料导热系数测试值随湿度的变化率　　**表 4.4**

材料种类	湿度（%）	不同尺寸变化率（%）			
		50mm × 50mm × 80mm	50mm × 50mm × 50mm	100mm × 50mm × 30mm	100mm × 100mm × 30mm
EPS	0	−1.82	−1.42	0.24	−0.03
	30	−0.48	−2.33	−1.88	−0.61
	50	0.58	0.29	−0.55	0.45
	70	0.09	0.47	−0.44	−0.79
	85	3.29	1.47	−0.44	0.81
	90	−3.49	−1.69	−3.96	−4.36
XPS	0	−5.02	−3.98	−1.86	−1.89
	30	−5.60	−4.93	0.06	0.67
	50	−5.42	−4.76	−0.15	−0.24

续表

材料种类	湿度（%）	不同尺寸变化率（%）			
		50mm × 50mm × 80mm	50mm × 50mm × 50mm	100mm × 50mm × 30mm	100mm × 100mm × 30mm
XPS	70	−6.11	−4.49	0.09	0.06
	85	−5.23	−4.97	0.09	0.55
	90	−3.79	−5.57	0.85	0.62
发泡水泥	0	−6.36	−6.55	−0.98	−2.49
	30	−1.79	−2.99	0.60	2.23
	50	−3.17	−4.49	0.06	−4.05
	70	−4.93	−5.41	1.03	−5.92
	85	−7.99	−0.78	−4.91	−3.56
	90	−5.43	0.97	7.56	3.17

（2）比热容、热扩散系数、蓄热系数的尺寸效应

通过试验测试和数值计算获得三种建筑绝热材料的不同尺寸在温度为 35℃全湿度工况下的比热容、蓄热系数和热扩散系数数据，前人并没有对于这三种系数进行数据拟合等方式的处理，且三者确实并无较为明显的变化关系，所以直接分析其尺寸效应。

为探究试件尺寸引起比热容、热扩散系数和蓄热系数随湿度变化的尺寸效应是否可以忽略，本节选取 50mm × 50mm × 30mm 试件的测试数据作为基准值，分别探究其他平面尺寸和厚度的测试数据与基准值作差，求取其变化率从而加以判断，EPS、XPS、发泡水泥三种材料的变化率见表 4.5～表 4.7。三种材料比热容、热扩散系数和蓄热系数随湿度变化的尺寸效应图中的虚线分别代表试验的多次重复测试结果，若虚线较为集中则表明其重复性较高，反之则表明其重复性误差较大。

图 4.23 为不同尺寸下 EPS 比热容、热扩散系数和蓄热系数随湿度变化的尺寸效应。就比热容、热扩散系数和蓄热系数三种参数的变化趋势而言，可见比热容和蓄热系数的变化趋势大致相同，而二者与热扩散系数的变化趋势则完全相反。这主要是由于比热容和蓄热系数都与热扩散系数成反比，并且其中热扩散系数的变化趋势相较于导热系数更大。由于三者的变化趋势均存在正反比的关系，仅以比热容作为对象进行描述其变化趋势。EPS 的比热容在相对湿度 0%、30%和 90%时的变化趋势明显，并随着试件平面尺寸的增加比热容也逐渐增大，相对湿度为 85%时，材料的比热容随着试件平面尺寸的增大而逐渐减小；在相对湿度 0%和 30%时随着试件厚度的增加呈现出逐渐减小的趋势；当材料处于相对湿度为 50%、70%、85%时热物性的尺寸效应表现不太明显。通过对图像的观察可发现其虚线几乎重合，说明 EPS 的三种热物性参数测试重复性误差较小，这与 EPS 的材料属性有着密切的关系。通过对 EPS 不同试件尺寸的比热容、热扩散系数和蓄热系数值与 50mm × 50mm × 30mm 试件的测试数据进行对比作差，发现比热容和热扩散系数在低湿和高湿阶段的误差大于 5%，在中湿阶段一般则小于 5%，蓄热系数在低湿阶段的误差相较于中高湿阶段则更高，均大于 5%，且相较于导热系数在全湿度工况下的变化情况，比热容、热扩散

系数和蓄热系数由尺寸引起的误差在大部分湿度工况下均不可以忽略。综上，EPS 通过瞬态平面热源法试验获取的比热容、热扩散系数和蓄热系数由尺寸引起的误差均不可以忽略。

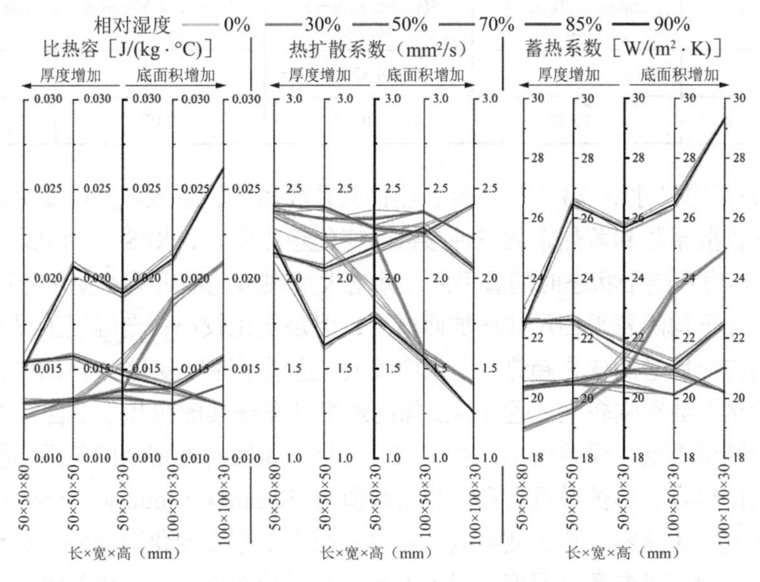

图 4.23　不同尺寸下 EPS 比热容、热扩散系数和蓄热系数随湿度变化的尺寸效应

不同尺寸下 EPS 比热容、热扩散系数和蓄热系数随湿度的变化率　　表 4.5

热物性参数	湿度（%）	不同尺寸的变化率（%）			
		50mm × 50mm × 80mm	50mm × 50mm × 50mm	100mm × 50mm × 30mm	100mm × 100mm × 30mm
比热容［J/(kg · °C)］	0	−19.47	−13.17	22.13	35.56
	30	−10.14	−3.11	36.28	51.27
	50	−1.79	−0.22	−2.24	4.99
	70	−4.98	−4.55	0.65	−6.28
	85	4.83	7.14	−5.17	6.53
	90	−21.05	7.97	10.16	36.37
热扩散系数（mm²/s）	0	22.29	15.36	−17.05	−26.09
	30	5.22	−0.75	−28.63	−36.41
	50	1.99	0.03	1.59	−4.77
	70	5.31	5.30	−1.06	5.81
	85	−1.49	−5.36	4.93	−5.43
	90	22.38	−8.91	−12.80	−29.86
蓄热系数［W/(m² · K)］	0	−11.22	−8.29	10.13	16.27
	30	−8.29	−5.26	13.77	20.11
	50	−0.46	0.22	−1.48	2.90
	70	−2.45	−1.66	−0.18	−3.36

续表

热物性参数	湿度（%）	不同尺寸的变化率（%）			
		50mm × 50mm × 80mm	50mm × 50mm × 50mm	100mm × 50mm × 30mm	100mm × 100mm × 30mm
蓄热系数［W/(m²·K)］	85	4.10	4.33	−2.73	3.66
	90	−12.72	3.03	3.02	14.27

图 4.24 为不同尺寸下 XPS 比热容、热扩散系数和蓄热系数随湿度变化的尺寸效应。就比热容、热扩散系数和蓄热系数三种参数的变化趋势而言，XPS 与 EPS 的变化趋势相同。XPS 的比热容在绝干状态时随着平面尺寸增大呈现出先增后减的变化趋势，变化较大，而其他湿度工况下均随着平面尺寸增加而增大，但是变化较小；全湿度工况下随着厚度的增加均呈现出先减后增的变化趋势，变化均较大。这说明厚度变化对于 XPS 的比热容、热扩散系数和蓄热系数影响较大。通过对图像的观察可发现其虚线几乎重合，说明 XPS 的三种热物性参数测试重复性误差较小，这与 XPS 的材料属性有着密切的关系。通过对 XPS 不同试件尺寸的比热容、热扩散系数和蓄热系数值与 50mm × 50mm × 30mm 试件的测试数据进行对比作差，比热容、热扩散系数和蓄热系数由于厚度变化引起的变化率较大，当厚度增加到 50mm 时三种参数全湿度工况下的变化情况均较大，均不可忽略；但当厚度增加到 80mm 时比热容和热扩散系数在全湿度工况下的变化情况也均大于 5%，而蓄热系数在中低湿度工况下的变化率则较小，均小于 5%，认为可以忽略；相较于厚度变化，平面尺寸变化除在低湿工况下的比热容和热扩散系数变化情况较大外，其他的全湿度工况下虽随着平面尺寸的增大而增大，但均小于 5%，认为可以忽略。综上，XPS 通过瞬态平面热源法试验获取的比热容、热扩散系数和蓄热系数由试件厚度变化引起的误差不可忽略，试件平面尺寸变化引起的误差可以忽略。

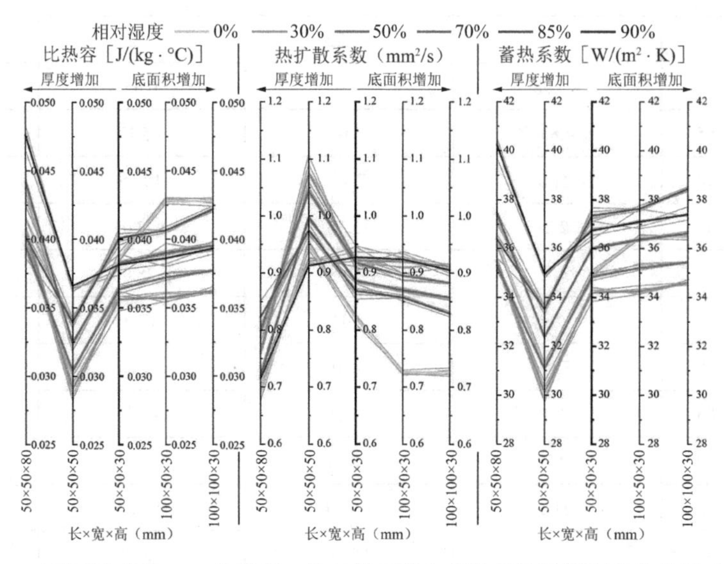

图 4.24　不同尺寸下 XPS 比热容、热扩散系数和蓄热系数随湿度变化的尺寸效应

图 4.25 为不同尺寸下发泡水泥比热容、热扩散系数和蓄热系数随湿度变化的尺寸效

应。就比热容、热扩散系数和蓄热系数三种参数的变化趋势而言，发泡水泥与 EPS、XPS 的变化趋势相同。发泡水泥的比热容在相对湿度为 0%和 30%时由厚度及平面尺寸变化引起的变化呈波动趋势；当相对湿度为 50%～70%时，比热容随着平面尺寸的增加表现为增大的趋势；相对湿度继续增加至 90%时，比热容随着平面尺寸的增加表现为逐渐减小的趋势。通过对图像的观察可发现其虚线较为分散，说明发泡水泥的三种热物性参数测试重复性误差较大，这主要是由于发泡水泥本身是吸湿性材料，且孔隙率较大导致的。通过对发泡水泥不同试件尺寸的比热容、热扩散系数和蓄热系数值与 50mm × 50mm × 30mm 试件的测试数据进行对比作差发现，比热容、热扩散系数和蓄热系数由于平面尺寸变化引起的变化率相较于厚度变化更大，且三种参数随尺寸效应的变化情况在中低湿阶段较小，但在 30%相对湿度工况下的变化率相较于其他工况较大，在高湿阶段的变化率则表现得更大。

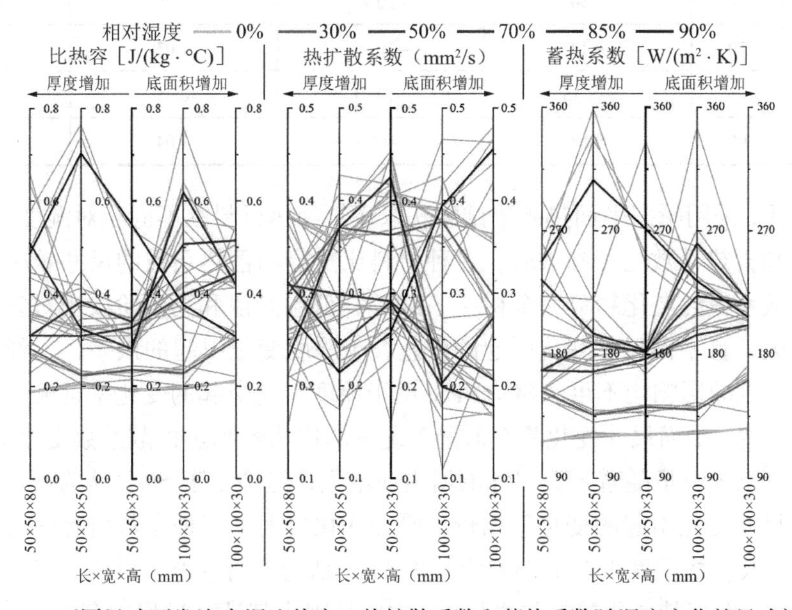

图 4.25　不同尺寸下发泡水泥比热容、热扩散系数和蓄热系数随湿度变化的尺寸效应

不同尺寸下 XPS 比热容、热扩散系数和蓄热系数随湿度的变化率　　表 4.6

热物性参数	湿度（%）	不同尺寸的变化率（%）			
		50mm × 50mm × 80mm	50mm × 50mm × 50mm	100mm × 50mm × 30mm	100mm × 100mm × 30mm
比热容［J/(kg · °C)］	0	13.81	−16.99	11.01	10.83
	30	14.01	−18.50	0.31	1.74
	50	8.61	−16.36	2.34	3.68
	70	15.59	−15.20	1.99	3.45
	85	0.20	−15.34	1.42	5.36
	90	24.83	−4.01	1.23	3.09
热扩散系数（mm²/s）	0	−16.55	15.67	−11.59	−11.49
	30	−17.20	16.72	−0.24	−1.06

续表

热物性参数	湿度（%）	不同尺寸的变化率（%）			
		50mm × 50mm × 80mm	50mm × 50mm × 50mm	100mm × 50mm × 30mm	100mm × 100mm × 30mm
热扩散系数（mm^2/s）	50	−12.94	13.82	−2.47	−3.80
	70	−18.79	12.63	−1.84	−3.28
	85	−5.33	12.23	−1.34	−4.59
	90	−22.94	−1.60	−0.39	−2.40
蓄热系数［$W/(m^2 \cdot K)$］	0	3.95	−10.74	4.37	4.27
	30	3.73	−11.98	0.19	1.21
	50	1.34	−10.75	1.08	1.70
	70	4.17	−10.00	1.03	1.74
	85	−2.56	−10.31	0.75	2.92
	90	9.58	−4.80	1.04	1.84

综上所述，采用瞬态平面热源法试验获取建筑绝热材料在不同相对湿度下的比热容、热扩散系数和蓄热系数三种参数时，三种材料比热容和蓄热系数的尺寸效应变化趋势相同，而热扩散系数的变化趋势完全相反。EPS 在低湿阶段和高湿阶段受材料尺寸效应引起的误差较大，且平面尺寸变化引起的误差大于厚度变化引起的误差，三种参数受试件平面尺寸和厚度的影响均不可忽略；XPS 由于厚度变化引起的变化率远大于平面尺寸变化引起的变化率，平面尺寸变化除在低湿工况下的比热容和热扩散系数变化情况较大外，其他的全湿度工况下虽随着平面尺寸的增大而增大，但均小于 5%，认为可以忽略。发泡水泥由平面尺寸变化引起的变化率相较于厚度变化更大，三种参数引起的尺寸效应变化误差均较大，大多数湿度工况下误差均大于 5%，认为不可忽略。对比这三种参数与导热系数变化趋势，发现其变化趋势与之相反，主要是因为其计算过程中存在反比关系，导致导热系数的误差产生了传递现象，形成与三种材料导热系数尺寸效应变化趋势相反的结果。

不同尺寸下发泡水泥比热容、热扩散系数和蓄热系数随湿度的变化率　　表 4.7

热物性参数	湿度（%）	不同尺寸的变化率（%）			
		50mm × 50mm × 80mm	50mm × 50mm × 50mm	100mm × 50mm × 30mm	100mm × 100mm × 30mm
比热容［$J/(kg \cdot ^\circ C)$］	0	−1.21	6.53	4.17	10.22
	30	19.68	−5.11	−2.93	26.96
	50	−5.42	−5.61	21.01	35.48
	70	−8.81	12.78	49.24	51.49
	85	82.13	16.05	121.12	49.75
	90	−11.47	27.98	−31.60	−44.00

续表

热物性参数	湿度（%）	不同尺寸的变化率（%）			
		50mm × 50mm × 80mm	50mm × 50mm × 50mm	100mm × 50mm × 30mm	100mm × 100mm × 30mm
热扩散系数（mm^2/s）	0	−5.22	−12.25	−4.92	−11.54
	30	−17.56	2.21	3.86	−17.91
	50	6.05	2.53	−17.33	−29.21
	70	7.52	−15.94	−31.42	−38.41
	85	−46.13	−12.90	−52.34	−35.65
	90	8.64	−16.85	52.90	76.73
蓄热系数［$W/(m^2 \cdot K)$］	0	−3.82	−0.22	1.56	3.67
	30	8.35	−4.05	−1.20	13.69
	50	−4.72	−5.20	10.05	14.02
	70	−7.33	3.26	22.61	19.50
	85	28.41	7.02	42.97	20.18
	90	−8.64	13.22	−13.89	−23.56

4. 权重分析

通过瞬态平面热源法试验获取导热系数时，三种建筑绝热材料的导热系数影响因素中均为湿度影响最大，但试件平面尺寸和厚度对导热系数的影响因素权重占比则表现出不同的变化趋势。EPS 的导热系数影响因素权重占比中平面尺寸大于厚度，而 XPS 和发泡水泥的导热系数影响因素占比均为厚度大于平面尺寸，其中 XPS 的厚度权重占比甚至达到了 38%，与环境湿度的权重占比几乎接近，因此在采用瞬态平面热源法测定 XPS 受环境湿度影响下的导热系数过程中应较为关注其试件厚度的选取。发泡水泥的平面尺寸权重占比仅为 2%，远远小于湿度变化和厚度变化。

比热容、热扩散系数及蓄热系数为通过瞬态平面热源法测定并计算得到的，因此三种参数的影响因素为湿度、平面尺寸及厚度，并无环境温度的影响。通过随机森林算法计算其影响因素对比热容、热扩散系数及蓄热系数三种参数的权重占比。

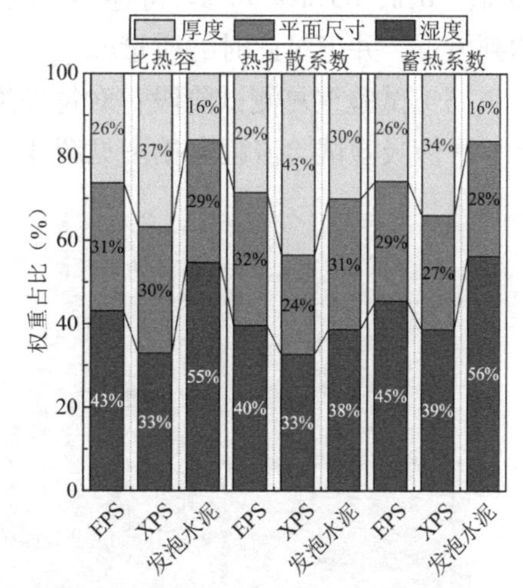

图 4.26　三种建筑绝热材料的比热容、热扩散系数及蓄热系数影响因素的权重分析

图 4.26 为三种建筑绝热材料的比热容、热扩散系数及蓄热系数影响因素的权重分析。可见 EPS 和发泡水泥的比热容、热扩散系数和蓄热系数受试件平面尺寸和厚度影响大于其导热系数受这两种因素的影响情况，且影响因素的权重均表现为湿度大于平面尺寸大于厚度。XPS 的三种参数的影响因素则表现出波动的变化趋势，比热容和热扩散系数的权重占比表现为厚度大于湿度大于平面尺寸，蓄

热系数的权重占比表现为湿度大于厚度大于平面尺寸，XPS 的厚度的影响权重均大于平面尺寸，且三种影响因素的权重占比均不小。

4.4 典型湿物性参数的尺寸效应及权重分析

4.4.1 平衡吸湿试验

1. 尺寸选取及试验方案

《Hygrothermal performance of building materials and products-Determination of hygroscopic sorption properties》ISO 12571: 2021 规定，用于平衡吸湿试验的试件质量不得少于 10g，但部分学者为了缩短试验所需时间采用了少于 10g 的试件进行测试，特别是一些密度较小的材料，若需试件质量满足标准，则制备出的试件尺寸较大，严重影响测试时间[11]。因此，本研究选取了平面尺寸为 50mm × 50mm、100mm × 50mm、100mm × 100mm，厚度为 30mm、50mm、80mm 的试件开展试验，探究三维试件尺寸对于等温吸湿曲线的影响。

通过平衡吸湿试验测试建筑绝热材料在 35℃下等温吸附曲线的试验方案如下：

（1）试验准备阶段：分别准备六块平面尺寸为 50mm × 50mm、100mm × 50mm、100mm × 100mm，厚度为 30mm、50mm、80mm 的发泡水泥试件进行试验。

（2）试件干燥阶段：将准备好的试件放置在烘干箱中，对于有可能发生化学变化或不可逆的结构破坏的材料采用 70℃作为烘干温度，对于不会发生化学变化或者不会造成不可逆的结构破坏的材料选用 105℃作为烘干温度。在测量试件质量变化过程中当连续三次间隔 24h 测得的质量变化不超过其自身质量的 1%时认为试件达到恒重。

（3）试件的密封和冷却阶段：将试件从干燥箱中取出并用塑料薄膜包裹试样，放置在室内直至冷却至室温，并记录此时的质量m_{dry}。

（4）试验测试阶段：待试样冷却后，将其塑料薄膜去除，并快速测量其实际尺寸和质量。将处理后的试样放置在恒温恒湿箱中，将温度设置为 35℃，湿度依次设置为 0%、30%、50%、70%、85%和 90%。待连续三次间隔 24h 测得的试件质量变化不超过 1%时认为试件达到恒重，并记录此时的质量m_{wet}。

（5）试验重复测试阶段：对每种绝热材料重复进行多次测定，然后取平均值。

平衡吸湿试验流程实拍图见图 4.27。

(a)

(b)

(c)

(d)

图 4.27　平衡吸湿试验流程实拍图

（a）试验准备阶段；（b）试件干燥阶段；（c）试件培养阶段；（d）试验测试阶段

2. 数据处理方法

通过平衡吸湿试验获取发泡水泥在不同相对湿度条件下的平衡含湿量，对其采用数学公式进行拟合处理，从而将若干离散点拟合成为等温吸湿曲线。截止到目前的研究成果中，用以拟合等温吸湿曲线的公式已有超过 50 个[12-13]。通过总结前人相关研究，汇总了几种常用的等温吸湿曲线拟合公式，见表 4.8。通过 Origin 软件对离散的数据点进行拟合处理，对不同拟合公式拟合结果的R^2、RSS 和残差平方和进行比较，从而选取合适的拟合公式。

等温吸湿曲线的拟合公式　　表 4.8

公式名称	公式表达式
Oswin	$u = k_1[\varphi/(1-\varphi)]^{k_2}$
Henderson	$u = \{[\ln(1-\varphi)]/k_1\}^{k_2}$
Caurie	$u = \exp(k_1 + k_2\varphi)$
GAB	$u = \dfrac{k_1k_2k_3\varphi}{(1-k_1)(1-k_2\varphi+k_2k_3\varphi)}$
Peleg	$u = k_1\varphi^{k_2} + k_3\varphi^{k_4}$
冯驰	$u = \ln\left[\dfrac{(100\varphi+1)^{k_1}}{(1-\varphi)^{k_2}}\right] + k_3\exp(100\varphi)$
BET	$u = a\varphi/(1+k_1\varphi+k_2\varphi^2)$

发泡水泥在不同湿度工况下的平衡含湿量采用上述公式进行拟合的结果见图 4.28 和图 4.29。在拟合过程中发现，发泡水泥的等温吸湿曲线仅可以通过 Caurie 公式和经典的 BET 公式拟合成功，而其他公式则多因为参量不易收敛从而导致不能形成可靠的拟合效果，因此，在拟合结果中仅展示了这两种公式的拟合效果。图 4.28 为发泡水泥不同试件尺寸的等温吸湿曲线拟合的R^2和 RSS 结果，图中采用 BET 公式拟合 RSS 为 0，在图中并未体现，可见无论是厚度变化还是平面尺寸变化均为采用 BET 的R^2更好，通过观察不同试件尺寸的 RSS 发现采用 BET 的拟合效果也比采用 Caurie 的拟合效果更好。通过分析这两个参量，综合来看采用 BET 公式拟合效果更好。

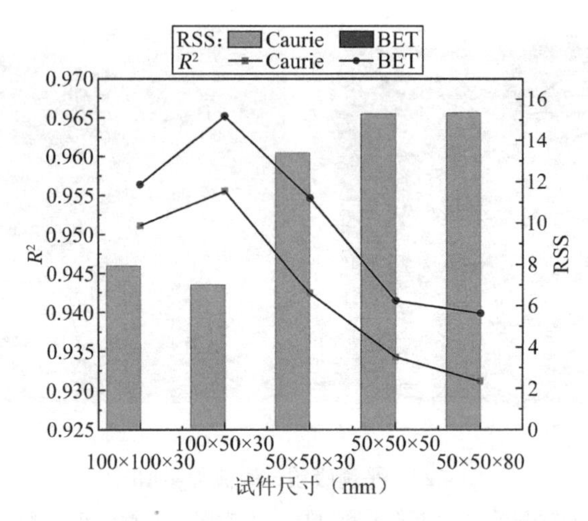

图 4.28　发泡水泥不同试件尺寸的等温吸湿曲线拟合的R^2和 RSS 结果

图 4.29 为发泡水泥不同试件尺寸的等温吸湿曲线拟合的残差分布图。图 4.29（a）为采用 Caurie 公式拟合的残差分布图，共存在 10 个异常点；图 4.29（b）为采用 BET 公式拟合的残差分布图，共存在 5 个异常点。综合考虑，R^2、RSS 及残差分布发泡水泥的等温吸湿曲线应选用 BET 进行拟合。

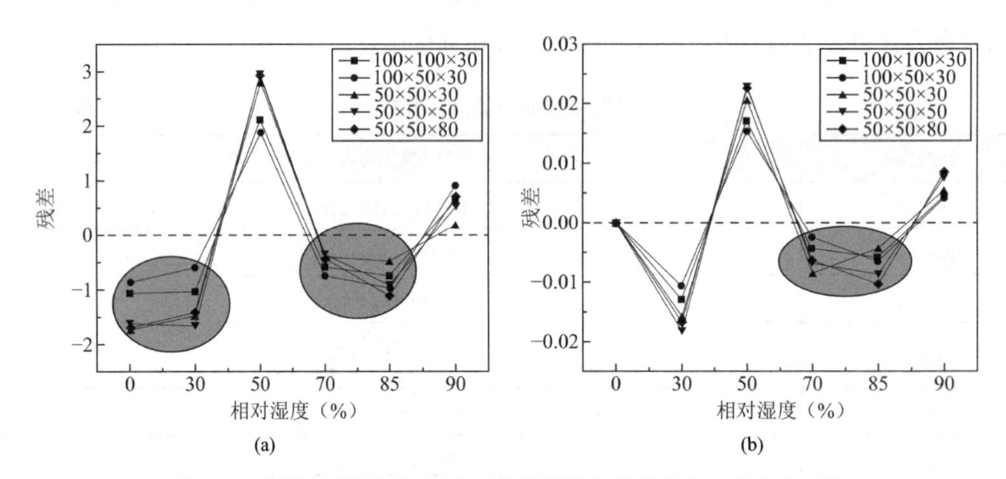

图 4.29　发泡水泥不同试件尺寸的等温吸湿曲线拟合的残差分布图

（a）Caurie；（b）BET

3. 尺寸效应分析

通过平衡吸湿试验获取发泡水泥平面尺寸为 50mm × 50mm、100mm × 50mm、100mm × 100mm，厚度为 30mm、50mm、80mm，在 35℃下不同相对湿度的平衡含湿量，通过对拟合公式的选取和分析可知，发泡水泥的等温吸湿曲线采用 BET 公式进行拟合时更为准确，从而获得发泡水泥在不同试件尺寸下的等温吸湿曲线随湿度变化的尺寸效应。

为探究试件尺寸引起等温吸湿曲线的尺寸效应，本研究选取不同湿度状况下的平衡含湿量的测试值及拟合值作为研究对象，主要考虑到平衡含湿量的测试值为等温吸湿曲线的拟合提供了重要的拟合数据点，其值变化会对等温吸湿曲线的拟合值产生较大影响，但本试验最终获取的为等温吸湿曲线，所以仍以拟合值为重点分析对象。为此，本节选取 50mm × 50mm × 30mm 的测试数据作为基准值，分别探究其平面尺寸和厚度变化时的实测值和拟合值与基准值作差，求取其变化率从而加以判断，汇总变化率见表 4.9。

不同尺寸下发泡水泥平衡含湿量随湿度的变化率　　**表 4.9**

湿度（%）	100mm × 100mm × 30mm		100mm × 50mm × 30mm		50mm × 50mm × 50mm		50mm × 50mm × 80mm	
	测试值	拟合值	测试值	拟合值	测试值	拟合值	测试值	拟合值
0	0.00	0.00	0.00	0.00	0.00	0.00	0.00	0.00
30	−33.26	−27.40	−30.26	−31.50	−15.75	−3.97	−2.28	0.67
50	−26.55	−29.26	−33.86	−36.25	−0.82	−4.17	−0.35	−3.37
70	−23.49	−25.10	−28.65	−31.30	−1.62	−2.75	−2.79	−4.18
85	−21.03	−19.60	−24.52	−22.58	−3.93	−1.31	−6.35	−2.68
90	−15.17	−15.14	−14.82	−14.58	0.84	−0.29	0.30	−1.32

图 4.30 为不同尺寸下发泡水泥等温吸湿曲线的尺寸效应，通过观察图像并结合表 4.9 可知，发泡水泥在不同相对湿度下的平衡含湿量的测试值由平面尺寸变化带来的误差远远大于厚度变化带来的误差；且由于平面尺寸增大其测试值误差表现出随着湿度的逐渐增大误差值逐渐减小的变化趋势，拟合值的误差则呈现出先增后减的变化趋势，均在 50%的相对湿度工况下达到最大值，最终在最高湿度工况下达到最小值，平面尺寸为 100mm × 50mm 及 100mm × 100mm 的试件拟合值误差仍达到了−14.58%和−15.14%，均超过了 5%，认为不可忽略。试件厚度增大带来的实测值表现出来的尺寸效应误差则均在中湿阶段达到了最大，厚度为 50mm 和 80mm 时误差最大为−4.17%和−4.18%，但均未超过 5%，因此认为厚度变化带来的尺寸效应误差可以忽略。

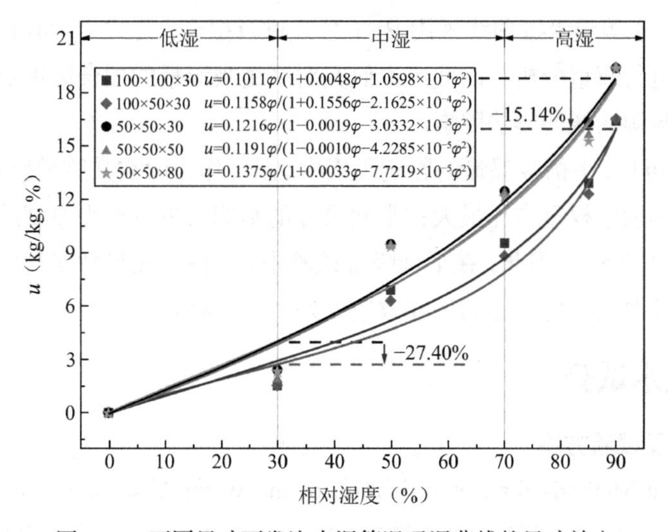

图 4.30　不同尺寸下发泡水泥等温吸湿曲线的尺寸效应

综上所述，等温吸湿曲线由于试件平面尺寸变化引起的尺寸效应误差不可忽略，试件厚度变化引起的尺寸效应误差可以忽略。由于平衡吸湿试验的测试原理为三维吸湿过程，在这过程中平面尺寸变化引起的试件表面积增加得较大，从而导致其吸湿量较大，而厚度变化引起的尺寸效应相较于平面尺寸变化引起的尺寸效应不明显。

4. 权重分析

为了探究典型湿物性参数的影响因素权重分析，本节选取等温吸湿曲线、液态水扩散系数及真空饱和含湿量等多种湿物性参数开展研究，在分析其尺寸效应的基础上进一步量化其影响因素的权重分析，典型湿物性参数的权重分析结果见图 4.31。

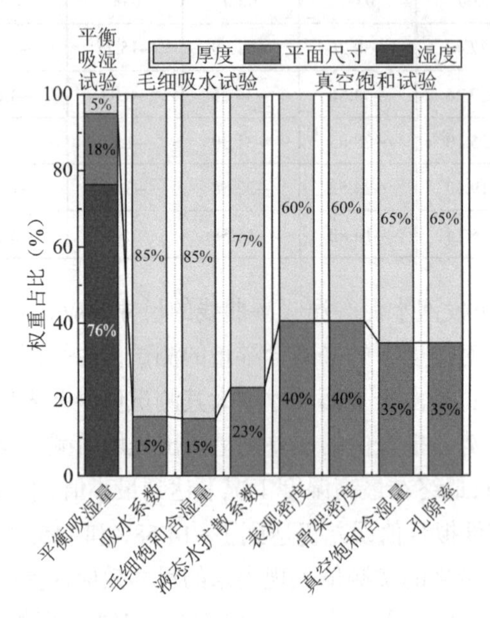

图 4.31　发泡水泥典型湿物性参数影响因素的权重分析结果

通过平衡吸湿试验获取得到发泡水泥在不同湿度工况下的平衡含湿量，从而拟合获取等温吸湿曲线，由于等温吸湿曲线采用 BET 公式进行拟合，公式为含有自变量的多次方函数，无法针对其进行权重分析。因此，本研究对平衡吸湿量的拟合值进行影响因素的权重分析以评估平衡吸湿曲线的影响因素。

从图 4.31 中可见，平衡吸湿量的影响因素中，湿度作为影响其质量变化的主要驱动力，固然也在其影响因素中权重占比最大；平面尺寸的影响权重占比为厚度的三倍多，两者的占比分别达到 18%和 5%。因此，在平衡吸湿试验中，试件平面尺寸变化引起的尺寸效应误差不可忽略，试件厚度变化引起的尺寸效应误差可以忽略。

4.4.2　毛细吸水试验

1. 尺寸选取及试验方案

《Standard Test Methods for Determination of the Water Absorption Coefficient by Partial Immersion》ASTM C1794-2015 和《Hygrothermal performance of building materials and products-Determination of water absorption coefficient by partial immersion》ISO 15148: 2002 中均规定了用于测量材料毛细吸水系数的试件平面尺寸应该不小于 50cm²，并未涉及厚度要求，同时指明当采用平面尺寸 100cm² 的试件开展试验时，则至少应设置六块试件，满足试件与水接触的总面积至少为 300cm²[15]。由于测试试件的制备一般为正方形底面，所以本研究选取平面尺寸为 80mm × 80mm、100mm × 100mm、120mm × 120mm 厚度为 30～80mm 的试件进行测试。其中平面尺寸 80mm × 80mm 的不同厚度制备六个试件，其余平面尺寸不同厚度制备三个试件。

通过毛细吸水试验测试发泡水泥液态水扩散系数的试验方案如下：

（1）试验准备阶段：分别准备六块平面尺寸为 80mm × 80mm 厚度为 30～80mm 的发泡水泥及三块平面尺寸为 100mm × 100mm、120mm × 120mm 厚度为 30～80mm 的发泡水泥进行试验。

（2）试件干燥阶段：将准备好的试件放置在烘干箱中，选用 105℃作为烘干温度。在测量试件质量变化过程中当连续三次间隔 24h 测得的质量变化不超过其自身质量的 1%时认为试件达到恒重。

（3）试件的密封和冷却阶段：将试件从干燥箱中取出并用塑料薄膜包裹试样，放置在室内直至冷却至室温。

（4）试验预处理阶段：在容器中加入去离子水，并在容器底部放置三角支架以承托试件，控制水面高度高于三角支架顶端 5mm 左右。

（5）试件预处理阶段：待试样冷却后，将其塑料薄膜去除，并快速测量其实际尺寸和质量m_0。采用铝箔将试件侧面和顶部密封，侧面靠近底部的 1cm 左右范围无须密封处理，以便更好地进行吸水，并在顶部保留 1～2 个小孔，以防止测试过程中试件内水分蒸发。

（6）试验测试阶段：将试件放置于水中，从而进行一维吸水，进入吸水过程的第一阶段。合理设置待测材料的间隔时间，并准时将试件从水中取出，擦拭试件底面的附着水后称取其质量为$m(t)$。然后将试件放置回三角支架上继续吸水，当试件的吸水过程进入第二阶段并至少测量五个数据点或试件表面出现液态水时则停止试验。称取试件质量时应迅速完成，单次称重应控制在 20s 内完成。

毛细吸水试验流程实拍图见图 4.32。

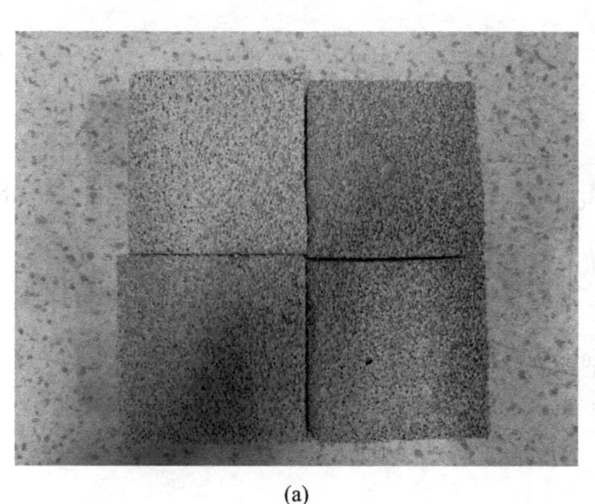
(a)

(b)

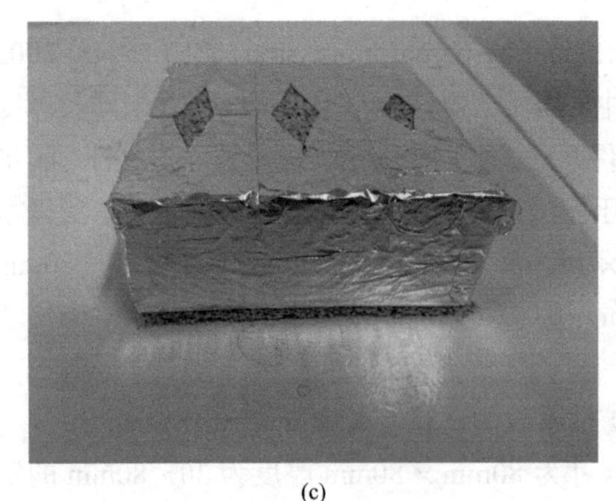

(c)

(d)

图 4.32　毛细吸水试验流程实拍图

（a）准备阶段；（b）试件干燥阶段；（c）试件预处理阶段；（d）试验测试阶段

2. 数据处理方法

通过对前人的文献调研可知，目前学术界将毛细吸水过程中材料吸水后质量变化划分为两个阶段，第一阶段为稳定吸水阶段，第二阶段为超饱和状态阶段。稳定吸水阶段主要是由于材料本身的毛细吸力发挥作用，从而呈现出吸水速率较快且较为稳定的特点；超饱和状态阶段的吸附力主要是由前水柱截留的空气扩散控制，这个阶段的主要特点是吸水速率相较于前一个阶段明显放缓。

典型的毛细吸水试验测定的吸水系数在这两个阶段均表现出累计吸水量与时间的平方根之间的线性关系，但是由于材料的孔隙结构、组成成分等不同，并非所有材料均表现出相同的变化规律，比如有的材料在第一阶段并非呈现线性变化规律，有的材料在第一阶段和第二阶段的过渡点并不明显，这种不规律的变化规律也被许多研究人员在许多其他材料上观察到，一般认为重力是主要原因，但也可能是多孔体系、孔隙膨胀、组分水化和水源有限等原因。

目前，学术界的前辈提出了许多数据处理的方式，但一般均认为吸水系数的计算方法在第一阶段是累计吸水量与时间的平方根之间的关系，为此本研究将开展数据处理方式的选取。常用的数据处理方式有：

（1）线性回归法

线性回归法作为最常用的数据处理方法，通过公式(4.8)来进行数据拟合，从而获取毛细吸水系数：

$$\frac{\Delta m(t)}{A} = A_{\text{cap}}\sqrt{t} + d \tag{4.8}$$

式中：$\Delta m(t)$——t时刻吸水后的试件与干燥状态时的质量差（g）；

A——试件的平面尺寸（m^2）；

A_{cap}——材料的吸水系数［$kg/(m^2 \cdot s^{0.5})$］；

$\sqrt{t}$——时间（$s^{0.5}$）；

d——拟合曲线的斜率。

（2）双切线法

双切线法认为，毛细吸水的第一阶段和第二阶段均为线性规律变化，且第一阶段的线性方程过坐标原点，计算第一阶段和第二阶段的线性拟合后的交点(x_{cross},y_{cross})，然后采用下式可得毛细吸水系数为：

$$A_{cap}=\frac{y_{cross}}{x_{cross}} \tag{4.9}$$

式中：A_{cap}——材料的吸水系数［$kg/(m^2\cdot s^{0.5})$］；

x_{cross}——第一阶段和第二阶段的线性拟合后的交点横坐标；

y_{cross}——第一阶段和第二阶段的线性拟合后的交点纵坐标。

该方法的停止准则为 24h 内吸水量达到某个限值时即认为试验结束，但该准则停止时可能试验并未达到吸水的第二阶段，并且停止准则在现实中并不能总是被满足，在许多其他材料进行的测量中出现过这种情况。因此，双切法并不适用。

（3）固定时间法

在固定时间方法中，毛细吸水过程中湿质量$m(t)$只在规定的时间$t=t_{end}$时测量一次。则根据公式计算的A_{cap}为：

$$A_{cap}=\frac{\Delta m(t)}{A\sqrt{t}}\Big|_{t=t_{end}} \tag{4.10}$$

在这种方法中只是用一个点，也被称为单点法。规定的时间不同，计算结果的误差也会不同，并且这种方法的重要缺陷是难以规定一个适当的结束时间。另外，对于吸水系数较小的材料，需要非常长的时间才能获取可靠的测试结果。但若要精确地选取试件的材料、试件高度、试验温湿度、测试时间等因素，会变得非常困难，因此不建议采用固定时间法。

（4）霍尔模型

当重力起不可忽略的作用时，Hall 提出了以下方程，非饱和流动理论和“尖锋”理论都可以证明：

$$\frac{\Delta m(t)}{A}=A_{cap}\sqrt{t}+(k_1-k_2)t \tag{4.11}$$

式中：$\Delta m(t)$——t时刻吸水后的试件与干燥状态时的质量差（g）；

A——试件的平面尺寸（m^2）；

A_{cap}——材料的吸水系数［$kg/(m^2\cdot s^{0.5})$］；

k_1、k_2——拟合参数；

$\sqrt{t}$——时间（$s^{0.5}$）。

显然，式(4.11)中的$-k_2t$项解释了重力的累积贡献。虽然 Hall 的方法是针对考虑重力的非线性情况提出的，但它也适用于线性情况，当参数k_2接近 0 时，式(4.11)与式(4.8)相同。

（5）半经验模型

冯驰等人在 Hall 的基础上，提出了半经验拟合公式：

$$\frac{\Delta m(t)}{A}=A_{cap}k_3\left(0.5103-0.13849e^{-\frac{t}{k_3^2}}\right)^{0.3403}+d \tag{4.12}$$

式中：$\Delta m(t)$——t时刻吸水后的试件与干燥状态时的质量差（g）；

A——试件的平面尺寸（m^2）；

A_{cap}——材料的吸水系数［$kg/(m^2 \cdot s^{0.5})$］；

t——时间（s）；

k_3、d——拟合参数。

该模型具有类似的坚实的物理背景。经计算该方法与霍尔模型计算得出的结果相差不大。但该模型未得到广泛使用，其适用性不得而知。

综上所述，本节分别采用线性拟合和霍尔模型对毛细吸水系数的数据进行拟合，探究不同尺寸发泡水泥的吸水系数的拟合结果，其拟合的R^2及 RSS 见图 4.33。通过观察图可知，平面尺寸为 80mm × 80mm、100mm × 100mm、120mm × 120mm 时不同厚度下的拟合结果均为采用霍尔模型的R^2及 RSS 结果更好。因此，发泡水泥的吸水系数应采用霍尔模型进行拟合。

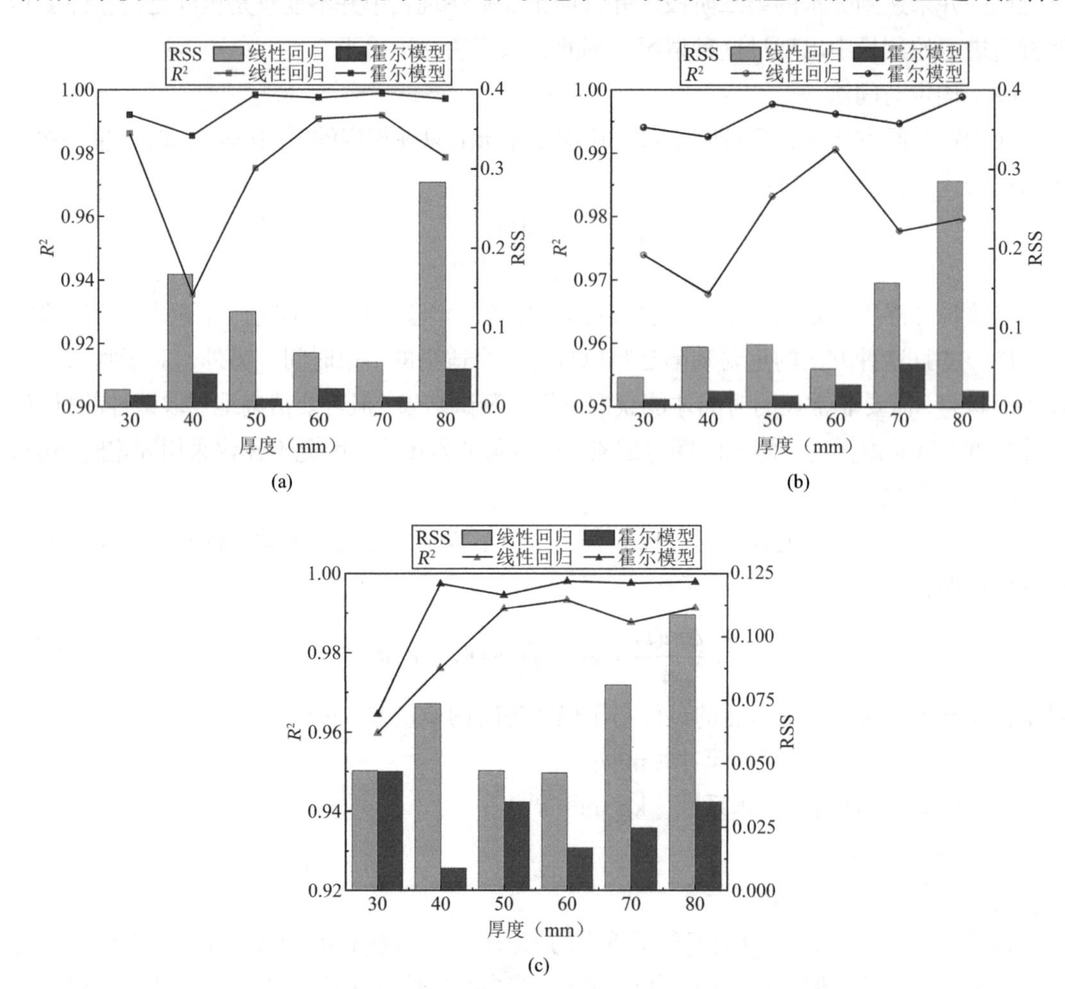

图 4.33　不同平面尺寸发泡水泥吸水系数的R^2和 RSS 结果

（a）80mm × 80mm；（b）100mm × 100mm；（c）120mm × 120mm

3. 尺寸效应分析

通过霍尔模型对平面尺寸为 80mm × 80mm、100mm × 100mm、120mm × 120mm 厚

度为 30～80mm 的发泡水泥的吸水系数进行拟合，从而获取了不同尺寸下的吸水系数、毛细饱和含湿量及液态水扩散系数，分别探究其受平面尺寸及厚度变化表现出来的尺寸效应。

（1）平面尺寸对吸水系数、毛细饱和含湿量、液态水扩散系数的影响

图 4.34 为厚度相同平面尺寸变化时发泡水泥吸水系数的尺寸效应，通过图像可以观测到厚度相同平面尺寸变化时毛细吸水试验过程中的第一阶段变化趋势基本相同，对比不同厚度下的变化规律发现并非呈现出平面尺寸越大，试件单位表面积吸湿量就一定呈现出增长或者减小的趋势，但试件达到毛细饱和状态时的时间大致接近，这表明试件的平面尺寸变化只改变了材料的吸水特性，导致材料毛细吸水发生变化。

通过分析拟合得到的霍尔模型公式，拟合公式的一次方自变量前为吸水系数，在相同厚度下，以平面尺寸为 80mm × 80mm 作为基准，分别探究当平面尺寸为 100mm × 100mm 及 120mm × 120mm 时试件的吸水系数变化率。相同厚度下平面尺寸变化时发泡水泥的吸水系数变化率见表 4.10。对比表中数据发现厚度为 40mm 平面尺寸为 120mm × 120mm 时、厚度为 70mm 平面尺寸为 120mm × 120mm 时、厚度为 80mm 平面尺寸为 100mm × 100mm 时可以忽略材料的平面尺寸变化对发泡水泥的吸水系数带来的误差，其他情况下变化率均大于 5%。因此认为试件由于平面尺寸变化带来的尺寸效应误差不可控。综上所述，发泡水泥的吸水系数由试件平面尺寸变化引起的尺寸效应误差不可忽略。

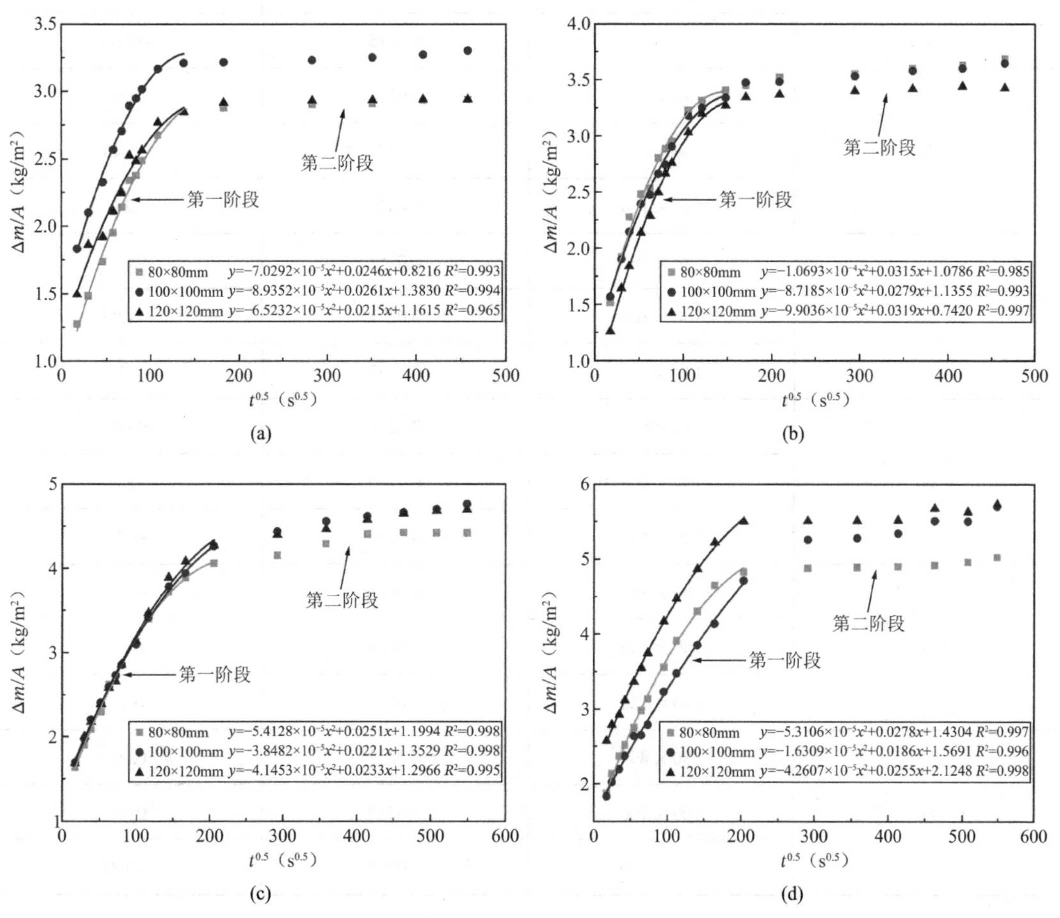

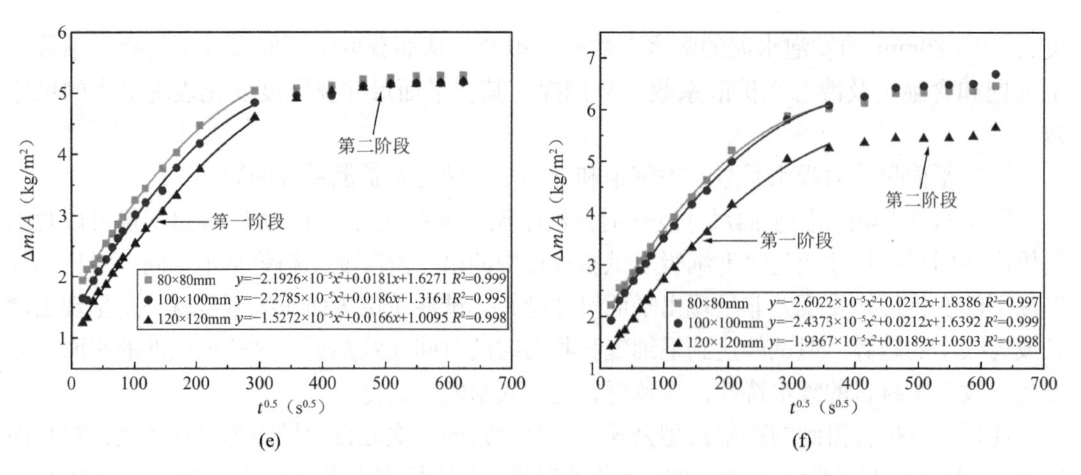

图 4.34　厚度相同平面尺寸变化时发泡水泥吸水系数的尺寸效应

（a）30mm；（b）40mm；（c）50mm；（d）60mm；（e）70mm；（f）80mm

厚度相同平面尺寸变化时发泡水泥的吸水系数变化率　　表 4.10

厚度（mm）	平面尺寸（mm）	吸水系数［kg/(m²·s$^{0.5}$)］	变化率（%）
30	80 × 80	0.0246	0.00
	100 × 100	0.0261	6.10
	120 × 120	0.0215	−12.60
40	80 × 80	0.0315	0.00
	100 × 100	0.0279	−11.43
	120 × 120	0.0319	1.27
50	80 × 80	0.0251	0.00
	100 × 100	0.0221	−11.95
	120 × 120	0.0233	−7.17
60	80 × 80	0.0278	0.00
	100 × 100	0.0186	−33.09
	120 × 120	0.0255	−8.27
70	80 × 80	0.0181	0.00
	100 × 100	0.0186	2.76
	120 × 120	0.0166	−8.29
80	80 × 80	0.0212	0.00
	100 × 100	0.0212	0.00
	120 × 120	0.0189	−10.85

当得到不同试件尺寸下的吸水系数后，可以通过公式来进行数值计算从而得到发泡水泥的毛细饱和含湿量及液态水扩散系数，并对其进行绘制，见图 4.35 和图 4.36，在探究其平面尺寸变化时仍以 80mm × 80mm 作为基准进行比对。

图 4.35 为厚度相同平面尺寸变化时发泡水泥毛细饱和含湿量的尺寸效应，通过分析图中相同厚度下不同平面尺寸的变化发现，在厚度为 30mm、40mm 平面尺寸为 120mm × 120mm 时、厚度为 40～80mm 平面尺寸为 100mm × 100mm 时平面尺寸变化导致其毛细饱和含湿量的变化率较小，均小于 5%。在厚度为 30mm、50～80mm 时均存在个别平面尺寸下变化率有较大的波动，且发生在较大的平面尺寸下，导致毛细饱和含湿量的变化率大于 5%。因此，发泡水泥平面尺寸变化对毛细饱和含湿量的尺寸效应误差不可忽略。

图 4.36 为厚度相同平面尺寸变化时发泡水泥液态水扩散系数的尺寸效应，通过分析图中相同厚度下不同平面尺寸的变化发现，相较于吸水系数和毛细饱和含湿量，液态水扩散系数在平面尺寸变化时引起的变化率较大，在厚度为 30mm、40mm、50mm、60mm 的全部平面尺寸变化及 70mm 时平面尺寸为 100mm × 100mm 时引起的液态水扩散系数变化率较大，均超过了 5%，最大甚至达到了 53%。但在厚度为 80mm 时平面尺寸变化引起的误差均较小，此时认为其可以忽略平面尺寸变化带来的影响。综上所述，发泡水泥平面尺寸变化对液态水扩散系数的尺寸效应误差不可忽略。

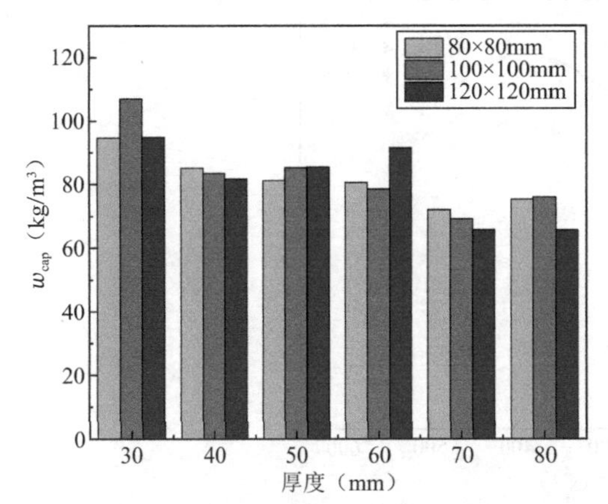

图 4.35　厚度相同平面尺寸变化时发泡水泥毛细饱和含湿量的尺寸效应

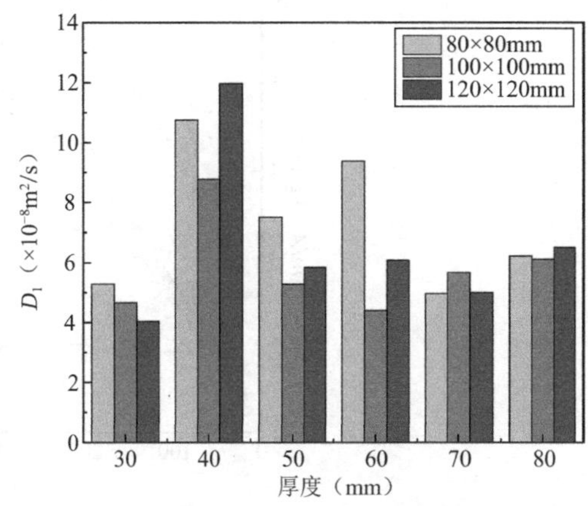

图 4.36　厚度相同平面尺寸变化时发泡水泥液态水扩散系数的尺寸效应

（2）厚度对吸水系数、毛细饱和含湿量、液态水扩散系数的影响

图 4.37 为平面尺寸相同厚度变化时发泡水泥吸水系数的尺寸效应，通过观察图像可以发现随着厚度的增加，试件的毛细吸水达到饱和状态的时间随之增加，厚度为 30～80mm 时，试件达到毛细饱和的$t^{0.5}$分别为 137.48$s^{0.5}$、147.99$s^{0.5}$、205.67$s^{0.5}$、203.47$s^{0.5}$、292.92$s^{0.5}$、358.75$s^{0.5}$。这表明试件平面尺寸一定时，厚度改变了试件湿分扩散的路径长短及曲折程度，加上重力的累积效应，使水分子的吸附和扩散更加困难。因此，在毛细吸水试验时，试件的选取不宜太高。

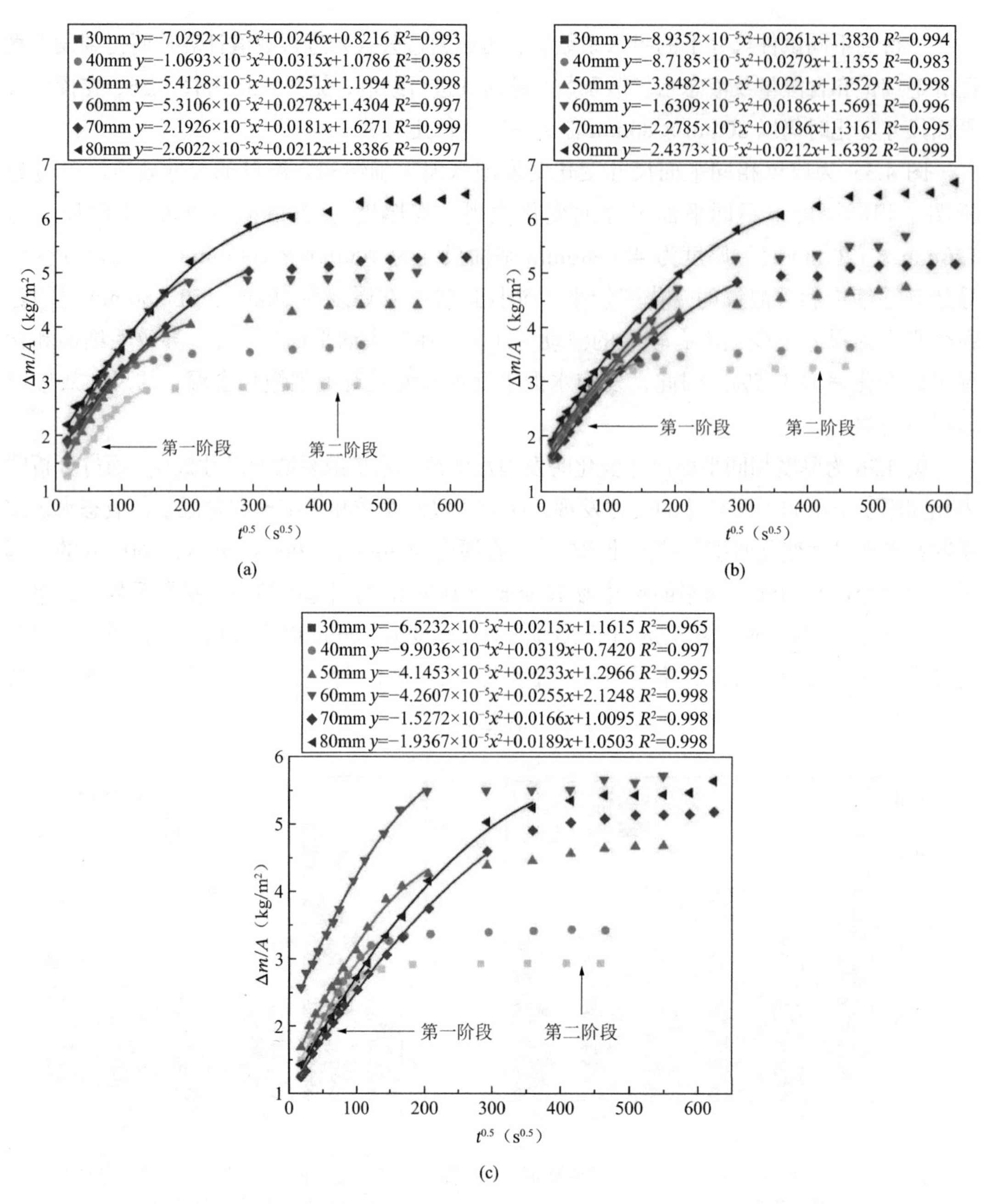

图 4.37　平面尺寸相同厚度变化时发泡水泥吸水系数的尺寸效应

（a）80mm × 80mm；（b）100mm × 100mm；（c）120mm × 120mm

通过分析拟合得到的霍尔模型公式，整理了平面尺寸相同厚度变化时发泡水泥吸水系数的变化率见表 4.11。在相同平面尺寸下，以厚度为 30mm 作为基准，分别探究当厚度为 40～80mm 时试件的吸水系数变化率。试件的平面尺寸为 80mm × 80mm 时，除厚度为 50mm 外，其他厚度试件的吸水系数变化率均大于 5%，因此，认为不可忽略其尺寸效应；试件的平面尺寸为 100mm × 100mm 时，吸水系数的变化率随着厚度的增加而先增加后减小，在试件厚度为 60mm 和 70mm 时，发泡水泥的吸水系数变化率达到最大

28.74%，所有厚度试件的吸水系数变化率均大于 5%；试件的平面尺寸为 120mm × 120mm 时，材料的吸水系数变化率呈现出波动的变化趋势，所有厚度试件的吸水系数变化率均大于 5%。

综合三种平面尺寸的不同厚度变化情况，可见由于试件厚度变化引起的吸水系数变化率大多数情况下均大于 5%，由此认为不可忽略。通过比较试件厚度和平面尺寸引起的变化情况，可见试件的厚度变化引起的变化率远大于试件平面尺寸变化引起的变化率。

通过公式来进行数值计算从而得到平面尺寸相同厚度变化时发泡水泥的毛细饱和含湿量及液态水扩散系数，并对其进行绘制，见图 4.38 和图 4.39，在探究其厚度变化时仍以 30mm 作为基准进行比对。

平面尺寸相同厚度变化时发泡水泥吸水系数的变化率　　**表 4.11**

平面尺寸（mm）	厚度（mm）	吸水系数［$kg/(m^2 \cdot s^{0.5})$］	变化率（%）
80 × 80	30	0.0246	0
	40	0.0315	28.05
	50	0.0251	2.03
	60	0.0278	13.01
	70	0.0181	−26.42
	80	0.0212	−13.82
100 × 100	30	0.0261	0
	40	0.0279	6.9
	50	0.0221	−15.33
	60	0.0186	−28.74
	70	0.0186	−28.74
	80	0.0212	−18.77
120 × 120	30	0.0215	0
	40	0.0319	48.37
	50	0.0233	8.37
	60	0.0255	18.6
	70	0.0166	−22.79
	80	0.0189	−12.09

图 4.38 为平面尺寸相同厚度变化时发泡水泥毛细饱和含湿量的尺寸效应，通过分析图中相同厚度下不同平面尺寸的变化发现，在平面尺寸为 80mm × 80mm 时，厚度为 40～80mm 时的变化导致其毛细饱和含湿量变化率均大于 5%，随着厚度的增加，毛细饱和含湿量的变化率也随之逐渐减小；在平面尺寸为 100mm × 100mm 时，由于试件厚度增加导致的毛细饱和含湿量的变化率均大于 20%，认为其尺寸效应不可忽略；在平面尺寸为

120mm × 120mm 厚度为 60mm 时，由试件厚度引起的毛细饱和含湿量变化率小于 5%，其他厚度引起的毛细饱和含湿量变化率较大，均大于 5%，当厚度达到 70mm、80mm 时，试件的毛细饱和含湿量变化率较为接近，达到了 30%左右。通过比较三种不同平面尺寸下不同厚度变化时毛细饱和含湿量的变化情况，认为由厚度变化引起的尺寸效应误差不可忽略。

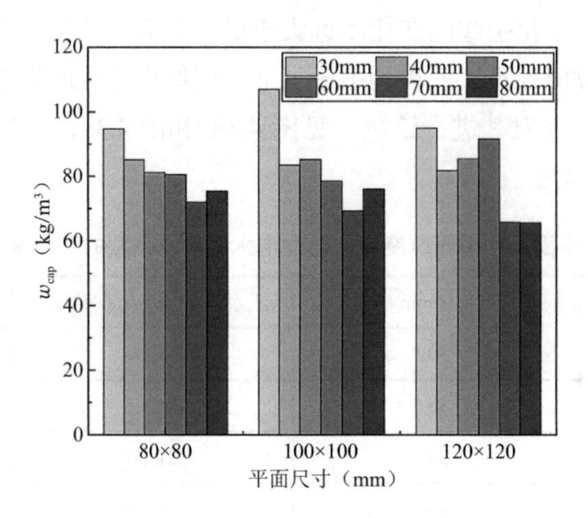

图 4.38　平面尺寸相同厚度变化时发泡水泥毛细饱和含湿量的尺寸效应

图 4.39 为平面尺寸相同厚度变化时发泡水泥液态水扩散系数的尺寸效应。通过分析图中平面尺寸相同厚度变化发现，相较于吸水系数和毛细饱和含湿量，液态水扩散系数由平面尺寸变化引起的变化率较大。三种不同平面尺寸下不同厚度引起的液态水扩散系数变化率最大达到了 197.09%，三种平面尺寸下厚度变化引起的液态水扩散系数变化率则均大于 5%，认为不可忽略。因此，发泡水泥的液态水扩散系数由厚度变化引起的尺寸效应误差不可忽略。

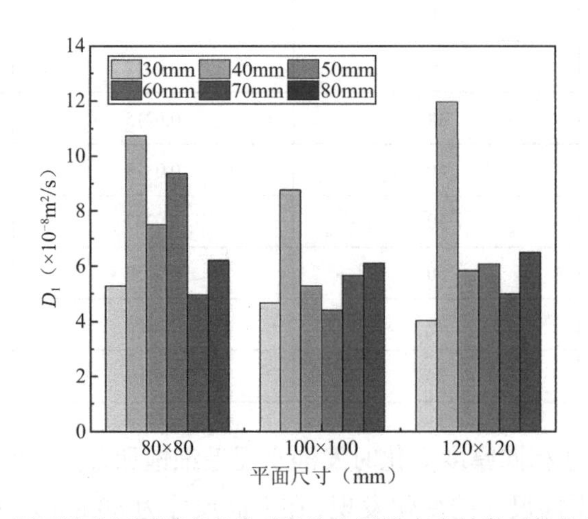

图 4.39　平面尺寸相同厚度变化时发泡水泥液态水扩散系数的尺寸效应

综上所述，由于试件的平面尺寸和厚度变化对发泡水泥的吸水系数、毛细饱和含湿量和液态水扩散系数的尺寸效应误差均不可忽略。毛细吸水试验的测试原理为一维湿分传递过程，但是在真实的吸湿过程中由于重力的作用其在湿分的传递过程中却往往呈现出三维湿分传递过程，并非仅仅沿着高度一个方向进行湿分传递，因此，试件的平面尺寸和厚度变化对发泡水泥的吸水系数、毛细饱和含湿量和液态水扩散系数的测试值均会产生影响，在测试过程中若想规避试件尺寸变化带来的尺寸效应误差则应多设置几组不同的平面尺寸和厚度的试件开展试验，选取相近的试验结果作为可靠数据使用。

4. 权重分析

通过毛细吸水试验获取发泡水泥在试件尺寸影响下的吸水系数、毛细饱和含湿量及液态水扩散系数的测试值，通过随机森林算法量化试件平面尺寸和厚度对三种参数的重要性，处理结果见图 4.31。

由图中可见，吸水系数和毛细饱和含湿量的测试值受试件厚度和平面尺寸的影响因素权重占比均为 85%、15%，液态水扩散系数的测试值受试件厚度和平面尺寸的影响因素权重占比分别为 77%、23%。三种参数的影响因素权重占比中试件厚度均远大于平面尺寸的影响，结合前面小节中针对三种参数的尺寸效应分析可得，吸水系数、毛细饱和含湿量、液态水扩散系数三种参数均不可忽略试件厚度和平面尺寸带来的误差影响。

4.4.3　真空饱和试验

1. 尺寸选取及试验方案

《Standard Test Method for Moisture Retention Curves of Porous Building Materials Using Pressure Plates》ASTM C1699-09 中并未规定用于测量材料真空饱和含湿量时试件的尺寸要求[17]。为了进一步探究试件尺寸对真空饱和试验的影响，本研究选取平面尺寸为 50mm × 50mm、80mm × 80mm、100mm × 100mm 及厚度为 30～80mm 的试件开展试验。

通过真空饱和试验测试建筑绝热材料真空饱和含湿量的试验方案如下：

（1）试验准备阶段：准备六块平面尺寸为 50mm × 50mm、80mm × 80mm、100mm × 100mm 及厚度为 30～80mm 的试件进行试验。

（2）试件干燥阶段：将准备好的试件放置在烘干箱中，选用 105℃作为烘干温度。在测量试件质量变化过程中当连续三次间隔 24h 测得的质量变化不超过其自身质量的 1%时认为试件达到恒重。

（3）试件的密封和冷却阶段：将试件从干燥箱中取出并用塑料薄膜包裹试件，放置在室内直至冷却至室温，并测量其质量为m_{dry}。

（4）试件预处理阶段：将试件放置在真空容器的多孔隔板上，通过真空泵连接真空容器，降低容器内的气压至 2000Pa 及以下，并保持 3h。

（5）试件浸水阶段：保持容器内压力并缓慢注入去离子水，当液面接触到试件底部时，调节注水速度保持匀速流入，当液面超过试件顶部 5cm 后停止注水，恢复容器内的压力至常压，保持试件浸水 24h 后结束试件浸水。

（6）试验测试阶段：将试件从真空容器中取出，浸没在水中并采用静水天平来称取试件在水下的质量为m_{under}；将试件从水中取出，用湿布或者湿海绵擦拭试件表面的游离水，迅速称取试件在空气中的湿重m_{vac}。

真空饱和试验流程实拍图见图 4.40。

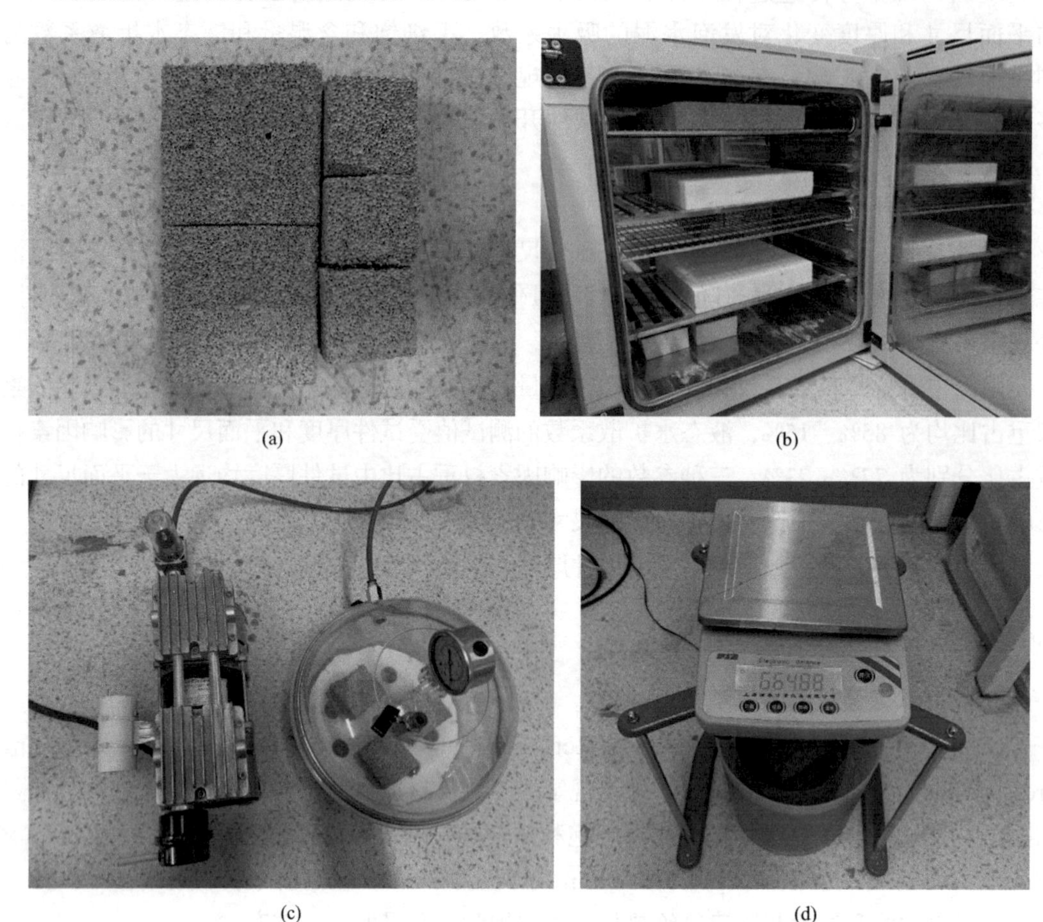

图 4.40 真空饱和试验流程实拍图

（a）试验准备阶段；（b）试件干燥阶段；（c）试件预处理阶段；（d）试验测试阶段

2. 尺寸效应

通过公式(2.18)～公式(2.21)对真空饱和试验的数据进行计算，获得了发泡水泥不同尺寸下的表观密度、真空饱和含湿量、孔隙率及骨架密度，从而对其进行尺寸效应的分析。为此，本研究分别从厚度相同时平面尺寸变化和平面尺寸相同时厚度变化两个方面来进行尺寸效应分析。

（1）平面尺寸对表观密度、骨架密度、孔隙率及真空饱和含湿量的影响

发泡水泥在厚度相同平面尺寸从 50mm × 50mm 变化至 100mm × 100mm 时的表观密度、骨架密度、孔隙率及真空饱和含湿量的尺寸效应如图 4.41 所示，为了更清晰地表示其变化规律，选取每种厚度的平面尺寸为 50mm × 50mm 时的测试值作为参考，依此计算厚度相同时平面尺寸变化带来的误差，计算结果见表 4.12。从图 4.41 和表 4.12 中可见，表观密度和骨架密度的尺寸效应带来的误差较为接近，且变化趋势一致，通过分析其计算公式，这可能是由于孔隙率的变化范围较小，从而在求取骨架密度的过程中表观密度占据了较大

的权重，使得表观密度和骨架密度的变化趋势较为接近；孔隙率和真空饱和含湿量的尺寸效应带来的误差完全一致，通过分析其计算过程发现，两者之间的差异值为实验室中水的密度，因实验室的温度控制在 25℃左右，水的密度选取为该温度下的数值，为定值，因此两者之间的变化情况为线性变化，变化率也就完全一致。为了更方便地表述四种参数由于平面尺寸变化带来的测试值误差，选取骨架密度和真空饱和含湿量作为代表加以具体分析其变化规律。

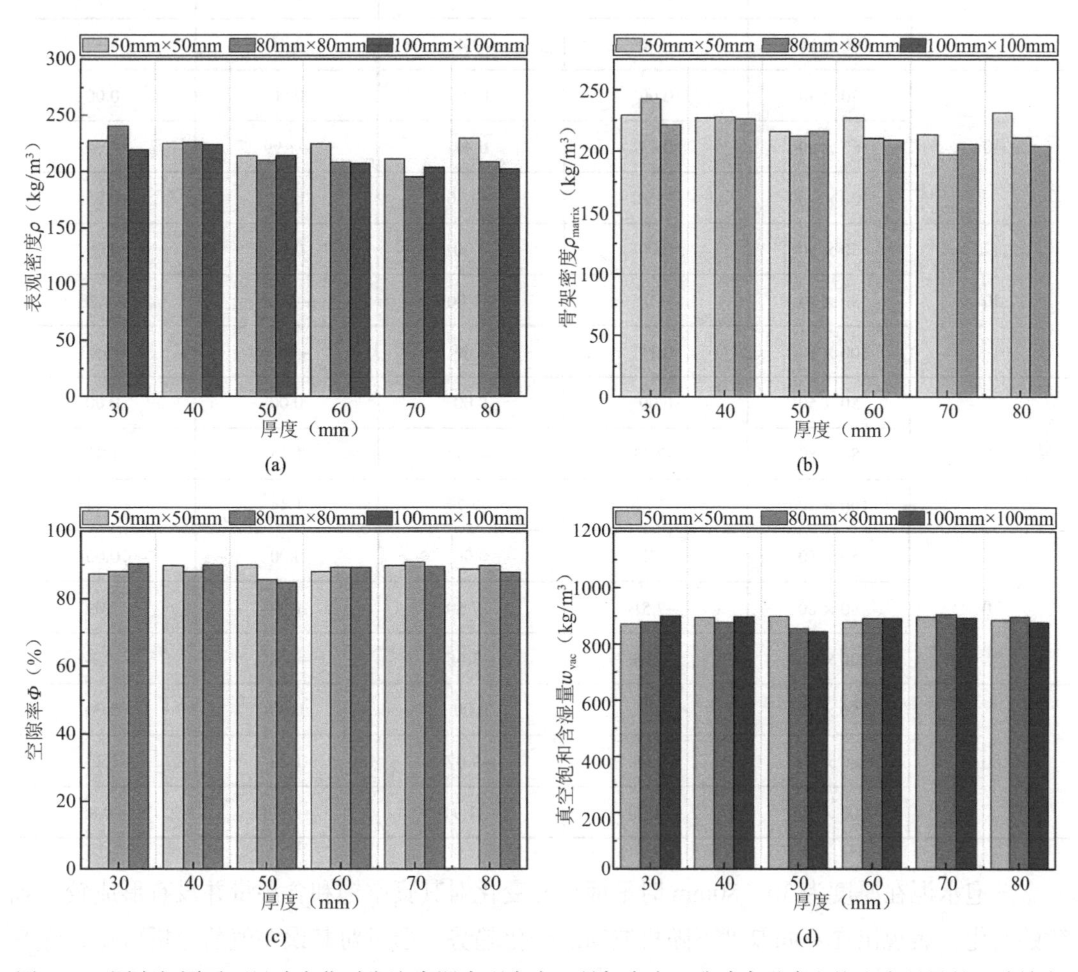

图 4.41　厚度相同平面尺寸变化时发泡水泥表观密度、骨架密度、孔隙率及真空饱和含湿量的尺寸效应

（a）表观密度；（b）骨架密度；（c）孔隙率；（d）真空饱和含湿量

发泡水泥的骨架密度在厚度为 30～50mm 时随着平面尺寸的变化呈现出波动的变化趋势，且误差值的变化范围较小，在 0.06%～5.72%范围内。但当测试试件厚度在 60～80mm 范围内时，平面尺寸逐渐增大，50mm × 50mm 测试值则均大于另外两种平面尺寸的计算值，且误差值的变化范围增大，变化范围为 3.66%～11.91%。可见，由于平面尺寸变化对于骨架密度和表观密度的影响在厚度较小时影响较小，认为其可以忽略；但随着测试试件厚度的增大，由平面尺寸变化带来的误差值也随之增大，达到了不可忽略的程度。

厚度相同平面尺寸变化时发泡水泥表观密度、骨架密度、孔隙率及真空饱和含湿量的变化率 表 4.12

厚度（mm）	平面尺寸（mm）	各参数变化率（%）			
		表观密度	骨架密度	孔隙率	真空饱和含湿量
30	50 × 50	0.00	0.00	0.00	0.00
	80 × 80	5.71	5.72	0.84	0.84
	100 × 100	−3.48	−3.46	3.34	3.34
40	50 × 50	0.00	0.00	0.00	0.00
	80 × 80	0.43	0.41	−1.99	−1.99
	100 × 100	−0.30	−0.30	0.25	0.25
50	50 × 50	0.00	0.00	0.00	0.00
	80 × 80	−1.75	−1.80	−4.78	−4.78
	100 × 100	0.11	0.06	−5.93	−5.93
60	50 × 50	0.00	0.00	0.00	0.00
	80 × 80	−7.33	−7.32	1.45	1.45
	100 × 100	−7.80	−7.79	1.44	1.44
70	50 × 50	0.00	0.00	0.00	0.00
	80 × 80	−7.51	−7.50	1.09	1.09
	100 × 100	−3.65	−3.66	−0.34	−0.34
80	50 × 50	0.00	0.00	0.00	0.00
	80 × 80	−9.08	−9.07	1.29	1.29
	100 × 100	−11.90	−11.91	−0.88	−0.88

发泡水泥在厚度为 30～80mm 时平面尺寸变化对其真空饱和含湿量并没有形成较为规律的变化，表现出在不同厚度下随机波动的变化趋势，通过对其误差值的分析可见，除厚度为 50mm 时平面尺寸变化至 100mm × 100mm 的误差值达到了 5.93%外，其余情况下的误差值均小于 5%，误差值较小。因此，可以认为发泡水泥的孔隙率和真空饱和含湿量可以忽略平面尺寸变化带来的尺寸效应。

（2）厚度对表观密度、骨架密度、孔隙率及真空饱和含湿量的影响

发泡水泥在平面尺寸相同厚度从 30mm 变化至 80mm 时的表观密度、骨架密度、孔隙率及真空饱和含湿量的尺寸效应如图 4.42 所示，为了更清晰地表示其变化规律，选取每种平面尺寸的厚度为 30mm 时的测试值作为参考，依此计算平面尺寸相同时厚度变化带来的误差，计算结果见表 4.13。通过对四种参数的变化规律的观察，仍旧选取骨架密度和真空饱和含湿量作为代表加以具体分析其变化规律。

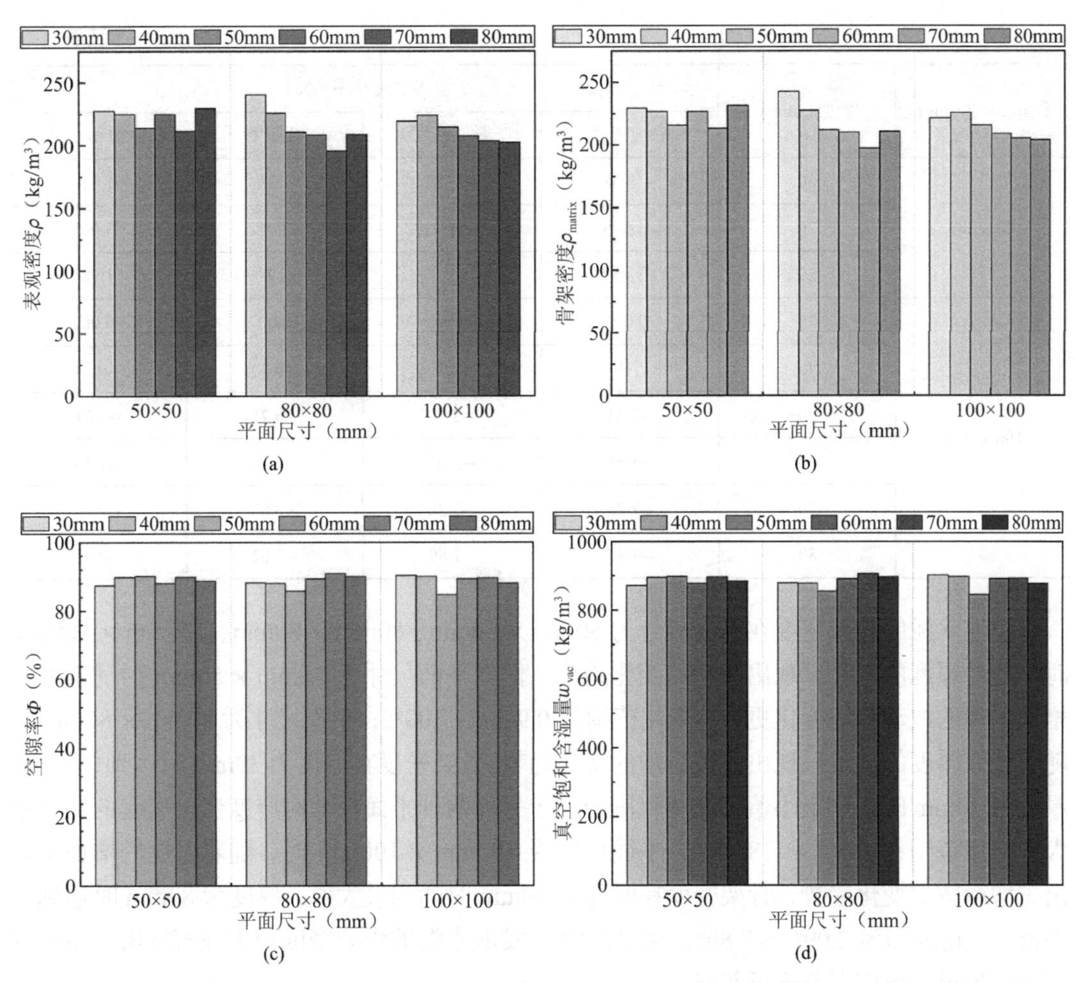

图 4.42　平面尺寸相同厚度变化时发泡水泥表观密度、骨架密度、孔隙率及真空饱和含湿量的尺寸效应

（a）表观密度；（b）骨架密度；（c）孔隙率；（d）真空饱和含湿量

平面尺寸相同厚度变化时发泡水泥表观密度、骨架密度、孔隙率及真空饱和含湿量的变化率　　**表 4.13**

平面尺寸（mm）	厚度（mm）	各参数变化率（%）			
		表观密度	骨架密度	孔隙率	真空饱和含湿量
50 × 50	30	0.00	0.00	0.00	0.00
	40	−1.16	−1.14	2.73	2.73
	50	−5.95	−5.92	3.03	3.03
	60	−1.19	−1.18	0.70	0.70
	70	−7.11	−7.09	2.80	2.80
	80	0.93	0.94	1.52	1.52
80 × 80	30	0.00	0.00	0.00	0.00
	40	−6.10	−6.10	−0.16	−0.16
	50	−12.59	−12.61	−2.72	−2.72

续表

平面尺寸（mm）	厚度（mm）	各参数变化率（%）			
		表观密度	骨架密度	孔隙率	真空饱和含湿量
80 × 80	60	−13.38	−13.37	1.31	1.31
	70	−18.73	−18.71	3.06	3.06
	80	−13.19	−13.17	1.98	1.98
100 × 100	30	0.00	0.00	0.00	0.00
	40	2.10	2.09	−0.34	−0.34
	50	−2.44	−2.50	−6.21	−6.21
	60	−5.61	−5.62	−1.15	−1.15
	70	−7.28	−7.28	−0.86	−0.86
	80	−7.87	−7.89	−2.62	−2.62

发泡水泥的骨架密度在平面尺寸为 50mm × 50mm、80mm × 80mm、100mm × 100mm 时均随着厚度的变化呈现出波动的变化趋势，但在平面尺寸为 50mm × 50mm 时随着厚度增加呈现的波动趋势变化更大，变化范围为 0.94%～7.09%；平面尺寸为 80mm × 80mm 时随着试件厚度的增加呈现出先减后增的变化趋势，骨架密度在厚度为 30mm 时达到最大值，厚度为 70mm 时达到最小值，变化范围相较于另外两种平面尺寸时厚度变化引起的误差更大，变化范围在 6.10%～18.71%；平面尺寸为 100mm × 100mm 时，随着厚度的增加呈现出先增后减的变化趋势，骨架密度在厚度为 40mm 时达到最大值，厚度为 80mm 时达到最小值，变化范围为 2.09%～7.89%。综上所述，发泡水泥的骨架密度和表观密度由于厚度变化引起的尺寸效应误差不可忽略。

发泡水泥的真空饱和含湿量在平面尺寸为 50mm × 50mm、80mm × 80mm、100mm × 100mm 时均随着厚度的变化呈现出波动的变化趋势，三种平面尺寸随厚度的增长均无较为明显的变化趋势，变化范围分别为 0.70%～3.03%、0.16%～3.06%、0.34%～6.21%，在平面尺寸为 100mm × 100mm 时仅存在一个厚度引起的误差达到了 6.21%，而其他计算值由厚度引起的尺寸效应误差则均小于 5%，因此，发泡水泥的孔隙率和真空饱和含湿量由于厚度引起的尺寸效应误差可以忽略。

综上所述，通过真空饱和试验得到发泡水泥的表观密度、真空饱和含湿量、孔隙率及真空饱和含湿量，进而分析其尺寸效应。由于平面尺寸变化对于骨架密度和表观密度的尺寸效应误差在厚度较小时影响较小，认为其可以忽略；但随着测试试件厚度的增大，由平面尺寸变化带来的误差值也随之增大，达到了不可忽略的程度。平面尺寸变化对发泡水泥的孔隙率和真空饱和含湿量的尺寸效应误差可以忽略。由于厚度变化引起的发泡水泥的骨架密度和表观密度的尺寸效应误差不可忽略，孔隙率和真空饱和含湿量的尺寸效应误差可以忽略。由于真空饱和试验的测试原理为三维吸湿过程，待测试件的体积变化并不会对试验结果产生影响，但是在实际测试过程中体积增大可能会存在内部并未完全吸湿等现象，从而导致试验结果与小体积试件测试结果存在偏差，在测试过程中或许可以通过增加浸泡时间来消除这个因素的影响。

3. 权重分析

通过真空饱和试验获取发泡水泥在试件尺寸影响下的表观密度、真空饱和含湿量、孔隙率及骨架密度的测试值，通过随机森林算法量化试件平面尺寸和厚度对四种参数的重要性，处理结果见图 4.31。

由图中可见，表观密度、骨架密度受试件厚度和平面尺寸的影响权重占比均为 60%和 40%，真空饱和含湿量、孔隙率受试件厚度和平面尺寸的影响权重占比均为 65%和 35%，均表现为试件厚度的影响效果大于平面尺寸，结合前面小节中尺寸效应分析结果，表观密度、真空饱和含湿量、孔隙率和骨架密度四种参数应更注重试件厚度对测试结果带来的误差影响，其中孔隙率和真空饱和含湿量受试件厚度和平面尺寸的影响均可以忽略，而表观密度和骨架密度受试件厚度的影响则不可忽略，受平面尺寸的影响在厚度较小时可以忽略，厚度较大时则表现出较大的误差，不可忽略。

4.5 本章小结

建筑绝热材料的热湿物性参数是分析建筑环境中热量和水分传递现象的关键输入参数。然而建筑绝热材料典型热湿物性参数的测试标准中对试件尺寸的要求却存在缺失或不明确的现象。为了解决由于未考虑试件尺寸影响继而随机选取试件尺寸开展建筑绝热材料热湿物性参数测试造成的数据不可靠问题，本章选取聚苯颗粒保温板（EPS）、挤塑聚苯颗粒保温板（XPS）、发泡水泥三种测试材料从而挖掘建筑绝热材料典型热湿物性参数测试值的尺寸效应，剖析建筑绝热材料典型热湿物性参数测试值受多因素作用下的变随动特征，探索多孔建筑绝热材料典型热湿物性参数测试值与各影响因素之间的定量关系，分析试件尺寸对建筑绝热材料热湿物性参数测试值影响因素的权重占比，获得更为精确的建筑绝热材料热湿物性参数值。主要研究结果如下：

（1）通过防护热板法试验和瞬态平面热源法试验测试三种材料导热系数测试值在温湿度变化下材料尺寸变化时仅发泡水泥均可忽略尺寸效应影响，发泡水泥通过两种方法测试的建议尺寸分别为 300mm × 300mm × 30mm、50mm × 50mm × 30mm。三种材料比热容和蓄热系数的尺寸效应变化趋势相同，而热扩散系数的变化趋势完全相反，XPS 的三种热物性参数受厚度影响不可忽略，平面尺寸变化可以忽略，建议平面尺寸为 50mm × 50mm。

（2）发泡水泥在不同湿度下等温吸湿曲线的尺寸效应为厚度可以忽略，建议厚度为 30mm。通过毛细吸水试验获得发泡水泥的吸水系数测试值应采用霍尔模型进行数据处理，由于试件的平面尺寸变化对发泡水泥的吸水系数、毛细饱和含湿量测试值的尺寸效应误差均不可忽略，而发泡水泥的孔隙率和真空饱和含湿量的尺寸效应误差可以忽略，建议尺寸为 50mm × 50mm × 30mm。

（3）导热系数的影响权重分析中受环境温湿度的影响权重占比均大于试件尺寸变化带来的影响，在采用瞬态平面热源法测试时 XPS 和发泡水泥受厚度的权重占比大于平面尺寸，EPS 则表现为平面尺寸的权重占比大于厚度；EPS 和发泡水泥的比热容、热扩散系数和蓄热系数影响因素的权重均表现为湿度大于平面尺寸大于厚度。典型湿物性参数的影响因素权重分析中平衡吸湿量的影响因素权重占比表现为平面尺寸大于厚度，其他的典型湿物性参数均表现为厚度大于平面尺寸。

参考文献

[1] 中国国家标准化管理委员会. 绝热材料稳态热阻及有关特性的测定 防护热板法: GB/T 10294—2008[S]. 北京: 中国标准出版社, 2008.

[2] 章苗苗. 铜尾矿蒸压加气混凝土制备及其性能研究[D]. 合肥: 安徽建筑大学, 2023.

[3] 庞超明, 刘钊, 冒云瑞, 等. 大体积混凝土中功能轻集料的应用与控温技术[J]. 建筑材料学报, 2023, 26(8): 853-861.

[4] 中国国家标准化管理委员会. 建筑用材料导热系数和热扩散系数瞬态平面热源测试法: GB/T 32064—2015[S]. 北京: 中国标准出版社, 2015.

[5] Plastics-Determination of thermal conductivity and thermal diffusivity-Part 2: Transient plane heat source (hot disc) method: ISO 22007-2: 2015[S].

[6] 曹珍琦. 新型软木水泥砂浆的热湿物性参数及其应用研究[D]. 西安: 西安建筑科技大学, 2021.

[7] WANG Y, HUANG J, WANG D, et al. Experimental investigation on thermal conductivity of aerogel-incorporated concrete under various hygrothermal environment[J]. Energy, 2019, 188: 115999.

[8] 王文召. 热防护用对位芳纶气凝胶的制备及性能研究[D]. 杭州: 浙江理工大学, 2023.

[9] 钟辉智. 多孔建筑材料热湿物理性能研究及应用[D]. 成都: 西南交通大学, 2011.

[10] NOSRATI R H, BERARDI U. Hygrothermal characteristics of aerogel-enhanced insulating materials under different humidity and temperature conditions[J]. Energy and Buildings, 2018, 158: 698-711.

[11] Hydrothermal Performance of Building Materials and Products-Determination of Hygroscopic Sorption Properties: ISO 12571: 2021[S].

[12] BRUNAUER S, EMMETT P H, TELLER E. Adsorption of gases in multimolecular layers[J]. Journal of the American Chemical Society, 1938, 60(2): 309-319.

[13] PELEG M. Assessment of a semi-empirical four parameter general model for sigmoid moisture sorption isotherms 1[J]. Journal of Food Process Engineering, 1993, 16(1): 21-37.

[14] Hygrothermal performance of building materials and products-Determination of water vapour transmission properties: ISO 12572: 2016[S].

[15] Standard Test Methods for Determination of the Water Absorption Coefficient by Partial Immersion: ASTM C1794-2015[S].

[16] Hygrothermal performance of building materials and products, determination of water vapour transmission properties: ISO 12572: 2001[S].

[17] Standard Test Method for Moisture Retention Curves of Porous Building Materials Using Pressure Plates: ASTM C1699-09[S].

第 5 章

新型多孔建材制备及热湿物性参数测定

5.1 概述

我国建筑能源消耗的最大部分仍然可归因于运行阶段，其最大组成部分为供暖和制冷，且受到门窗保温、通过热桥损耗和不透明围护结构热损失等因素的影响，其中通过不透明墙壁的热损失对建筑物的整体能量损失的影响是很大的。因此，可以通过保温隔热技术降低传热实现高节能。为了降低热负荷，生产商在过去几十年中一直在寻找新的解决方案。新材料、新产品和新技术有助于提高建筑性能和实现环境目标。二氧化硅气凝胶是最有前途的材料之一，自 20 世纪 80 年代以来，在建筑物中使用气凝胶的浪潮出现，因为其高绝热性能和高透明性，使得气凝胶可用于不透明和透明的外围护结构。由于其低导热系数 [$\lambda < 0.024\mathrm{W/(m \cdot K)}$] 及低密度（$\rho < 100\mathrm{kg/m^3}$），在重量方面具有很大优势，使用气凝胶增强材料的围护结构具有比传统围护结构更优良更综合的性能[1-2]。

5.2 气凝胶浆料增强珊瑚砂混凝土

5.2.1 气凝胶增强多孔建材的研制过程

为了研发适用于高温高湿地区的新型气凝胶浆料增强绝热材料，选取了海岛区域天然形成环境友好型材料——珊瑚砂作为骨料，珊瑚砂具有较高的抗压强度，但绝热性能差。本章将气凝胶浆料与传统材料水泥、珊瑚砂、纤维等材料按一定质量百分比混合（从 1%到 64%质量百分比），分别制备不同含量的气凝胶浆料增强珊瑚砂混凝土（AECSC），材料样品的具体描述以及配比具体见表 5.1，各类材料的来源见表 5.2。

根据试验原则按配比制备试验样品，制备流程如图 5.1 所示，按照《泡沫混凝土应用技术规程》JGJ/T 341—2014 中混凝土养护原则在制备完成 12h 以内覆盖并保湿养护，在自然状态下养护 14d[3]。根据《泡沫混凝土》JG/T 266—2011 的要求，试验所制备的样品分两种，每种尺寸各制备四块（三块试验，一块备用），其中 300mm × 300mm × 30mm 尺寸样品用于测定导热系数，50mm × 50mm × 20mm 尺寸样品用于等温吸湿试验[4]。

不同气凝胶含量增强珊瑚砂混凝土的质量配比（kg/m³）　　表 5.1

材料样品	密度	水泥	水	珊瑚砂	硅灰	膨胀剂	减水剂	聚苯纤维	EPS	气凝胶
0%ASECSC	1344.27	336.73	138.06	283.9	60.61	47.14	6.73	2	0.67	0
1%ASECSC	1220.8	336.73	138.06	283.9	60.61	47.14	6.73	2	0.67	2.839
2%ASECSC	1181.47	336.73	138.06	283.9	60.61	47.14	6.73	2	0.67	5.678
4%ASECSC	937.467	336.73	138.06	283.9	60.61	47.14	6.73	2	0.67	11.36
8%ASECSC	697.533	336.73	138.06	283.9	60.61	47.14	6.73	2	0.67	22.712
16%ASECSC	522.267	336.73	138.06	283.9	60.61	47.14	6.73	2	0.67	45.424
32%ASECSC	310.067	336.73	138.06	283.9	60.61	47.14	6.73	2	0.67	90.848
64%ASECSC	227.733	336.73	138.06	283.9	60.61	47.14	6.73	2	0.67	181.696

材料来源 表 5.2

材料种类	水泥	珊瑚砂	粉煤灰	膨胀剂	减水剂	气凝胶
来源	江苏无锡	从南海岛屿提取并磨碎生产	河南郑州	山东莱阳	江苏苏州	广东深圳
公司	无锡市洋实进建材有限公司	—	河南亿祥新材料科技有限公司	莱阳鸿祥建筑外加剂厂	福克科技（苏州）有限公司	深圳中凝科技有限公司

图 5.1 气凝胶增强绝热材料的制备流程

5.2.2 气凝胶增强多孔建材热湿物性参数测定

1. 材料导热系数随温度变化关系

对不同温度的气凝胶浆料绝热材料的导热系数进行试验，图 5.2 展示了导热系数随温度变化的关系。

根据结果，气凝胶绝热材料随着气凝胶含量的增加，导热系数明显减小，25℃下 64%ASECSC 导热系数最小为 0.0529W/(m · K)。通过对比不同温度下材料的导热系数，其中差异值最大为 16%ASECSC 下，三组数据平均相差 6.69%，但不同温度下的导热系数差异并未表现出和气凝胶含量的明显相关关系。通过对比不同气凝胶含量的导热系数差异可以看出气凝胶绝热材料对温度的响应变化有限且很小，即随着温度的升高，导热系数变化很小。综合来看，温度对气凝胶绝热材料的导热系数影响较小，所以本节将更多地研究湿分对此类材料的影响。

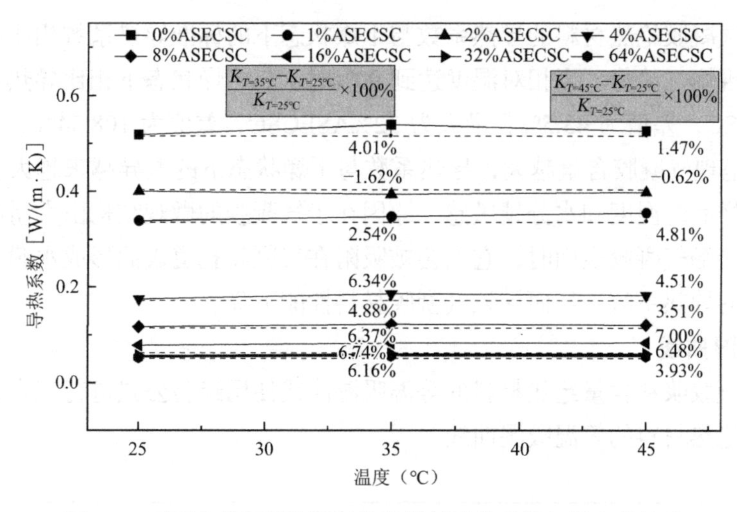

图 5.2　不同含量气凝胶浆料绝热材料导热系数与温度的关系

2. 材料导热系数随相对湿度变化关系

对不同相对湿度的气凝胶浆料绝热材料的导热系数进行试验，图 5.3 展示了导热系数随相对湿度变化关系并用三次多项式进行拟合分析，结果得到导热系数随着导热系数变化的函数关系。

相比于珊瑚砂混凝土材料，气凝胶绝热材料随着气凝胶含量的增加，导热系数减小，干燥状态下 64%ASECSC 导热系数最小为 0.047W/(m · K)。这是因为气凝胶材料的尺寸较小，已经接近纳米级别，气凝胶的加入占据了材料中的孔隙，使空气流动困难从而减小空气的对流传热导致材料的导热系数降低。

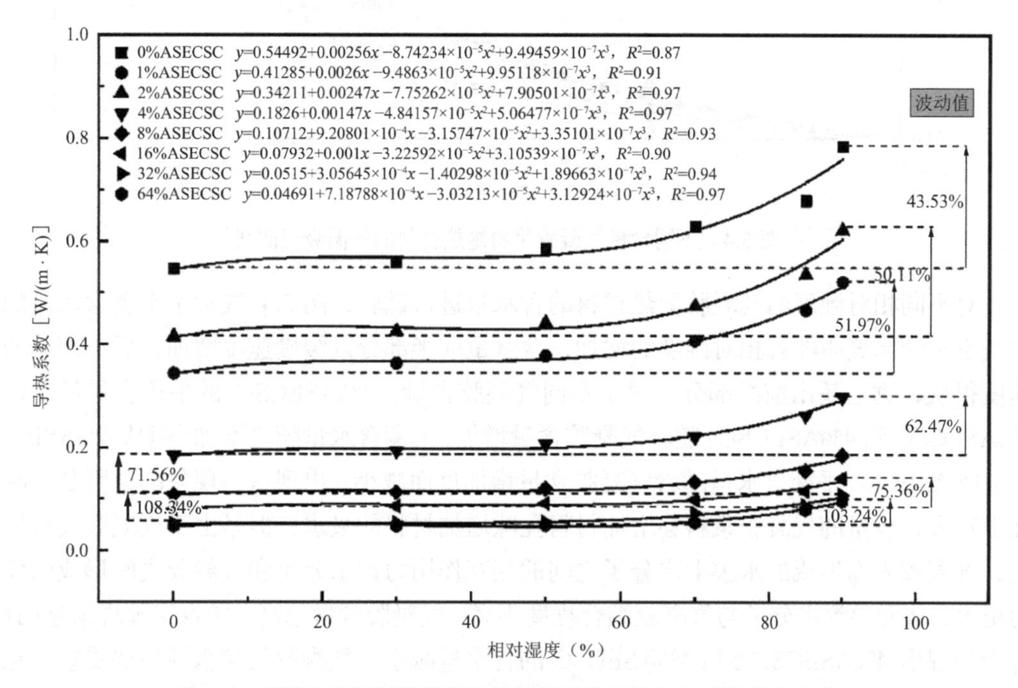

图 5.3　不同含量气凝胶浆料绝热材料导热系数与相对湿度的关系

不同含量气凝胶绝热材料的导热系数与干燥状态下的标准导热系数相比，随着相对湿度的增加均呈现增加趋势。当相对湿度达到90%时，与干燥状态下相比导热系数差异最小的为0%ASECSC，差值为43.5%，最大为32%ASECSC，差值为108.34%。相对湿度达到90%时，基本呈现气凝胶含量越大，导热系数与干燥状态下的差异越来越大。这表明气凝胶含量越高，样品对湿度和水分越敏感，原因在于气凝胶的微观结构由大量纳米级的孔道组成，当水分接触气凝胶表面时，它们会被吸附在气凝胶孔道表面形成水膜，而水的导热系数大于空气的导热系数，从而导致气凝胶材料性能下降。

3. 等温吸湿曲线

对不同气凝胶浆料含量绝热材料的等温吸湿曲线使用经验公式进行拟合，图5.4 展示了气凝胶浆料绝热材料的等温吸湿曲线。

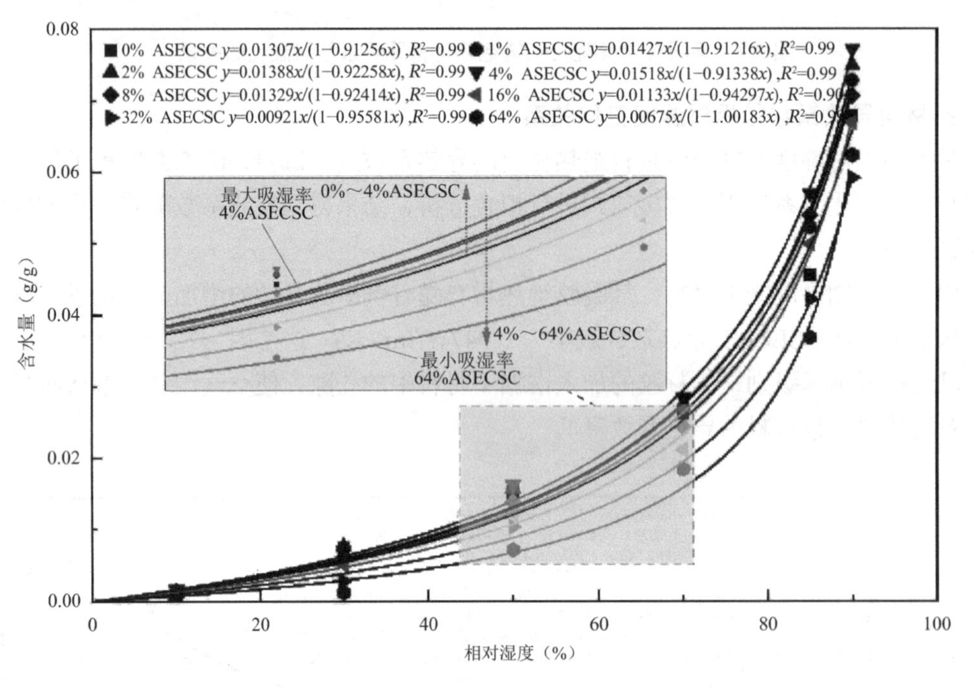

图5.4　不同含量气凝胶浆料绝热材料的等温吸湿曲线

对不同相对湿度的气凝胶绝热材料的含水量进行试验，图5.4 展示了平衡含水量的变化关系。结果表明随着相对湿度的增加，含水量前半部分以缓慢速度增加，后半部分增加速度很快，远远超出前半部分。对于不同气凝胶含量，4%ASECSC 的平衡含量最高，从0%ASECSC 到 4%ASECSC，随着气凝胶含量增加，平衡含水量随之增加。但从4%ASECSC到64%ASECSC 平衡含水量随着气凝胶含量增加反而减小。出现这一现象的原因是气凝胶孔隙较多，少量的气凝胶浆料会增加材料孔隙增加材料的吸水，但是由于气凝胶具有憎水性，气凝胶表面形成的水膜上水分子之间的相互作用力比水分子和气凝胶之间形成的作用力更大，从而导致水分子与气凝胶结合程度不高，气凝胶含量越高，导致这种现象越明显，进而呈现出4%ASECSC 到 64%ASECSC 的含水量减小。气凝胶的憎水性主要受它的化学成分影响，由于其氢键和羟基的排列方式和特殊性质，从而减少与水分子相互作用，使气凝胶呈现憎水。

5.3 气凝胶增强保温板

5.3.1 气凝胶增强保温板（气凝胶增强 HGBs）的研制过程

为了更经济有效地与传统的保温材料竞争，开发基于气凝胶的新型高技术材料和研究气凝胶增强材料的性能仍然是人们所期待的。特别是气凝胶纳米材料兴起后，由于其优异的热性能和稍差的力学性能，研究人员致力于将其与水泥基保温材料混合，不仅提高了气凝胶材料的强度和韧性，同时也提高了水泥基保温材料的保温性能。气凝胶增强样品的制备过程如图 5.5 所示，本节使用了不同百分比的气凝胶（质量百分比从 0%到 64%）预制材料。气凝胶增强样品的组成和密度在表 5.3 中列出。可以看出，随着气凝胶含量的增加，气凝胶增强 HGBs 的密度降低。因此，本节在前人研究的基础上，制备了气凝胶增强型高性能混凝土，采用低碱度硫铝酸盐水泥，以改善气凝胶颗粒和水泥混合的均匀性。

图 5.5　气凝胶增强样品的制备过程

（a）称重；（b）混合；（c）脱模准备；（d）浇注；（e）干燥和脱模；（f）最终样品

气凝胶增强样品的组成和密度（以 100mm × 100mm × 30mm 为例）　　表 5.3

试件	质量百分比（%）				平均干密度（kg/m^3）
	水泥	HGMs	水	气凝胶	
纯 HGB	25.00	12.50	62.50	0	275.00
1%气凝胶 HGB	24.97	12.48	62.42	0.12	274.25

续表

试件	质量百分比（%）				平均干密度（kg/m³）
	水泥	HGMs	水	气凝胶	
2%气凝胶 HGB	24.94	12.47	62.34	0.25	272.50
4%气凝胶 HGB	24.88	12.44	62.19	0.50	270.46
8%气凝胶 HGB	24.75	12.38	61.88	0.99	267.44
16%气凝胶 HGB	24.51	12.25	61.27	1.96	264.53
32%气凝胶 HGB	24.04	12.02	60.10	3.85	259.51
64%气凝胶 HGB	23.15	11.57	57.87	7.41	233.35

5.3.2 气凝胶增强保温板（气凝胶增强 HGBs）热湿物性参数测定

1. 孔隙率测试

扫描气凝胶增强 HGBs 的电镜图像，利用图像分析软件对扫描电镜图像进行黑白二值化处理，得到样品断面的孔径分布和面积孔隙率。另外，用压汞仪（MIP）直接测量试样的孔隙率和孔径分布，对比分析后得到三种材料的孔径和分布，如图 5.6 所示。

所有样品的孔径分布相似，累积孔容曲线在微观和宏观尺度上均表现为相对平坦的曲线。在介观尺度上，随着孔径的减小，累积孔隙体积先保持不变，然后迅速增加。这说明在压汞试验中，汞首先通过大孔隙进入，然后不断地被挤压进入小孔。累积孔隙体积随孔径的变化大致可分为三个阶段：初始阶段（50～1000μm），孔隙体积变化不大，表明材料中这些孔隙的体积含量几乎为 0；快速生长阶段（该区间内的孔隙占主导地位）；稳定阶段（累积孔隙体积逐渐达到稳定值）。此外，16%和 32%气凝胶的平坦曲线范围增大，这是因为随着气凝胶含量的增加，形成了大量的纳米孔，使得比表面积显著增大。除微孔（小于 2nm）外，大多数（80.39%）为大孔（大于 50nm），主要分布在 1000～10000μm 之间，9.61%为中孔（2～50nm）。随着气凝胶含量的增加，样品的孔隙率在 85.58%～96.27%之间。值得注意的是，MIP 测量小直径所需的高压，这在一定程度上引入了误差。

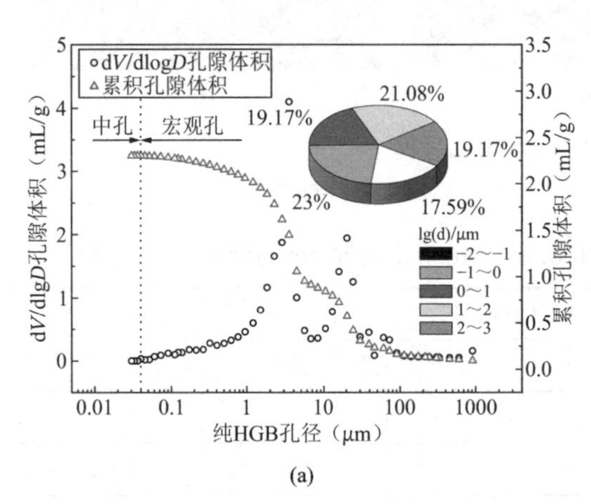

(a)

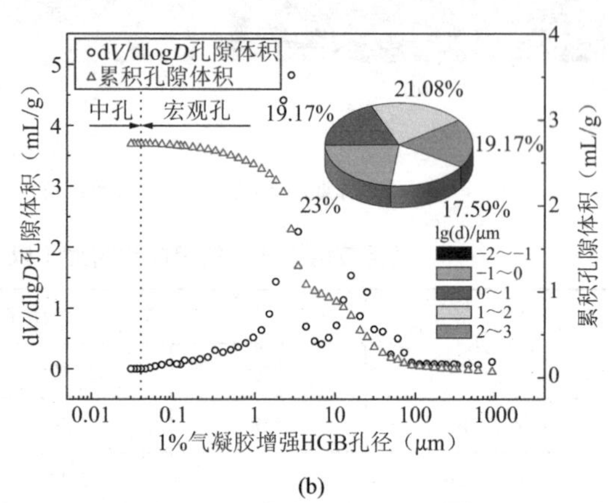

(b)

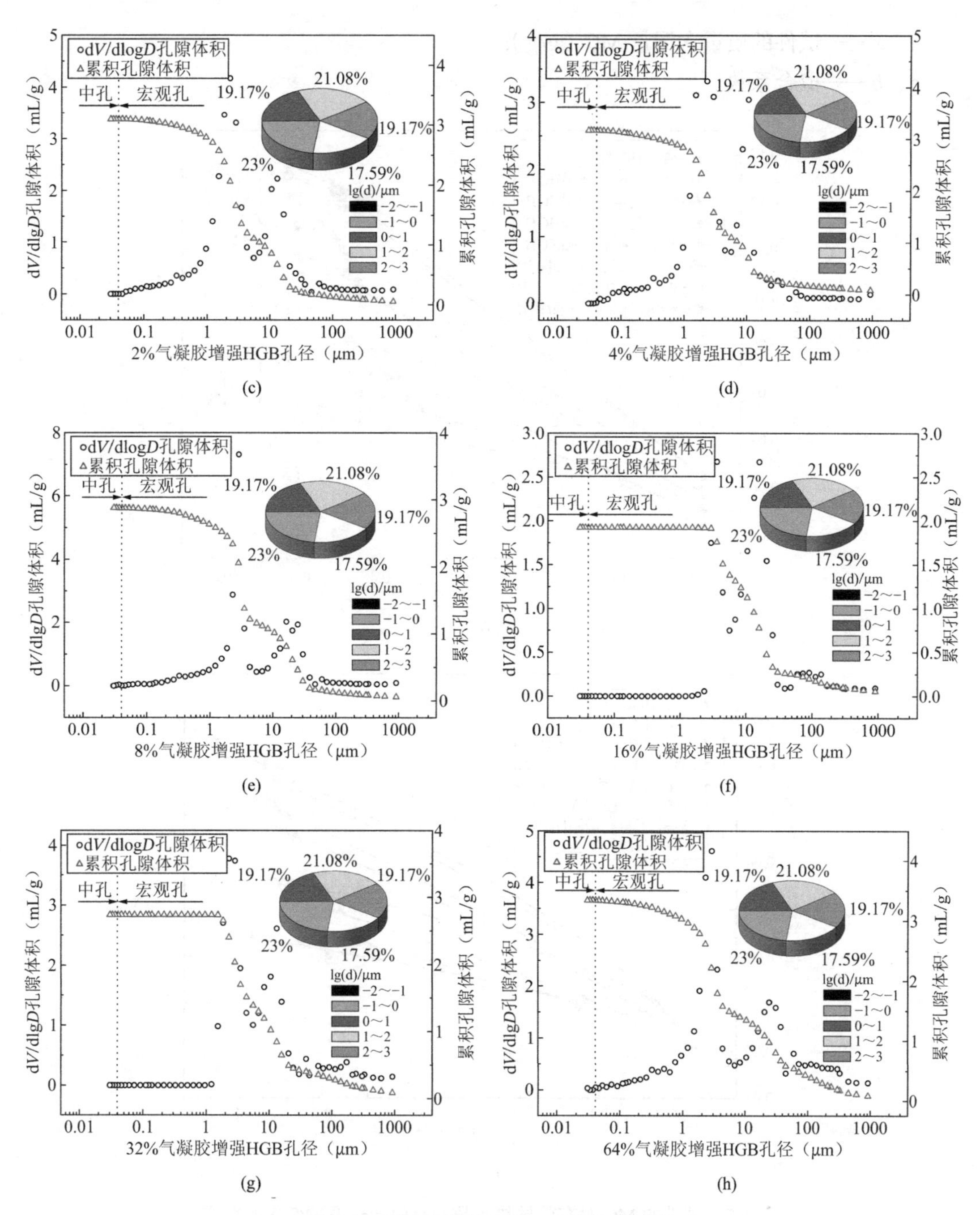

图 5.6　气凝胶增强 HGBs 的孔分布特征

2. 干燥试件的导热系数测试

采用幂函数关系式(5.1)对试件的导热系数和质量 MC 进行拟合分析，如图 5.7 所示，拟合系数见表 5.4。

$$\lambda_{\mathrm{e}} = \lambda_{\mathrm{d}} + a x^{b} \tag{5.1}$$

式中：λ_{e}——试件的有效导热系数［W/(m · K)］;

λ_{d}——试件的干燥状态下的导热系数［W/(m · K)］;

x——试件的质量含湿量 MC（g/g）；

a、b——拟合系数。

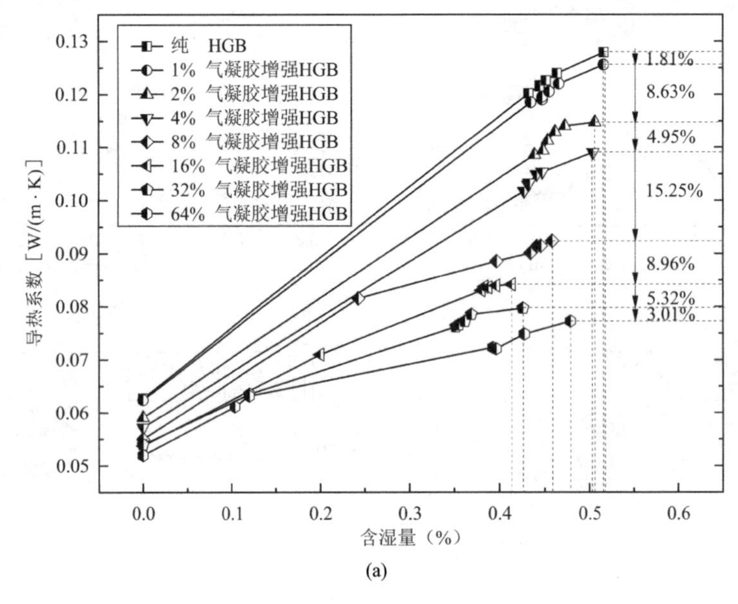

(a)

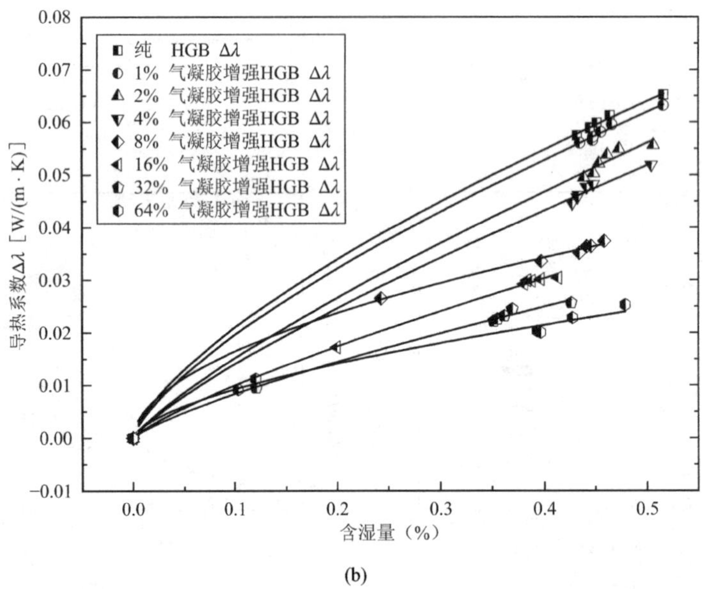

(b)

图 5.7　试件的 MC 对有效导热系数和有效导热系数变化的影响

（a）MC 对有效导热系数的影响；（b）MC 对有效导热系数变化的影响

拟合系数　　　　**表 5.4**

方程：$y = ax^b$	a		b		R^2
导热系数［W/(m·K)］	取值	误差	取值	误差	
纯 HGB	0.10340	0.00338	0.69246	0.04204	0.98102
1%气凝胶 HGB	0.10170	0.00462	0.71506	0.05870	0.96576

续表

方程：$y=ax^b$	a		b		R^2
导热系数［W/(m·K)］	取值	误差	取值	误差	
2%气凝胶 HGB	0.09857	0.01587	0.80300	0.20950	0.73448
4%气凝胶 HGB	0.09097	0.00851	0.81153	0.11648	0.89972
8%气凝胶 HGB	0.05569	0.00184	0.52922	0.03656	0.98098
16%气凝胶 HGB	0.06331	0.00281	0.80193	0.04477	0.99006
32%气凝胶 HGB	0.05153	0.00300	0.78929	0.05596	0.98801
64%气凝胶 HGB	0.03757	0.00251	0.60840	0.06363	0.96810

采用幂函数关系拟合试件的导热系数和质量含湿量 MC，相关系数较高时，拟合系数b在 0.5～0.81 范围内变化，拟合系数a随孔隙率的增加而减小。随着气凝胶含量的增加，MC 值越大，试件的导热系数增加越慢[5-7]。

3. 气凝胶含量对导热系数的影响

由于砂的导热系数较低，用气凝胶代替砂土作为轻骨料，这一过程塑造了气凝胶增强 HGBs。图 5.8 显示了导热系数随气凝胶含量的变化趋势。

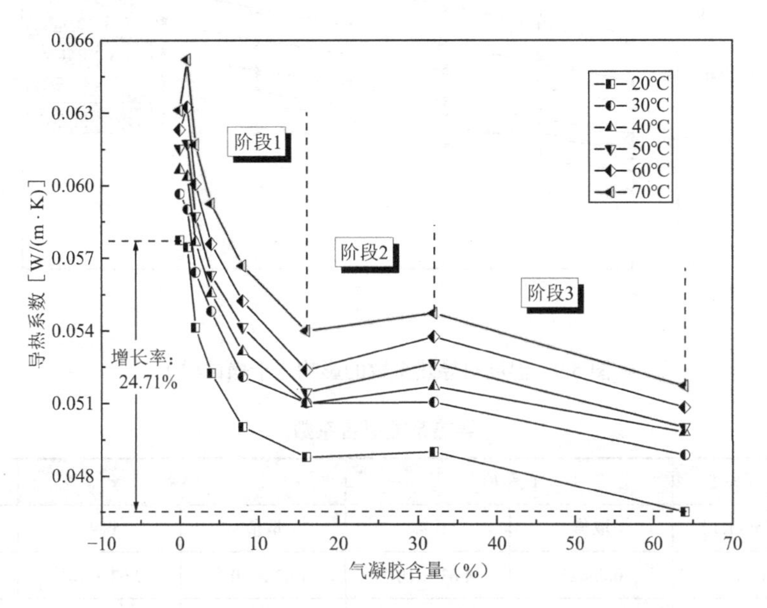

图 5.8　气凝胶增强 HGBs 的导热系数与气凝胶含量的关系

图 5.8 显示，一般来说，材料的导热系数与气凝胶含量成反比，即导热系数值随气凝胶含量的增加而降低。在第一阶段，当气凝胶含量在 0%～16%之间时，导热系数下降最大；第二阶段的导热系数（气凝胶含量约为 16%～32%）基本不变；而在第三阶段，当气凝胶含量从 32%增加到 64%时，导热系数显著降低小于第一阶段。在 20℃时，气凝胶含量最高时，增强型 HGBs 的平均导热系数约为 0.046W/(m·K)，对比纯 HGBs 的平均导热系数为 0.058W/(m·K)，大约降低了 24.71%。这是因为气凝胶的孔径小于 50nm，远低于空气中氧

和氮分子的自由程，因此添加了具有纳米孔的纳米结构材料，这些材料储存在材料内部，占据了原本属于空气的内部空间，导致空气在小空间内几乎不能流动，从而抑制了空气对流传热。另外，由于存在大量的微孔，气凝胶增强材料具有几乎无限多的孔壁，可以作为辐射的反射面和折射面，为辐射热传导提供了良好的屏障。

4. 导热系数与温湿度的关系

根据试验结果，采用线性函数关系式［式(5.2)］对八种干燥状态下气凝胶增强 HGBs 的导热系数和温度进行拟合分析，如图 5.9 所示，所得拟合系数见表 5.5。

$$\lambda_e = d + e \times T \tag{5.2}$$

式中：d、e——拟合系数；

T——试验环境温度（℃）。

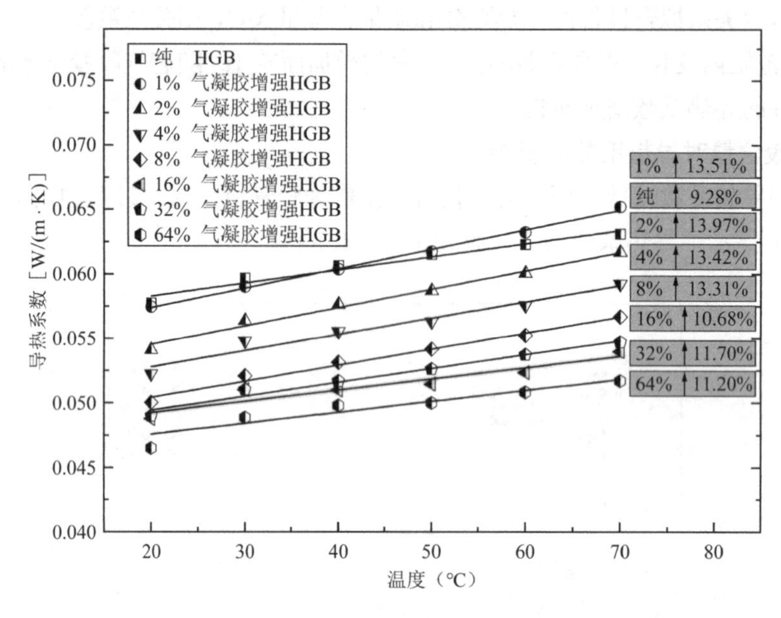

图 5.9 温度对导热系数的影响（干燥试样）

导热系数拟合系数 **表 5.5**

方程：$y = d + e \times T$	截距项		斜率		统计
导热系数［W/(m·K)］	取值	误差	取值	误差	R^2
纯 HGB	0.05625	4.63×10^{-4}	1.02×10^{-4}	9.62×10^{-4}	0.9568
1%气凝胶 HGB	0.05437	2.33×10^{-4}	1.51×10^{-4}	1.51×10^{-4}	0.9949
2%气凝胶 HGB	0.05171	3.96×10^{-4}	1.42×10^{-4}	1.42×10^{-4}	0.9835
4%气凝胶 HGB	0.05028	5.96×10^{-4}	1.26×10^{-4}	1.26×10^{-4}	0.95374
8%气凝胶 HGB	0.04793	3.73×10^{-4}	1.25×10^{-4}	1.25×10^{-4}	0.98105
16%气凝胶 HGB	0.0475	6.97×10^{-4}	8.73×10^{-4}	8.73×10^{-4}	0.87588
32%气凝胶 HGB	0.04728	4.01×10^{-4}	1.08×10^{-4}	1.08×10^{-4}	0.97083
64%气凝胶 HGB	0.04587	5.39×10^{-4}	8.50×10^{-4}	8.50×10^{-4}	0.91898

当温度从 20℃升高到 70℃时，导热系数在 9.28%～13.97%范围内线性增加（高度相关），同样，在不同气凝胶含量（0%～64%）下，气凝胶增强 HGBs 的导热系数普遍高度相关。此外，截距“*d*”随气凝胶含量的增加而减小。为了研究气凝胶增强 HGBs 在不同温度和相对湿度条件组合下的热性能，将样品集中在恒温恒湿箱中，模拟 25℃和 35℃下 0%到 98%的相对湿度范围。正如预期的那样，MC 和导热系数随相对湿度的增加而增加，如图 5.10 所示。在 35℃时，试样的 MC 和导热系数随相对湿度的变化与 25℃时的变化基本一致（在相同相对湿度下，35℃时的 MC 和导热系数略高于 25℃时的 MC 和导热系数）。

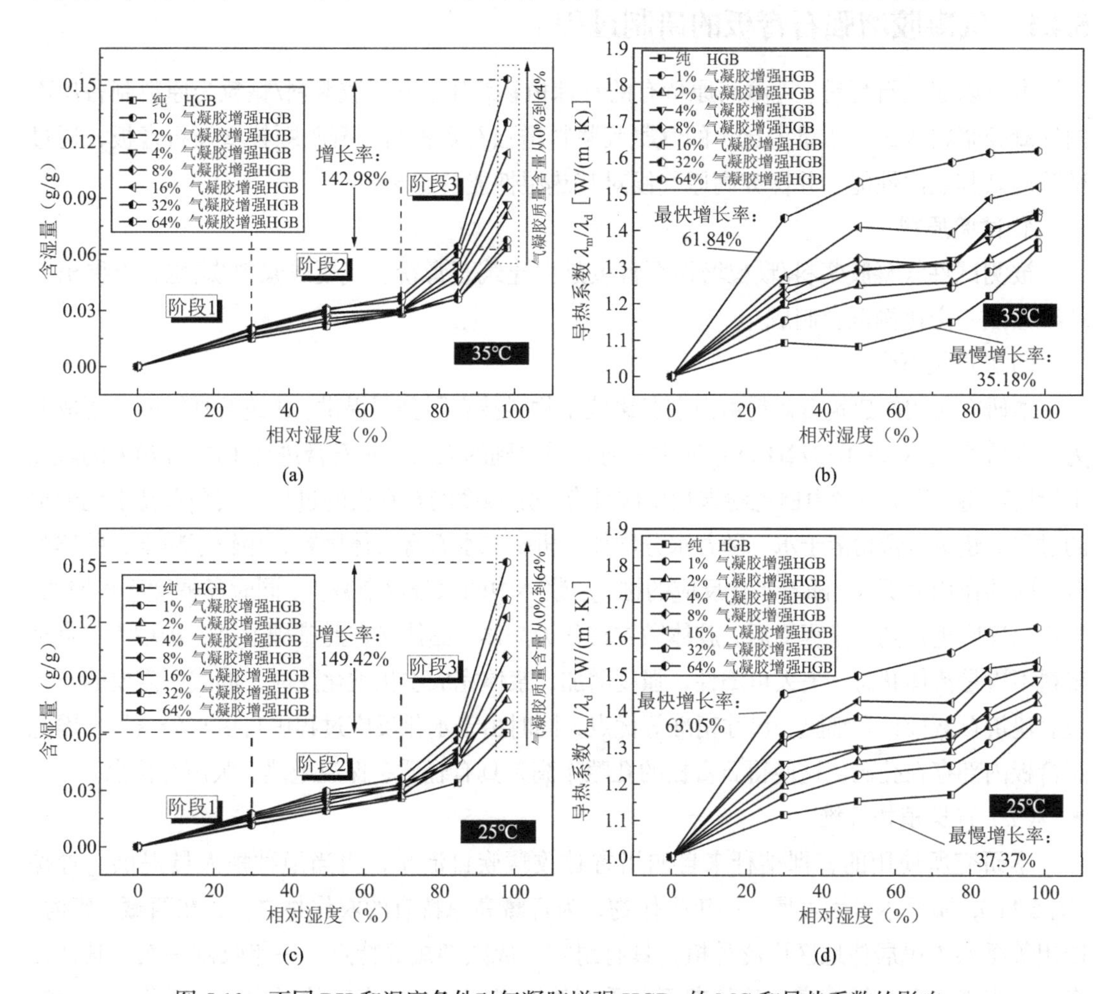

图 5.10　不同 RH 和温度条件对气凝胶增强 HGBs 的 MC 和导热系数的影响

结果表明，RH 对 MC 和导热系数的影响明显大于温度对 MC 和导热系数的影响。在 35℃的高湿环境（相对湿度 70%～98%）中，MC 在相对湿度的影响下变化最为明显。另外，在相同湿度（98%）下，气凝胶含量在 0%～64%范围内，MC 增加 142.98%。此外，气凝胶含量越高，试样对湿度越敏感；例如，当相对湿度从 0%增加到 98%时，在 35℃时，64%气凝胶增强 HGB 的导热系数增加最大（61.54%），纯 HGB 的导热系数增幅最小（35.18%）。影响气凝胶保温性能的一个重要因素是其吸水性。通常情况下，水的导热系数远高于空气的导热系数，因此二氧化硅气凝胶吸水后的保温性能会大大降低。这是因为二氧化硅气凝胶的孔隙表面有大量的硅羟基，它们与空气中的水接触时会吸收水分，使气凝胶开裂、坍塌、粉碎，导致气凝胶性能严重下降。因此，气凝胶含量越高，水分对材料性能的影响越明显。这一趋势在 25℃时也存在，但由于温度驱动导热系数对湿度驱动导热系数的影响，变化率略有增加，分别为 63.05%和 37.37%。

5.4 气凝胶增强石膏板

5.4.1 气凝胶增强石膏板的研制过程

本节以建筑石膏粉、青藏高原特有的青稞植物纤维、气凝胶浆料/颗粒为原料制备出不同气凝胶浆料含量（质量占比）的气凝胶浆料增强石膏板与气凝胶颗粒增强石膏板，通过试验测试其热湿性能，并探究高原气候对其热湿性能的影响。

1. 试验原料

被测试件气凝胶浆料/颗粒增强石膏板是由建筑石膏粉、气凝胶浆料/颗粒、青稞植物纤维按照一定比例混合制成。

（1）建筑石膏

本研究所用的建筑石膏粉由山东奥诺威生物科技有限公司提供。建筑石膏粉的主要成分为半水硫酸钙（$CaSO_4 \cdot 1/2H_2O$），通常是将开采得到的天然二水石膏进行 107～170℃的煅烧干燥后获得。建筑石膏由白色粉末状变成具有一定强度的石膏板的过程其实是石膏水化硬化的过程。建筑石膏粉溶于水，随着水分增加，析出二水石膏胶体微粒，相较于粉末，胶体微粒之间的作用力更大。随着水化反应的推进，浆体中的水分逐渐减少，同时黏稠度逐步增加。当水化反应进行到一定程度后，胶体微粒转化为晶体，晶体又在此基础上进一步增大，直至浆料不再是流体状态，失去可塑性，强度增加，浆体完成水化硬化反应，形成所需要的石膏板。建筑石膏板具有细腻、尺寸精准等优点，同时由于水化反应过程中自由水分蒸发，因此石膏板内部存在孔洞，这使得石膏板的孔隙率高，具有轻质、保温绝热、吸声等优点。

（2）青稞植物纤维

本研究所使用的青稞秸秆来自四川省甘孜藏族自治州，由当地种植人员提供。青稞（图 5.11），属禾本科大麦属，一年生作物，为青藏高原特有的农作物之一，在西藏、青海、四川等藏族人民居住地区广泛种植，具有耐寒、成熟期短等特点。一年收割一次，其秸秆直立、光滑，且韧性较高。生长期不易受到外界温度、海拔高度的影响，是青藏高原海拔 4500m 以上唯一能正常存活的农作物。在传统的青稞种植流程中，收获青稞后留下的青稞秸秆一小部分被用作当地居民的牲畜的饲料及相关制品，为了减轻仓储的压力，大部分无用的青稞秸秆会被焚烧，这不仅是资源的浪费，同时也对青藏高原地区产生巨大污染，青藏高原的气候与生态系统十分脆弱，长此以往容易使青藏高原的生态环境产生不可挽回的损失。因此本研究提出将其应用在建筑材料中，这不仅减少了青稞纤维处理的成本和污染，而且由于青稞纤维（图 5.12）的化学组成及其各化学成分的含量与木材相当（纤维素、木质素等），即其具有较好的韧性与强度，能够在一定程度上提升复合材料的韧性与强度。

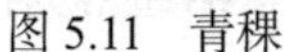

图 5.11　青稞

图 5.12　青稞植物纤维

（3）气凝胶

本研究所使用的气凝胶浆料/颗粒由中凝科技公司所提供，具体性质与特性见表 5.6。气凝胶是由纳米颗粒组成的具有低密度和低导热性的多孔材料，具有高孔隙率（80%～99.8%）、低密度（0.003g/cm³）、低导热系数［0.005W/(m · K)］等优良特性。由于其超低导热性和多孔结构，SiO_2 气凝胶被广泛用于绝热、催化、物理与光学器件。其中，建筑材料是迄今为止 SiO_2 气凝胶最大的市场之一，在空间有限的情况下，SiO_2 气凝胶是理想的建筑材料。气凝胶颗粒见图 5.13。近年来，由于气凝胶增强建筑材料每单位厚度的热阻明显高于同类的传统建筑材料，因此，气凝胶复合材料常用作建筑外围护结构的材料，可以在保证室内环境舒适的前提下有效降低建筑能耗。气凝胶增强产品越来越多地进入建筑材料市场，且研究人员通过各种方式有望进一步提升气凝胶增强材料的各项性能。然而，气凝胶颗粒的机械性能较差，在实际应用中，为避免破坏气凝胶颗粒的结构，气凝胶颗粒通常与其他材料混合使用，例如将其制备为气凝胶毡和气凝胶玻璃。此外，在气凝胶颗粒与传统建筑材料结合的过程中，气凝胶颗粒与水泥基、石膏基等胶凝材料混合时极易发生破碎、结块、飞扬和漂浮分层等现象，导致气凝胶颗粒在胶凝剂中不能均匀分布[8-9]。目前现有的改性方法虽然能够提高气凝胶颗粒与浆体的结合，但无法完全避免气凝胶颗粒的上浮分层与飞扬损失的现象，在此过程中，不仅使材料制备步骤变得更加复杂，成本增加，其改善效果较为有限，且并非所有建筑胶结材料均适用。这一系列因素都限制了气凝胶颗粒在建筑行业的发展潜力。为了使气凝胶材料在与传统建筑材料结合的过程中更好地发挥其作用，且更适用于工程化应用，现有研究与实际工程中多采用各种改性方法将气凝胶颗粒转化成亲水性更高、成本更加低廉、易于融合与运输的气凝胶浆料。气凝胶浆料是以 SiO_2 气凝胶粉体为主要原料，采用分散剂等特有分散工艺，在保持气凝胶孔结构不破坏的前提下将疏水粉体直接分散在水中，制得水性气凝胶浆料（图 5.14）。部分气凝胶浆料经过特殊的干燥后，可恢复气凝胶颗粒的原始状态，并保持疏水特性。因此气凝胶浆料是建筑材料的理想添加组分，特别是在一些水性涂料和其他复合材料的制备中具有十分优异的使用效果。气凝胶浆料因在使用过程中便于存储与运输，且在与其他材料结合时无需额外的添加剂及改性处理手段，所以其成本相较于气凝胶毡与气凝胶颗粒要低很多。气凝胶浆料虽然完美地解决了气凝胶在运输和使用过程中的粉尘飞扬损失、胶结材料结合出现分层等问题，但付出了热工性能被削减的代价，例如 25℃下的导热系数由 0.018W/(m · K)升高至 0.022W/(m · K)，密度从 40～150kg/m³ 上升至 100～350kg/m³[10-11]。

（4）外加剂

由于气凝胶颗粒具有高疏水性，在与石膏浆料混合的时候会出现无法混合的现象，且在石膏浆料与气凝胶颗粒之间存在明显的分层，如图 5.15 所示。为使气凝胶颗粒能在石膏浆料中均匀分布，在石膏浆料中加入羧甲基纤维素钠溶液。羧甲基纤维素钠溶液是由羧甲基纤维素钠粉末与去离子水配置而成的胶体溶液，如图 5.16 所示。本研究使用的羧甲基纤维素钠粉末由天利生物科技有限公司提供。羧甲基纤维素钠（Sodium carboxymethyl cellulose，CMC-Na）是一种有机物，化学式为$[C_6H_7O_2(OH)_2OCH_2COONa]_n$，是纤维素的羧甲基化衍生物，是最主要的离子型纤维素胶。羧甲基纤维素纳通常为白色的颗粒粉末或纤维的状态，无味，具有一定的吸湿能力，与水混合后形成透明的胶体溶液。对其进行食品化处理后，常常用作食品或牙膏等日用品中起到的增稠、增浓、稳定以及保水剂等。

由于加入浓度过高的羧甲基纤维素钠溶液后，试件内部无法凝固成型，表面干燥硬化后因与内部产生较大的密度差最终造成试件表层开裂，内部流体状态的混合浆料流出，如图 5.17 所示。因此，作为外加剂的羧甲基纤维素钠溶液存在一个最佳浓度，经过试验发现在羧甲基纤维素钠与水质量比为 1∶25 的情况，可使质量占比为 3%的气凝胶颗粒在石膏浆料中均匀混合。气凝胶颗粒增强植物纤维石膏板试件见图 5.18。

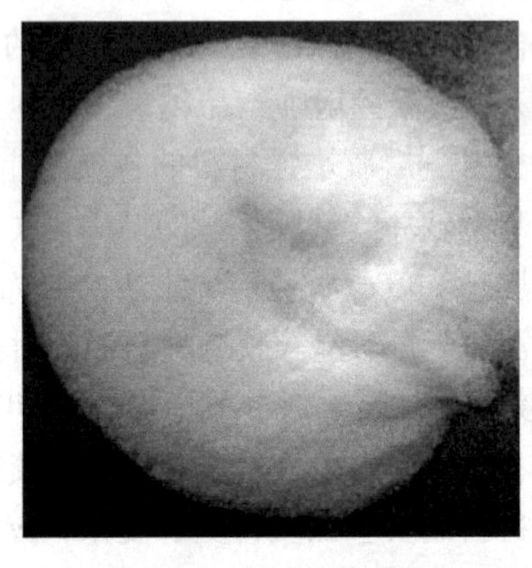

图 5.13　气凝胶颗粒

图 5.14　气凝胶浆料

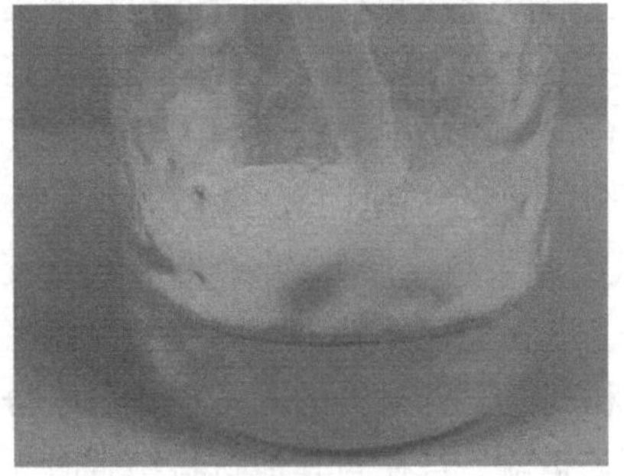

图 5.15　气凝胶颗粒与石膏浆料出现分层

图 5.16　羧甲基纤维素钠胶体溶液

图 5.17　加入高浓度羧甲基纤维素纳溶液后试件无法成型

图 5.18　气凝胶颗粒增强植物纤维石膏板

本研究制备气凝胶浆料增强石膏板所使用的气凝胶浆料与气凝胶颗粒性质　　表 5.6

性质	单位	气凝胶浆料	气凝胶颗粒
密度	kg/m^3	400～500	20～100
导热系数	W/(m · K)	0.018～0.022	≤ 0.018（< 25℃）
粒径	μm	15、50	15、50
气凝胶固体含量	%	10～15	—
耐温范围	℃	< 200	< 400

2. 制备步骤

1）气凝胶浆料增强石膏板

如图 5.19 所示，气凝胶浆料增强石膏板的具体制备步骤如下：

（1）称量原材料：称取所需质量的建筑石膏粉、青稞纤维、水以及气凝胶浆料。

（2）搅拌混合：将建筑石膏粉与气凝胶浆料混合，并搅拌均匀。然后，一边加水一边继续搅拌，直至形成白色混合浆料。

（3）加入植物纤维：在混合浆料中立即加入青稞纤维，为使青稞纤维能够分布在浆料各处，应当持续搅拌，直至倒入模具中。

（4）养护与脱模：将混合均匀的浆料倒入硅胶模具中，放在室温下凝固成型。

（5）干燥：静置 24～48h 后，放入 105℃的烘干箱中，烘干至恒重。

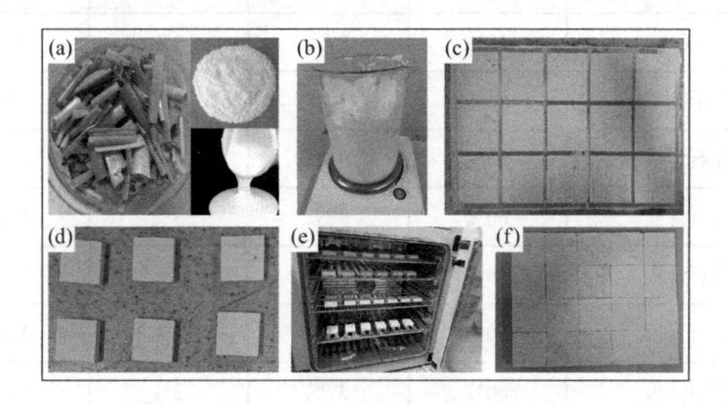

图 5.19　试件制备步骤

（a）原材料；（b）混合；（c）倒入模具养护；（d）脱模；（e）干燥；（f）试件成品

本节用于试验研究的气凝胶浆料增强石膏板的试件尺寸均为 50mm × 50mm × 20mm，试件样品的配料组成与密度见表 5.6。

2）气凝胶颗粒增强石膏板

由于气凝胶颗粒的强疏水性，为了使气凝胶颗粒能够与石膏浆料进行更好的融合，特此加入外加羧甲基纤维素钠溶液，该溶液能在不改变石膏与气凝胶颗粒的性质的条件下使得石膏浆料与气凝胶颗粒进行更好的融合，但加入过多的羧甲基纤维素钠容易导致试件无法成型，因此在制备试件的过程中，配置羧甲基纤维素钠溶液是非常重要与关键的一个步骤。气凝胶颗粒增强石膏板的具体制备步骤如下：

（1）称量原材料：称取所需质量的建筑石膏粉、青稞纤维、水、气凝胶颗粒、羧甲基纤维素钠粉末。

（2）配置羧甲基纤维素钠溶液：将称量好的羧甲基纤维素钠粉末与水混合，并搅拌均匀，使白色的羧甲基纤维素钠颗粒完全溶于水中，最后形成透明胶体状的羧甲基纤维素钠溶液。

（3）混合搅拌：少量多次地往羧甲基纤维素钠溶液中依次加入建筑石膏粉与气凝胶颗粒，并搅拌均匀，待上一次加入的材料搅拌均匀后，方可加入下一次的材料。整个过程应当持续缓慢搅拌，避免气凝胶颗粒在搅拌过程中飞扬，直至形成白色混合胶体浆料。

（4）加入植物纤维：在混合浆料中立即加入青稞纤维，为了使青稞纤维能够分布在浆料各处，应当持续搅拌，直至倒入模具中。

（5）养护与脱模：将混合均匀的浆料倒入硅胶模具中，放在室温下凝固成型。

（6）干燥：静置 24～48h 后，放入 105℃的烘干箱中，烘干至恒重。

本节用于试验研究的气凝胶浆料增强石膏板的试件尺寸均为 50mm × 50mm × 20mm，试件样品的配料组成与密度见表 5.7。

试件样品的配料组成及密度 **表 5.7**

试件	质量占比（%）				密度（kg/m^3）
	建筑石膏粉	水	青稞纤维	气凝胶浆料	
纯石膏	60%	37%	3%	0%	1120.00
3%气凝胶浆料增强石膏板	60%	37%	3%	3%	1013.33
10%气凝胶浆料增强石膏板	60%	37%	3%	10%	826.67
20%气凝胶浆料增强石膏板	60%	37%	3%	20%	648.00
30%气凝胶浆料增强石膏板	60%	37%	3%	30%	560.00
40%气凝胶浆料增强石膏板	60%	37%	3%	40%	480.00
50%气凝胶浆料增强石膏板	60%	37%	3%	50%	453.33
3%气凝胶颗粒增强石膏板	60%	37%	3%	3%	576.4

5.4.2　气凝胶增强石膏板热湿物性参数测定

1. 气凝胶浆料含量对材料热性能的影响

为探究气凝胶浆料含量与温度对气凝胶浆料增强石膏板热性能的影响，测试了不同温度不同气凝胶浆料含量的所制备材料的典型热物性参数。气凝胶浆料含量与温度环境对气凝胶浆料增强石膏板的热性能影响如图 5.20～图 5.22 所示。

利用瞬态平面热源法获取了不同气凝胶浆料含量的气凝胶浆料增强石膏板的导热系数、蓄热系数、比热容及热扩散系数，从图 5.20 与图 5.21 中可发现，气凝胶浆料含量与气凝胶浆料增强石膏板的热物性参数存在线性关系。当气凝胶浆料含量为 3%时，气凝胶浆料增强石膏板的热物性参数均出现不同程度的上升，其中导热系数升高 11%，变化最大，比热容仅升高 0.5%，变化最小。随着气凝胶浆料含量上升，气凝胶浆料增强石膏板的热物性参数大幅下降，当气凝胶浆料含量达到 10%时，热扩散系数的降速放缓，当气凝胶含量升至 30%时，导热系数、蓄热系数及比热容的降速放缓。为更好地分析不同气凝胶含量材料的典型热物性参数变化情况，以气凝胶浆料含量为 0%的石膏基底材料的热物性参数为基准，计算了不同气凝胶浆料含量材料的热物性参数的变化率。观察图 5.21 可知，气凝胶浆料含量 10%的气凝胶浆料增强石膏板的热扩散系数变化率为 20%，气凝胶浆料含量为 30%～50%的材料的热扩散系数变化率在 15%～18%中波动。当气凝胶浆料含量为 30%时，气凝胶浆料增强石膏板的导热系数、蓄热系数与比热容的变化率分别为 61%、57%、53%，在此基础上继续增加气凝胶浆料，三项热物性参数的变化率分别稳定在 61%～63%、57%～59%、53%～56%。

不同材料的组成成分存在异质性的特点，这使得两种材料互相融合而构成的新材料的特性往往因原材料与其占比而存在差异。气凝胶浆料是以特殊的方法使气凝胶颗粒溶于溶液中的液体，当材料的气凝胶浆料的含量较低（3%）时，在成分构成上使得材料的水分占比要高出气凝胶浆料含量为 0%的石膏基底材料，而气凝胶的含量较低不足以抵抗过多的水分对材料热性能产生的影响，因此气凝胶浆料含量为 3%的气凝胶浆料增强石膏板的热物性参数升高，热性能要稍弱于石膏基底材料。后续随着气凝胶含量的大幅增加，其对材料热性能产生的影响要远高于水分所带来的影响，于是气凝胶含量为 10%～50%的气凝胶浆料增强石膏板的典型热物性参数大幅下降，热性能远高于石膏基底材料。当气凝胶浆料含量达到 30%时，受到石膏本身的溶解性、被测试件的尺寸大小及内部组分占比平衡等多重因素的影响，此时气凝胶浆料含量的继续增加已经无法大幅度提升材料的热性能。

建筑材料的应用环境十分复杂，通常需承受巨大的温度跨度，因此挖掘气凝胶浆料增强石膏板在不同温度下导热系数的变化有助于对其热性能进行更加综合的评估。图 5.22 呈现了气凝胶浆料增强石膏板导热系数在−10～30℃的环境中的变化，材料的导热系数与温度存在线性关系。气凝胶浆料增强石膏板的导热系数随温度的升高而升高。其中，气凝胶浆料含量为中低等时（3%～20%），温度升高，气凝胶浆料增强石膏板的导热系数变化率在 6%～6.5%。当气凝胶浆料含量突破 20%后，导热系数随温度升高的变化率增大，当气凝胶浆料含量达到 50%时，导热系数随温度变化的变化率达到最大值 21%。因此，随着气凝胶浆料含量升高，气凝胶浆料增强石膏板导热系数随温度变化的变化率也会升高，尤其是突破 20%后会出现更大幅度的变化。

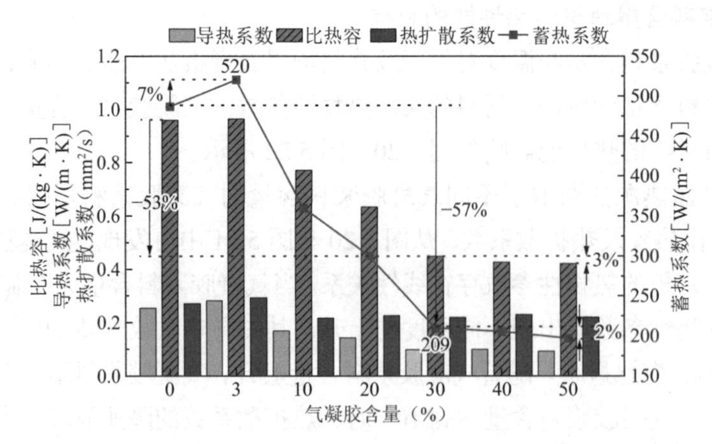

图 5.20　不同气凝胶浆料含量的气凝胶浆料增强石膏板的热物性参数变化

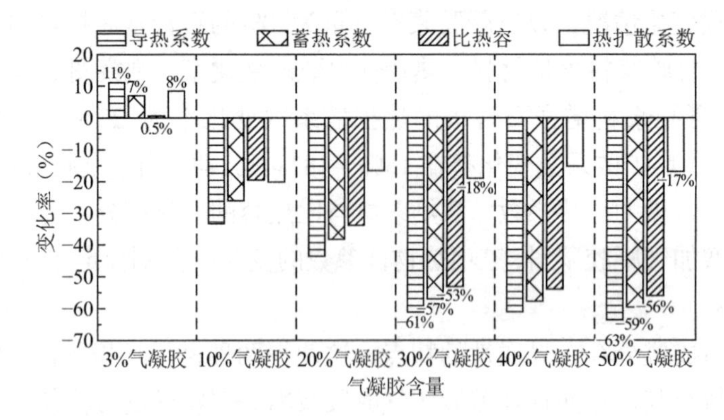

图 5.21　不同气凝胶浆料含量的气凝胶浆料增强石膏板热物性参数的变化率

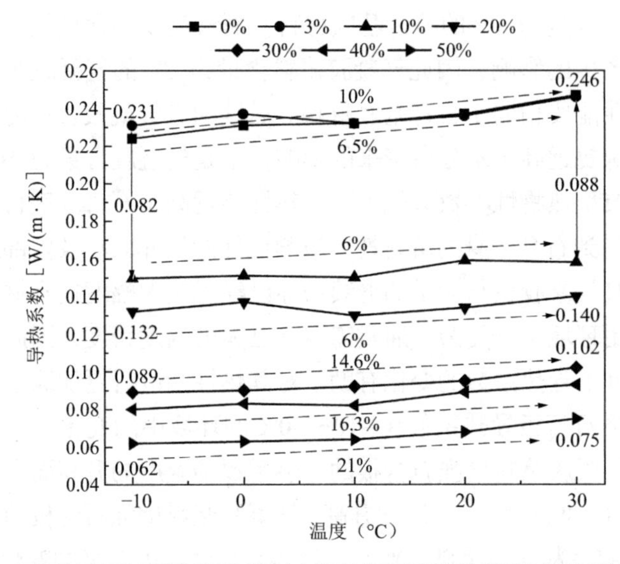

图 5.22　不同温度下不同气凝胶浆料含量的气凝胶浆料增强石膏板的导热系数

2. 气凝胶浆料含量对材料湿性能的影响

本节利用毛细吸湿试验来获取材料的吸水系数、液态水扩散系数与毛细饱和含湿量，发现气凝胶浆料增强石膏板的吸水系数和液态水扩散系数与气凝胶浆料含量存在线性关系。从图 5.23 中发现，当气凝胶浆料含量为 0%～40%时，随着气凝胶浆料含量升高，气凝胶浆料增强石膏板的吸水系数与液态水扩散系数升高，当气凝胶浆料含量达到 40%时，吸水系数与液态水扩散系数分别升高了 1305%、1218%，当气凝胶浆料含量较高时（40%～50%），吸水系数与液态水系数骤升。但气凝胶浆料含量对气凝胶浆料增强石膏板的毛细饱和含湿量的影响并不显著，毛细饱和含湿量在 241～256kg/m^3 中波动，仅在气凝胶浆料含量为 50%时发生骤降。

深究湿物性参数突变的原因，主要是气凝胶浆料含量过高使得气凝胶浆料增强石膏板脆化，移动试件会使试件表层颗粒脱落，且石膏与气凝胶浆料均为亲水性材料，气凝胶浆料内部的孔隙结构使其可以吸收大量的水分，同时气凝胶浆料表面存在有利于吸水的氢氧基团，这更进一步提升了气凝胶浆料的吸附性，尤其是吸水性。此外，在毛细吸湿试验过程中，由于试件长时间浸泡在水中，除了由于石膏主体框架出现大量孔洞（图 5.24）造成材料的吸湿能力增强外，气凝胶内部的网络结构同样会受到水分渗透以及水表面张力的破坏，从而使材料的吸湿能力进一步提升。值得说明的是，在毛细吸水试验过程中，气凝胶浆料增强石膏板的被测试件发生较大的外观变化。此外，由于植物纤维有着良好的亲水性，吸水后植物纤维的结构、体积、重量以及表观扩散系数等参数均发生较大的变化，从而在植物纤维与石膏之间产生内应力，使得气凝胶浆料增强石膏板的表层石膏出现裂缝，甚至与内部部分植物纤维一并发生脱落，材料表面出现直径较大的孔洞，材料强度大大降低，最终导致材料被破坏。气凝胶含量越高的气凝胶浆料增强石膏板所受液态水的侵蚀越严重。因此，可将气凝胶浆料增强石膏板应用于常年干燥的青藏高原地区。

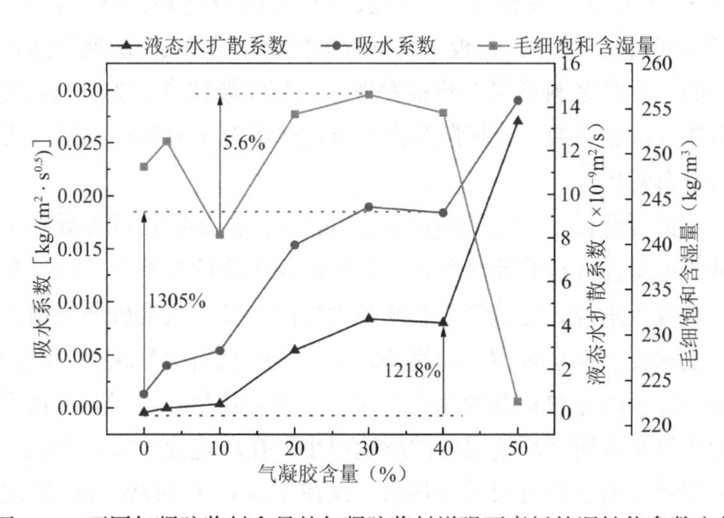

图 5.23　不同气凝胶浆料含量的气凝胶浆料增强石膏板的湿性能参数变化

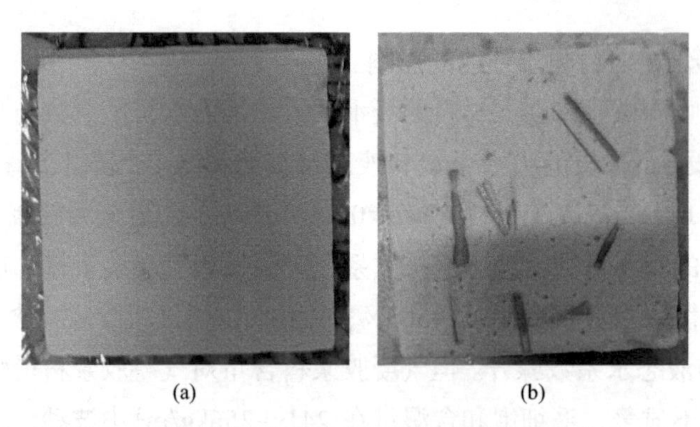

(a) (b)

图 5.24 液态水浸泡前后气凝胶浆料增强石膏板外观对比

（a）浸泡前；（b）浸泡后

3. 气凝胶颗粒增强石膏板与气凝胶浆料增强石膏板热湿性能差异

受羧甲基纤维素钠溶液的浓度与可完全融合的气凝胶颗粒含量的限制，在保证添加羧甲基纤维素钠溶液后的气凝胶颗粒增强石膏板能够凝固成型的情况下，向建筑石膏浆料中加入浓度为 1∶25 的羧甲基纤维素钠溶液后，加入 3%（质量占比）的气凝胶颗粒，最后得到本研究测试所用的气凝胶颗粒增强石膏板试件。

将气凝胶颗粒含量为3%的气凝胶颗粒增强石膏板与气凝胶浆料含量为3%的气凝胶浆料增强石膏板的导热系数、比热容、蓄热系数及热扩散系数四项典型热物性参数进行对比，从图 5.25 可以看出，气凝胶颗粒增强石膏板的典型热物性参数均小于同等气凝胶含量的气凝胶浆料增强石膏板。其中，与同等气凝胶浆料含量的气凝胶浆料增强石膏板相比，气凝胶颗粒增强石膏板的导热系数差异最大，下降了约 47.5%。其次是蓄热系数，相较于同等气凝胶浆料含量的气凝胶浆料增强石膏板，气凝胶颗粒增强石膏板的蓄热系数下降了约40%。再者是比热容，相较于同等气凝胶浆料含量的气凝胶浆料增强石膏板，气凝胶颗粒增强石膏板的比热容下降了约 30.9%。对于同等气凝胶含量的气凝胶浆料增强石膏板与气凝胶颗粒增强石膏板来说，差异最小的典型热物性参数为热扩散系数，与同等气凝胶浆料含量的气凝胶浆料增强石膏板相比，气凝胶颗粒增强石膏板的热扩散系数仅下降了约23.3%。通过将气凝胶颗粒增强石膏板（气凝胶颗粒含量为 3%）的典型热物性参数与其他气凝胶浆料含量的气凝胶浆料增强石膏板发现，气凝胶颗粒含量为 3%的气凝胶颗粒增强石膏板的导热系数、蓄热系数、热扩散系数以及比热容都十分接近气凝胶浆料含量为 20%的气凝胶浆料增强石膏板。

气凝胶浆料增强石膏板与气凝胶颗粒增强石膏板之间热物性的差异除了参数本身的大小以外，环境温度对复合材料的导热系数的影响也存在着较大差异。如图 5.26 所示，对于气凝胶浆料增强石膏板来说，随着气凝胶浆料含量的升高，气凝胶浆料增强石膏板导热系数对温度变化的敏感度整体呈现增大的趋势，即气凝胶浆料含量越高，随着温度的升高，气凝胶浆料增强石膏板的导热系数变化率越大。与气凝胶浆料增强石膏板不同，气凝胶颗粒增强石膏板的导热系数所受环境温度的影响很小。在环境温度由−10℃逐渐升高至 30℃的过程中，气凝胶颗粒增强石膏板的导热系数仅在 0.143～0.147W/(m · K)之间波动，并未形成明显的升高或下降的趋势。

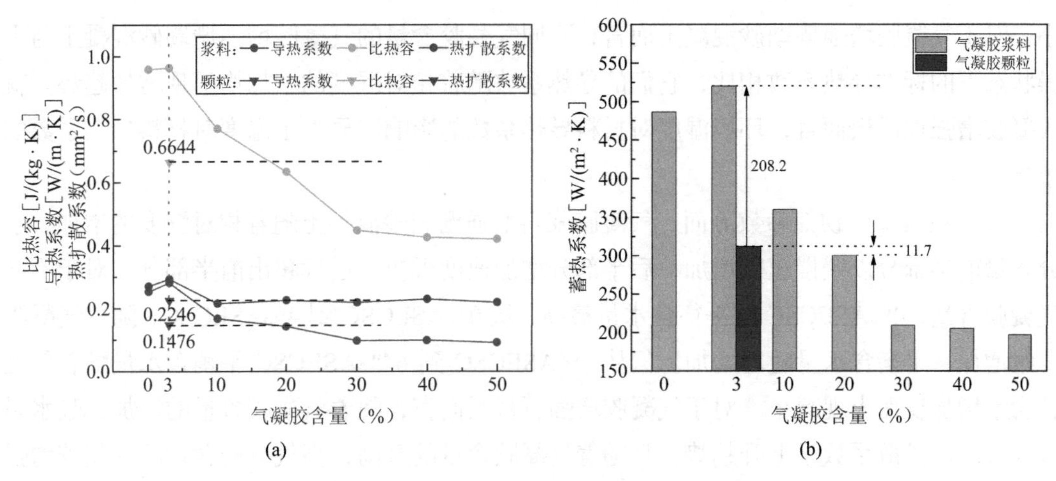

图 5.25　气凝胶浆料增强石膏板与气凝胶颗粒增强石膏板热性能对比

（a）导热系数、比热容、热扩散系数差异；（b）蓄热系数差异

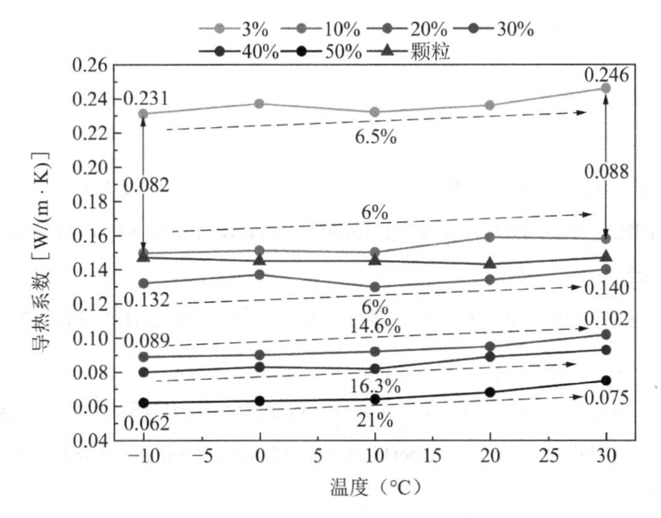

图 5.26　气凝胶增强石膏板不同温度下导热系数变化

5.5　本章小结

本章通过文献搜集调研与试验等方式获得的制备方法制备了气凝胶浆料增强珊瑚砂混凝土、气凝胶增强保温板（气凝胶增强 HGBs）、气凝胶增强石膏板等试件，并利用瞬态平面热源法、毛细吸水试验等试验方法获得了所制备的新型材料的典型热湿物性参数，得到以下结论：

（1）随着材料中的气凝胶含量的增加，气凝胶复合材料的导热系数、蓄热系数等典型热物性参数呈下降趋势。气凝胶复合材料的导热系数随着气凝胶含量的增加而明显减小，但不同温度下的导热系数差异并未表现出和气凝胶含量的明显相关关系。通过对比不同气凝胶含量的导热系数差异可以看出，气凝胶复合材料对温度的响应变化有限且很小，即随着温度的升高，导热系数变化很小。综合来看，温度对气凝胶复合材料的导热系数影响较小。对于气凝胶增强珊瑚砂混凝土而言，不同气凝胶含量的气凝胶增强珊瑚砂混凝土与干燥状态下的标准导热系数相比，它们的导热系数随着相对湿度的增加均呈现增加趋势。就气凝胶增强保温板而言，环境湿度对材料导热系数的影响明显大于温度对材料导热系数的影响。

（2）在典型湿物性参数方面，气凝胶浆料增强珊瑚砂混凝土随着相对湿度的增加，水分含量前半部分以缓慢速度增加，后半部分增加速度很快，远远超出前半部分。对于不同气凝胶含量，4%ASECSC 的平衡含水量最高，从 0%ASECSC 到 4%ASECSC，随着气凝胶含量增加，平衡含水量随之增加。但从 4%ASECSC 到 64%ASECSC 平衡含水量随着气凝胶含量增加反而出现减小。对于气凝胶增强石膏板而言，随着气凝胶含量的增加，吸水系数与液态水扩散系数呈上升趋势，且随着气凝胶含量的升高，高气凝胶含量的气凝胶增强石膏板更容易受到液态水的侵蚀，但对于气态水（水蒸气）的阻挡能力要明显高于低气凝胶含量的材料。

参考文献

[1] 王虎. 建筑外墙用气凝胶保温材料的制备[D]. 沈阳: 沈阳理工大学, 2023.

[2] ZHAO S, SIQUEIRA G, DRDOVA S, et al. Additive manufacturing of silica aerogels[J]. Nature, 2020, 584(7821): 387-392.

[3] 中华人民共和国住房和城乡建设部. 泡沫混凝土应用技术规程: JGJ/T 341—2014[S]. 北京: 中国建筑工业出版社, 2015.

[4] 中华人民共和国住房和城乡建设部. 泡沫混凝土: JG/T 266—2011[S]. 北京: 中国标准出版社, 2011.

[5] NOSRATI R, BERARDI U. Long-term performance of aerogel-enhanced materials[J]. Energy Procedia, 2017, 132: 303-308.

[6] BERARDI U. Aerogel-enhanced systems for building energy retrofits: Insights from a case study[J]. Energy and Buildings, 2018, 159: 370-381.

[7] LIU M Y J, ALENGARAM U J, JUMAAT M Z, et al. Evaluation of thermal conductivity, mechanical and transport properties of lightweight aggregate foamed geopolymer concrete[J]. Energy and Buildings, 2014, 72: 238-245.

[8] WAN Y, WANG J, LI Z. Effect of modified SiO_2 aerogel on the properties of inorganic cementing materials[J]. Materials Letters, 2023, 341: 134217.

[9] 李朋威. 新型超轻隔热气凝胶泡沫混凝土的制备、建模与优化[D]. 广州: 广州大学, 2019.

[10] 潘月磊, 程旭东, 白明远, 等. 二氧化硅气凝胶及其在保温隔热领域应用进展[J]. 化工进展, 2023, 42(1): 297-309.

[11] CHEN J H, CHEN S S, PONG S H. Method for producing a heat insulating material composed of a hydrophobic aerogel and the application thereof: U.S. Patent 11, 767, 670[P]. 2023-9-26.

第 6 章

高原典型极端气候下建材热湿物性老化机制

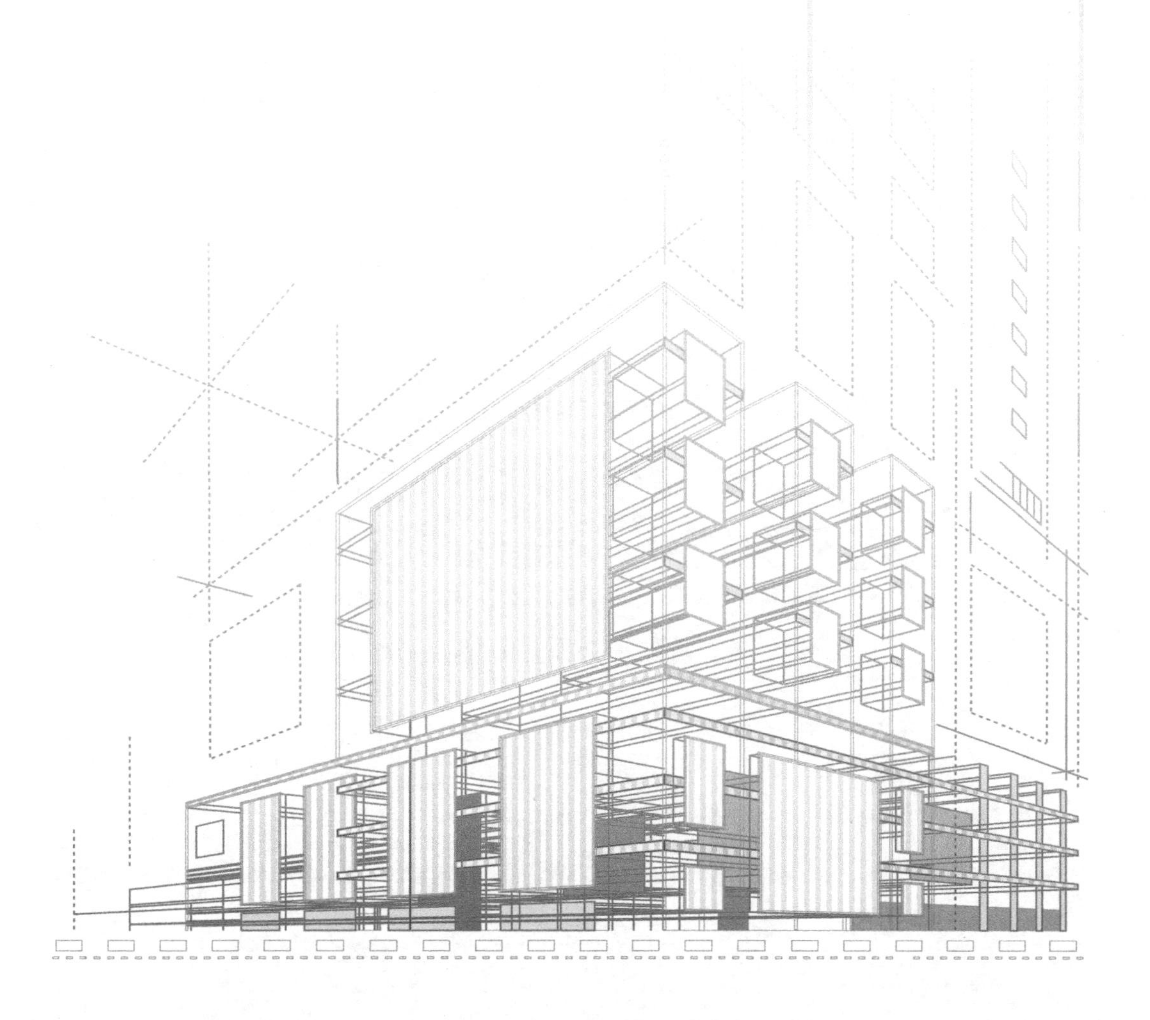

多孔建材热湿物性参数

6.1 概述

建筑材料的应用环境十分复杂，气凝胶浆料增强石膏板进入市场后同样也会被应用在不同的环境下。环境条件、气候特征的差异，对材料热湿性能、力学等各项性能的影响方式与程度也势必不同。高原地区因地理情况特殊，在此条件下形成的气候被定义为“高原气候”，具有寒冷干燥、太阳辐射强、温差大等特点，青藏高原是具有代表性的高原气候地区之一。青藏高原空气稀薄、大气透明度高，大气对该地区的太阳辐射的削弱要明显弱于其他地区，年均太阳辐射总量为 6000～8000MJ/m^2，几乎达到了同纬度的东部地区的年均太阳辐射总量的 1.5～2 倍[1-2]。此外，青藏高原海拔高、气温低，空气储热性差，气温日较差大，平均日温差高达 20℃，气温常在一日之内横跨 0℃上下。极端且恶劣的气候特征、匮乏的常规能源，使当地建筑宜居环境水平提升面临极大挑战，而建筑围护结构的足够热阻是提高居住者舒适度、降低建筑能耗的有效方法。因此，挖掘高原典型气候对建材热湿性能的损伤机制是材料进一步广泛应用的重要基础。

在室外自然老化过程中，对建筑围护结构产生老化影响的因素是多元化的。由于受到各种条件的限制，实验室内部模拟人工加速老化试验是无法完全还原室外所有的老化因素与影响的，且根据已有老化试验的研究，复制所有老化因素对材料的影响是完全没有必要的，因为就影响程度分析，促使材料性能出现变化的主要因素为温度、湿度及光照。

本章研究为评估气凝胶增强石膏板与传统建筑保温材料（EPS、XPS、岩棉与发泡水泥）在高原地区的长期性能，在实验室以青藏高原地区的典型气候为基础模拟紫外老化与冻融老化，以求在较短的时间内，得到典型高原气候条件下气凝胶增强石膏板以及传统建筑绝热材料的热湿性能的损伤机制。

6.2 紫外老化试验

6.2.1 紫外老化机制

由于太阳向外辐射的 99%的能量波长集中在 0.2～3μm 范围内。虽然太阳辐射的能量巨大，但能够到达地球的仅为一小部分，到达地球的太阳辐射的能量主要由紫外光、可见光和红外光三大部分组成，其中，紫外光的波长小于 0.38μm，占太阳辐射能量的 8.7%[3]。虽然紫外光在太阳辐射占比中最低，但它却是太阳辐射对高分子物质产生破坏的主要因素。高分子物质多包含双键、支链等不稳定结构，而太阳辐射中紫外光所发射的光子能量较高，被高分子物质吸收，使不稳定结构的化学键发生断裂，物质发生光降解反应，从而导致了材料的褪色、开裂、性能变化等各种老化现象[4]。

6.2.2 加速因子的计算及紫外老化试验方案

由于青藏高原最典型的气候特征之一为高强度的紫外线照射，这也是影响高原地区建筑材料性能的主要因素之一。为了保证试件能够长时间得到稳定且均匀的紫外辐射的照射，将试件放置在紫外耐气候老化试验箱中（TY/UV-ZW，上海）。

根据本研究中试件类型与所模拟的环境，紫外老化试验所使用的灯管类型为荧光紫外UVA 340 灯。根据《Standard Practice for Operating Fluorescent Ultraviolet (UV) Lamp Apparatus for Exposure of Materials》ASTM G154-23 与《建筑材料人工气候加速老化试验方法》GB/T 16259—2008 标准，结合青藏高原地区年均气温与紫外辐射强度，选择将试件暴露在黑板温度为 35℃ ± 3℃、紫外辐射强度为 $0.68W/m^2 \pm 0.02W/m^2$ 环境下，使被测试件在规定时长内受到稳定且均匀的紫外照射。

由于在实验室紫外老化试验过程中，存在温度与紫外辐射两个主要因素组合作用的情况，因此，本研究根据箱内温度、紫外强度以及时长的情况，选择 Arrhenius 方程、Peck 模型以及实验室紫外老化中紫外辐照总能量（Φ_A）与自然室外老化过程中紫外辐照能量（Φ_U）的简单比例进行组合计算，从而获得最终所需的试验时长[4-5]。详细计算方法如下：

$$AF_{UV+T} = AF_T \times AF_{UV} \tag{6.1}$$

$$AF_{UV} = \frac{\Phi_A}{\Phi_U} \tag{6.2}$$

式中：AF_{UV+T}——紫外老化过程中温度与紫外组合作用所产生的加速因子；

AF_T——老化试验过程中温度的加速因子；

AF_{UV}——老化试验过程中紫外强度的加速因子；

Φ_A——实验室紫外老化中紫外辐照总能量（W/m^2）；

Φ_U——自然室外老化过程紫外辐照能量（W/m^2）。

其中，E_A为材料达到失效机制所需要的活化能，而活化能作为材料的特性之一，通常被视作材料发生化学反应所需要的最小能量。由于在已有研究中，温度对建筑绝热材料活化能的影响较小，为使计算简便，在本研究中，假定材料的活化能不受温度的影响，为一个固定值，计算中取值为 70kJ/mol[4-7]。因紫外耐气候老化箱内的相对湿度与青藏高原地区年均相对湿度相近，因此相对湿度不作为紫外老化的加速因子之一。

$$AF_T = e^{-\frac{E_A}{K} \times \left(\frac{1}{T_A} - \frac{1}{T_U}\right)} \tag{6.3}$$

式中：E_A——材料达到失效机制所需要的活化能（kJ/mol），计算中取值为 70kJ/mol；

T_A——实验室紫外老化中环境温度（K）；

T_U——自然室外老化过程中环境温度（K）；

K——玻尔兹曼常数（eV/K），计算中取值为 8.617×10^{-5}eV/K。

根据以上计算方法，可计算出模拟青藏高原典型气候的实验室紫外人工加速老化试验的加速因子为 34.9，对应到试验自然紫外 10 年老化实验室紫外人工加速老化则需要 105d 时间。

如图 6.1 所示，通过紫外耐气候老化试验箱模拟高原环境极端紫外气候条件对建筑绝热材料热湿性能老化的试验方案如下：

（1）试验准备阶段：分别准备四块或六块平面尺寸为 50mm × 50mm 的发泡水泥试件、

EPS、XPS、岩棉以及气凝胶浆料增强石膏板进行试验。

（2）试件干燥阶段：将准备好的试件放置在烘干箱中，对于有可能发生化学变化或不可逆的结构破坏的材料采用 70℃作为烘干温度，对于不会发生化学变化或者不会造成不可逆的结构破坏的材料选用 105℃作为烘干温度。在测量试件质量变化过程中当连续三次间隔 24h 测得的质量变化不超过其自身质量的 1%时认为试件达到恒重。

（3）试件的密封和冷却阶段：将试件从干燥箱中取出并用塑料薄膜包裹试件，放置在室内直至冷却至室温，并记录此时的质量。

（4）试验测试阶段：待试件冷却后，将其塑料薄膜去除，并快速测量其实际质量、典型热物性参数以及典型湿物性参数。将处理后的试件放置在紫外耐气候老化试验箱中，将温度设置为 35℃，紫外辐射强度为 0.68W/m^2。达到规定时间后取出试件对其热湿性能进行测试。

（5）试验重复测试阶段：对每种绝热材料重复进行多次热湿性能测试，然后取平均值。

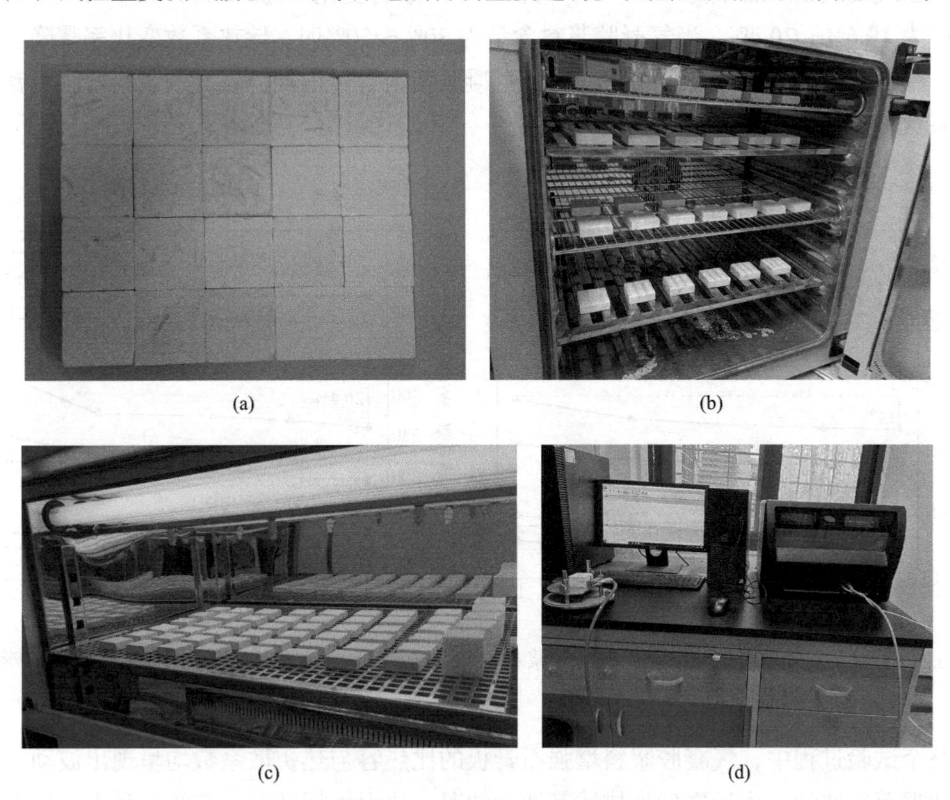

图 6.1　紫外老化试验实拍图

（a）试件制备；（b）试件干燥；（c）紫外老化试验；（d）瞬态平面热源法测试热物性参数

6.2.3　紫外老化对建筑材料热湿性能的影响

不同建筑材料的热湿性能存在着巨大差异，当处于同一环境时建筑材料热湿性能表现出来的老化规律也不尽相同。因此，为更好地探究青藏高原地区典型极端气候因素对不同建筑材料的热湿性能的影响，本节在实验室以青藏高原地区的典型气候为基础模拟紫外老化，以求在较短的时间内，得到典型高原气候对气凝胶增强石膏板以及高原地区常用的传统建筑绝热材料（发泡水泥、岩棉、EPS、XPS）的热湿性能产生的影响。

1. 气凝胶增强石膏板

建筑材料的服役阶段是一个不断被侵蚀的过程，材料的热湿性能被不断改变，因此探究典型气候因素对材料热性能的影响不仅能为材料的寿命提供数据基础，还对准确评估建筑材料全生命周期中多种参数提供支撑。利用紫外老化试验获取了气凝胶浆料增强石膏板在不同阶段的热物性参数。观察图 6.2、图 6.3 发现，随着紫外老化时长增加，气凝胶浆料增强石膏板的导热系数与蓄热系数升高，气凝胶浆料含量为 0%～3%时，蓄热系数在前 4 年缓慢升高，在 4～7 年陡增，在 7～10 年中又重新回归平缓增长。当气凝胶浆料含量为 10%～50%时，导热系数与蓄热系数在前 7 年老化中缓慢增长，在 7～10 年中两项参数的增长速度明显升高。

横向对比发现，增加气凝胶浆料含量后材料抵抗紫外的能力改善。对比图 6.2、图 6.3 发现，当气凝胶浆料含量为 3%～20%时，导热系数的变化率为 13.9%～14.7%，蓄热系数变化率为 19.6%～20.4%，当气凝胶浆料含量为 30%～50%时，导热系数变化率骤降至不足 10%，蓄热系数变化率稳定在 14%。因此气凝胶浆料含量增加，气凝胶浆料增强石膏板的导热系数与蓄热系数抵抗紫外的能力增强。

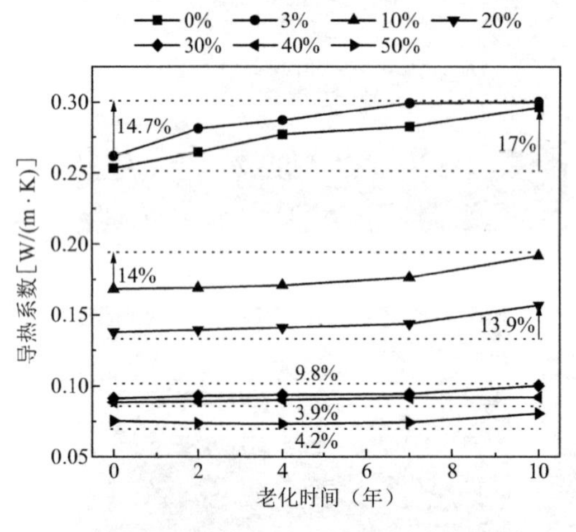

图 6.2 高强度紫外辐射老化试验中气凝胶浆料增强石膏板导热系数变化

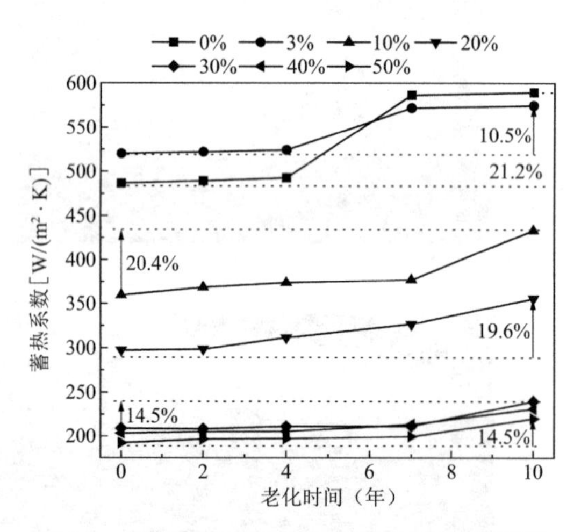

图 6.3 高强度紫外辐射老化试验中气凝胶浆料增强石膏板蓄热系数变化

整个试验过程中，气凝胶浆料增强石膏板的比热容与热扩散系数均呈现出波动。由于部分数据存在波动，为较准确地描述其波动情况，故引入标准差。在统计学中，标准差通常用来描述数据与均值的差异性，能够对数据的波动大小与离散程度进行较为直观与准确的描述[8]。标准差（σ）的计算方法见下式：

$$\sigma = \sqrt{\frac{\sum_{i=1}^{n}(x_i - \overline{x})^2}{n}} \tag{6.4}$$

式中：σ——标准差；

n——数据个数；

x_i——第i个数据的取值；

$\overline{x}$——数据的平均值。

但由于本节存在对多个不同评估参数且平均数不同的数据的波动程度进行比较的行为，故引入变异系数（c_{v}）这个概念来描述与比较不同参数的数据离散情况，即波动程度。变异系数，也称作离散系数，通过计算一组数据的标准差与其平均值的比值来衡量数据的离散性或波动情况。相较于标准差，变异系数适用于比较计量单位或平均数不同的变异程度。以本节为例，对于同一时间段同一气凝胶含量的同一相关参数的波动程度可利用标准差进行比较，但对于不同气凝胶含量的不同参数可以选择使用变异系数来比较波动程度。变异系数与数据的波动程度呈正相关，即变异系数较小，说明数据波动较小，变异系数较大则意味着数据波动较大。变异系数的计算方法见公式(6.5)。同时为增强数据的研究性并能更全面地了解数据的变化情况，本节选择在比较变异系数的基础上，增加数据的平均值、标准差与最值加以辅佐分析。

$$c_{\mathrm{v}} = \frac{\sigma}{\overline{x}} \tag{6.5}$$

观察图 6.4 发现，随着气凝胶浆料含量增大，比热容与热扩散系数的均值与描述紫外老化中比热容波动程度的变异系数均减小，即在紫外老化过程中，气凝胶含量升高，材料比热容与热扩散系数的波动程度减小。当气凝胶浆料含量为 3%、10%、20%与 30%时，比热容的平均值分别为 1.0126J/(kg · K)、0.8378 J/(kg · K)、0.7247 J/(kg · K)、0.5148 J/(kg · K)，标准差稳定在 0.0874～0.0403，变异系数分别为 0.0863、0.0838、0.0810、0.0783，当气凝胶浆料含量突破 30%后，比热容的平均值分别为 0.4672 J/(kg · K)、0.4454 J/(kg · K)，标准差稳定在 0.0354～0.0301，变异系数分别为 0.0758、0.0676。这意味着随着气凝胶浆料含量增加，比热容在紫外老化中的变异系数减小，即比热容的波动减小，当气凝胶浆料含量超过 30%后，比热容的波动程度骤减并趋于稳定。对于热扩散系数而言，当气凝胶浆料含量小于 10%（0%、3%与 10%）时，热扩散系数的平均值分别为 0.2790mm/s、0.2853 mm/s、0.2070 mm/s，标准差稳定在 0.0117～0.0301，变异系数分别为 0.1079、0.0683、0.0565，当气凝胶浆料含量突破 10%后，标准差骤降至不足 0.0090，变异系数同样发生骤降，由 0.0565 降至不足 0.0420。这意味着，当气凝胶浆料含量小于 10%时，材料的热扩散系数由于气凝胶浆料含量的增加波动减小，当气凝胶浆料含量超过 10%后，材料热扩散系数的波动程度骤降并趋于近似同一程度的波动。因此，可认为添加气凝胶浆料能够增强材料的热扩散系数与比热容的抗紫外老化能力与参数的稳定性。气凝胶浆料增强石膏板紫外老化比热容与热扩散系数变化情况详见表 6.1。

气凝胶浆料增强石膏板紫外老化比热容与热扩散系数变化情况　　**表 6.1**

气凝胶浆料含量	热物性参数	$\overline{x}$	σ	c_{v}
0%	c	1.0157	0.1458	0.1435
	α	0.2790	0.0301	0.1079
3%	c	1.0126	0.0874	0.0863
	α	0.2853	0.0195	0.0683

续表

气凝胶浆料含量	热物性参数	$\overline{x}$	σ	c_v
10%	c	0.8378	0.0702	0.0838
	α	0.2070	0.0117	0.0565
20%	c	0.7247	0.0587	0.0810
	α	0.2056	0.0086	0.0418
30%	c	0.5148	0.0403	0.0783
	α	0.2042	0.0083	0.0406
40%	c	0.4672	0.0354	0.0758
	α	0.2025	0.0081	0.0400
50%	c	0.4454	0.0301	0.0676
	α	0.1955	0.0080	0.0409

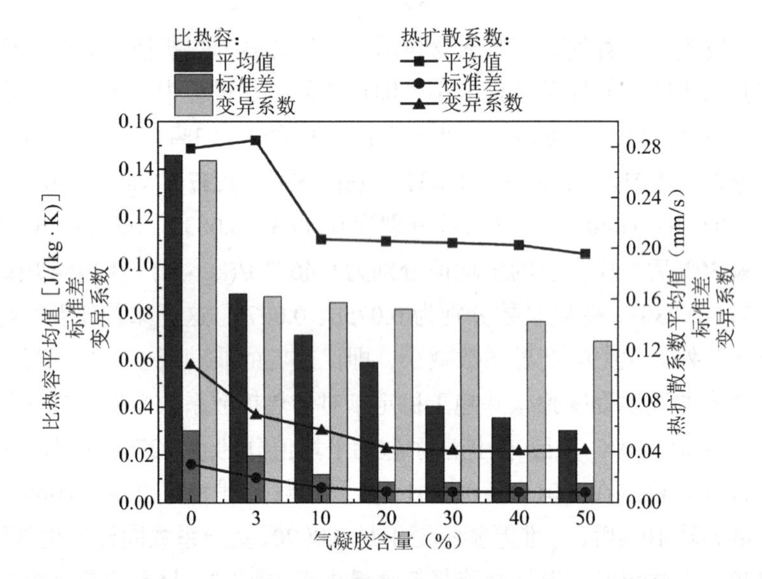

图 6.4　紫外老化试验不同气凝胶含量气凝胶浆料增强石膏板比热容与热扩散系数的标准差

而对于气凝胶颗粒增强石膏板而言，在紫外老化过程中，除了蓄热系数随着老化时间的增加而升高以外，导热系数、热扩散系数与比热容仅在小范围内无规律波动。尤其是导热系数，在等效自然紫外老化 10 年的过程中，气凝胶颗粒增强石膏板的导热系数仅在0.14718～0.14756W/(m · K)之间波动。整个紫外老化过程中气凝胶颗粒增强石膏板的蓄热系数变化率仅为 5.9%。气凝胶浆料含量为 50%的气凝胶浆料增强石膏板的导热系数所受紫外老化的影响最小，其变化率也达到了 11.89%，这一数值远高于气凝胶颗粒增强石膏板。在比热容与热扩散系数方面，紫外老化过程中气凝胶颗粒增强石膏板的比热容与热扩散系数的方差分别为 0.0314 和 0.0117，其中比热容的波动程度与气凝胶浆料含量 50%的气凝胶浆料增强石膏板相似，而热扩散系数的波动情况则更为接近气凝胶浆料含量为 10%的气凝胶浆料增强石膏板。综合气凝胶增强石膏板的四项典型热物性参数在紫外老化过程中的变化，通过量化其影响可以得知，气凝胶颗粒增强石膏板所受紫外老化的影响要明显低于同等气凝胶浆料含量甚至更高含量的气凝胶浆料增强石膏板。

观察图 6.5 与表 6.2 发现，紫外老化后气凝胶浆料增强石膏板的吸水系数与液态水扩散系数不再与气凝胶浆料含量成线性关系，但对比变化率发现，随着气凝胶浆料含量升高，变化率快速下降，吸水系数的变化率从石膏基底材料的 2161%降至气凝胶浆料含量为 40%时的 10.4%，但在气凝胶浆料含量达到 50%时变化率发生突变骤升，液态水扩散系数的变化率从石膏基底材料的 57000%降至气凝胶浆料含量为 40%时的 54%，同样在气凝胶浆料含量为 50%时变化率发生骤升至 451%。毛细饱和含湿量的变化率是以气凝胶浆料含量 10%为分界点呈先减小后增大的趋势，在气凝胶含量为 50%时变化率最大，其毛细饱和含湿量相较于老化前下降了 15%，在气凝胶含量为 10%时变化率最小，相较于老化前仅下降了1.4%。

将变化率横向对比后发现，液态水扩散系数的变化率要远高于吸水系数，吸水系数的变化率远高于毛细饱和含湿量。因此，紫外老化后气凝胶浆料增强石膏板的吸水系数与液态水扩散系数高于老化前，毛细饱和含湿量低于老化前，其中毛细饱和含湿量的变化最小，液态水扩散系数的变化最大。

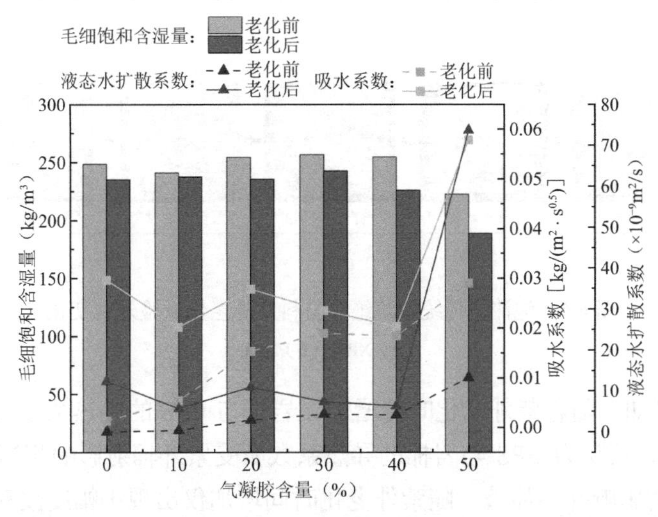

图 6.5　不同气凝胶浆料含量气凝胶浆料增强石膏板紫外老化前后湿物性参数变化

紫外老化气凝胶浆料增强石膏板典型湿物性参数变化　　表 6.2

变化率	气凝胶浆料含量						
	0%	3%	10%	20%	30%	40%	50%
吸水系数	2161%	647%	274%	81%	23.9%	10.4%	99.3%
毛细饱和含湿量	−5.3%	−2.3%	−1.4%	−5.4%	−7.4%	−11.2%	−15.2%

2. 传统建筑绝热材料

2023 年，中国绝热节能材料协会报告称，生产最多的建筑保温材料是矿棉纤维保温材料，如岩棉。由于轻质和绝热性能增强，发泡聚苯乙烯（EPS）和挤塑聚苯乙烯泡沫（XPS）

板等泡沫绝缘材料在中国建筑材料市场得到了广泛的应用。这些材料特别适合在气候恶劣、资源稀缺的地区（如青藏高原）创造节能舒适的室内条件，在这些地区，以最小的能源消耗保持温暖至关重要。

紫外辐射对聚苯乙烯泡沫保温板（EPS）与挤塑聚苯乙烯泡沫保温板（XPS）这类泡沫类保温材料外观上的影响明显高于其他被测材料（图 6.6）。自老化第 2 年起，EPS 与 XPS 材料表面开始泛黄，且随着老化时间增加泛黄程度加深，这是由于紫外辐射使 EPS 与 XPS 的分子链上产生了显色基团。通过对比颜色发现，EPS 泛黄程度弱于 XPS，但两者均出现脆化现象。在第 7 年时，XPS 脆化严重，材料周围出现碎屑。紫外老化中，其他材料外观均未出现明显变化。此外，紫外老化后的 XPS 与 EPS 均产生刺鼻气味。EPS 与 XPS 的主要化学成分为聚苯乙烯，对光敏感，在光照条件下易发生光氧化降解反应，聚苯乙烯发生降解反应后的主要产物为苯与苯乙烯，二者易挥发产生有刺鼻气味的有毒气体[9-11]。

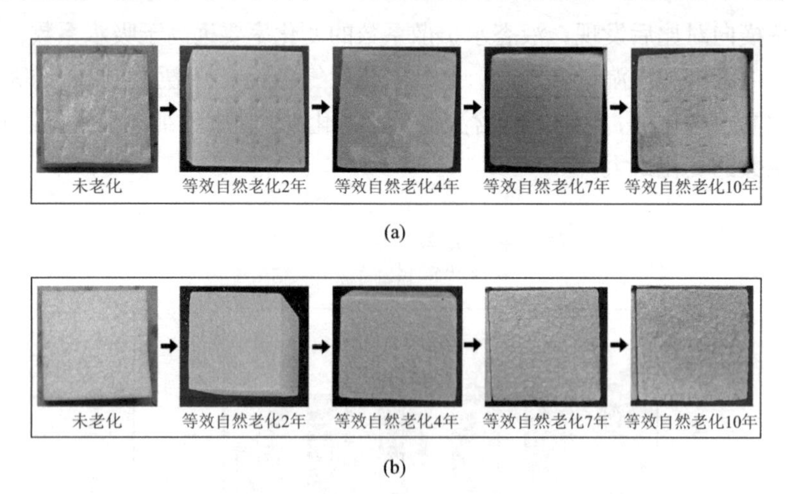

图 6.6　泡沫类传统建筑绝热材料紫外老化试验外观变化

（a）XPS；（b）EPS

从图 6.7 中可知，随着紫外老化时间增加，岩棉与 EPS 的导热系数逐步升高，导热系数均约增大 4.8%，可认为 EPS 与岩棉的导热系数所受紫外辐射影响相当。XPS 的导热系数所受紫外辐射的影响并不显著，随紫外老化时间增加仅出现小幅度波动。在测试的传统建筑保温材料中，发泡水泥（FC）的导热系数受紫外辐射影响最大，其变化趋势为先下降后上升，经过等效自然 7 年紫外老化，发泡水泥的导热系数下降了 15.1%。而在 7～10 年老化中，发泡水泥的导热系数突变回升，且高于初始值。这主要与发泡水泥的微观结构与性质有关，发泡水泥主要由水泥砂浆骨架和充满气体的孔洞组成[10-11]。由 Campbell-Allen 模型可知，发泡水泥的导热系数与其固相含量存在一定的函数关系，即发泡水泥的固相含量越高，导热系数越大[12-13]。在紫外老化中，发泡水泥的质量呈下降趋势，即被老化后的发泡水泥的固相比例减少，气相比例增加，孔隙内部干燥空气的导热系数低于水泥砂浆骨架，因此发泡水泥在经过紫外老化后会出现导热系数下降的现象[9]。而在 7～10 年老化中，由于发泡水泥前期内部孔径持续增大，达到某一阈值后，孔洞之间的孔壁骨架塌缩，邻近的孔洞连通，发泡水泥内部单位面积的传热量变大，最终导致发泡水泥的导热系数升高。

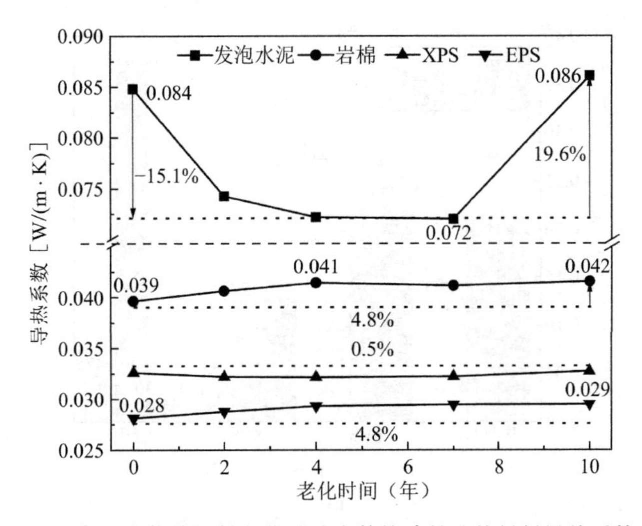

图 6.7　高强度紫外辐射老化试验中传统建筑绝热材料导热系数变化

如图 6.8 所示，就蓄热系数、比热容以及热扩散系数而言，传统建筑保温材料的这三项参数在紫外老化中均呈波动状态。根据表 6.3 可知，在蓄热系数方面，岩棉的波动最小，变异系数仅为 0.0475，其次是 XPS，再次是 EPS，波动最大的是发泡水泥，变异系数高达 0.1285；在比热容方面，EPS 的变异系数最大，高达 0.2238，即 EPS 的比热容在紫外老化中波动最大，发泡水泥次之，最小的是岩棉，其变异系数仅为 0.0230；在热扩散系数方面，岩棉的变异系数最大，高达 0.3638，即岩棉在紫外老化中热扩散系数的波动程度最大，发泡水泥次之，XPS 热扩散系数的变异系数最小，仅为 0.1203。通过对比被测传统建筑保温材料的蓄热系数、比热容与热扩散系数的变异系数发现，对于发泡水泥与 EPS、XPS 来说，比热容更容易受紫外影响，其中 EPS 所受影响的程度最大；热扩散系数次之，受紫外影响最小的热物性参数为蓄热系数，其中 XPS 的蓄热系数所受影响程度最小。而对于岩棉来说，热扩散系数所受紫外影响最大，蓄热系数次之，比热容所受紫外影响最小。

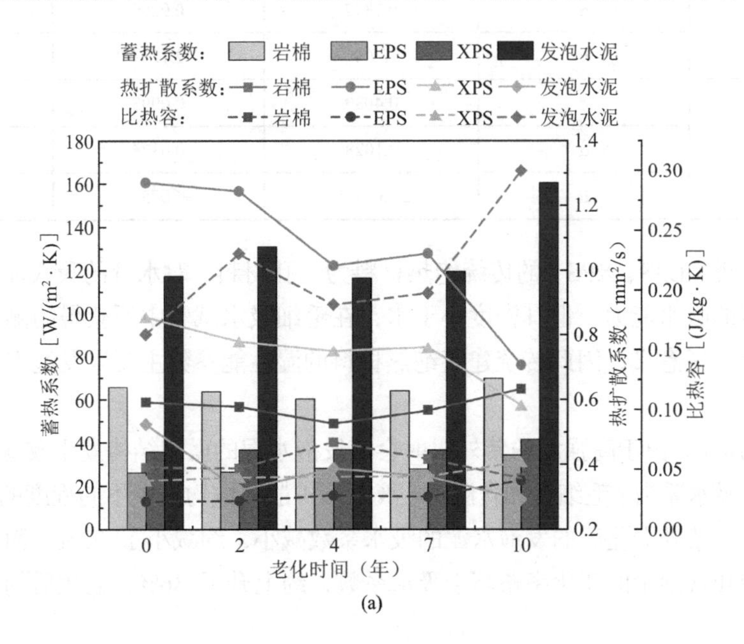

(a)

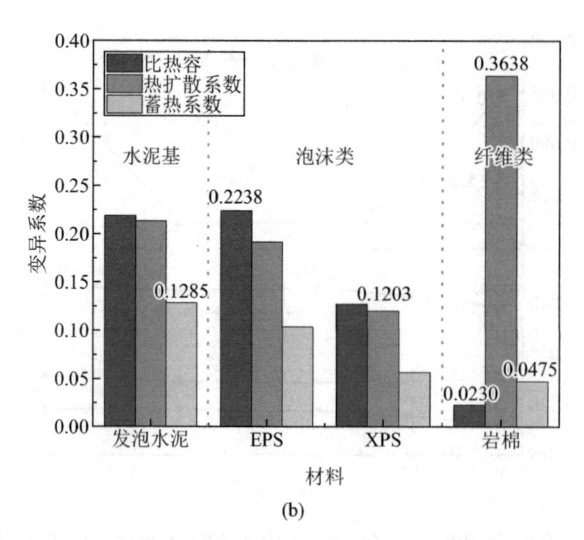

图 6.8 传统建筑绝热材料紫外老化热物性参数变化情况

（a）蓄热系数、比热容与热扩散系数；（b）变异系数

传统建筑绝热材料紫外老化热物性参数变化情况 **表 6.3**

材料	热物性参数	$\overline{x}$	σ	c_v
发泡水泥	c	0.2162	0.0473	0.2188
	α	0.3775	0.0805	0.2132
	μ	129.0	16.5788	0.1285
EPS	c	0.0286	0.0064	0.2238
	α	1.0575	0.2026	0.1916
	μ	28.5	2.9596	0.1038
XPS	c	0.0440	0.0056	0.1273
	α	0.7397	0.0890	0.1203
	μ	37.4	2.1239	0.0568
岩棉	c	0.4039	0.0093	0.0230
	α	0.1028	0.0374	0.3638
	μ	64.7	3.0757	0.0475

由于泡沫类（EPS、XPS）的传统绝热材料为闭孔材料，对水分的吸收能力较差，而岩棉虽具有一定的吸水能力，但其密度小于水，在毛细吸水试验中所获得的测试值存在较大误差，不具有参考意义，因此传统建筑绝热材料的湿性能参数主要以发泡水泥为试验对象展开。

如表 6.4 所示，由于高强度的紫外辐射会使发泡水泥的微观结构发生改变，因此其经过紫外老化后的吸水系数、毛细饱和含湿量、液态水扩散系数均发生不同程度的改变。就吸水系数而言，经过紫外老化后的发泡水泥的吸水系数减小，约减小了 32%。而发泡水泥老化前后的毛细饱和含湿量的变化率略高于吸水系数，约上升了 36%，老化后的发泡水泥的液态水扩散系数的变化趋势与毛细饱和含湿量相似，即老化后的液态水扩散系数要大于老化前，但变化程度要高于毛细饱和含湿量，该项参数老化后的变化率达到了 75%，高于吸水系数与毛细饱和含湿量。因此，在本研究所测试的所有典型湿物性参数中，发泡水泥的吸水系数与毛细饱和含湿量所受紫外影响较小，且程度相当，液态水扩散系数受紫外影响较大。

紫外老化中发泡水泥湿物性参数变化　　表 6.4

湿物性参数	老化前	老化后	变化率
吸水系数	0.0251	0.0171	−32%
毛细饱和含湿量	81.17	110.20	36%
液态水扩散系数	7.51	1.88	−75%

6.3 冻融循环

6.3.1 冻融循环老化机制

极端温度循环，即冻融循环对于多孔绝热材料的破坏主要涉及膨胀理论与渗透理论两项理论。当多孔材料内部存在水分时，在整个冻融循环过程中，内部的水分会对材料骨架产生渗透压力与膨胀压力。若温度降至 0℃以下，材料内部的水分转化为冰，根据密度的计算公式可得，当水结冰后体积将膨胀 1/9 左右，对材料产生膨胀压力。而水与冰之间存在压力差，这将对材料形成渗透压力[5,7,14]。由于材料在极端温度循环影响下本身也遵循热胀冷缩的原理，这将进一步加重材料的老化。因此，对于青藏高原这类冻融现象频繁出现的地区，探究冻融循环现象对材料性能的影响是十分必要的。

6.3.2 加速因子的计算及冻融循环老化试验方案

青藏高原气候由于大气透明度高，太阳辐射对当地气温的影响较大，不仅日较差较大，年较差也巨大。由于空气中的水分多以水蒸气的状态渗透进建筑材料中，因此，该地区的建筑材料极易受到冻融现象的影响，据相关研究统计，青藏高原中的拉萨地区平均一年发生近 180 次冻融[15]。本研究采用冻融试验箱来探究气凝胶浆料增强石膏板与传统建筑绝热材料在冻融现象影响下热湿性能的变化。

为实现在实验室内模拟高原地区的冻融现象，将试件放置在 XT5405 冻融循环试验箱中（雪中炭恒温技术有限公司，杭州）。设备可调控的温度范围为−50～150℃，具有精确的可调控性。

根据《混凝土长期性能和耐久性能试验方法标准》GB/T 50082—2024，本研究选择 12h 循环：待箱内温度达到−20℃后，保持 8h，将温度升至 20℃，保持 4h，重复循环。冻融循环试验的加速因子采用 Coffin-Manson 方程(6.6)，结合青藏高原地区年均冻融次数，通过计算得到[4-5]。

$$AF_{(\text{Freeze-thaw})} = \left(\frac{\Delta T_{\text{test}}}{\Delta T_{\text{use}}}\right)^m \tag{6.6}$$

式中：$AF_{(\text{Freeze-thaw})}$——冻融循环老化试验加速因子；

ΔT_{test}——实验室内冻融循环试验的温差（℃）；

ΔT_{use}——室外自然环境下发生冻融现象的平均温差（℃）；

m——Coffin-Manson 方程指数，计算中取值为 3。

根据以上方法可计算出冻融老化的加速因子为 40，模拟室外自然冻融老化 10 年则需要进行 45 次冻融循环试验，所需测试时长为 23d。

通过冻融循环老化试验箱模拟高原环境极端冻融循环气候条件对建筑绝热材料热湿性能老化的试验方案如下：

（1）试验准备阶段：分别准备四块或六块平面尺寸为 50mm × 50mm 的发泡水泥试件、EPS、岩棉以及气凝胶浆料增强石膏板进行试验。

（2）试件干燥阶段：将准备好的试件放置在烘干箱中，对于有可能发生化学变化或不可逆的结构破坏的材料采用 70℃作为烘干温度，对于不会发生化学变化或者不会造成不可逆的结构破坏的材料选用 105℃作为烘干温度。在测量试件质量变化过程中当连续三次间隔 24h 测得的质量变化不超过其自身质量的 1%时认为试件达到恒重。

（3）试件的密封和冷却阶段：将试件从干燥箱中取出并用塑料薄膜包裹试件，放置在室内直至冷却至室温，并记录此时的质量。

（4）试验测试阶段：待试件冷却后，将其塑料薄膜去除，并快速测量其实际质量、典型热物性参数以及典型湿物性参数。将处理后的试件放置在 XT5405 冻融循环试验箱中，将温度设置为−20℃，使箱内温度稳定在−20℃保持 8h，将温度设置为 20℃，并保持 4h。达到规定循环次数后取出试件对其热湿性能进行测试。

（5）试验重复测试阶段：对每种绝热材料重复进行多次热湿性能测定，然后取平均值。

冻融循环老化试验实拍见图 6.9。

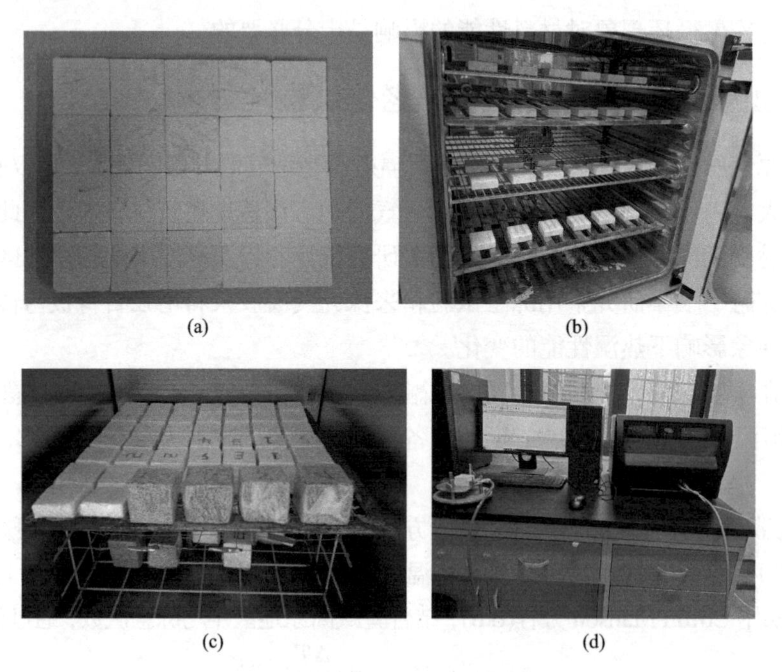

(a) (b) (c) (d)

图 6.9　冻融循环老化试验实拍图

（a）试件制备；（b）试件干燥；（c）冻融循环老化试验；（d）瞬态平面热源法测试热物性参数

6.3.3　冻融循环老化对建筑材料热湿性能的影响

1. 气凝胶增强石膏板

由于建筑材料在实际应用中无法完全除去内部的湿组分，青藏高原地区昼夜温差大，使材料内部常发生冻融循环现象，这不仅会影响材料的热湿性能，还会使材料的结构被破坏，从而大大缩减了材料的寿命，因此冻融循环条件下材料性能的损伤机制亟待挖掘。图 6.10 呈现了不同冻融循环次数中气凝胶浆料增强石膏板的导热系数变化情况，随着冻融循环次数增加，材料导热系数升高，气凝胶浆料含量为 0%的石膏基底材料的导热系数在老化过程中稳步上升，气凝胶浆料含量为 3%～20%材料的导热系数在前 25 次冻融循环中上升，变化率均为 3.6%左右，在后 20 次冻融循环中导热系数稳定在某一数值，变化率均不足 1%。气凝胶浆料含量为 30%～50%时，导热系数在老化过程中上升平缓，其变化率均未超过 2%。

横向对比发现，增加气凝胶浆料含量后材料抵抗冻融的能力得到改善，且气凝胶含量同样会影响气凝胶浆料增强石膏板对冻融循环的抵抗能力。当气凝胶浆料含量为 3%～20%时，冻融循环中导热系数的变化率由石膏基底材料的 5.4%降至 3.7%以下，当气凝胶浆料含量升至 30%～50%时，材料的导热系数变化率均未超过 2%。因此，随着气凝胶浆料含量增加，气凝胶浆料增强石膏板的导热系数抵抗冻融循环的能力增强。

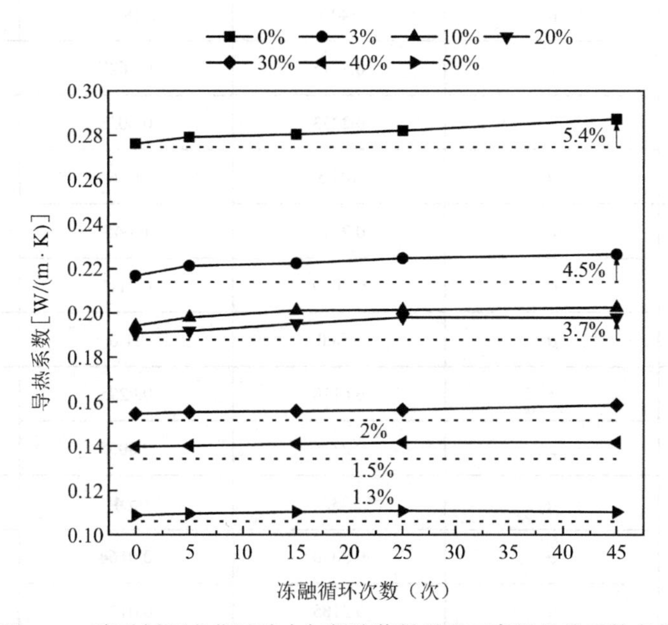

图 6.10　冻融循环老化试验中气凝胶浆料增强石膏板导热系数变化

观察图 6.11 发现，经过冻融循环老化后，当气凝胶浆料含量为 0%～30%时，随着气凝胶浆料含量增加，气凝胶浆料增强石膏板的比热容与蓄热系数的变异系数快速下降。当气凝胶浆料含量超过 30%后，蓄热系数的标准差稳定在 5.4 左右，不再出现显著变化，变异系数的下降速度放缓，逐渐稳定在 0.015～0.020 的区间内。气凝胶浆料增强石膏板的比热容的变异系数随着气凝胶浆料含量增加快速下降，在气凝胶浆料含量为50%时达到最小值0.0195。这意味着随着气凝胶浆料含量升高，气凝胶浆料增强石膏板的比热容与蓄热系数的变异系数下降，即冻融循环老化中随着气凝胶浆料含量的升高，气凝胶浆料增强石膏板的比热容与蓄热系数的波动减小，气凝胶浆料能够有效地增强气凝胶浆料增强石膏板的蓄热系数与比热容的稳定性，以抵抗冻融循环。冻融循环老化中，气凝胶浆料增强石膏板的热扩散系数及其平均值、标准差与变异系数均呈无规律波动变化，与冻融次数及气凝胶浆料含量均不存在明显关系。气凝胶浆料增强石膏板冻融循环后蓄热系数、比热容与热扩散系数变化情况详见表6.5。

气凝胶浆料增强石膏板冻融循环后蓄热系数、比热容与热扩散系数变化情况　表6.5

气凝胶含量	热物性参数	$\overline{x}$	σ	c_v
0%	c	1.0166	0.0892	0.0877
	α	0.2207	0.0238	0.1078
	μ	462.3	20.2	0.0437
3%	c	1.0560	0.0810	0.0767
	α	0.2702	0.0128	0.0474
	μ	540.1	18.4	0.0341
10%	c	0.8815	0.0627	0.0711
	α	0.2233	0.0056	0.0251
	μ	404.5	13.6	0.0336
20%	c	0.7812	0.045	0.0576
	α	0.2049	0.0111	0.0542
	μ	358.0	11.6	0.0324
30%	c	0.6170	0.0295	0.0478
	α	0.2316	0.0055	0.0237
	μ	273.2	5.4	0.0198
40%	c	0.5030	0.0164	0.0326
	α	0.2185	0.0124	0.0568
	μ	284.2	5.2	0.0183
50%	c	0.7552	0.0147	0.0195
	α	0.1878	0.027	0.1438
	μ	326.9	5.1	0.0153

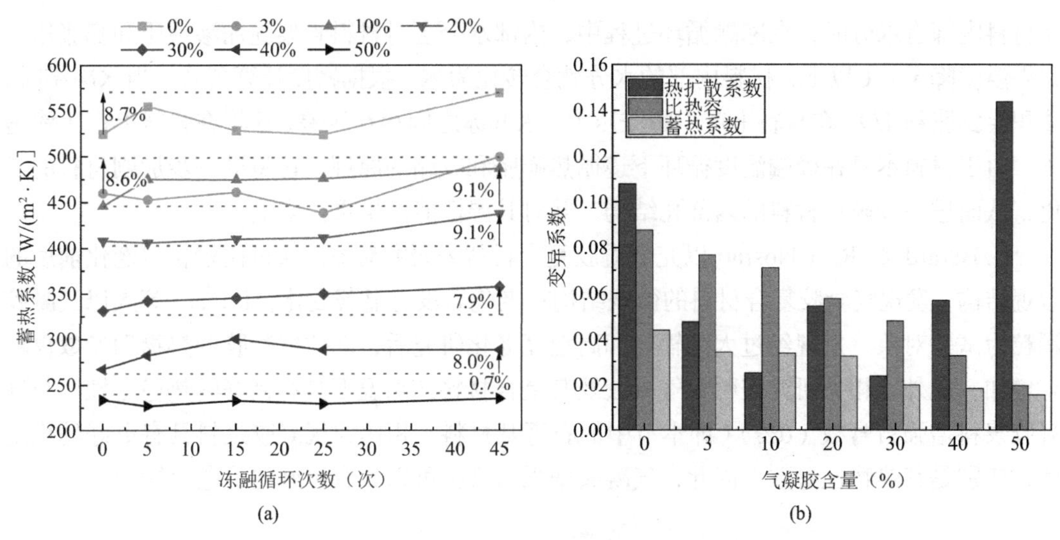

图 6.11　冻融循环老化试验气凝胶浆料增强石膏板热物性参数变化情况

（a）蓄热系数；（b）变异系数

气凝胶颗粒增强石膏板在冻融循环老化过程中存在与气凝胶浆料增强石膏板相似的典型热物性参数变化规律。受到冻融循环的影响，气凝胶颗粒增强石膏板的导热系数随着冻融循环次数的增加在 0.1415～0.01451W/(m · K)之间波动，整个老化过程的变化率约为2.6%，略高于冻融循环老化中变化率最小的气凝胶浆料含量为 50%的气凝胶浆料增强石膏板。除导热系数外，在冻融循环老化过程中，气凝胶颗粒增强石膏板的蓄热系数、热扩散系数与比热容均呈现无规律波动的趋势。综合气凝胶增强石膏板的四项典型热物性参数在冻融循环老化中的变化情况来看，气凝胶颗粒增强石膏板的热物性在冻融循环老化中所受的影响明显低于同等气凝胶浆料含量的气凝胶浆料增强石膏板，其对冻融循环老化的抵抗能力更接近气凝胶浆料含量为 20%的气凝胶浆料增强石膏板。

从图 6.12 和表 6.6 可以看出，冻融循环后气凝胶浆料增强石膏板的毛细饱和含湿量和液态水扩散系数总体上呈波动上升趋势。对比变化率这一参数发现，随着气凝胶浆料含量的增加，呈先减小后增大的趋势，气凝胶浆料含量 20%时为变化趋势转折点。吸水系数的变化率从石膏基材料的 1317%下降到气凝胶浆料含量为 20%时的 30%，当气凝胶浆料的含量为 30%～50%时缓慢上升，最终上升到 94.6%。当气凝胶浆料的含量为 20%时，液态水扩散系数的变化率从石膏基材料的 24624%降低到 92%，当气凝胶浆的含量为 30%～50%时缓慢上升，最终上升到 380%。随着气凝胶浆料含量比例的增加，毛细饱和含湿量的变化率减小。一旦气凝胶浆料含量超过 30%，毛细饱和含湿量的变化率保持在−1.3%～−1.1%之间。

经过横向比较，发现气凝胶浆料增强石膏板的液态水扩散系数变化率远高于吸水系数，吸水系数的变化率也远高于毛细饱和含湿量。因此，在冻融循环后，气凝胶浆料增强石膏板的吸水系数和液态水扩散系数高于老化前，毛细饱和含湿量低于老化前，其中毛细饱和含湿量的变化最小，液态水扩散系数的变化最大。

冻融循环对多孔材料性能影响的主要原因涉及两个理论：膨胀理论和渗透理论。当多孔材料内部有水分时，在冻融循环过程中，内部水分会对材料骨架施加渗透压和膨胀压。如果温度降至0℃以下，材料内部的水分就会转化为冰。根据密度计算公式，当水冻结时，体积会膨胀约1/9，在材料上产生膨胀压力。水和冰之间存在压差，这将在材料上产生渗透压。由于材料本身在极端温度循环下遵循热膨胀和收缩的原理，这将进一步加剧材料的老化，从而进一步破坏材料的内部孔结构，并对其湿性能产生重大影响。

U. Berardi 和 R. H. Nosrati 以充气凝胶复合材料为研究对象。通过比较材料老化前后的微观结构，发现气凝胶复合材料的微观结构在老化后没有显著变化；T. Ihara 等人以气凝胶颗粒为试验对象，发现经过太阳辐射和高湿度老化研究后，老化气凝胶的热物理参数仅略有增加；此外，相关研究表明，气凝胶及其复合材料在高温下具有良好的热稳定性。与气凝胶浆料增强石膏板（0%）（即本节中的石膏基材料）相比，气凝胶浆料具有更好的稳定性，特别是其热物性参数。因此，气凝胶增强石膏板可以具有更好的抗老化能力。

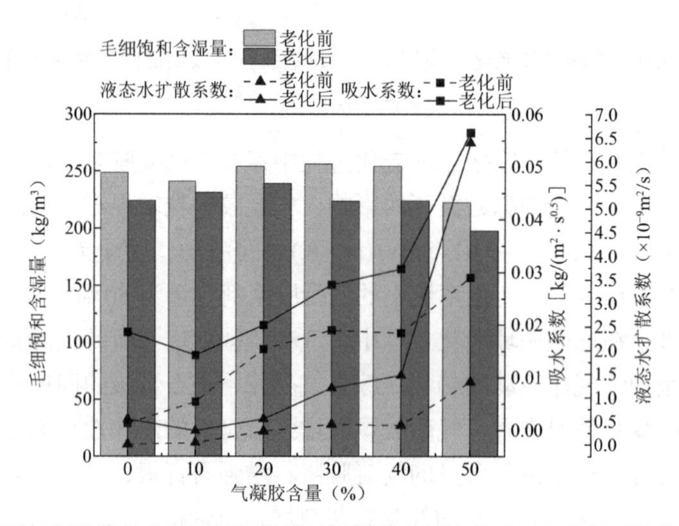

图6.12 不同气凝胶浆料含量的气凝胶浆料增强石膏板冻融循环老化前后湿物性参数变化

冻融循环气凝胶浆料增强石膏板典型湿物性参数变化率 **表6.6**

参数	气凝胶浆料含量						
	0%	3%	10%	20%	30%	40%	50%
吸水系数	1317%	359%	164%	30%	45.7%	66.3%	94.6%
毛细饱和含湿量	−9.8%	−9.8%	−4.1%	−6.0%	−1.3%	−1.2%	−1.1%
液态水扩散系数	24624%	2492%	654%	92%	179%	257%	380%

2. 传统建筑绝热材料

冻融循环会对传统建筑保温材料的热性能产生一定的影响，且随着冻融循环次数增加，不同的热物性参数存在不同的变化规律。如图6.13所示，随着冻融循环次数增加，传统建筑保温材料（岩棉、发泡水泥、EPS）的导热系数升高，比热容、热扩散系数及蓄热系数波动变化。就导热系数而言，发泡水泥老化前后的变化率最大，导热系数升高了6%；EPS次之，导热系数升高了4.3%；岩棉变化率最小，导热系数升高了3.8%。

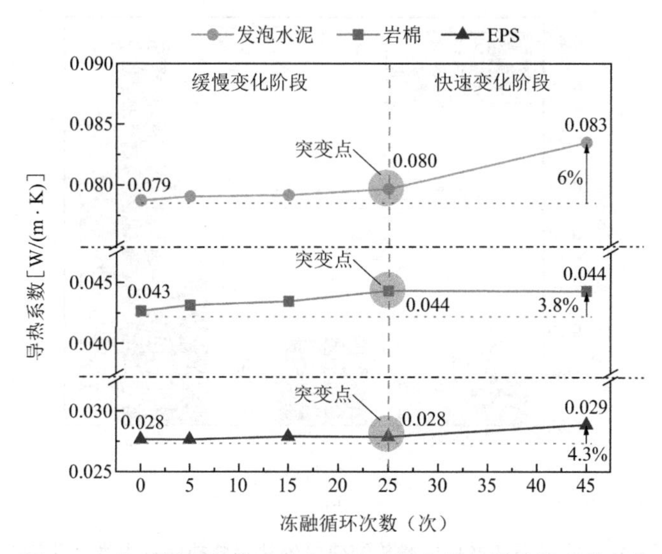

图 6.13　冻融循环老化试验中传统建筑绝热材料导热系数变化

如图 6.14 所示，在比热容方面，发泡水泥的变异系数最小，仅为 0.0565，即发泡水泥的比热容的波动最小，受冻融循环的影响最小，EPS 次之，岩棉比热容的变异系数最大，为 0.1527，岩棉的比热容受冻融循环的影响最大；就热扩散系数而言，发泡水泥的变异系数最小，为 0.0488，即发泡水泥的热扩散系数波动最小，受到冻融循环的影响最小，EPS 次之，岩棉的变异系数最大，为 0.3828，即岩棉的热扩散系数受到冻融循环的影响最大；在蓄热系数方面，发泡水泥与 EPS 的变异系数相仿，发泡水泥略高于 EPS，岩棉的变异系数最大，即岩棉的蓄热系数在冻融循环中所受影响最大。通过对比表 6.7 中蓄热系数、比热容与热扩散系数的变异系数发现，对于发泡水泥与 EPS 而言，比热容受冻融循环的影响最大，其中 EPS 要高于发泡水泥；对于发泡水泥来说，热扩散系数受冻融循环影响最小；对于 EPS 而言，蓄热系数受冻融循环影响最小；对于岩棉而言，比热容受冻融循环影响最小，热扩散系数受冻融循环影响最大。

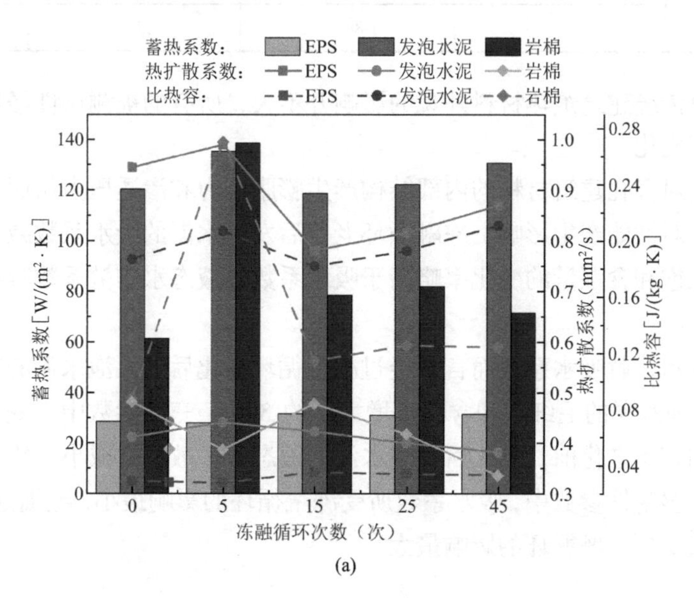

(a)

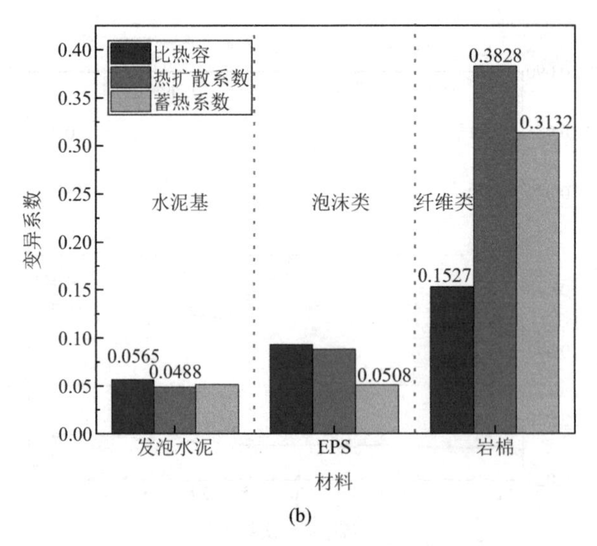

(b)

图 6.14 冻融循环老化试验传统建筑绝热材料热物性参数变化情况

（a）比热容、蓄热系数与热扩散系数；（b）变异系数

传统建筑绝热材料冻融循环热物性参数变化情况 **表 6.7**

材料	热物性参数	$\overline{x}$	σ	c_v
发泡水泥	c	0.1964	0.0111	0.0565
	α	0.4123	0.0201	0.0488
	μ	125.44	6.45	0.0514
EPS	c	0.0323	0.003	0.0929
	α	0.8816	0.0778	0.0882
	μ	30.1	1.53	0.0508
岩棉	c	0.4210	0.0643	0.1527
	α	0.1450	0.0555	0.3828
	μ	86.3	27.03	0.3132

冻融循环对传统建筑绝热材料外观的影响并不大，所有的被测试件经过冻融循环老化后外观几乎没有变化。

冻融循环会对多孔建筑材料的内部结构产生膨胀压力和渗透压力从而破坏多孔建筑材料的内部结构，对性能产生影响。冻融循环老化后发泡水泥的吸水系数减小，毛细饱和含湿量增大，毛细饱和含湿量的变化率略高于吸水系数，液态水扩散系数减小，且变化幅度最大。

如表 6.8 所示，就吸水系数而言，经过冻融循环老化后的发泡水泥的吸水系数减小约 27%。老化后发泡水泥的毛细饱和含湿量增大了约 39%。三项参数中，变化最大的为液态水扩散系数，相较于老化前，老化后发泡水泥的液态水扩散系数减小了约 73%。因此，在发泡水泥的三项湿物性参数中，吸水系数所受冻融循环的影响最小，毛细饱和含湿量次之，液态水扩散系数受到冻融循环的影响最大。

冻融循环中发泡水泥湿物性参数变化　　表 6.8

湿物性参数	老化前	老化后	变化率
吸水系数	0.0251	0.01819	−27%
毛细饱和含湿量	81.17	112.57724	39%
液态水扩散系数	7.51	2.05	−73%

6.4 建筑材料对紫外、冻融老化的抵抗程度对比

不同的建筑绝热材料对于不同的气候老化因素的敏感程度存在差异，可以通过对比高强度紫外辐射老化试验与高频次冻融循环老化试验材料的热湿物性的不同，来进一步明确高强度紫外辐射与冻融循环对建筑绝热材料热湿性能的影响。

1. 气凝胶增强石膏板

如图 6.15 所示，在紫外条件下，气凝胶浆料增强石膏板的蓄热系数稳定上升，冻融循环过程中蓄热系数整体呈波动上升趋势，对比两种老化因素下蓄热系数的变化率发现，同一气凝胶浆料含量的情况下，紫外老化后蓄热系数的变化率均高于冻融循环，因此，同一气凝胶浆料含量条件下，紫外对气凝胶浆料增强石膏板的蓄热系数的影响要高于冻融循环。

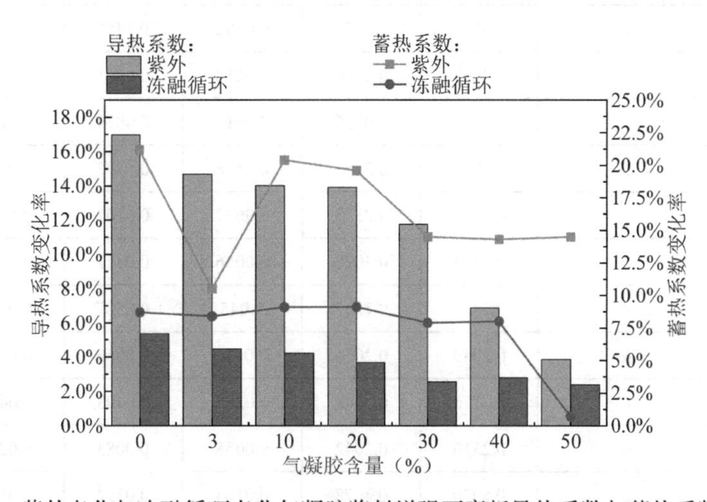

图 6.15　紫外老化与冻融循环老化气凝胶浆料增强石膏板导热系数与蓄热系数变化率

图 6.16 与表 6.9 呈现了气凝胶浆料增强石膏板分别在紫外与冻融循环两种条件下比热容与热扩散系数的波动情况，对比同一气凝胶浆料含量的情况下紫外老化与冻融循环老化气凝胶浆料增强石膏板的比热容的变异系数后发现，紫外老化中比热容的变异系数均高于冻融循环，即紫外对气凝胶浆料增强石膏板的比热容的影响要高于冻融循环。在热扩散系数方面，观察对比表中的数据发现，在气凝胶浆料含量为 20%、40%～50%时，冻融循环老化后的气凝胶浆料增强石膏板的热扩散系数的变异系数要高于紫外老化，其他气凝胶浆料含量的情况下，紫外老化的气凝胶浆料增强石膏板的热扩散系数的变异系数均高于冻融循环。

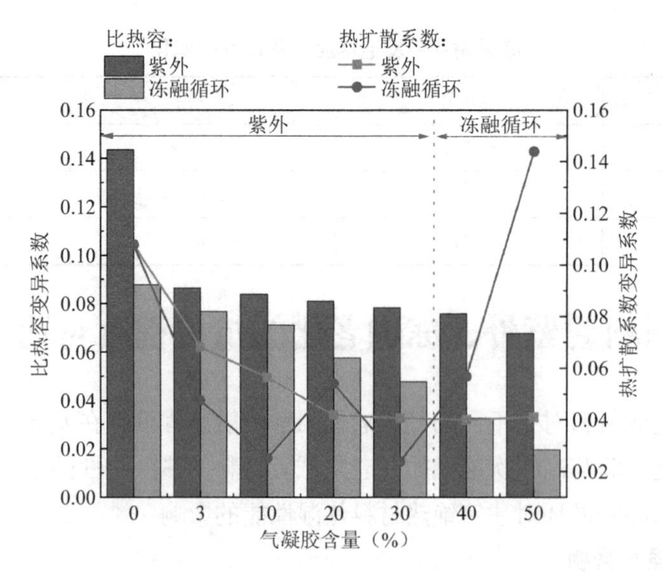

图 6.16　紫外老化与冻融循环老化气凝胶浆料增强石膏板比热容与热扩散系数的变异系数

紫外老化与冻融循环老化气凝胶浆料增强石膏板热物性参数变化情况　　表 6.9

气凝胶含量	热物性参数	$\overline{x}$		σ		c_v	
		冻融循环	紫外	冻融循环	紫外	冻融循环	紫外
0%	c	1.0166	1.0157	0.0892	0.1458	0.0877	0.1435
	α	0.2207	0.2790	0.0238	0.0301	0.1078	0.1079
3%	c	1.0560	1.0126	0.0810	0.0874	0.0767	0.0863
	α	0.2702	0.2853	0.0128	0.0195	0.0474	0.0683
10%	c	0.8815	0.8378	0.0627	0.0702	0.0711	0.0838
	α	0.2233	0.2070	0.0056	0.0117	0.0251	0.0565
20%	c	0.7812	0.7247	0.045	0.0587	0.0576	0.0810
	α	0.2049	0.2056	0.0111	0.0086	0.0542	0.0418
30%	c	0.6170	0.5148	0.0295	0.0403	0.0478	0.0783
	α	0.2316	0.2042	0.0055	0.0083	0.0237	0.0406
40%	c	0.5030	0.4672	0.0164	0.0354	0.0326	0.0758
	α	0.2185	0.2025	0.0124	0.0081	0.0568	0.0400
50%	c	0.7552	0.4454	0.0147	0.0301	0.0195	0.0676
	α	0.1878	0.1955	0.027	0.0080	0.1438	0.0409

通过对比表 6.10 中气凝胶颗粒增强石膏板在紫外老化与冻融循环老化中典型热物性参数的变化可以发现，就导热系数而言，通过对比导热系数的波动范围与变化率可以发现，气凝胶颗粒增强石膏板的导热系数所受冻融循环老化的影响要明显高于紫外老化。而对于比热容而言，由于两种老化后的气凝胶颗粒增强石膏板的比热容的方差十分接近，因此我们可以认为紫外老化与冻融循环老化对气凝胶颗粒增强石膏板的比热容的影响程度相当。

但对于气凝胶颗粒增强石膏板的热扩散系数来说，由于紫外老化过程中气凝胶颗粒增强石膏板的热扩散系数的方差要明显高于冻融循环老化，因此紫外老化对气凝胶颗粒增强石膏板的热扩散系数的影响程度要高于冻融循环老化。

紫外老化与冻融循环老化气凝胶颗粒增强石膏板典型热物性参数变化　　表 6.10

典型热物性参数变化		紫外老化	冻融循环老化
导热系数变化范围［W/(m · K)］		0.14718～0.14756	0.1415～0.01451
导热系数变化率		0.26%	2.6%
标准差	比热容	0.0314	0.0300
	热扩散系数	0.0117	0.0049
蓄热系数变化率		5.9%	9.1424

在吸水系数、毛细饱和含湿量与液态水扩散系数等湿物性参数方面，紫外或冻融循环老化后气凝胶浆料增强石膏板的吸水系数与液态水扩散系数均大幅增大，且均在气凝胶含量为 50%时发生数值突变，而毛细饱和含湿量则是小幅度下降。由于气凝胶含量为 50%时湿性能测试存在较大误差，因此暂不考虑。

如图 6.17 所示，气凝胶浆料增强石膏板的吸水系数存在临界值，当气凝胶浆料含量小于临界值时，紫外老化后材料的吸水系数及其变化率要远高于冻融循环，随着气凝胶浆料含量增加，两种老化因素的影响差距缩小，当气凝胶含量高于临界值时，紫外老化后材料的吸水系数及其变化率要远低于冻融循环。紫外老化后气凝胶浆料增强石膏板的毛细饱和含湿量及其变化率整体上要小于冻融循环，仅在气凝胶含量为 20%时冻融循环老化对毛细饱和含湿量的影响高于紫外老化，其他气凝胶浆料含量的材料的毛细饱和含湿量所受冻融循环老化的影响均弱于紫外老化。在液态水扩散系数方面，气凝胶浆料含量为 0%～20%时，紫外老化后液态水扩散系数及其变化率远高于冻融循环，随着气凝胶含量增加，两者变化率之间的差距缩小，气凝胶浆料含量为 30%～40%时，紫外老化后液态水扩散系数及其变化率要低于冻融循环老化。

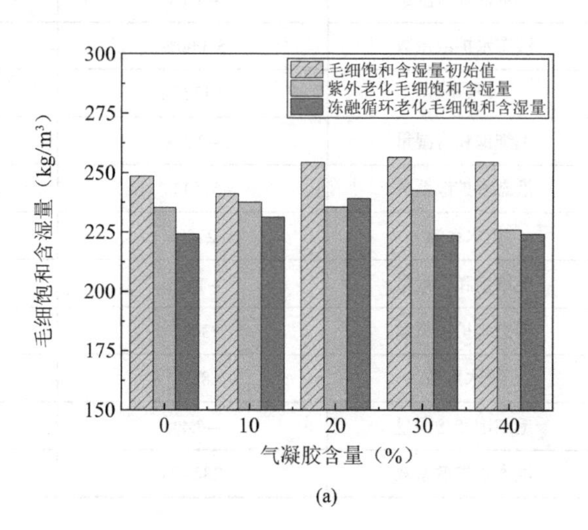

(a)

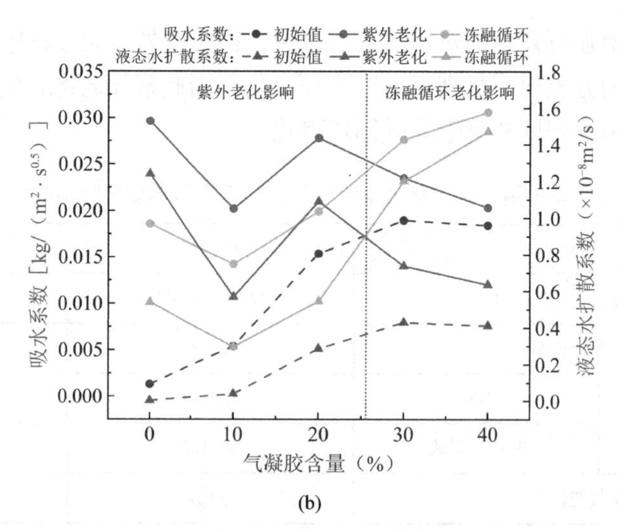

(b)

图 6.17　紫外老化与冻融循环老化气凝胶浆料增强石膏板湿物性参数变化

（a）毛细饱和含湿量变化情况；（b）吸水系数与液态水扩散系数变化情况

结合图 6.17 与表 6.11，综合以上三项参数来看，在湿物性方面，通过对比紫外辐射与冻融循环对气凝胶浆料增强石膏板湿物性参数的变化发现，气凝胶浆料含量以 20%～30% 中的某一值为临界值，气凝胶浆料含量小于该值时，紫外老化对吸水系数与液态水扩散系数的影响要高于冻融循环。

综合以上四项参数来看，在湿物性方面，通过对比紫外辐射与冻融循环后气凝胶浆料增强石膏板湿物性参数的变化，发现存在气凝胶浆料含量为 30%的一个最佳含量，同时考虑到湿组分对气凝胶浆料增强石膏板强度的影响，对于该类材料的湿物性抗老化方面建议选择气凝胶浆料含量为 30%的气凝胶浆料增强石膏板。

不同气凝胶浆料含量气凝胶浆料增强石膏板老化前后湿物性参数变化率　　表 6.11

气凝胶浆料含量	湿物性参数	紫外老化变化率	冻融循环老化变化率
0%	吸水系数	2161.1%	1317.6%
	毛细饱和含湿量	−5.4%	−9.8%
	液态水扩散系数	57000%	24624%
3%	吸水系数	647.5%	163.6%
	毛细饱和含湿量	−2.3%	−9.8%
	液态水扩散系数	5751%	2492%
10%	吸水系数	275%	164%
	毛细饱和含湿量	−1.4%	−4.1%
	液态水扩散系数	1344%	654%
20%	吸水系数	81%	30%
	毛细饱和含湿量	−7.4%	−6%
	液态水扩散系数	282.4%	90%

续表

气凝胶浆料含量	湿性能参数	紫外老化变化率	冻融循环老化变化率
30%	吸水系数	23.9%	45.7%
	毛细饱和含湿量	−5.4%	−10.3%
	液态水扩散系数	71.7%	179%
40%	吸水系数	10.4%	66.3%
	毛细饱和含湿量	−11.2%	−12%
	液态水扩散系数	54.7%	256.9%
50%	吸水系数	99.3%	94.6%
	毛细饱和含湿量	−15.2%	−11.1%
	液态水扩散系数	451.9%	379.7%

2. 传统建筑绝热材料

如图 6.18 所示，在紫外老化中，EPS 导热系数的变化率为 4.8%，冻融循环老化中为 4.3%，两者较为相近，紫外老化略高于冻融循环老化，可认为紫外对 EPS 的导热系数的影响略高于冻融循环。就比热容和热扩散系数两项参数而言，在紫外老化中 EPS 的比热容与热扩散系数的变异系数分别为 0.2238 和 0.1916，在冻融老化试验中两者的变异系数分别为 0.0929 和 0.0882，由此可知，紫外对 EPS 的比热容与热扩散系数的影响要远高于冻融循环。在紫外老化中发泡水泥的导热系数的变化率为 19.5%，在冻融循环中导热系数变化率仅为 6%。紫外老化后发泡水泥的比热容与热扩散系数的变异系数分别为 0.2188 和 0.2132，冻融循环老化后两者的变异系数分别为 0.0565 和 0.0488，冻融循环条件下的变异系数要远小于紫外老化，可认为发泡水泥的导热系数、比热容与热扩散系数受紫外的影响远高于冻融循环。对于岩棉而言，在紫外老化中导热系数的变化率约为 4.8%，在冻融循环中导热系数变化率为 3.8%，紫外对导热系数的影响要略高于冻融循环。关于比热容与热扩散系数，紫外老化后，岩棉的比热容与热扩散系数的变异系数分别为 0.0230 和 0.3638，冻融循环老化后，岩棉的比热容的变异系数是 0.1527 和 0.3828，由此可知，紫外对岩棉的比热容与热扩散系数的影响均要低于冻融循环。

就发泡水泥的吸水系数、毛细饱和含湿量与液态水扩散系数三项典型湿物性参数而言，紫外老化与冻融循环老化对其的影响程度相当。对于发泡水泥的吸水系数而言，经过紫外老化的发泡水泥吸水系数减小了 32%左右，相比冻融循环减小的 27%要略高一点。在毛细饱和含湿量方面，经过紫外老化的发泡水泥与经过冻融循环老化的发泡水泥的毛细饱和含湿量增长率分别为 36%与 39%，两者十分相近，这或许是因为材料的毛细饱和含湿量本身不易受到外界条件影响出现变化，但对于发泡水泥的该参数而言，则更易受到冻融循环的影响。就发泡水泥的液态水扩散系数而言，经过紫外老化与冻融循环老化的发泡水泥液态水扩散系数均大幅度减小，且变化率相近，分别为 75%与 73%，因此可认为发泡水泥的液态水扩散系数更容易受到紫外辐射的影响。综合上述三项发泡水泥老化前后的湿性能参数的对比结果可知，发泡水泥受老化影响程度最高的典型湿物性参数为液态水扩散系数，而在老化因素方面，相比紫外老化，发泡水泥的湿物性受冻融循环的影响更大。发泡水泥典型湿物性参数老化变化率见表 6.12。

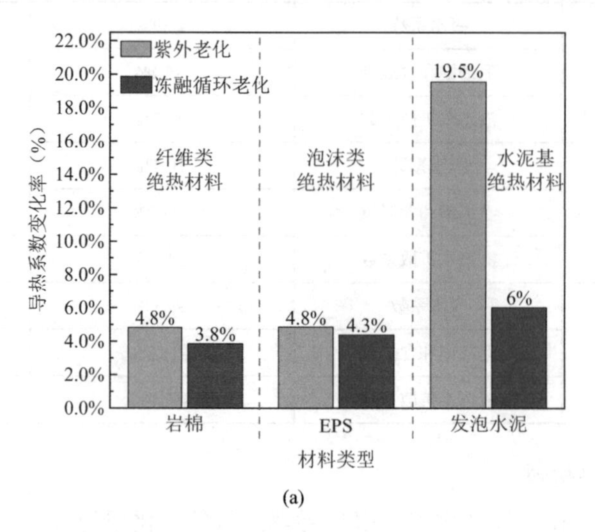

(a)

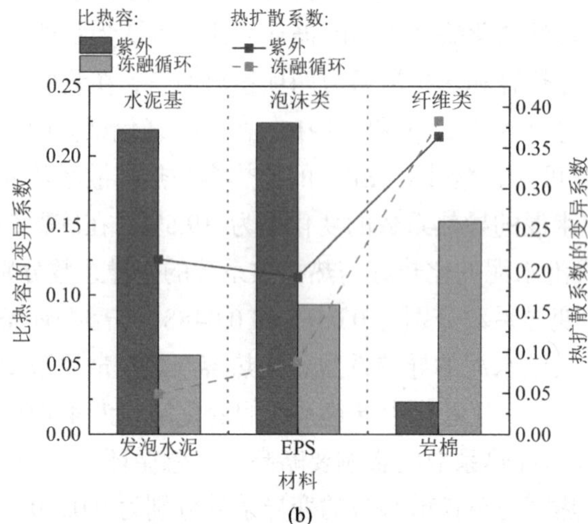

(b)

图 6.18　紫外老化与冻融循环老化传统建筑绝热材料导热系数变化率与比热容和热扩散系数的变异系数

（a）导热系数变化率；（b）比热容和热扩散系数的变异系数

发泡水泥典型湿物性参数老化变化率　　表 6.12

典型湿物性参数	紫外老化变化率	冻融循环老化变化率
吸水系数	−32%	−27%
毛细饱和含湿量	36%	39%
液态水扩散系数	75%	73%

6.5　本章小结

本章介绍通过老化试验以在短时间内获得前文所制备的新材料及传统建筑绝热材料在

高原典型气候因素下热湿性能的损伤机制，从而为高原地区建筑材料的使用寿命提供数据基础。试验制备了平面尺寸为 50mm × 50mm 的试件，用于紫外老化试验与冻融循环老化试验，测试并对比分析被测试件老化前后的典型热湿物性参数，得到以下结论：

（1）在老化过程中材料的导热系数均随着老化时长的增加或程度的加强而升高，蓄热系数在紫外老化过程中升高，在冻融循环老化过程中呈现无规律波动，在两种老化过程中材料的比热容与热扩散系数均呈现无规律波动。

（2）高气凝胶含量的气凝胶浆料增强石膏板抵抗紫外与冻融的能力明显高于低气凝胶含量，EPS 与 XPS 的抗老化性能高于岩棉，发泡水泥的抗老化性能最差，气凝胶含量为 20%与 30%的气凝胶浆料增强石膏板的抗紫外老化能力要高于石膏与发泡水泥，抵抗冻融循环的能力高于传统建筑绝热材料。

（3）高强度紫外辐射老化对材料热性能的影响要明显高于冻融循环老化，且两种老化因素对材料湿性能的影响要远高于热性能。在紫外辐射老化条件下，气凝胶增强石膏板的导热系数与蓄热系数二者之间，导热系数所受紫外辐射的影响更小；在比热容与热扩散系数之间，比热容的波动更大，即更容易受到紫外辐射的影响。对于传统建筑绝热材料，岩棉的热扩散系数最容易受到影响，发泡水泥的导热系数最容易受到影响，EPS 的热扩散系数最容易受到影响。在冻融循环老化条件下，相比热扩散系数，气凝胶增强石膏板的比热容更容易受到影响；对于传统建筑绝热材料，岩棉与发泡水泥的蓄热系数所受影响要明显高于其他典型热物性参数，而 EPS 的热扩散系数所受影响要明显高于其他典型热物性参数。

参考文献

[1] 葛昕. 高原气候条件对混凝土性能及开裂机制影响的研究[D]. 哈尔滨：哈尔滨工业大学, 2020.

[2] 张中琼, 吴青柏, 温智, 等. 青藏高原北麓河地区沥青路面辐射特征分析[J]. 冰川冻土, 2015(2): 408-416.

[3] 章熙民. 传热学[M]. 5 版. 北京：中国建筑工业出版社, 2007.

[4] ESCOBAR L A, MEEKER W Q. A review of accelerated test models[J]. Statistical Science, 2006, 21(4): 552-577.

[5] BERARDI U, NOSRATI R H. Long-term thermal conductivity of aerogel-enhanced insulating materials under different laboratory aging conditions [J]. Energy, 2018, 147: 1188-1202.

[6] AEGERTER M A. Aerogels Handbook[M]. Springer, 2011.

[7] JELLE B P. Accelerated climate ageing of building materials, components and structures in the laboratory[J]. Journal of Materials Science, 2012, 47(18): 6475-6496.

[8] 张帼奋, 黄柏琴, 张彩伢. 概率论、数理统计与随机过程[M]. 杭州：浙江大学出版社, 2011.

[9] MEJÍA-TORRES I S, COLÍN-OROZCO E, OLAYO M G, et al. Chemical effect of photo-irradiation in expanded polystyrene studied by XPS[J]. Polymer Bulletin, 2018, 75: 5619-5627.

[10] 彭玉, 彭汝芳, 金波, 等. C60 和 C70 对聚苯乙烯耐紫外老化性能的影响[J]. 塑料助剂, 2011(4): 37-41.

[11] 程小彩，黄金保，潘贵英，等. 聚苯乙烯热降解机理的理论研究[J]. 燃料化学学报（中英文), 2019, 47(7): 884-896.

[12] DING Y, DONG J L. Microscopic experimental analysis on weatherability of roof insulation materials under multi field coupling environment[J]. Materials Research Express, 2021: 8(3).

[13] CAMPBELL-ALLEN D, THORNE C P. The thermal conductivity of concrete[J]. Magazine of concrete Research, 1963, 15(43): 39-48.

[14] 陈若曦. 混凝土冻融循环破坏的原理与分析[J]. 居舍, 2019(1): 24.

[15] 李雪峰，付智，王华牢. 青藏高原地区混凝土冻融环境量化方法[J]. 农业工程学报, 2018, 34(2): 169-175.

第 7 章

变物性参数下的建筑围护结构传热分析

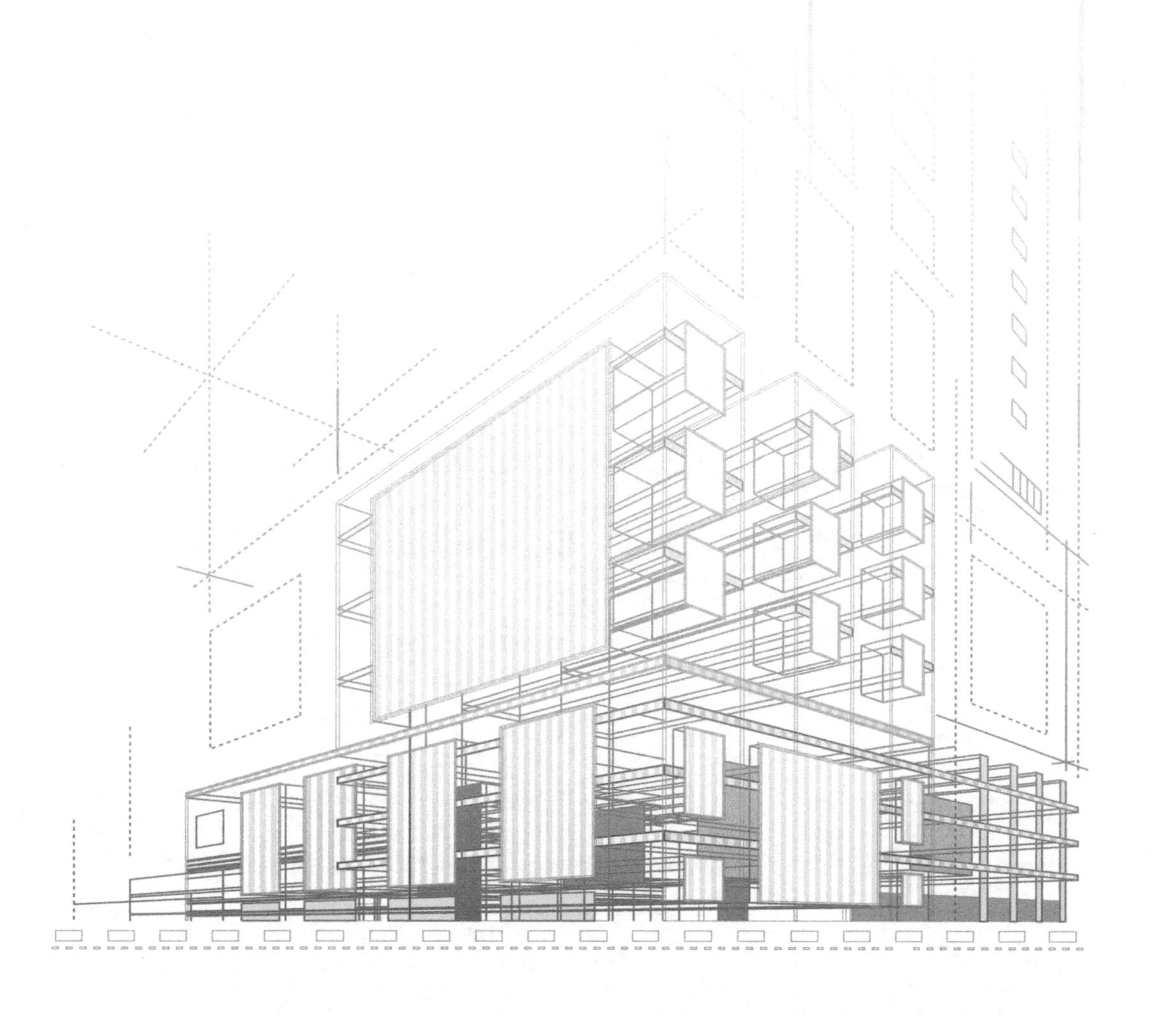

7.1 概述

建筑围护结构的物性参数在研究和解决传热传湿问题中起着至关重要的作用，物性在理论分析中至关重要，而且在实际应用中的数值模拟与设计优化中也是不可或缺的。然而，过去的研究往往仅关注于固定参数或单一因素的变化对计算的影响，未能充分考虑在实际应用中各类参数的动态变化及物性参数之间的相互作用，这可能无法全面反映复杂的实际情况，从而影响了研究结果的准确性。

在传热数值求解过程中，建筑围护结构的物性参数的准确性直接关系到模拟结果的精度和可靠性。具体来说，导热系数、比热容等参数的精确值对于准确判断和描述围护结构在实际使用中的热湿行为至关重要。如果所用物性参数不准确或不适当，可能会导致计算结果显著偏离实际情况。这种偏差不仅影响对建筑内部热湿环境的判断和描述，还可能导致围护结构设计无法达到预期的性能标准。

因此为确保建筑围护结构设计的有效性和可靠性，必须对热湿物性参数的动态变化进行准确的描述和选取。合理准确地描述材料的物性参数变化能够准确模拟和预测围护结构在实际使用中的热湿行为。这有助于提高热工设计的准确性，在保持室内环境舒适的同时，提升材料的经济性。通过优化物性参数，可以实现建筑能效的提升和运营成本的降低，从而实现建筑设计的经济和性能双重目标。

7.2 变物性参数下围护结构绝热层厚度优化

7.2.1 研究对象选取

1. 典型城市与气象参数

我国地域幅员辽阔，国土面积为 960 万平方公里，约占世界陆地面积的 1/15。广阔的陆地造成了自然条件的多样性，在特定的地形地貌特征下形成了各种各样的气候。根据气候特点在进行建筑设计时将其划分为严寒地区、寒冷地区、夏热冬冷地区、夏热冬暖地区和温和地区。在本研究中依据《民用建筑热工设计规范》GB 50176—2016 中的指标，选取了五个热工分区中相对湿度较高的十个典型城市作为研究对象，来研究考虑相对湿度影响下绝热材料的最佳厚度变化以及其引起的环境影响[1]。基于西安建筑科技大学提供的1988—2017 年的实测气象数据来确定城市的冷暖季节和计算等效温差等基础数据。十个典型城市的基础数据见表 7.1。

十个典型城市的基础数据　　**表 7.1**

热工分区	省份	城市	累年日均值的月均值的最高湿度	累年日均值的月均值的最低湿度	HDD（℃·d）	CDD（℃·d）	DD（℃·d）
严寒地区	黑龙江	通河	80.65%	59.65%	5701	2	3001.22
	吉林	二道	81.10%	55.77%	5390	0	2836.84

续表

热工分区	省份	城市	累年日均值的月均值的最高湿度	累年日均值的月均值的最低湿度	HDD（℃·d）	CDD（℃·d）	DD（℃·d）
寒冷地区	山东	成山头	90.16%	62.84%	2698	2	1420.69
	河南	虞城	82.26%	63.71%	2306	99	1247.82
夏热冬冷地区	陕西	汉中	83.16%	69.45%	1920	68	1033.97
	湖北	恩施	82.03%	72.84%	1541	98	844.85
夏热冬暖地区	福建	厦门	82.00%	65.32%	516	199	340.20
	海南	海口	83.81%	76.97%	95	403	188.97
温和地区	贵州	织金	81.90%	73.87%	1762	1	927.71
	云南	龙陵	89.42%	72.87%	1285	0	676.32

2. 典型建筑模型

建筑作为气候作用的主体，其在分析气候对于建筑材料的影响过程中是重要的中间环节。因此，选取了中国典型的板式高层居住建筑作为典型建筑并进行了建模，见图 7.1。

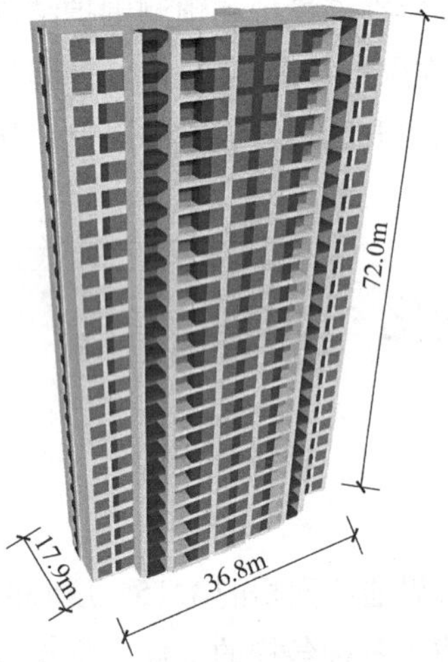

该建筑为 24 层住宅楼，长 36.8m，宽 17.9m，高 72m。每层由四种公寓类型和两部电梯组成。每层楼高 3m，建筑面积 530m^2。建筑外墙采用外保温结构保温，每层外墙 320m^2。屋面采用倒置保温形式，每层之间的楼板不加保温层，内建隔墙也采用轻质隔墙分隔。

图 7.1　建筑模型信息

3. 墙体保温构造

在整个建筑围护结构中外墙的面积占到了一半以上，在建筑总能耗中墙体传热能耗可以达到三分之一左右。然而建筑绝热材料的选择与保温层厚度的设定是建筑围护结构传热能耗的主要影响因素。根据绝热材料的组成成分不同，外墙保温系统在现有的墙体保温体系中，一般被分为自保温系统和复合墙体保温系统。由一种低导热系数的建筑材料构成的墙体结构被称为自保温系统。它可以通过建筑材料本身的特性来实现节能。复合墙体保温系统按保温层设置的位置不同分为：外墙外保温系统、外墙内保温系统和夹心保温三种类型[2]。对比四种保温系统，外墙外保温具有应用性强，可以有效解决外围护构件中的热桥等薄弱环节的热量散失问题以及在不影响室内装修和居住的条件下实现建筑节能效果。因此，选取外墙外保温系统作为研究对象。

根据国家标准图集《外墙外保温建筑构造》10J121，选择了 A 型粘贴保温板外保温系统作为典型构造[3]。A 型粘贴保温板外保温系统在标准图集中只提到了适用于 EPS、XPS 和 PUR，但是在阅读他人文献过程中得知 A 型粘贴型外保温系统同样适用于岩棉、玻璃棉和发泡水泥等粘贴型外保温材料[4-5]。标准图集中的 A 型粘贴保温板外保温系统的构造存在饰面层和粘结层，但是在实际工程中其并没有起到保温隔热的作用。为了方便计算，将构造进行简化并确定其各层具体厚度，具体构造和厚度如图 7.2 和表 7.2 所示。

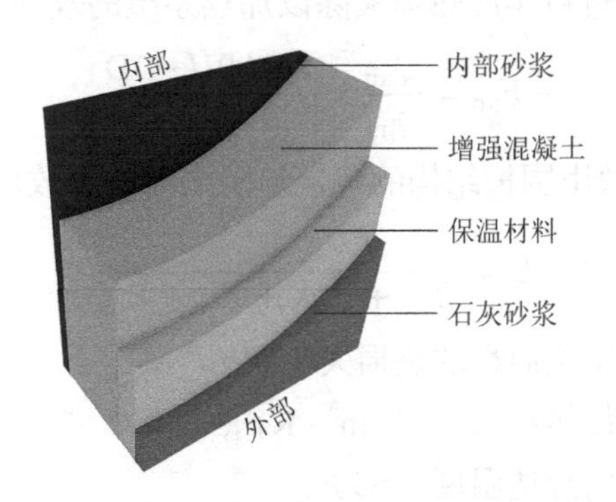

图 7.2　A 型外保温系统简化后墙体构造

A 型外保温系统简化后各层材料基础数据　　表 7.2

材料	厚度（mm）	导热系数［W/(m²·K)］	干密度（kg/m³）
石灰砂浆	4	9.44	1500
绝热材料	δ_{im}	k_{im}	ρ_{im}
钢筋混凝土	300	1.74	2500
内抹灰层	25	0.81	1600

7.2.2　数值计算结果

1. 最佳厚度优化

本研究通过度日法来计算稳态围护结构的传热负荷，再由 LCCA 来计算其经济成本从而对其最佳厚度进行求解。针对六种不同的建筑绝热材料得到了中国五个热工分区的十个典型城市分别在绝干状态、最低及最高环境湿度三种条件下对应的最佳保温厚度，并对其进行了分析比较，表 7.3 中给出了各种材料的干密度和价格，表 7.4 中给出了相关参数。

建筑物的热损失是指通过围护结构的传热耗热量和通过门窗缝隙的空气渗透、空气调节耗热量。由于通过门窗缝隙的空气渗透、空气调节耗热量是由外窗的密封性能和保温性能来决定的，所以在此我们不进行考虑。通过围护结构的传热耗热量则主要是通过墙体的保温来实现，实现墙体保温的主要途径就是保温材料的选取和足够的保温厚度。本研究的重点是考虑墙体的热损失来优化保温层的厚度。

围护结构的热损失在建筑的总体能耗中占据了一半以上，根据 Hasan 的报告可知，围护结构单位面积的热损失可以通过下式得出[6]：

$$Q = U(T_{\mathrm{i}} - T_{\mathrm{md}}) \tag{7.1}$$

外墙单位面积的年热损失可通过下式确定：

$$Q_{\mathrm{an}} = 86400U \cdot \mathrm{DD} \tag{7.2}$$

度日数为供暖度日数、空调度日数、加热和冷却系统的能源效率的函数，可通过下式计算：

$$DD = \frac{CDD}{EER} + \frac{HDD}{\eta} \tag{7.3}$$

年度能源需求E_{an}可通过将年度热损失除以加热系统的效率来确定，如下式：

$$E_{an} = \frac{Q_{an}}{\eta_{hs}} = \frac{86400U \cdot DD}{\eta_{hs}} \tag{7.4}$$

外墙结构的总传热系数由围护结构的各层热阻之和的倒数得出：

$$U = \frac{1}{R_{iaf} + R_{oaf} + R_{w} + R_{im}} \tag{7.5}$$

式中：Q——围护结构单位面积的热损失（W/m^2）；

U——外墙的总传热系数［$W/(m^2 \cdot K)$］；

T_i——恒定的室内舒适温度（℃）；

T_{md}——平均日温度（℃）；

Q_{an}——外墙单位面积的年热损失（W/m^2）；

U——外墙的总传热系数［$W/(m^2 \cdot K)$］；

DD——度日数（℃ · d）；

CDD、HDD——分别为空调度日数和供暖度日数（℃ · d）；

EER、η——分别为冷却系统和加热系统的能源效率；

E_{an}——年度能源需求［$J/(m^2 \cdot a)$］；

η_{hs}——加热系统效率；

R_{iaf}——内空气层热阻［$(m^2 \cdot K)/W$］；

R_{oaf}——外空气层热阻［$(m^2 \cdot K)/W$］；

R_w——外墙中除保温层外的所有构造层的总热阻（$m^2 \cdot K/W$）；

R_{im}——保温层的热阻（$m^2 \cdot K/W$）。

由于围护结构中除保温层外的其余部分热阻很小并且受环境影响很小，所以不考虑围护结构其他部分受环境温湿度的影响。R_{iaf}和R_{oaf}在一些最佳厚度的研究中未被考虑，本研究考虑了这些热阻项，更加贴近实际的使用情况[7]。R_{im}可以表示为：

$$R_{im} = \frac{\delta_{im}}{k_{im}} \tag{7.6}$$

年度能量需求如下式：

$$E_{an} = \frac{86400DD}{\left(R_{iaf} + R_{oaf} + R_{w} + \frac{\delta_{im}}{k_{im}}\right)\eta_{hs}} \tag{7.7}$$

年燃料消耗量可以将方程式(7.7)除以μ_f得到：

$$m_{af} = \frac{86400DD}{\left(R_{iaf} + R_{oaf} + R_{w} + \frac{\delta_{im}}{k_{im}}\right)\mu_f \eta_{hs}} \tag{7.8}$$

式中：δ_{im}——绝热材料的保温厚度（m）；

k_{im}——绝热材料的导热系数［$W/(m \cdot K)$］；

m_{af}——年燃料消耗量（kg/m^2）。

在通过财务分析来进行最佳厚度的确定过程中，一般有投资回收法和 LCCA 两种方法。投资回收法是基于偿还初始投资所需的时间以及该投资带来的运营阶段节约能耗的成本。这种简单分析方法的缺点是没有考虑货币的通货膨胀，这也是一个非常重要的财务考虑因素。LCCA 也是对建筑外墙保温厚度优化的常用方法[8]。LCCA 在能源优化和减少碳排放方面的应用不仅限于住宅建筑，还包括商业建筑。正如贝赫鲁兹（Behrooz）在伊朗开展的工作中所报告的那样，LCCA 还可用于研制新的复合预制墙砌块（CPWB）。因此，在本研究中我们采用 LCCA 分析方法。

单位面积的年成本可通过下式得出：

$$C_{\mathrm{an}} = \frac{86400\mathrm{DD}}{\left(R_{\mathrm{iaf}} + R_{\mathrm{oaf}} + R_{\mathrm{w}} + \dfrac{\delta_{\mathrm{im}}}{k_{\mathrm{im}}}\right)\mu_{\mathrm{f}}\eta_{\mathrm{hs}}} C_{\mathrm{f}} \tag{7.9}$$

通过 LCCA 计算全生命周期的总成本，并由总成本乘以现值系数后转换为现值。其中，现值系数是通货膨胀率和利率的函数。

$$\mathrm{PWF} = \left(\frac{1-\varphi}{1+\phi}\right)\left[1-\left(\frac{1+\varphi}{1+\phi}\right)^{N}\right] \quad 如果(\phi \neq \varphi) \tag{7.10}$$

$$\mathrm{PWF} = \frac{N}{1+\phi} = \frac{N}{1+\varphi} \quad 如果(\phi = \varphi) \tag{7.11}$$

建筑绝热材料成本为材料的单价乘以厚度，如下式：

$$C_{\mathrm{in}} = C_{\mathrm{im}}\delta_{\mathrm{im}} \tag{7.12}$$

建筑热损失的总成本应该为供暖成本加上制冷成本，如下式：

$$C_{\mathrm{tot}} = \frac{86400C_{\mathrm{f}} \cdot \mathrm{PWF} \cdot \mathrm{DD}}{\left(R_{\mathrm{iaf}} + R_{\mathrm{oaf}} + R_{\mathrm{w}} + \dfrac{\delta_{\mathrm{im}}}{k_{\mathrm{im}}}\right)\mu_{\mathrm{f}}\eta_{\mathrm{hs}}} + C_{\mathrm{im}}\delta_{\mathrm{in}} \tag{7.13}$$

如果式(7.13)是关于δ_{im}推导出来的，并且结果被设置为零，则绝热材料的最佳厚度如下式：

$$\frac{\mathrm{d}C_{\mathrm{tot}}}{\mathrm{d}\delta_{\mathrm{im}}} = \frac{\mathrm{d}}{\mathrm{d}\delta_{\mathrm{im}}}\left[\frac{86400C_{\mathrm{f}} \cdot \mathrm{PWF} \cdot \mathrm{DD}}{\left(R_{\mathrm{iaf}} + R_{\mathrm{oaf}} + R_{\mathrm{w}} + \dfrac{\delta_{\mathrm{im}}}{k_{\mathrm{im}}}\right)\mu_{\mathrm{f}}\eta_{\mathrm{hs}}} + C_{\mathrm{im}}\delta_{\mathrm{im}}\right] = 0 \tag{7.14}$$

$$\delta_{\mathrm{im}} = 293.938\sqrt{\frac{\mathrm{DD} \cdot C_{\mathrm{f}} \cdot \mathrm{PWF} \cdot k_{\mathrm{im}}}{C_{\mathrm{im}}\mu_{\mathrm{f}}\eta_{\mathrm{hs}}}} - (R_{\mathrm{iaf}} + R_{\mathrm{oaf}} + R_{\mathrm{w}})k_{\mathrm{im}} \tag{7.15}$$

式中：C_{an}——单位面积的年成本（USD）；

C_{f}——燃料成本［USD/kg、USD/m^3 或 USD/(kW · h)］；

PWF——限制因子；

N——建筑物使用寿命（年）；

φ——通货膨胀率（%）；

Φ——利率（%）；

C_{in}——建筑绝热材料的总成本（USD）；

C_{tot}——建筑热损失的总成本（USD）；

C_{im}——绝热材料的单价（USD/m^3）。

绝热材料的干密度和价格　　表 7.3

材料	干密度（kg/m^3）	价格（USD/m^3）
EPS	16	56.51
XPS	4	117.74
玻璃棉	23	75.35
岩棉	200	91.05
发泡水泥	374	59.65
PUR	40	204.08

计算中使用的参数　　表 7.4

参数	取值
CDD 和 HDD	表 7.1
结构中的相关参数	表 7.2
k_{im}	表 7.2
C_{im}	表 7.3
φ	0.90%
Φ	3.70%
N	20 年
C_f	0.1275
μ_f	3.6×10^6
η_{hs}	0.99

在对建筑的外围护结构进行保温隔热设计时，既不需要出现过度保温隔热的现象，这样是以增加初始投资的成本来换取能源成本的降低，也不可以出现保温隔热不足的现象，这样又会导致能源成本的上升。因此就需要一个最优解来将成本降到最低，最佳保温厚度的精准确定也就有了更加重要的意义。

通过对 EPS、XPS 和 PUR 等六种绝热材料分别在绝干状态下、累年日平均的月均值的最低湿度和最高湿度工况下的最佳厚度进行求解，得出他们的最佳厚度在湿度影响下的变化情况，依次对所选定的十个不同的城市进行计算，详细数值见表 7.5。

从表 7.5 中可以观察到，对某一个具体的城市而言，建筑绝热材料的最佳厚度值随着湿度的增加而增大。这是因为建筑物的传热耗热量是一定的，材料的导热系数随着湿度的增加而增大。如果想要达到室内舒适的热环境，则需要增加保温层厚度来增强围护结构的保温隔热性能。如果未考虑相对湿度对导热系数的影响，就会导致建筑绝热材料厚度设计值偏小，从而增大了生命周期的运营成本。

以湿度最高的沿海城市——成山头为例，在图 7.3 中可以观察到 EPS、XPS 和 PUR 三种绝热材料的厚度变化相对较小，最低湿度工况和最高湿度工况分别与绝干工况下的变化率分别为 1.8%和 5.5%、2.2%和 3.4%、3.1%和 4.6%。玻璃棉和岩棉的厚度变化较 EPS、

XPS 和 PUR 在最大湿度工况下有较大的差别，而在最小湿度工况下与前面三种材料的差别并不大，它们在最低湿度工况和最高湿度工况分别与绝干工况下的变化率分别为−1.6%和 33.4%、0.3%和 19.8%，出现负值的原因是拟合公式在湿度较低时曲线会向上凸起，从而使玻璃棉在绝干状态下的导热系数高于最低湿度工况下的导热系数。发泡水泥不论是在最低湿度工况下还是在最高湿度工况下较其他五种材料都表现出较大的差异性，这是因为它们在湿度为 0%～30%时和湿度超过 70%时导热系数都会表现出较大的增加率，它们在最低湿度工况和最高湿度工况分别与绝干工况下的变化率分别为 2.6%和 19.5%。出现这样的结果是因为在对同一栋建筑同一种绝热材料计算其最佳的保温厚度时唯一的变量为导热系数，而汉中市的最低湿度工况和最高湿度工况分别为 69.45%和 83.16%，除了 EPS、XPS 和 PUR 等随着湿度变化导热系数几乎线性变化的材料，其他材料在 70%湿度前后都会发生变化。这就使得绝热材料的最佳厚度与导热系数表现出很强的相关性。图 7.4 中将典型建筑代入，探究在不同工况下三种随着湿度变化规律不同的材料在厚度变化的情况下对其成本的影响。通过对比 EPS、岩棉和发泡水泥三种材料可以观察到 EPS 在湿度变化下影响最小；岩棉在低湿的情况下变化不大，而在高湿的情况下变化则很大；发泡水泥则随着湿度变化一直在变化，这也符合前面对于这三种材料的描述。

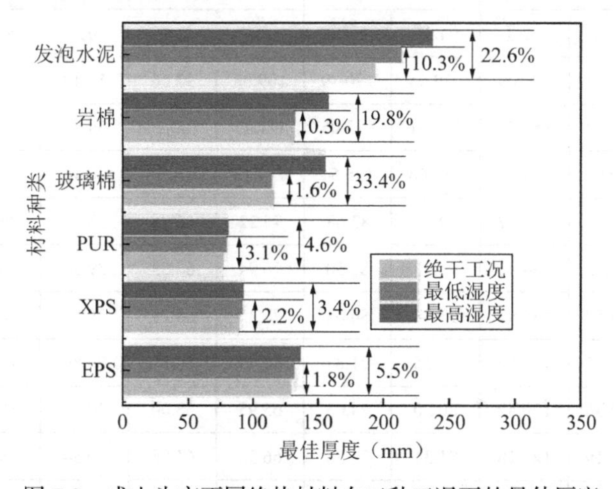

图 7.3　成山头市不同绝热材料在三种工况下的最佳厚度

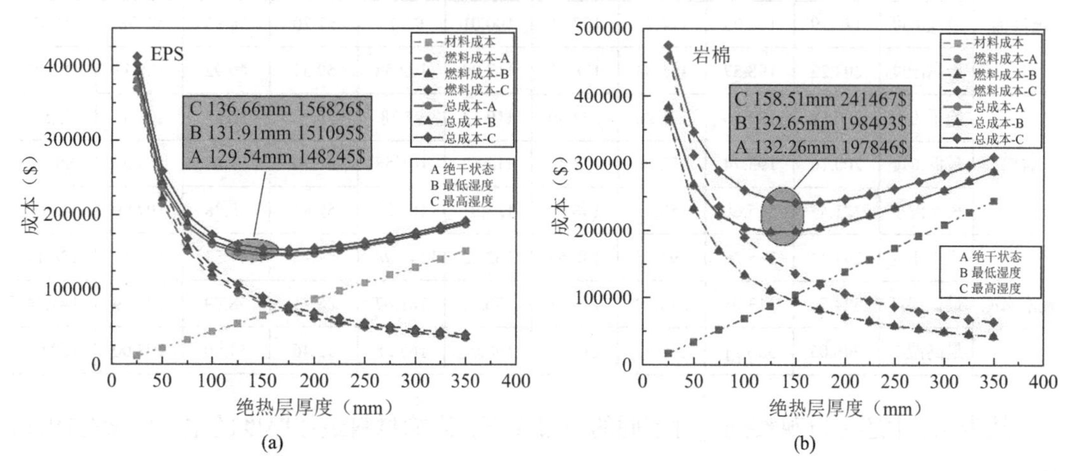

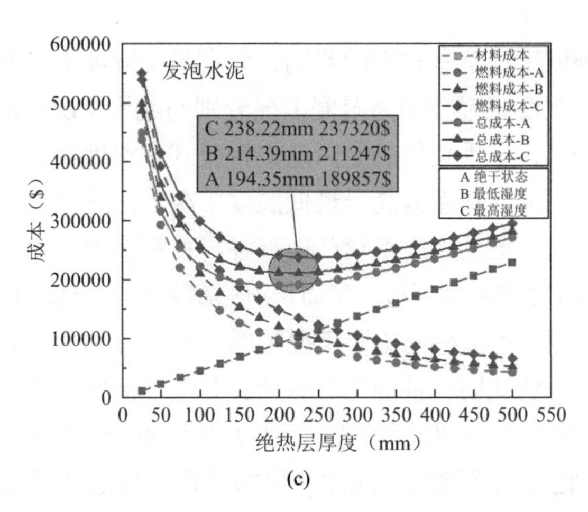

(c)

图 7.4　成山头市典型建筑在三种工况下不同绝热材料的厚度对成本的影响

（a）EPS；（b）岩棉；（c）发泡水泥

十个典型城市的不同绝热材料在三种工况下最佳保温厚度（mm）　　表 7.5

材料	工况	城市									
		严寒地区		寒冷地区		夏热冬暖地区		夏热冬冷地区		温和地区	
		通河	二道	成山头	虞城	汉中	恩施	厦门	海口	织金	龙陵
EPS	绝干工况	192.71	187.09	129.54	120.79	109.08	97.66	58.40	41.04	102.81	86.35
	最低湿度	195.97	189.93	131.91	123.05	111.57	100.20	59.45	42.10	105.60	88.56
	最高湿度	200.03	194.34	136.66	125.54	113.88	101.38	60.46	42.45	106.73	90.77
XPS	绝干工况	135.63	131.57	90.00	83.68	75.22	66.98	38.62	26.08	70.69	58.81
	最低湿度	138.65	134.41	91.97	85.50	76.94	68.53	39.34	26.53	72.38	60.14
	最高湿度	139.57	135.42	93.04	86.05	77.35	68.79	39.52	26.59	72.62	60.61
PUR	绝干工况	120.25	116.47	77.75	71.87	63.99	56.31	29.89	18.21	59.77	48.70
	最低湿度	124.36	120.42	80.20	74.08	65.95	58.00	30.43	18.28	61.63	50.07
	最高湿度	125.19	121.18	81.31	74.58	66.35	64.05	30.54	18.29	61.86	50.53
玻璃棉	绝干工况	174.47	169.32	116.63	108.62	97.90	87.44	51.50	35.60	92.15	77.09
	最低湿度	170.19	164.99	114.77	107.26	100.01	92.01	51.20	38.33	97.98	81.03
	最高湿度	203.22	198.57	155.84	128.61	117.09	102.58	59.31	40.92	108.11	100.02
岩棉	绝干工况	200.58	194.50	132.26	122.80	110.13	97.78	55.32	36.54	103.34	85.55
	最低湿度	200.16	193.74	132.66	123.39	112.68	101.58	55.70	37.88	114.07	88.76
	最高湿度	221.47	215.60	158.51	136.50	123.02	180.03	59.84	38.88	107.99	99.98
发泡水泥	绝干工况	294.14	285.26	194.35	180.52	162.02	143.98	81.96	54.53	152.11	126.11
	最低湿度	324.50	313.08	214.39	199.21	180.70	161.67	88.71	58.79	171.59	141.04
	最高湿度	346.05	336.21	238.22	211.65	190.07	167.28	92.46	59.60	177.00	150.92

从表 7.5 中还可以观察到，对不同的城市而言，影响材料最佳厚度的主要因素是DD值

和城市的相对湿度。对最高湿度差别不大而DD值相差较大的海口市和汉中市进行了比较，如图 7.5 所示。图中 EPS 和玻璃棉在绝干工况和最高湿度工况下的差异值分别为 165.8%和 168.2%、175%和 186.1%。可见DD值在最佳厚度的计算中是不可缺少的重要参数，对于DD值差异最大的通河市和海口市，尽管它们的相对湿度也并非完全相同，但是在绝干状态下，EPS 和玻璃棉的最佳厚度差异值分别为 369.6%和 344%。因此，每个城市的每种材料的最佳厚度很大程度上取决于城市的气候，在满足城市气候的基础上考虑湿度变化对导热系数的影响就会起到很大的作用。

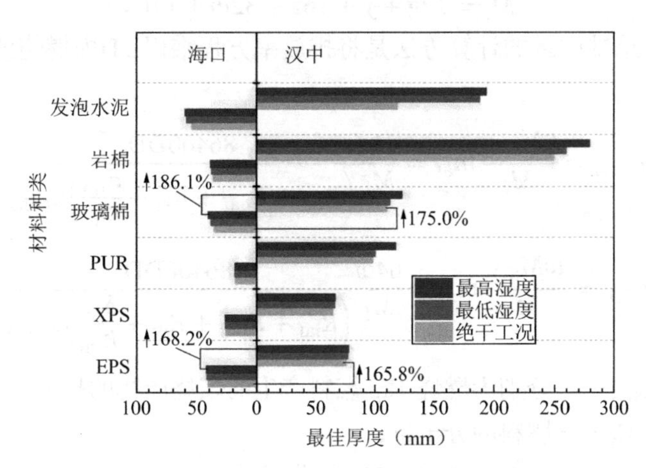

图 7.5　汉中市与海口市最佳厚度对比

2. 变厚度对碳排放量的影响

建筑绝热材料采用最佳厚度以减少运营阶段的成本和温室气体的排放，但是导热系数的改变会使其最佳厚度发生变化。然而最佳厚度的改变又会引起碳排放量的变化。本节通过采用投入产出法计算出了六种不同的建筑绝热材料在中国五个热工分区的十个典型城市的绝干状态、最低及最高环境湿度条件下对应的最佳保温厚度的碳排放量，并对其进行了对比分析。

建筑绝热材料选择以及厚度的合理设定是影响建筑物内供暖制冷的重要因素，适宜的厚度设定和材料的选取会直接降低供暖和制冷能耗，从而减少碳排放量，实现建筑节能。在现有的碳足迹分析方法中，常用的有碳排放因子法和投入产出法，为了更好地反映节约能源量和碳排放量之间的关系，选择投入产出法来计算年碳排放量。燃烧的一般方程式如下：

$$C_gH_yO_zS_wN_t + \alpha A(O_2 + 3.76N_2) \longrightarrow \\ gCO_2 + \frac{y}{2}H_2O + wSO_2 + (\alpha - 1)AO_2 + BN_2 \tag{7.16}$$

式中：g、y、z、w、t、α、A、B——常数，对于不同的燃料类型g、y、z、w、t不同。

考虑到我国的经济情况，以煤炭作为主要的参考燃料，其中$g = 7.078$，$y = 5.149$，$z = 0.517$，$w = 0.01$，$t = 0.086$。常数 A 和 B 通过氧元素平衡确定出来：

$$A = \left(g + \frac{y}{4} + w - \frac{z}{2}\right) \tag{7.17}$$

$$B = 3.76\alpha\left(g + \frac{y}{4} + w - \frac{z}{2}\right) + \frac{t}{2} \tag{7.18}$$

燃烧 1kg 燃料产生的燃烧产物的排放率通过下式计算：

$$\mathrm{ER}_{\mathrm{CO_2}} = \frac{gM_{\mathrm{CO_2}}}{M_{\mathrm{f}}} \tag{7.19}$$

$$\mathrm{ER}_{\mathrm{SO_2}} = \frac{wM_{\mathrm{SO_2}}}{M_{\mathrm{f}}} \tag{7.20}$$

$$M_{\mathrm{f}} = 12g + y + 16z + 32w + 14t \tag{7.21}$$

年度温室气体总排放量的计算方法是将排放率方程乘以DD内燃烧的燃料总量，如下所示：

$$m_{\mathrm{CO_2}} = \frac{gM_{\mathrm{CO_2}}}{M_{\mathrm{f}}} m_{\mathrm{af}} = \frac{44g}{M_{\mathrm{f}}} \frac{86400\mathrm{DD}}{\left(R_{\mathrm{iaf}} + R_{\mathrm{oaf}} + R_{\mathrm{w}} + \frac{\delta_{\mathrm{im}}}{k_{\mathrm{im}}}\right)\mu_{\mathrm{f}}\eta_{\mathrm{hs}}} \tag{7.22}$$

$$m_{\mathrm{SO_2}} = \frac{wM_{\mathrm{SO_2}}}{M_{\mathrm{f}}} m_{\mathrm{af}} = \frac{64w}{M_{\mathrm{f}}} \frac{86400\mathrm{DD}}{\left(R_{\mathrm{iaf}} + R_{\mathrm{oaf}} + R_{\mathrm{w}} + \frac{\delta_{\mathrm{im}}}{k_{\mathrm{im}}}\right)\mu_{\mathrm{f}}\eta_{\mathrm{hs}}} \tag{7.23}$$

式中：$\mathrm{ER}_{\mathrm{CO_2}}$、$\mathrm{ER}_{\mathrm{SO_2}}$——分别为燃烧 1kg 燃料产生的燃烧产物的排放率（%）；

M_{f}——燃料的分子量；

$M_{\mathrm{CO_2}}$、$M_{\mathrm{SO_2}}$——分别为 CO_2、SO_2 的分子量；

$m_{\mathrm{CO_2}}$、$m_{\mathrm{SO_2}}$——分别为 CO_2、SO_2 的年度温室气体总排放量。

建筑绝热材料对建筑供能所需的燃料消耗有重大影响，通过选择合适的绝热材料，可以减少建筑围护结构的热损失，也可以缓解碳排放问题。化石能源的燃烧会产生温室气体，例如 CO_2 和 SO_2 等，而这些温室气体的大量排放会严重破坏生态系统。考虑到目前我国大部分还是采用煤炭火力发电，因此将煤炭的一般方程常数代入计算。通过对公式(7.22)和公式(7.23)的观察可知，CO_2 和 SO_2 的排放量的变化率一致，以下就不再分开论述，对于某一个特定的城市，其变化的规律较明显。

以成山头市为例，从图 7.6 中可以观察到 EPS、XPS 和 PUR 三种绝热材料的最低湿度工况和最高湿度工况分别与绝干工况下的变化率分别为 2.0%和 6.0%、2.5%和 3.8%、4.0%和 5.9%。玻璃棉和岩棉在高湿度时表现出较大的变化率，它们的最低湿度工况和最高湿度工况分别与绝干工况下的变化率分别为−1.8%和 38.6%、0.4%和 24.0%。发泡水泥的变化率会整体都偏大一点，它们最低湿度工况和最高湿度工况分别与绝干工况下的变化率分别为 12.1%和 27.1%。可见对于水泥基材料准确的导热系数会大大减少其温室气体的排放量。对随着湿度变化导致的碳排放量变化不同的三种材料，探求其保温层厚度变化对典型建筑 SO_2 排放量的影响，见图 7.7。由图可见随着保温材料厚度的增加 SO_2 排放量逐渐降低，这是因为厚度增加会减少能源需求量，从而减少化石燃料的燃烧导致的结果。通过对比三种材料在三种工况下随着厚度变化对 SO_2 排放量的影响可知，其基本的变化规律与导热系数随湿度的变化规律基本一致，表现出三种不同的变化规律。通过横向对比六种材料可以得出 EPS 受湿度影响最小且碳排放量最低。

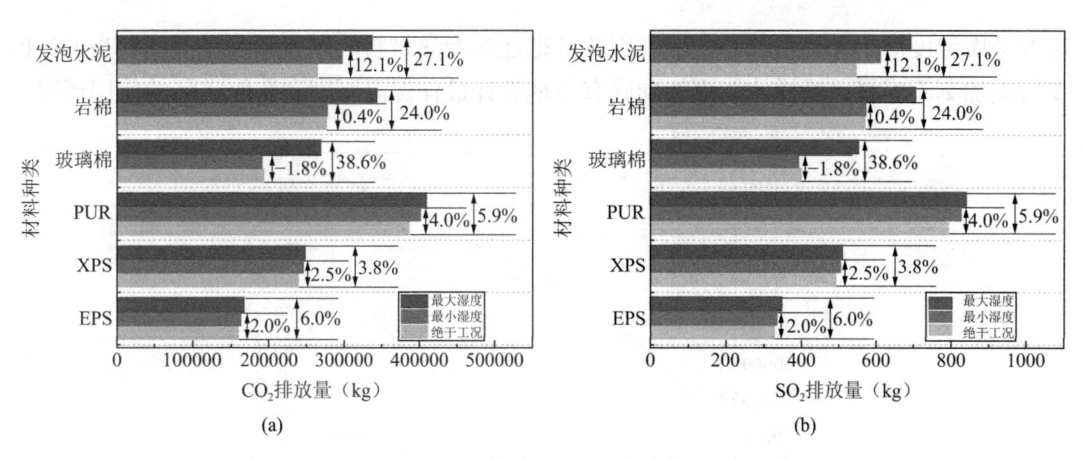

图 7.6　三种工况下不同材料的 CO_2 排放量和 SO_2 排放量

（a）CO_2 排放量；（b）SO_2 排放量

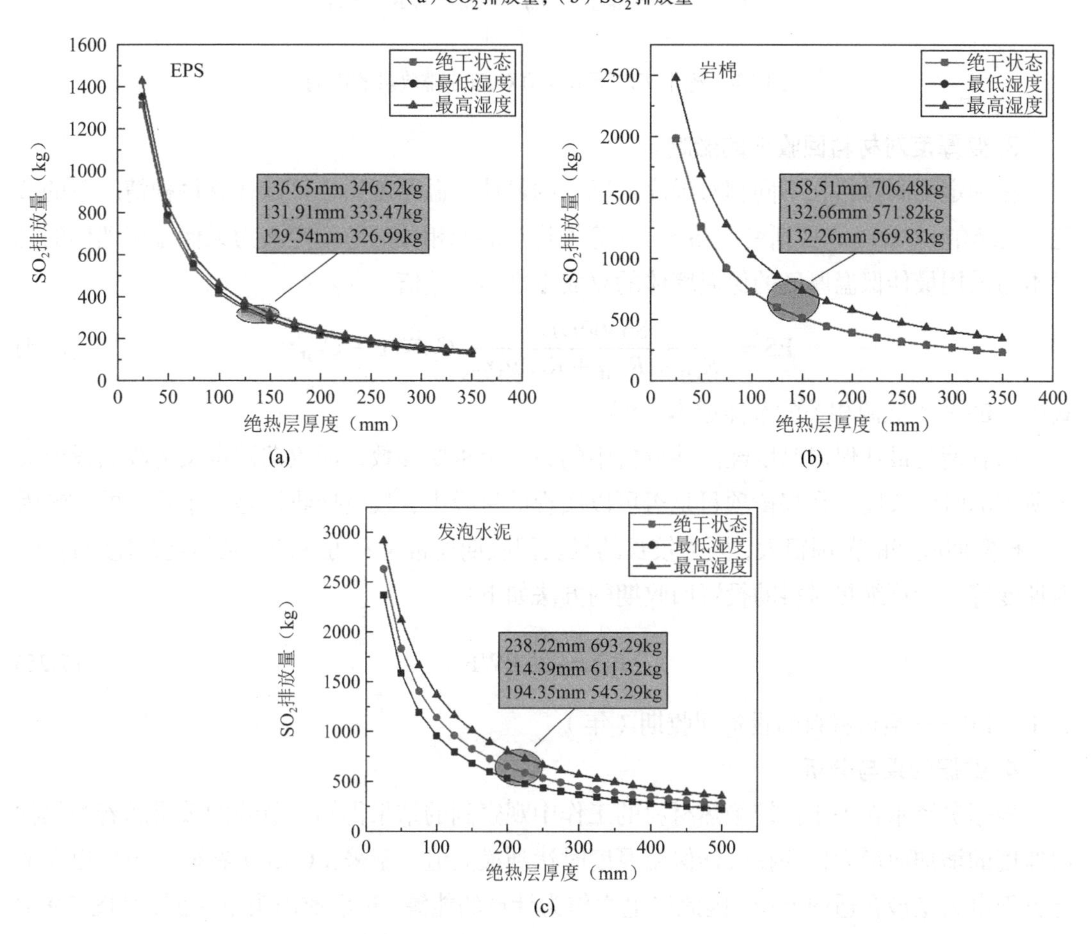

图 7.7　成山头市典型建筑在不同工况下绝热材料的厚度对 SO_2 排放量的影响

（a）EPS；（b）岩棉；（c）发泡水泥

图 7.8 中对比了不同的城市DD值对排放量的影响，材料的排放量随着城市DD值的不断增长而逐渐增长。这是因为DD值越高代表建筑所需要的能源提供的热量越多，也就需要更厚的绝热材料来增强围护结构的保温隔热能力，这也就说明在DD值越高的高湿地区，越

需要考虑湿度对于导热系数的影响。因此考虑建筑绝热材料的湿度影响在湿度较高的地区变得更加刻不容缓，这样才能更加准确有效地设计最佳保温厚度和获取实际的使用情况。

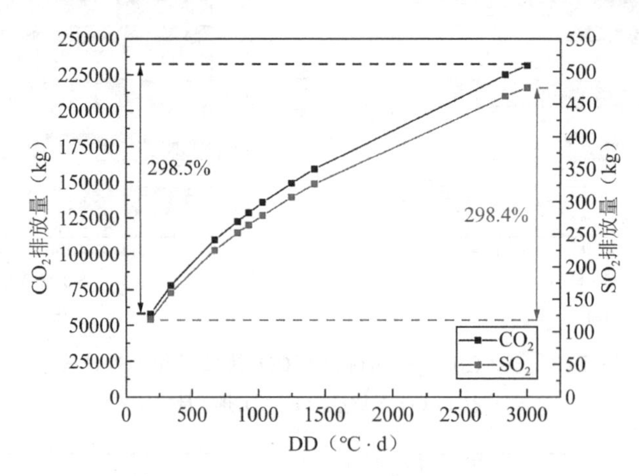

图 7.8　绝干工况下 DD 值对 EPS 排放量的影响

3. 变厚度对材料回收期的影响

在确定不同材料在不同相对湿度工况下的最佳保温厚度后，可以计算每种情况下的节能。奥泽尔（Ozel）和西斯曼（Sisman）等人将与能源相关的节约定义为无保温层墙体的总成本与采用最佳保温厚度的保温墙体的总成本之间的差值。

$$\mathrm{ES}=\frac{86400\mathrm{DD}}{(R_{\mathrm{iaf}}+R_{\mathrm{oaf}}+R_{\mathrm{w}})\mu_{\mathrm{f}}\eta_{\mathrm{hs}}}C_{\mathrm{f}}\mathrm{PWF}-C_{\mathrm{tot}} \tag{7.24}$$

式中：ES——能源相关的节能成本（$）。

回收期是最佳保温厚度经济性分析中的另一个重要参数，回收期被定义为收回投资成本所需的时间长度。在权衡项目是否可以实现的过程中，投资回收期是一个重要的影响因素。投资回收期的范围很大，因为较长的投资回收期通常是不可取的，尤其是在建筑行业。西斯曼等人计算绝热材料的投资回收期的方法如下：

$$\mathrm{PP}=\frac{C_{\mathrm{in}}}{\mathrm{ES}}\mathrm{PWF} \tag{7.25}$$

式中：PP——绝热材料的投资回收期（年）。

4. 数据结果与分析

根据奥泽尔在关于传统绝热材料的工作中观察到的结果得知，节约的效果随着绝热材料厚度的增加而增大，并在最佳保温厚度时达到最大值。楚采（Cuce）在研究中指出在节能方面电力是最合适的能源，因此以电力作为计算的能源。选取成山头市为例，从图 7.9 中可以看出 EPS、XPS 和 PUR 三种建筑绝热材料的节能变化率并不大，基本上都在 0.3%～2.4%范围内，而玻璃棉、岩棉和发泡水泥变化较大，最低湿度和最高湿度与绝干工况的变化率分别为−0.3%和 7.1%、0.1%和 6.6%、3.2%和 7.1%。对随着湿度变化导致的碳排放变化不同的三种材料，探究其保温层厚度变化对典型建筑节能的影响，见图 7.10。由图可见随着保温材料厚度的增加节能先增大再减小，并且在最佳厚度处取得最大值。通过对比三种材料在三种工况下厚度变化对节能的影响可知，其基本的变化规律与导热系数随湿度的变化规律基本一致，表现出三种不同的变化规律。通过横向对比六种材料可知 EPS 为节能最高的材料。

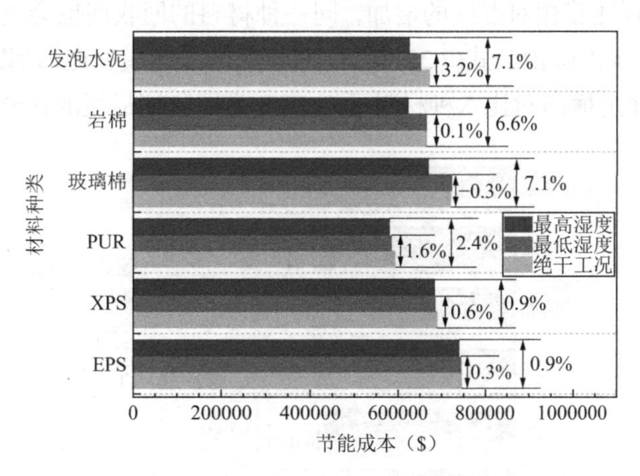

图 7.9　成山头市典型建筑在三种工况下不同材料的节能

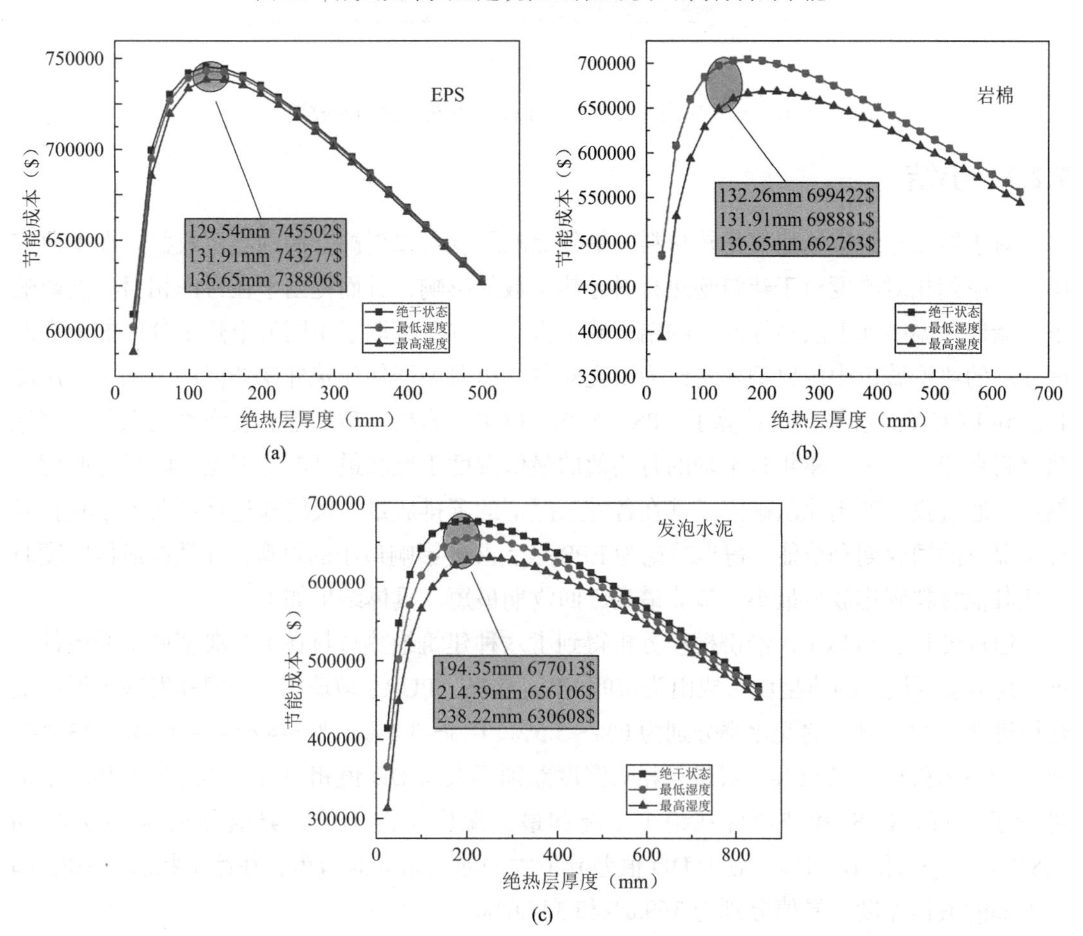

图 7.10　成山头市典型建筑在不同工况下绝热材料的厚度对节能的影响

（a）EPS；（b）岩棉；（c）发泡水泥

回收期不仅与公式(7.25)中给出的变量有关，更与使用的能源有着很大的关系，楚采同样指出在考虑回收期时电力是最合适的能源，这是因为其节能是最高的。因此，选用电力作为主要的能源来评判相对湿度对建筑绝热材料回收期的影响。仍以成山头市为例，在图 7.11 中可以观测到随着相对湿度的增加，同一种材料的回收期也会随之增加，但是变化范围基本上都在半年以内。由公式(7.25)可知，回收期与节能成反比，所以节能越多的城市，其回收期会越短。通过横向对比六种材料可知 EPS 为回收期最短的材料。

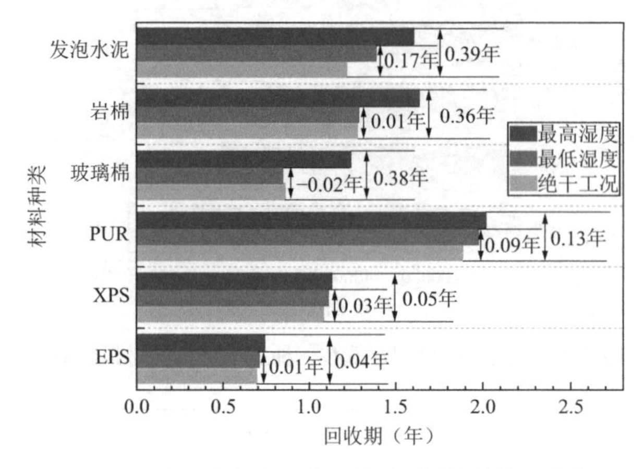

图 7.11　成山头市在三种工况下不同材料的回收期

7.2.3　小结

对于居住建筑应用建筑绝热材料的最佳保温厚度可以提高外墙的经济效益。在本研究中，考虑到相对湿度对于建筑绝热材料导热系数的影响，进而提出了在考虑相对湿度影响下外墙外保温中保温层最佳厚度的精准确定方法。本节选取了中国五个热工分区的十个湿度较高的典型城市中的典型建筑作为研究对象。以典型居住建筑外墙外保温为例，采用度日法和 LCCA 经济模型，计算了 EPS、XPS、PUR、岩棉、玻璃棉和发泡水泥六种建筑绝热材料在绝干工况、累年日平均的月均值的最低湿度工况和最高湿度工况下的最佳厚度。然后又通过投入产出比法确定了其在各种工况下的碳排放量。最终通过计算获得了其在各种工况下的回收期和节能。得出结论为 EPS 是受湿度影响最小的材料，并且在最佳厚度时对比其他材料碳排放量最小、节能最高、回收期最短。具体结果如下：

通过度日法和 LCCA 经济模型分析得到了六种建筑绝热材料在十个典型城市的最佳厚度，其中湿度最高的典型城市成山头市的 EPS、XPS、PUR、玻璃棉、岩棉和发泡水泥的最佳厚度在三种工况下的变化率分别为 0%～5.5%、0%～3.4%、0%～4.6%、−1.6%～33.4%、0%～19.8%和 0%～22.6%。对最高相对湿度差别不大而 DD 值相差较大的海口市和汉中市进行了比较，EPS 和玻璃棉在绝干工况和最高湿度工况下的差异值分别为 165.8%和 168.2%、175%和 186.1%。对于 DD 值差异最大的通河市和海口市，在绝干状态下 EPS 和玻璃棉的最佳厚度差异值分别为 369.6%和 344.0%。

采用投入产出法获得了六种建筑绝热材料在十个典型城市在不同工况下的碳排放量，其中湿度最高的典型城市成山头市的 EPS、XPS、PUR、玻璃棉、岩棉和发泡水泥的最佳厚度在三种工况下的碳排放量变化率为 0%～6.0%、0%～3.8%、0%～5.9%、−1.8%～38.6%、0%～24.0%和 0%～27.1%。通过对比不同城市之间的排放量，随着城市 DD 值的不断增长，材料的碳排放量也在逐渐增长。

根据各种工况下求得的最佳厚度求解出其对应的节能和回收期，其中湿度最高的典型城市成山头市的 EPS、XPS 和 PUR 在三种工况下的节能变化率较小，为 0%～2.4%。而玻璃棉、岩棉和发泡水泥在三种工况下的节能变化率则较大，分别为−0.3%～7.1%、0%～6.6%和 0%～7.1%。但是其回收期增长都在半年以内。

综上所述，通过对比六种材料在三种工况下的导热系数、最佳厚度、碳排放、节能和回收期可以得出：湿度对 EPS、XPS 和 PUR 三种材料的导热系数、最佳厚度、碳排放、节能以及回收期影响较小。然而湿度对玻璃棉和岩棉则表现出较大的差异性，在低湿度工况下，玻璃棉和岩棉的导热系数、最佳厚度、碳排放、节能和回收期变化体现出最小的变化率，甚至几乎不变动；但是在高湿度工况下却表现出较大的变化率。湿度对发泡水泥的影响则是持续性的，随着湿度的逐渐增大，其导热系数、最佳厚度、碳排放、节能和回收期的变化率在这六种材料中较大。此外，在这六种常见的建筑绝热材料中 EPS 为最理想的建筑材料，因为其具有湿度变化前后碳排放量、节能、回收期变化最小，且对比其他材料其碳排放和回收期最小，节能最大。

7.3 采用气凝胶增强隔热材料的建筑节能性能敏感性分析

7.3.1 材料及方法

1. 材料

（1）传统材料

传统的建筑隔热材料主要有两类：无机建筑隔热材料、有机建筑隔热材料。无机建筑隔热材料有岩棉、玻璃棉、发泡水泥、加气混凝土、膨胀珍珠岩等；有机建筑隔热材料有 EPS、XPS、PUR、棉花、木材等。为了与新型建筑隔热材料形成对比，本研究选择了两种目前建筑外围护结构中常用的传统建筑隔热材料进行研究分析，其中包括一种无机建筑隔热材料发泡水泥和一种有机建筑隔热材料 EPS。具体参数如表 7.6 所示。

传统建筑隔热材料热湿参数　　表 7.6

材料	密度（kg/m^3）	导热系数［W/(m · K)］	比热容［J/(kg · K)］
EPS	19.48	0.03556	2100
发泡水泥	173.14	0.06299	1906

（2）新型建筑隔热材料

除了传统建筑隔热材料外，还有一些未广泛应用的新型建筑隔热材料，如气凝胶、真空隔热板、新型碳质建筑隔热材料等。气凝胶隔热材料作为纳米结构材料，由于其优异的隔热性能而被广泛应用于传统建筑隔热材料的改进[9]。气凝胶与其他材料以特定的比例混合成型，能够在保持气凝胶绝热特性的基础上提高其韧性和强度。气凝胶与水泥或混凝土结合是常见的搭配，通过在高强度混凝土中混入气凝胶颗粒制得。本研究通过将低碱度硫铝酸盐水泥与颗粒状二氧化硅气凝胶和高性能玻化微珠（HGMs）混合制得了气凝胶含量为 0%、4%、16%和 64%的气凝胶增强绝热板（aerogel-enhanced HGB）。具体参数如表 7.7 所示。其中 HGMs 是中空的薄壁玻璃球体，常用作水泥和混凝土等传统材料的轻质填料。制备过程如图 7.12 所示。

新型建筑隔热材料热湿参数 **表 7.7**

材料	密度（kg/m^3）	导热系数［W/(m · K)］	比热容［J/(kg · K)］
玻化微珠	275	0.05774	7603.60
4%气凝胶增强绝热板	270.46	0.05224	3113.95
16%气凝胶增强绝热板	264.53	0.04878	1960.08
64%气凝胶增强绝热板	233.35	0.0465	1303.6

(a)

(b)

(c)

图 7.12　气凝胶增强隔热材料样品的制备过程

（a）气凝胶颗粒称重；（b）搅拌；（c）浇筑

2. 方法

1）测试方法

本研究需要测量新型建筑隔热材料气凝胶增强绝热板以及传统建筑隔热材料 EPS、发泡水泥在不同温度和相对湿度下的导热系数。使用的仪器为 Hotdisk 热常数分析仪 TPS2200。该仪器的原理为根据样品导热性能的不同，从而使探头的热量散失不同，进而产生的电压变化也不同。通过记录在一段时间内电压的变化，可以较为精确地得知被测样品的导热性能[10]。此外，为了模拟不同的温度和相对湿度环境，还需要使用干燥箱（BINDER-FD23）和恒温恒湿箱（BINDER-KMF115），主要参数见表 7.8。

导热系数测量仪器主要参数 **表 7.8**

仪器	型号	范围	精度
导热系数测试仪	TPS2200	0.01～500 W/(m · K)	3%
干燥箱	Binder FD23	高于环境温度 5～300℃	1℃
恒温恒湿箱	Binder KMF115	−10～100℃	10%～98%

测试过程如下：将样品放入干燥炉中，当其重量基本不变时取出，然后用薄膜包裹样品。等待样品冷却至室温后将其放入恒温恒湿箱中，设定 25℃下几种不同相对湿度的工况：0%、30%、50%、85%、98%，以及干燥情况下几种不同温度的工况：10℃、20℃、30℃、40℃、50℃，待样品与恒温恒湿箱环境达到热平衡时，测量样品导热系数。每种工况重复三次，取平均值。

2）模拟方法

在本研究中使用 OpenStudio 软件对建筑进行建模，然后利用 EnergyPlus 软件对建筑墙体的内表面热流密度和能耗进行模拟分析。EnergyPlus 中有四种热平衡算法：导热传递函数（CTF）、导热有限差分（CondFD）、热湿耦合传递（HAMT）、有效湿渗透深度（EMPD）。其中 CTF 算法适用于围护结构各材料导热系数不随温度与相对湿度变化的情况，CondFD 算法适用于材料导热系数随温度发生变化的情况以及采用相变材料的建筑的模拟。另外，当围护结构中存在着水分迁移时，可用 EnergyPlus 中的 HAMT、EMPD 两种先进的算法。

在本研究中，当模拟过程中隔热层导热系数恒定，即导热系数不随温度和相对湿度变化时，采用 CTF 算法，当模拟过程中隔热层导热系数随温度发生变化时，采用 CondFD 算法[11]。

（1）数值模拟

CTF 是 EnergyPlus 中的默认算法，用于建筑围护结构中的传热计算。CTF 算法的模型方程如式(7.26)、式(7.27)所示。

$$q''_{\mathrm{ki}}(t) = -Z_{\mathrm{o}} T_{\mathrm{i},t} - \sum_{j=1}^{n_{\mathrm{z}}} Z_j T_{\mathrm{i},t-j\delta} + Y_{\mathrm{o}} T_{\mathrm{o},t} + \sum_{j=1}^{n_{\mathrm{z}}} Y_j T_{\mathrm{o},t-j\delta} + \sum_{j=1}^{n_{\mathrm{q}}} \Phi_j q''_{\mathrm{ki},t-j\delta} \tag{7.26}$$

$$q''_{\mathrm{ko}}(t) = -Y_{\mathrm{o}} T_{\mathrm{i},t} - \sum_{j=1}^{n_{\mathrm{z}}} Y_j T_{\mathrm{i},t-j\delta} + X_{\mathrm{o}} T_{\mathrm{o},t} + \sum_{j=1}^{n_{\mathrm{z}}} X_j T_{\mathrm{o},t-j\delta} + \sum_{j=1}^{n_{\mathrm{z}}} \Phi_j q''_{\mathrm{ko},t-j\delta} \tag{7.27}$$

式中：q''_{ki}、q''_{ko}——分别为内表面和外表面传递的热通量（W/m²）；

X_{o}、Y_{o}、Z_{o}——分别为外部、中间和内部的 CTFs；

T_{i}和T_{o}——分别为内表面和外表面温度（℃）；

Φ_j——通量系数；

t——时间为t时刻；

j——时间步长；

δ——时间步长数量；

n_{z}——温度项的数量；

n_{q}——通量项的数量。

CondFD 算法包含两种计算方案：①半隐式克兰克-尼科尔森（Crank-Nicholson）方案，②全隐式方案。这两种方案都是基于亚当斯-莫尔顿（Adams-Moulton）解法。

Crank-Nicholson 方案是基于 Adams-Moulton 求解方法的半隐式计算方案，其在时间上为二阶。该算法使用隐式有限差分方案结合焓-温度函数来精确计算相变能量。内部节点的隐式公式如式(7.28)所示。

$$C_p\rho\Delta x\frac{T_i^{j+1}-T_i^j}{\Delta t}=\frac{1}{2}\left[\left(k_W\frac{T_{i+1}^{j+1}-T_i^{j+1}}{\Delta x}+k_E\frac{T_{i-1}^{j+1}-T_i^{j+1}}{\Delta x}\right)+\left(k_W\frac{T_{i+1}^{j}-T_i^{j}}{\Delta x}+k_E\frac{T_{i-1}^{j}-T_i^{j}}{\Delta x}\right)\right] \tag{7.28}$$

式中：T——节点温度（℃）；

C_p——材料的比热容［J/(kg · K)］；

k_W——i和$i+1$ 节点界面的导热系数［W/(m · K)］；

k_E——i和$i-1$ 节点界面的导热系数［W/(m · K)］；

i——构造内部第i个节点；

$i+1$——与构造内部i节点相邻的节点；

j——时间步长；

$j+1$——后一个时间步长；

T_i^{j+1}——构造内部第i个节点在后一个时间步长上的温度；

Δx——有限差分层厚度；

Δt——计算时间步长。

全隐式方案被认为是一阶时间，该方案的模型方程如式(7.29)所示。

$$C_p\rho\Delta x\frac{T_i^{j+1}-T_i^j}{\Delta t}=k_W\frac{T_{i+1}^{j+1}-T_i^{j+1}}{\Delta x}+k_E\frac{T_{i-1}^{j+1}-T_i^{j+1}}{\Delta x} \tag{7.29}$$

式中：j——时间步长；

W——西节点；

p——点节点；

E——东节点。

该算法中导热系数随温度变化时，导热系数与温度的关系如式(7.30)所示。

$$k=k_o+k_1(T_i-20) \tag{7.30}$$

式中：k_o——20℃下的导热系数［W/(m · K)］；

k_1——与 20℃相比每差一度导热系数变化量［W/(m · K)］。

（2）建筑模型

中国广州市地处低纬，属于夏热冬暖地区。地表接受太阳辐射量较多，同时受季风的影响，夏季海洋暖气流形成高温、高湿、多雨的气候；冬季北方大陆冷风形成低温、干燥、少雨的气候[12-13]。本研究选取中国广州地区典型住宅作为参照建筑进行模拟。参照建筑为一梯两户的六层住宅，单层建筑面积为 256.5m²，层高为 3m，窗墙比为 0.3。标准层平面如图 7.13（a）所示，建筑模型如图 7.13（b）所示，围护结构构造参数如表 7.9 所示。住宅仅卧室和客餐厅进行夏季制冷，厨房、卫生间、楼梯间不进行夏季制冷，夏季制冷温度为 26℃。其他参数（如人员在室率、照明使用时间、电器设备使用率等）参照中国《建筑节能与可再生能源利用通用规范》GB 55015—2021 设定[14]。

另外，值得注意的是，地面温度对于建筑的供暖制冷能耗具有明显的影响。由于土壤具有良好的蓄热能力和热稳定性，在夏季地面可以起到冷却降温的作用，在冬季起到保温的作用。本研究中，为了排除地面温度对模拟结果的干扰，简化模拟过程，故将地面设置为绝热。

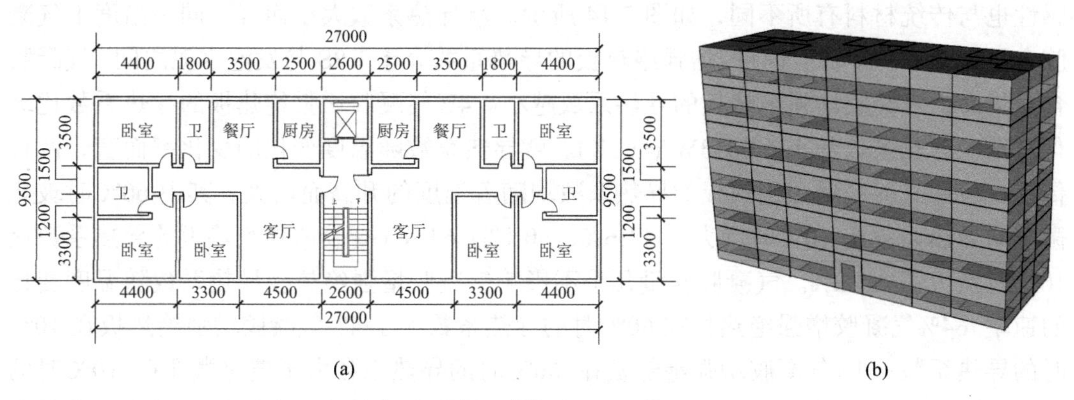

图 7.13　参照建筑平面图及模型图

（a）平面图（1∶400）；（b）模型图

参照建筑围护结构构造参数　　　　表 7.9

围护结构	材料组成	厚度（mm）	密度（kg/m³）	导热系数［W/(m · K)］	比热容［J/(kg · K)］
外墙	水泥砂浆	20	1800	0.93	1050
	隔热层（Eg EPS）	50	19.48	0.03556	2100
	水泥砂浆	20	1800	0.93	1050
	轻质混凝土	200	1200	0.38	1000
	石灰水泥砂浆	20	1700	0.87	1050
屋顶	水泥砂浆	20	1800	0.93	1050
	沥青油毡	30	600	0.17	1470
	水泥砂浆	20	1800	0.93	1050
	隔热层(Eg EPS)	50	19.48	0.03556	2100
	钢筋混凝土	200	2500	1.74	920
	石灰水泥砂浆	20	1700	0.87	1050
楼板	水泥砂浆	20	1800	0.93	1050
	钢筋混凝土	120	2500	1.74	920
	水泥砂浆	20	1800	0.93	1050
窗户	玻璃	3	2500	0.9	840
	干空气	6	1.164	0.02524	1.013
	玻璃	3	2500	0.9	840

7.3.2　结果和讨论

1. 测试结果

（1）导热系数受温度影响敏感性分析

新型建筑隔热材料气凝胶增强绝热板（HGB）与传统建筑隔热材料相比不仅在密

度、导热系数、比热容等热湿参数和物理性状上存在着差异，其导热系数对温度的敏感性也与传统材料有所不同，如图 7.14 所示。就导热系数大小而言，同一温度下气凝胶含量为 0%～64%的气凝胶增强绝热板的导热系数介于 EPS 与发泡水泥之间。气凝胶含量越高，气凝胶增强绝热板的导热系数越小。4%气凝胶增强绝热板的导热系数比玻化微珠的导热系数约小 0.0053W/(m · K)。就导热系数随温度变化的变化率而言，两种传统材料和气凝胶增强绝热板的导热系数均随着温度的升高而增大。其中 60℃时玻化微珠的导热系数比 10℃时增大了 11.6%，60℃时 64%气凝胶增强绝热板的导热系数比 10℃时增大了 15.2%。气凝胶含量几乎不影响气凝胶增强绝热板导热系数随温度变化的速率。64%气凝胶增强绝热板在 60℃时的导热系数大于 4%气凝胶增强绝热板在 10℃时的导热系数；4%气凝胶增强绝热板在 60℃时的导热系数大于玻化微珠在 10℃时的导热系数。这表明温度与气凝胶含量一样，均为影响气凝胶增强绝热板导热系数的重要因素。

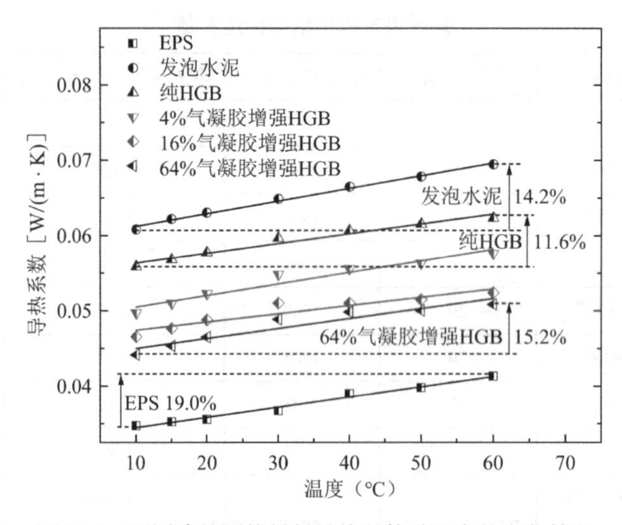

图 7.14　不同建筑隔热材料导热系数随温度的变化情况

（2）导热系数受相对湿度影响的敏感性分析

建筑隔热材料导热系数对相对湿度的敏感性与对温度的敏感性存在着明显的差异，如图 7.15 所示。无论是新型建筑隔热材料气凝胶增强绝热板还是传统建筑隔热材料 EPS、发泡水泥，与图 7.14 相比，图 7.15 清晰地显示出其导热系数均对相对湿度变化的敏感性更强且呈非线性关系。建筑隔热材料导热系数随温度变化的速率在低相对湿度（RH < 30%）以及高相对湿度（RH > 80%）时较大，在中等相对湿度（30% < RH < 80%）时较小。气凝胶增强绝热板导热系数随相对湿度的变化率小于发泡水泥的变化率，但大于 EPS 的变化率。传统材料 EPS 由于其为闭孔结构，水分很难进入材料内部，故 EPS 的导热系数对相对湿度的敏感性较小。在相对湿度 98%情况下比在干燥情况下 EPS 导热系数仅增长 16.7%，而发泡水泥的导热系数增长 85.36%。在中等相对湿度（30% < RH < 80%）时气凝胶含量为 0%、4%、16%的气凝胶增强绝热板的导热系数较为接近。

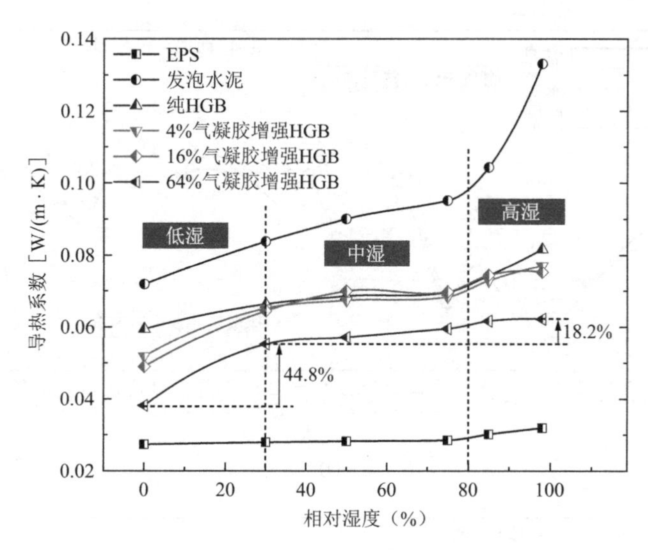

图 7.15　不同建筑隔热材料导热系数随相对湿度的变化情况

2. 模拟结果

在本研究中，为了分析采用新型建筑隔热材料气凝胶增强绝热板作为围护结构隔热层的建筑的节能性能，进行了以下模拟分析。首先，模拟对比了夏季各朝向围护结构内表面热流密度值，以及采用不同隔热材料的建筑南墙内表面夏季热流密度。其次，以夏季冷负荷作为性能指标，并对不同隔热材料、不同高度以及不同热工分区的建筑进行了对比。通过以上模拟对比，分析了新型建筑隔热材料气凝胶增强绝热板在湿热地区建筑上应用的可行性。

（1）朝向和隔热材料对围护结构夏季传热的影响情况分析

采用新型建筑隔热材料 64%气凝胶增强绝热板作为隔热材料的参照建筑各朝向围护结构内表面夏季热流密度如图 7.16（a）、（b）所示。以 7 月份为例，从 7 月 12 日到 7 月 31 日，各个朝向围护结构热流密度均为正值，即热量从室外传向室内。其中屋顶的日平均热流密度值最大，即屋顶向室内传递的热量最多，其次是西墙。具体到某一天范围内来看（以夏季设计日：7 月 21 日为例），在 10 时前和 15 时后，围护结构内表面热流密度主要为正值，即围护结构由室外向室内传热，在 10 时至 15 时，围护结构内表面热流密度主要为负值，即围护结构由室内向室外传热。此外，东西墙在一天中热流密度变化最大，因此东西墙应注意控制双向传热。

采用不同气凝胶含量的气凝胶增强绝热板及传统建筑隔热材料 EPS、发泡水泥的参照建筑南向围护结构内表面夏季热流密度如图 7.16（c）所示。整体来看，采用传统建筑隔热材料 EPS、发泡水泥和采用新型气凝胶增强绝热板隔热材料的建筑夏季设计日（7 月 21 日）逐时热流密度整体趋势一致。采用 EPS 作为隔热材料的参照建筑夏季设计日南墙内表面热流密度小于采用发泡水泥或气凝胶增强绝热板的建筑。对于采用不同气凝胶含量的气凝胶增强绝热板的建筑，气凝胶含量越高其围护结构内表面热流密度越小，这种差异在昼间较夜间更明显。

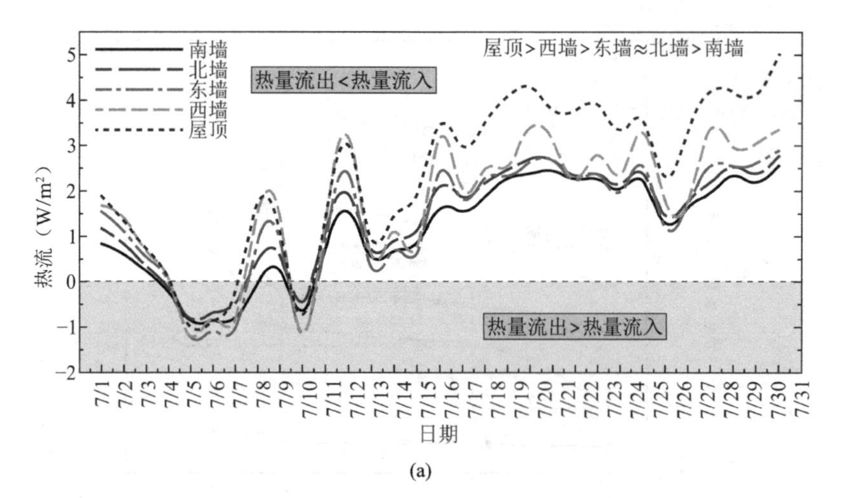

(a)

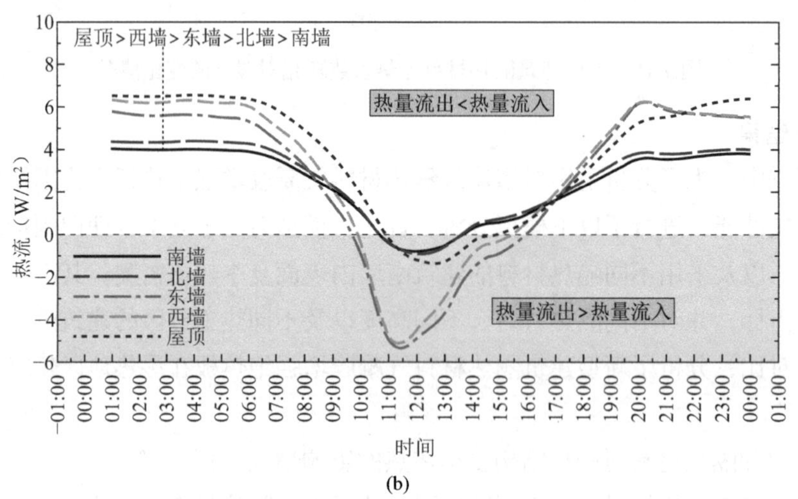

(b)

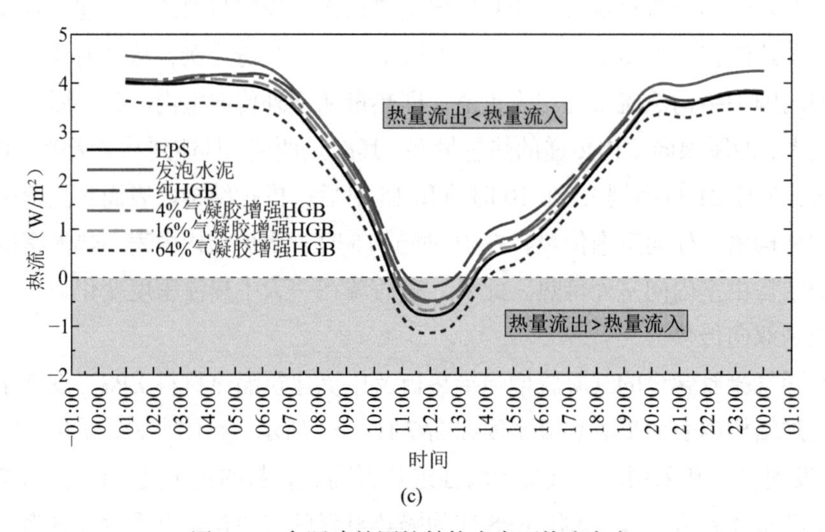

(c)

图 7.16　参照建筑围护结构内表面热流密度

（a）采用 64%气凝胶增强绝热板的参照建筑各朝向围护结构内表面 7 月份热流密度；
（b）采用 64%气凝胶增强绝热板的参照建筑各朝向围护结构内表面 7 月 21 日热流密度；
（c）采用不同隔热材料的参照建筑南向围护结构内表面 7 月 21 日热流密度

（2）建筑节能性能对导热系数随温度变化的敏感性分析

建筑隔热材料导热系数随温度变化对参照建筑夏季冷负荷的影响如图 7.17 所示。整体来看，采用发泡水泥作为隔热材料的建筑夏季冷负荷最大，采用 EPS 的最小，采用新型建筑隔热材料气凝胶增强绝热板介于两者之间。将使用 20℃下导热系数的计算结果作为参考值，建筑夏季冷负荷随着各隔热材料导热系数测定温度的升高而增大，其中 EPS 的变化最为明显，50℃时冷负荷值比参考值约大 0.16%。随着气凝胶含量的逐渐增加，建筑夏季冷负荷逐渐减小。采用气凝胶增强绝热板作为隔热材料的建筑，在隔热材料导热系数随温度变化时的夏季冷负荷大于采用 20℃下的恒定导热系数时的夏季冷负荷，小于采用 30℃下的恒定导热系数时的夏季冷负荷。

将导热系数随温度变化时与隔热材料导热系数为 20℃下的恒定值时相比夏季冷负荷的变化率定义为$R(T)$。则$R(T)$可体现出隔热材料导热系数随温度变化对建筑夏季冷负荷的影响程度。不同高度建筑的$R(T)$如图 7.18 所示。随着建筑高度的增加建筑的$R(T)$由正值逐渐减小，最后变为负值。对于采用传统建筑隔热材料 EPS 的建筑十八层以内导热系数随温度变化对建筑夏季冷负荷的影响均为正影响，其中当建筑高度为十八层时，影响基本可以忽略。对于采用新型建筑隔热材料气凝胶增强绝热板或传统建筑隔热材料发泡水泥的二层、六层等多层建筑为正影响，对于十八层建筑则为负影响，所谓负影响即当建筑隔热材料导热系数随温度变化时比隔热材料导热系数为 20℃下的恒定值时建筑夏季冷负荷更小。因此，低层或多层建筑夏季制冷能耗容易被低估，而高层建筑夏季制冷能耗容易被高估。

不同热工分区建筑的$R(T)$如图 7.19 所示。无论是在寒冷地区还是在夏热冬冷地区或夏热冬暖地区，$R(T)$均为正值，即建筑夏季冷负荷均被低估。其中寒冷地区夏季冷负荷被低估最多，夏热冬冷地区和夏热冬暖地区夏季冷负荷被低估程度相当。对于采用新型建筑隔热材料气凝胶增强绝热板的建筑，气凝胶含量为 0%与 16%时夏季冷负荷被低估程度小于气凝胶含量为 4%与 64%时。

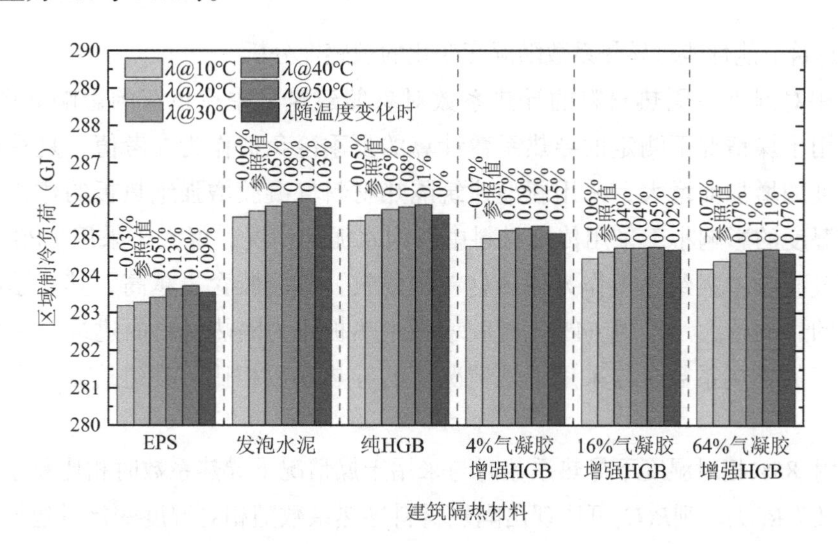

图 7.17　在隔热材料导热系数恒定和随温度变化的情况下参照建筑夏季冷负荷

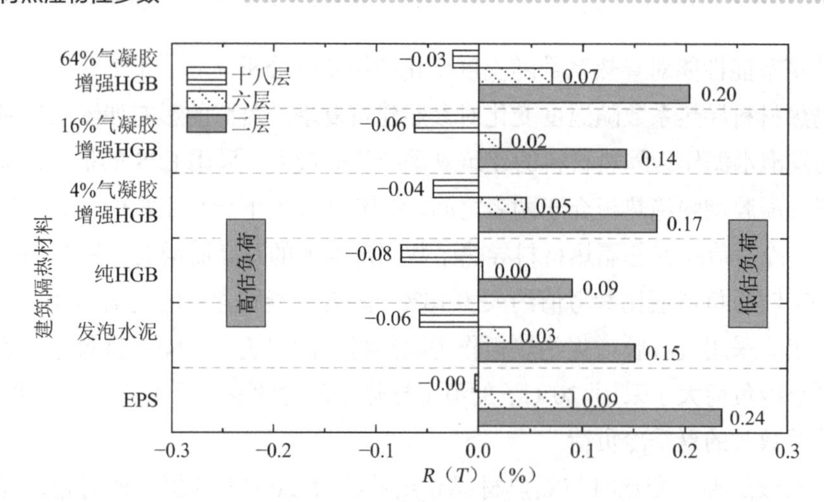

图 7.18　不同高度建筑的$R(T)$

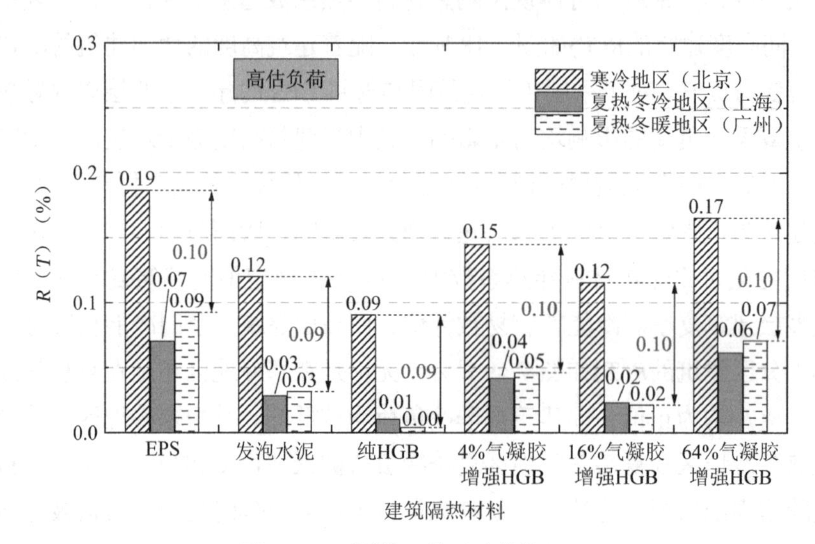

图 7.19　不同热工分区建筑的$R(T)$

（3）建筑节能性能对导热系数随湿度变化的敏感性分析

不同相对湿度下隔热材料的导热系数对参照建筑夏季冷负荷的影响如图 7.20 所示。将采用干燥情况下测定的导热系数计算的夏季冷负荷作为参考值，夏季冷负荷随着相对湿度的增加而增大，采用新型建筑隔热材料气凝胶增强绝热板的建筑夏季冷负荷受相对湿度的影响小于采用传统材料中发泡水泥的情况，但大于采用 EPS 的情况。对于采用气凝胶增强绝热板作为隔热材料的建筑，气凝胶含量越高，其夏季冷负荷受相对湿度的影响越大。采用 64%气凝胶增强绝热板作为隔热材料的建筑，在采用 98%相对湿度下的导热系数时与采用干燥情况下的导热系数相比，其建筑夏季冷负荷增加了 0.72%。

将采用 85%相对湿度下导热系数时与采用干燥情况下导热系数时相比夏季冷负荷的变化率定义为$R(H)$。则$R(H)$可体现出隔热材料导热系数随相对湿度变化对建筑夏季冷负荷的影响。不同高度建筑的$R(H)$如图 7.21 所示。无论是采用新型建筑隔热材料气凝胶增强绝热板还是传统建筑隔热材料 EPS、发泡水泥，建筑夏季冷负荷受相对湿度的影响均随着建筑高度的增加而减小。这种变化以发泡水泥最大，EPS 最小，气凝胶增强绝热板介于二者之间。对于采用新型建筑隔热材料气凝胶增强绝热板的建筑，其夏季冷负荷受相对湿度的影响程度随着气凝胶含量的增加而增大。六层建筑夏季冷负荷受相对湿度的影响比二层建筑小 45%左右，十八层建筑夏季冷负荷受相对湿度的影响比二层建筑小 60%左右。

不同热工分区建筑的$R(H)$如图 7.22 所示。夏热冬暖地区建筑的$R(H)$大于寒冷地区与夏热冬冷地区。这主要是由于夏热冬暖地区夏季气温较高，夏季制冷需求较大。因此，位于夏热冬暖地区的建筑夏季冷负荷受导热系数随相对湿度变化影响最大。对于采用气凝胶增强绝热板作为隔热材料的建筑，气凝胶含量越高，气候对夏季冷负荷对相对湿度的敏感性的影响越大。

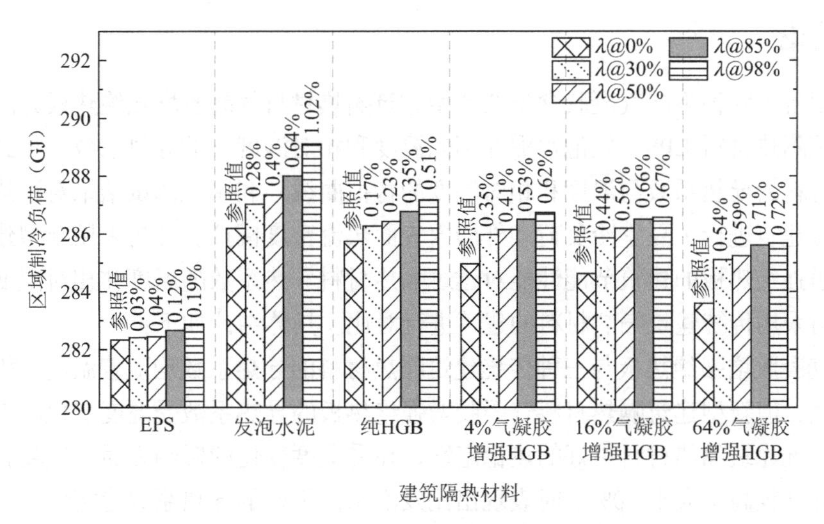

图 7.20　采用不同相对湿度下隔热材料的导热系数时参照建筑夏季冷负荷

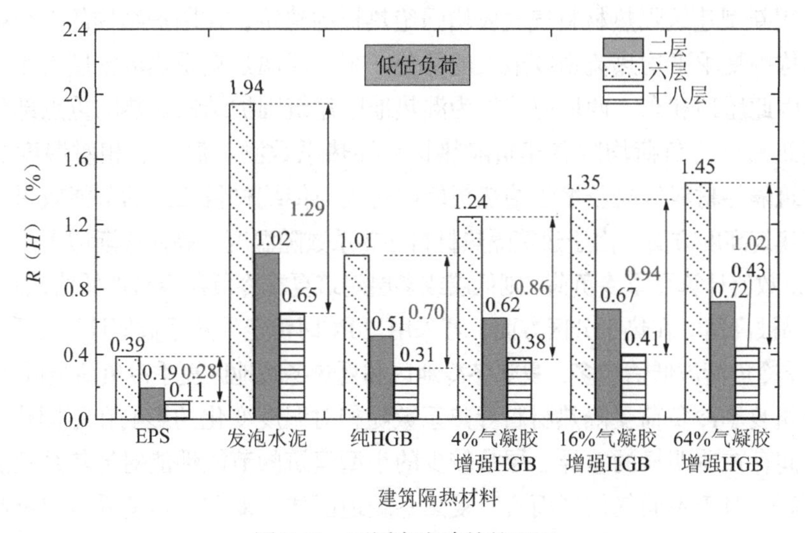

图 7.21　不同高度建筑的$R(H)$

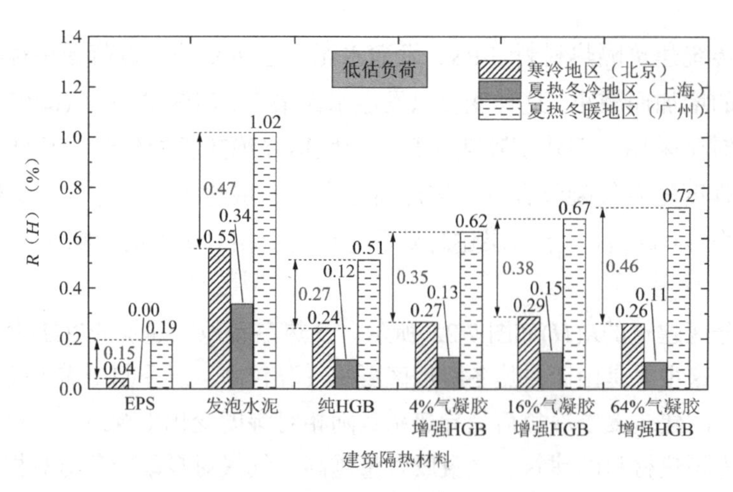

图 7.22　不同热工分区建筑的$R(H)$

7.3.3　结论

本节制备了四种不同气凝胶含量的新型建筑隔热材料气凝胶增强绝热板并测试其与两种传统建筑隔热材料 EPS、发泡水泥在不同温度和相对湿度下的导热系数，得到了这六种建筑隔热材料的导热系数与温度和相对湿度的特征曲线。利用此测试结果对湿热的广州地区典型居住建筑进行了夏季冷负荷和外墙内表面热流密度模拟。分析采用新型建筑隔热材料气凝胶增强绝热板的建筑节能性能对建筑隔热材料导热系数随温度和相对湿度变化的敏感性，并与采用传统建筑隔热材料的建筑进行对比。具体结论如下：

（1）气凝胶增强绝热板与三种传统建筑隔热材料的导热系数均随着温度、相对湿度的升高而增大，但新型建筑隔热材料气凝胶增强绝热板的导热系数受温度变化的影响最小，表现出比传统建筑隔热材料更好的热稳定性；在受湿度变化的影响方面，气凝胶增强绝热板在相对湿度较高（大于 80%）时表现出比发泡水泥更好的导热系数稳定性。因此气凝胶增强绝热板比传统材料发泡水泥更适合应用于湿热地区建筑隔热。

（2）采用新型建筑隔热材料气凝胶增强绝热板的建筑，在围护结构的五个朝向中，屋顶是围护结构中夏季平均热流密度最大的部分，东、西墙是夏季热流密度大小变化最为明显的部位。因此屋顶和东、西墙应该作为湿热地区建筑围护结构隔热的重点部分。

（3）建筑夏季冷负荷均随着建筑隔热材料导热系数测定温度、相对湿度的升高而增大。新型建筑隔热材料气凝胶增强绝热板能够达到与传统材料相当的节能效果。

（4）在建筑高度方面，由于建筑隔热材料导热系数随温度升高而逐渐增大，若采用 20℃时恒定导热系数值计算夏季冷负荷，则低层或多层建筑夏季冷负荷容易被低估，而高层建筑夏季冷负荷容易被高估。在热工分区方面，若采用 20℃时恒定导热系数值计算夏季冷负荷，则寒冷地区夏季冷负荷被低估最多，夏热冬冷地区和夏热冬暖地区夏季冷负荷被低估程度相当。

（5）建筑夏季冷负荷受隔热材料导热系数随相对湿度变化的影响在不同建筑高度、不同气候区之间存在着明显的差异。层数较少的小型建筑的节能性能对导热系数随湿度变化的敏感性更高。对于不同气候区而言，夏热冬暖地区建筑夏季冷负荷受隔热材料导热系数随相对湿度变化的影响大于夏热冬冷地区和寒冷地区。因此，夏热冬暖地区的建筑在进行夏季冷负荷计算时应充分考虑室外相对湿度的影响。

本节较大程度地还原了围护结构传热传湿对建筑供暖制冷能耗的影响，分析了新型建筑隔热材料气凝胶增强绝热板与传统建筑隔热材料的异同及优势。本研究主要以采用新型建筑隔热材料气凝胶增强绝热板的广州地区典型住宅作为参照建筑，接下来的研究可以推广到其他地区、其他类型的建筑以及其他新型建筑隔热材料。

7.4 微气候驱动下变物性参数的建筑外墙传热

7.4.1 Envi-met 模型及 COMSOL 模型

为了研究在微气候效应下气凝胶浆料绝热材料对墙体的影响，采用 Envi-met 对高温高湿地区代表城市广州的居住区模型进行模拟获得建筑周围微气候数据，并将微气候数据作为外墙边界条件在 COMSOL Multiphysics 中求解二维多层瞬态热湿耦合模型，实现 Envi-met 和 COMSOL Multiphysics 的耦合。

1. Envi-met 模型

本节选取典型行列式住宅小区建立模型，板式住宅的单体体量参考《城市规划资料集 第 7 分册 城市居住区规划》取 34m × 12m × 33m，建筑过道最小间距按照《广州市城乡规划技术规定》高层板式建筑间距来确定，日照间距根据《城市居住区规划设计标准》GB 50180—2018 中正午影长率确定取 35m，建筑防火间距按《住宅建筑规范》GB 50368—2005 规定取 14m，综合考虑广州地区各类间距要求取最大值作为最终间距，最终在 150m × 150m 的规划面积上形成容积率为 1.79 的居住区规划作为模拟模型[15-17]。模型基于 Envi-met 5.1.1 建立，选取的位置为广州，是典型的高温高湿地区，模型其他参数设置见表 7.10。

行列式板式住宅 Envi-met 模型设置　　表 7.10

类型	名称	设置	
		夏季	冬季
位置	地名	广州	
	经纬度	经度 113.33°纬度 23.17°	
时间和日期	起始时间	2005/7/20 0: 00	2005/1/17 0: 00
	模拟时间	168	
室内环境	建筑室内温度	25°C（恒定）	18°C（恒定）
湍流设置	湍流模型	Modified TKE Model	
	边界文件	Simple Forcing	
模型	行列式板式住宅		

2. COMSOL 模型

本节所研究的围护结构是指建筑物的外墙。在墙体内部，温度和湿度对墙体的湿热特性影响很大[18-19]。为准确模拟湿分传输过程，本研究采用相对湿度和温度作为驱动势。本研究选用 COMSOL Multiphysics 6.0 中的热量和湿气传输方程作为热量和湿气耦合模型进行数值计算。该模型已被其他学者在之前的研究中广泛采用[20-22]。

对于水分输送过程，模型综合考虑了液态水传递、扩散形式下的蒸汽传递及其引起的潜热，依据质量守恒定律，水分输送过程可以表示为：

$$\xi\frac{\partial\varphi_{\mathrm{w}}}{\partial t}=\nabla\cdot\left[\xi D_{\mathrm{w}}\nabla\varphi_{\mathrm{w}}+\delta_{\mathrm{p}}\nabla(\varphi_{\mathrm{w}}p_{\mathrm{sat}})\right] \tag{7.31}$$

$$g_l=\xi D_{\mathrm{w}}\nabla\varphi_{\mathrm{w}} \tag{7.32}$$

$$g_{\mathrm{v}}=\delta_{\mathrm{p}}\nabla(\varphi_{\mathrm{w}}p_{\mathrm{sat}}) \tag{7.33}$$

式中：ξ——材料湿平衡曲线的斜率；

φ_{w}——相对湿度（%）；

g_l——液态水水分传递速率［kg/(m^2 · s)］；

g_{v}——水蒸气扩散速率［kg/(m^2 · s)］；

D_{w}——扩散系数［g/(m^2 · s)］；

δ_{p}——材料的蒸汽渗透系数［kg/(m^2 · s · Pa)］；

p_{sat}——饱和水蒸气分压力（Pa）。

对于传热过程，模型综合考虑了传导热流、水分扩散引起的热流及蒸汽渗透，在传热过程中，水蒸气渗透的蒸发潜热远大于显热，因此忽略其显热的影响。依据能量守恒定律，热量输送过程可以表示为：

$$(\rho C_{\mathrm{p}}+wC_{\mathrm{p},l})\frac{\partial T}{\partial t}=\nabla\cdot\left[k\nabla T+L_{\mathrm{v}}\delta_{\mathrm{p}}\nabla(\varphi_{\mathrm{w}}p_{\mathrm{sat}})\right] \tag{7.34}$$

式中：ρ——干燥材料的密度（kg/m^3）；

C_{p}——材料的比热容［J/(kg · K)］；

w——由水蒸气和液态水驱动的总含水量（kg/m^3）；

$C_{\mathrm{p},l}$——水的恒压比热容；

k——材料的导热系数［W/(m · K)］；

L_{v}——水蒸气的汽化潜热（J/kg）。

为了简化模型和模拟，本研究选用传统建筑典型外围护结构构造，墙体构造选用外墙外保温构造，具体构造为 20mm 内墙面抹灰 + 200mm 钢筋混凝土承重层 + 50mm 保温层 + 20mm 外墙面抹灰，外墙中保温层气凝胶绝热材料参数由本研究试验测得，其他构造层材料参数参考《民用建筑热工设计规范》GB 50176—2016 和其他文献，外墙具体构造和各构造层材料具体参数设置见表 7.11。

外墙边界气候数据选取大暑日和大寒日前后一周的气候数据，夏季选取 2005/07/20—2005/07/26，冬季选取 2005/01/17—2005/01/23，EPW 边界条件气候数据来自 CSWD 中国典型气象年数据所给的气象站气候数据，微气候边界数据利用 EPW 格式文件中的指定日期作为天气参数，选取指定日期气候数据作为 Envi-met 边界条件模拟完成后，通过提取目标建筑各个方向高度 1.5m 处一圈的逐时平均微气候参数，通过 Grasshopper 中 Python 编译的脚本计算目标建筑周围的微气候参数平均值。将所得微气候参数替换为原 EPW 文件作为微气候驱动下的边界条件。根据当地的条件，模拟中取夏季室内计算温度为 25℃，相对湿度为 60%，冬季室内计算温度为 18℃，相对湿度为 50%。

围护结构各构造层材料的物理参数　　表 7.11

室外
室内
外墙抹灰
内墙抹灰
气凝胶绝热层
混凝土承重层

构造层	密度（kg/m³）	导热系数［W/(m · K)］	蒸汽渗透系数［g/(m · h · Pa)］		比热容［kJ/(kg · K)］
			0～60%	60%～100%	
水泥浆抹灰	1600	0.81	5.31×10^{-9}	1.24×10^{-7}	1.05
混凝土	2500	1.74	3.09×10^{-11}	6.65×10^{-10}	0.92

7.4.2　居住区内部建筑周围微气候分析

通过 Envi-met 求解计算出行列式板式住宅温湿度的时间空间分布，以中间单一单体建筑为研究目标，分析其周围微气候参数。不同试验测定已经得到不同气凝胶含量绝热材料的热湿物性参数。研究将导热系数作为一个变量，通过 Comsol 热湿耦合模型以高温高湿地区广州的墙体作为研究对象，分析材料在行列式板式住宅微气候情况下墙体的负荷。

根据 Envi-met 模拟结果，提取组团中央目标建筑周围 1.5m 高的数据，图 7.23 为 EPW 气象数据与目标建筑周围的温度和相对湿度。

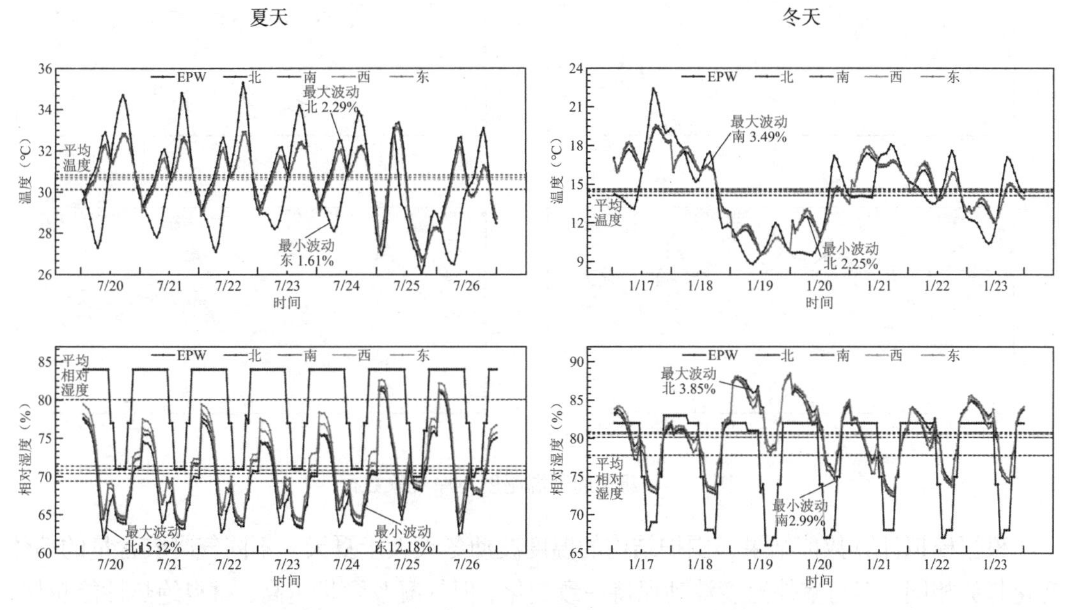

图 7.23　目标建筑周围温湿度与 EPW 气象数据

根据结果，夏天温度比气象数据高 0.56℃，相对湿度比气象数据低 9.55%，冬天温度比气象数据低 0.42℃，相对湿度比气象数据高 2.74%。逐时数据中温度和相对湿度变化呈现相反关系，在凌晨至中午，再由正午到午夜过程中，温度先上升后下降，相对湿度先下降后上升，出现这一现象的原因是由于太阳辐射，白天地面接收太阳辐射，地面将接收的辐射热通过对流和辐射传递给空气，由于热惰性在 14: 00 左右达到峰值，随后随着太阳高度角变小，太阳辐射减弱，温度逐渐下降。相对湿度取决于空气温度和空气含湿量，空气温度升高含湿量不变时，相对湿度降低。对比与气象数据的差异，中午之前北向温度与气象数据差异最大，但中午之后由于太阳辐射的作用，导致南向温度差异最大，相对湿度与温度呈现相反趋势。取七天平均值，其中夏天温度差异：北向（2.29%）大于南向（1.92%）大于西向（1.62%）大于东向（1.61%），夏天相对湿度差异：北向（15.32%）大于南向（13.74%）大于西向（12.99%）大于东向（12.18%）；冬天温度差异：南向（3.49%）大于西向（3.20%）大于东向（2.96%）大于北向（2.25%），冬天相对湿度差异：北向（3.85%）大于东向（3.72%）大于西向（3.55%）大于南向（2.99%）。综合冬天和夏天数据差异，考虑住区后微气候温度和相对湿度数据与气象数据有差异，但各个方向之间差异不是很大，这表明住区对墙体的影响是不能忽视的。

7.4.3 墙体内部温湿度变化

根据材料性能试验测试结果，对不同气凝胶含量 ASECSC 分析其在微气候数据下围护结构外墙内部的温湿度变化，如图 7.24 所示。

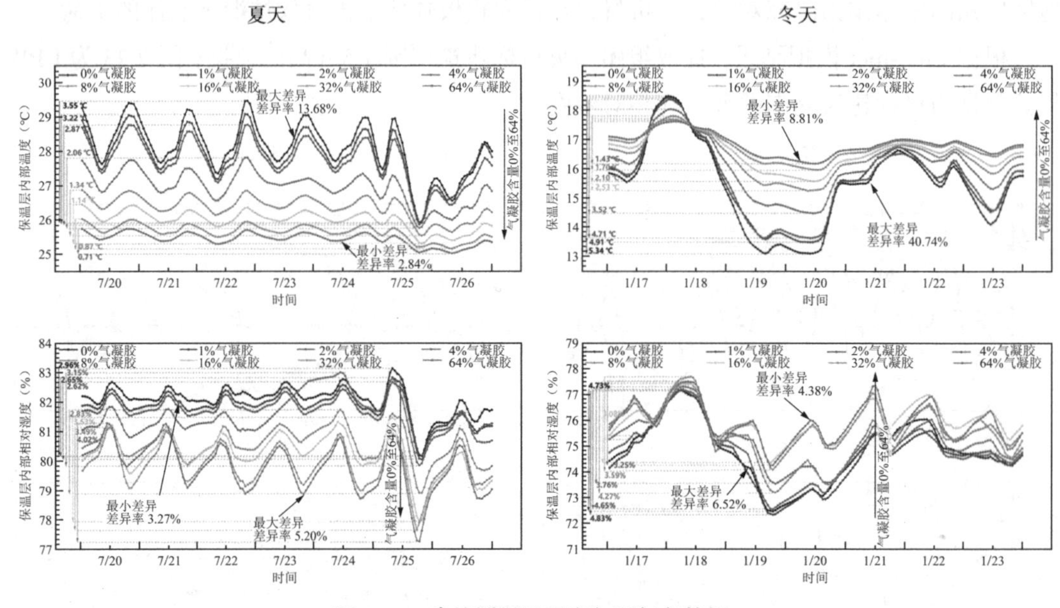

图 7.24　建筑周围温湿度与原气象数据

根据模拟计算数值结果，围护结构的温度波动冬天大于夏天。不同气凝胶含量的墙体变化趋势相同，都与室外温度波动保持一致变化。但气凝胶含量越高，材料绝热性能越好，夏天墙体内部温度越低，冬天内部温度越高，为内部提供更加舒适的热环境状况。

在夏季计算期间内，随着气凝胶含量增加，墙体内部的温度最大值从 0% ASECSC 的 29.12℃降低到 64% ASECSC 的 25.89℃，温度最小值从 0% ASECSC 的 27.13℃降低到 64% ASECSC 的 25.47℃，温度波动从 2.00℃减小到 0.42℃；在冬季计算期间，温度最大值从 0% ASECSC 的 17.73℃降低到 17.31℃，温度最小值从 0% ASECSC 的 13.47℃增加到 16.21℃，温度波动从 4.26℃减小到 1.09℃。同时墙体内部绝热材料气凝胶含量越高，延迟时间越长，但不同含量之间的时间差异并不是很大。综合来看，模拟结果表明不同气凝胶含量的绝热材料均可以减小室外环境对墙体内部温度波动的影响，并且气凝胶含量越大，室外温度波动对墙体内部的温度影响越小。气凝胶含量高的绝热材料对传热和室内热环境有更加积极的影响。

墙体内部相对湿度波动范围较小，在夏季计算期间内，基本呈现气凝胶含量越高，相对湿度波动范围越大，相对湿度从 5.05%增长到 7.39%；在冬季计算期间内大致呈现气凝胶含量越低，相对湿度波动范围越小。冬夏出现差异的原因是在考虑热岛后冬季建筑周围相对湿度高，进而导致墙体内部相对湿度高，气凝胶由于材料特性，更容易受到室外环境相对湿度的影响。夏天气凝胶含量越高相对湿度越低，冬天气凝胶含量越高相对湿度越高，出现这一现象是由于气凝胶材料的疏水性，气凝胶含量越高材料内部含水量越低，而相对湿度的计算与同一时刻的饱和水蒸气量有关，饱和水蒸气量与此时刻的温度有关，围护结构内部温度和含水量都会影响相对湿度的变化[23]。

7.4.4　墙体传热分析

为了分析在热岛和热湿耦合作用下墙体的负荷，本节选取四种不同工况下墙体在冬夏的传热特征，负荷计算结果取墙体内表面选取时间内的平均值作为计算结果，分析不同气凝胶含量绝热材料在四种不同工况下的外墙负荷，如图 7.25 所示。

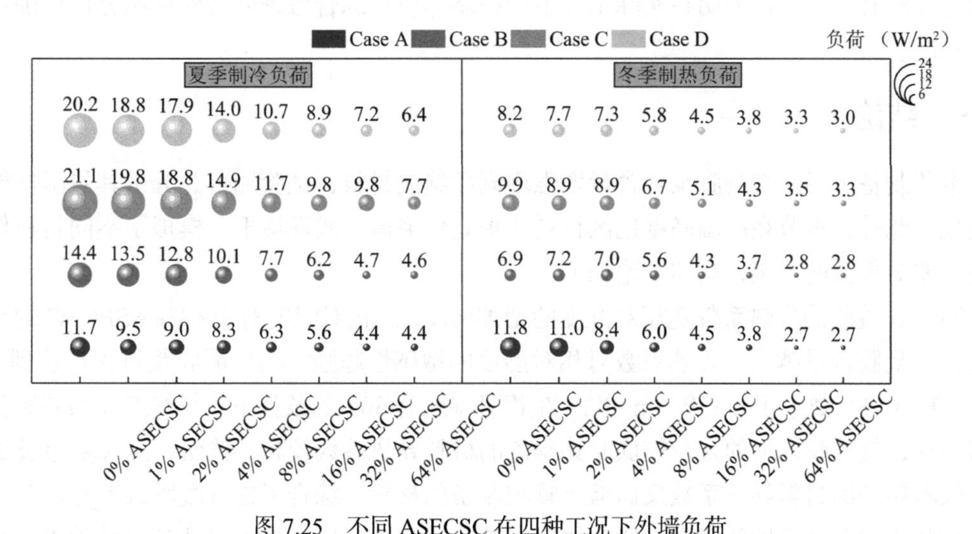

图 7.25　不同 ASECSC 在四种工况下外墙负荷

Case A：考虑围护结构纯传热作用，边界条件为气象文件数据，气凝胶绝热材料的导热系数是干燥状态下材料导热系数时，对外墙负荷进行分析；

Case B：考虑围护结构纯传热作用，边界条件为微气候数据，气凝胶绝热材料的导热系数是干燥状态下材料导热系数时，对外墙负荷进行分析；

Case C：考虑围护结构热湿耦合作用，边界条件为气象文件数据，气凝胶绝热材料的导热系数是随相对湿度变化的函数时，对外墙负荷进行分析；

Case D：考虑围护结构热湿耦合和微气候时，边界条件为微气候数据，气凝胶绝热材料的导热系数是随相对湿度变化的函数时，对外墙负荷进行分析。

根据图 7.25 可得随着气凝胶含量的增加，材料的导热系数减小，材料绝热性能增加，四种工况下的墙体负荷均有所减小。Case D 情况下，相比于珊瑚砂混凝土，夏天不同含量气凝胶对墙体负荷的减少在 2.64%～18.97%之间，冬天减少在 37.82%～51.31%之间，墙体负荷随着含量增加明显降低。

四种工况下，对于夏天 Case C > Case D > Case B > Case A，其中相较于 Case A，差异最大为 Case C，不同含量气凝胶平均相差 91.52%，但 Case D 随着气凝胶的含量增加差异值在 70%附近波动。对于冬天低含量气凝胶保温材料 Case A > Case C > Case D > Case B，当气凝胶含量增加时，Case C > Case A > Case D > Case B。冬天出现这一现象的原因是冬天相对湿度波动较大，对墙体内部潜热负荷影响较大。总体来看，不同气凝胶含量的冷热负荷并未呈现随气凝胶含量变化的相关关系，这是由于材料湿物性参数并非随气凝胶含量变化的相关关系且热湿耦合是一个复杂的过程，综合影响下很难呈现规律性关系。综合更符合实际状况的 Case D 来看，无论是冬天还是夏天，32% ASECSC 墙体的负荷受到热湿和热岛影响最大。

在纯传热状况下，夏天微气候下的墙体负荷大于气象数据下的墙体负荷，冬天微气候下的墙体负荷小于气象数据下的墙体负荷。但在热湿耦合状况下，由于湿分对墙体潜热负荷的影响导致微气候下的墙体负荷均小于气象数据下的墙体负荷，这可能与在组团中选取的目标建筑有关，但这表明在实际工程中分析墙体应该综合考虑微气候和湿分以更加接近真实状况。

7.4.5 结论

本节制备了不同气凝胶浆料含量增强珊瑚砂绝热材料，试验测得并分析其热湿性能参数变化。此外，本节在高温高湿地区行列式板式住宅微气候环境下，模拟了不同材料作为建筑外墙对负荷的影响，具体结论如下：

（1）气凝胶的导热系数随相对湿度的增加而增加。相对湿度对于 64% ASECSC 的影响最大，气凝胶含量越高，导热系数对相对湿度的敏感性越强。当气凝胶浆料含量达到 4%时，材料导热系数小于 0.25W/(m · K)。在相对湿度为 30%的条件下，与气凝胶颗粒制备的材料相比，气凝胶浆料的含量较低时其制备的材料导热系数较高；然而，当含量超过 32%时，浆料制备的材料导热系数反而低于颗粒制备的材料。综合考虑气凝胶浆料对混凝土导热系数的优化和经济性的考虑，适宜的气凝胶浆料含量应选择 32%以达到最佳效果。高于该含量可能增加成本，而低于该含量可能无法明显改善导热性能。这样的选择既能发挥气凝胶浆料在改善导热性能方面的优势，又能在经济性方面作出合理权衡。

（2）研究以行列式板式住宅为例，模型在冬天和夏天与气象数据存在着较为明显的差异，目标单体建筑四周环境参数也存在差异，但是差异不大且变化规律保持一致，夏天温度平均差异 0.56℃，相对湿度平均差异 9.55%，冬天温度平均差异 0.42℃，相对湿度平均差异 2.74%。微气候与气象数据的差异导致外墙内部温湿度也会产生差异。在考虑热湿耦合下，以 8%ASECSC 为例微气候数据结果与气象数据结果对比墙体内部夏季温度相差 1.07%，相对湿度相差 13.38%，冬季温度相差 0.27%，相对湿度相差 4.27%。

（3）在四种工况下，不同气凝胶含量对不同墙体负荷影响有所差异。例如在微气候数据边界条件下考虑湿分与不考虑湿分对外墙的影响夏天 32% ASECSC 差异最大 18.53%，冬天 2%ASECSC 差异最大 21.79%，四种工况下计算负荷值均有所不同。根据对不同气凝胶浆料材料的研究，与通常计算工况 A 相比，夏天差异最大的是 Case C，而冬天差异最大的是 Case B。这表明，在高温高湿地区计算外墙围护结构负荷时，湿分对冬天的影响小于夏天。因此，在计算建筑能耗时，应精确考虑地区局部微气候的影响，在高温高湿地区，也应考虑湿分对建筑能耗的影响，而在实际工程建筑能耗计算过程中，应综合考虑热湿耦合和住区微气候，以更符合实际情况。

7.5 本章小结

研究材料物性参数的目的是为建筑热工设计提供精确的基础数据。本章详细分析了多种保温材料在不同工况下的性能表现。首先，探讨了湿度对材料导热系数的影响，以典型居住建筑的外墙外保温为例，分析了六种绝热材料在三种工况下的最优厚度。然后，以广州地区的典型住宅建筑为研究对象，分析了温度和相对湿度对新型建筑材料气凝胶增强绝热板的节能效果的影响，并探讨了导热系数对温度和湿度变化的响应敏感性。最后，在实际行列式板式住宅的微气候环境下，探讨了材料导热系数的变化及其对墙体热负荷的影响。研究全面评估了各种建筑保温材料在不同温度和相对湿度下的性能，以及在实际环境条件下建筑隔热材料的节能潜力及其对建筑冷负荷的影响。

（1）研究分析了六种建筑绝热材料（EPS、XPS、PUR、岩棉、玻璃棉、发泡水泥）在中国十个湿度较高的典型城市中的最佳保温厚度、碳排放量、节能效果和回收期。EPS、XPS、PUR 三种材料受湿度影响最小，其导热系数、最佳厚度、碳排放量、节能效果和回收期变化幅度较小，EPS 表现最为理想，碳排放量最低，节能效果最好，回收期最短。

（2）气凝胶增强绝热板相比传统隔热材料表现出了更优异的热稳定性。与其他隔热材料一样，气凝胶增强绝热板的导热系数在温度和相对湿度升高时均有所增加。然而，在受温度变化的影响方面，气凝胶增强绝热板的表现更为稳定，其导热系数对温度变化的敏感性最小。而在湿度变化的影响方面，当相对湿度超过 80%时，气凝胶增强绝热板的导热系数稳定性优于发泡水泥。这表明，气凝胶增强绝热板在湿热地区的应用中，较传统发泡水泥更能有效保持隔热性能。建筑高度对夏季制冷能耗的影响显著，低层建筑容易低估能耗，高层建筑容易高估能耗，尤其在寒冷和夏热冬暖地区，需考虑湿度对冷负荷的影响。

（3）气凝胶导热系数随着相对湿度的增加而增加，特别是高含量的气凝胶浆料对湿度变化更为敏感。当气凝胶浆料含量达到 32%时，导热性能和经济性达到最佳平衡。气凝胶含量为 8%时，夏季墙体内部温度差 1.07%，相对湿度差 13.38%；冬季温度差 0.27%，相对湿度差 4.27%。不同气凝胶含量在不同工况下对墙体负荷影响不同，湿分的影响在夏季更为显著，尤其是在高温高湿地区，湿度对建筑能耗的影响应被特别考虑。

通过对建筑绝热材料的物性参数进行深入研究，定量分析了湿度和温度对这些参数的影响，以及它们对最终建筑节能效果的影响，特别是在高湿度和高温极端环境下的影响。未来的研究应进一步扩展到其他新型绝热材料和各种类型的建筑，以便探索更广泛的应用场景和优化建筑节能设计的可能性。通过在不同气候条件下对材料性能进行综合评估，可以更准确地预测材料在实际使用中的表现，特别是在极端气候条件下的表现，以提供更全面的环境影响评估，为建筑节能设计提供科学的数据支持和决策依据。

参考文献

[1] 中华人民共和国住房和城乡建设部. 民用建筑热工设计规范: GB 50176—2016[S]. 北京: 中国建筑工业出版社, 2017.

[2] 时云鹏, 谢颖. 哈尔滨市围护结构对建筑能耗影响分析[J]. 山西建筑, 2019, 45(17): 145-146.

[3] 中华人民共和国住房和城乡建设部. 外墙外保温建筑构造: 10J121[S]. 北京: 中国计划出版社, 2010.

[4] 崔艳秋, 蒋山, 刘媛. 城市老工业区绿色化改造策略研究——以济南钢铁焦化厂为例[J]. 建筑节能(中英文), 2021, 49(7): 121-126.

[5] 汪珊珊. 西宁城市集合住宅顶层建筑节能营建技术研究[D]. 西安: 西安建筑科技大学, 2021.

[6] HASAN A. Optimizing insulation thickness for buildings using life cycle cost[J]. Applied Energy, 1999, 63(2): 115-124.

[7] ZHANG H, LI M J, FANG W Z, et al. A numerical study on the theoretical accuracy of film thermal conductivity using transient plane source method [J]. Applied Thermal Engineering, 2014, 72 (1): 62-69.

[8] ALSAYED M F, TAYEH R A. Life cycle cost analysis for determining optimal insulation thickness in Palestinian buildings[J]. Journal of Building Engineering, 2019, 22: 101-112.

[9] 刘晓燕, 郑春媛, 黄彩凤. 多孔材料导热系数影响因素分析[J]. 低温建筑技术, 2009, 31(9): 121-122.

[10] GUSTAFSSON S E. Transient plane source techniques for thermal conductivity and thermal diffusivity measurements of solid materials[J]. Review of Scientific Instruments, 1991, 62(3): 797-804.

[11] ZHU D, HONG T, YAN D, et al. A detailed loads comparison of three building energy modeling programs: EnergyPlus, DeST and DOE-2.1 E[C]//Building Simulation. Springer Berlin Heidelberg, 2013, 6: 323-335.

[12] 丘艳燕. 广州地区部分高校既有建筑节能策略研究[D]. 广州: 华南理工大学, 2020.

[13] 黄冬娜. 广州地区近零能耗居住建筑外围护结构指标研究[D]. 广州: 华南理工大学, 2018.

[14] 中华人民共和国住房和城乡建设部. 建筑节能与可再生能源利用通用规范: GB 55015—2021[S]. 北京:中国建筑工业出版社, 2021.

[15] 吴晓. 城市规划资料集 第 7 分册 城市居住区规划[M]. 北京: 中国建筑工业出版社, 2005.

[16] 广州市人民政府. 广州市城乡规划技术规定[EB/OL](2012-05-17). https://www.gz.gov.cn/attachment/7/7407/7407752/7953362.pdf.

[17] 中华人民共和国建设部. 住宅建筑规范: GB 50368—2005[S]. 北京: 中国建筑工业出版社, 2006.

[18] LIU P, WU W, DU B, et al. Study on the heat and moisture transfer characteristics of aerogel-enhanced foam concrete precast wall panels and the influence of building energy consumption[J]. Energy and Buildings, 2022, 256: 111707.

[19] NUSSER B, TEIBINGER M. Coupled Heat and Moisture Transfer in Building Components-Implementing WUFI Approaches in COMSOL Multiphysics[C]// Proceedings of the COMSOL Users Conference, Milan, 2012.

[20] HUANG P, CHEW Y M J, CHANG W S, et al. Heat and moisture transfer behaviour in Phyllostachys edulis (Moso bamboo) based panels[J]. Construction and Building Materials, 2018, 166: 35-49.

[21] 鲍洋, 陈友明, 刘向伟, 等. 多孔介质墙体热湿耦合传递模拟计算模型及其验证[J]. 建筑科学, 2018, 34(10): 66-75.

[22] 王莹莹. 围护结构湿迁移对室内热环境及空调负荷影响关系研究[D]. 西安: 西安建筑科技大学, 2013.

[23] MALFAIT W J, ZHAO S, VEREL R, et al. Surface chemistry of hydrophobic silica aerogels[J]. Chemistry of Materials, 2015, 27(19): 6737-6745.

[16] [illegible]
20170704/[illegible]
[17] [illegible] GB 50[illegible]-2005[S]. [illegible], 2006.
[18] LIU ZHI W, DU [illegible], et al. Study on the heat and moisture transfer characteristics of [illegible] concrete precast wall panels and the influence of building energy consumption[J]. Energy and Buildings, 2022, 256: 111702.
[19] NUSSER B, TEIBINGER M. Coupled Heat and Moisture Transfer in Building Components: Implementing WUFI Approaches in COMSOL Multiphysics[C]//Proceedings of the COMSOL Users Conference. Milan, 2012.
[20] HUANG P, CHEN Y M, ZHANG W S, et al. Heat and moisture transfer behaviour of [illegible] (Moso bamboo) based panels[J]. Construction and Building Materials, 2018, 166: 35-49.
[21] [illegible] 2018, [illegible](10): 66-73.
[22] [illegible]
[illegible]
[23] [illegible] Surface [illegible]
[illegible]